# 中国环境统计年报 2007

# ANNUAL STATISTIC REPORT ON ENVIRONMENT IN CHINA

中华人民共和国环境保护部　编

MINISTRY OF ENVIRONMENTAL PROTECTION OF THE PEOPLE'S REPUBLIC OF CHINA

中国环境科学出版社·北京

CHINA ENVIRONMENTAL SCIENCE PRESS • BEIJING

**图书在版编目（CIP）数据**

中国环境统计年报·2007／中华人民共和国环境保护部编.—北京：中国环境科学出版社，2008.12

ISBN 978-7-80209-906-7

Ⅰ.中… Ⅱ.中… Ⅲ.环境统计—统计资料—中国—2007—年报 Ⅳ.X508.2—54

中国版本图书馆 CIP 数据核字（2008）第 206965 号

**责任编辑** 贾卫列
**责任校对** 扣志红
**封面设计** 龙文视觉

---

**出版发行** 中国环境科学出版社
（100062 北京崇文区广渠门内大街 16 号）
网　址：http://www.cesp.cn
联系电话：010-67112765（总编室）
发行热线：010-67125803

**印　刷** 北京中科印刷有限公司
**经　销** 各地新华书店
**版　次** 2008 年 12 月第 1 版
**印　次** 2008 年 12 月第 1 次印刷
**开　本** 889×1194 1/16
**印　张** 18.75
**字　数** 420 千字
**定　价** 100.00 元

---

# 《中国环境统计年报·2007》编委会

组织编写　环境保护部规划与财务司

中国环境监测总站

资料提供　各省、自治区、直辖市环境保护局

批　　准　中华人民共和国环境保护部

# 目　录

# 1

# 全国环境统计概要

QUANGUO HUANJING TONGJI GAIYAO

ANNUAL STATISTIC REPORT ON ENVIRONMENT IN CHINA

2007

# 综　述

2007年，在党中央、国务院的正确领导下，各地区、各部门深入贯彻落实科学发展观，把污染减排作为一项重要任务，采取综合措施，加快污染治理，推动力度进一步加大，政策措施进一步落实，污染减排工作取得突破性进展，化学需氧量和二氧化硫排放量实现双下降，环保工作取得积极进展。

2007年，全国废水排放总量556.8亿吨，比上年增加3.7%。其中，工业废水排放量246.6亿吨，比上年增加2.7%。城镇生活污水排放量310.2亿吨，比上年增加4.6%。废水中化学需氧量（COD）排放量1 381.8万吨，比上年减少3.2%。废水中氨氮排放量132.4万吨，比上年减少6.3%。工业废水排放达标率为91.7%，比上年提高1.0个百分点。工业用水重复利用率82.0%，比上年提高2.4个百分点。

2007年，全国废气中二氧化硫（$SO_2$）排放量2 468.1万吨，比上年减少4.7%。烟尘排放量986.6万吨，比上年减少9.4%。工业粉尘排放量698.7万吨，比上年减少13.6%。氮氧化物排放量1 643.4万吨，比上年增加7.8%。工业二氧化硫排放达标率为86.3%，比上年提高4.4个百分点。

2007年，全国工业固体废物产生量17.6亿吨，比上年增加15.9%；工业固体废物排放量1 196.7万吨，比上年减少8.1%。工业固体废物综合利用率为62.1%，比上年增加1.8个百分点。

2007年，全国共有城市污水处理厂1 258座，比上年增加319座。城市生活污水处理率达到49.1%，比上年提高5.3个百分点。

截至2007年底，我国已建各种类型、不同级别的自然保护区2 531个，总面积15 188.2万公顷。

2007年，全国排污费征收总额达到173.6亿元，比上年增加20.5%。全国环境污染治理投资3 387.6亿元，比上年增加32.0%，占当年GDP的1.36%。

## 1.1 统计企业基本情况

2007 年，对 106 457 家工业企业进行了重点调查统计，对其他非重点调查统计企业污染排放量按比率作了估算。

重点调查统计企业中共有 31.2 万人专职从事环境保护工作，共有 11 029 套废水污染物在线监测仪器、7.8 万套废水治理设施，去除化学需氧量等废水污染物 1 359 万吨，投入设施运行费 428.0 亿元，比上年增加 10.2%。246.6 亿吨工业废水通过 75 736 个污水排放口（其中含 1 660 个直排入海的污水排放口）排入水环境中。在用的 10.8 万台工业锅炉和 8.3 万台炉窑，共安装了 4 713 套废气污染物在线监测仪器、16.2 万套废气治理设施，投入设施运行费 555.0 亿元，比上年增加 19.5%。这些治理设施共去除烟尘 25 166 万吨、粉尘 7 670 万吨。废气治理设施中脱硫设施 24 867 套，去除二氧化硫 1 943 万吨。

## 1.2 废水

### 1.2.1 废水及主要污染物排放情况

#### （1）废水排放情况

2007 年，全国废水排放总量 556.8 亿吨，比上年增加 3.7%。其中，工业废水排放量 246.6 亿吨，比上年增加 2.7%。工业废水排放量占废水排放总量的 44.3%，比上年略有降低。

生活污水排放量 310.2 亿吨，比上年增加 4.6%。生活污水排放量占废水排放总量的 55.7%，比上年略有上升。

从表 1、图 1 可以看出，自 2001 年以来，废水排放总量呈持续上升趋势。其中，生活污水排放量的增长速度大于工业废水排放量。

**表 1　全国废水及其主要污染物排放量年际对比**

| 项目<br>年度 | 废水排放量（亿吨） | | | 化学需氧量排放量（万吨） | | | 氨氮排放量（万吨） | | |
|---|---|---|---|---|---|---|---|---|---|
| | 合计 | 工业 | 生活 | 合计 | 工业 | 生活 | 合计 | 工业 | 生活 |
| 2001 | 433.0 | 202.7 | 230.3 | 1 404.8 | 607.5 | 797.3 | 125.2 | 41.3 | 83.9 |
| 2002 | 439.5 | 207.2 | 232.3 | 1 366.9 | 584.0 | 782.9 | 128.8 | 42.1 | 86.7 |
| 2003 | 460.0 | 212.4 | 247.6 | 1 333.6 | 511.9 | 821.7 | 129.7 | 40.4 | 89.3 |
| 2004 | 482.4 | 221.1 | 261.3 | 1 339.2 | 509.7 | 829.5 | 133.0 | 42.2 | 90.8 |
| 2005 | 524.5 | 243.1 | 281.4 | 1 414.2 | 554.7 | 859.4 | 149.8 | 52.5 | 97.3 |
| 2006 | 536.8 | 240.2 | 296.6 | 1 428.2 | 542.3 | 885.9 | 141.3 | 42.5 | 98.8 |
| 2007 | 556.8 | 246.6 | 310.2 | 1 381.8 | 511.0 | 870.8 | 132.4 | 34.1 | 98.3 |
| 增长率（%） | 3.7 | 2.7 | 4.6 | －3.2 | －5.8 | －1.7 | －6.3 | －19.8 | －0.5 |

注：增长率指2007年与2006年相比，下同。

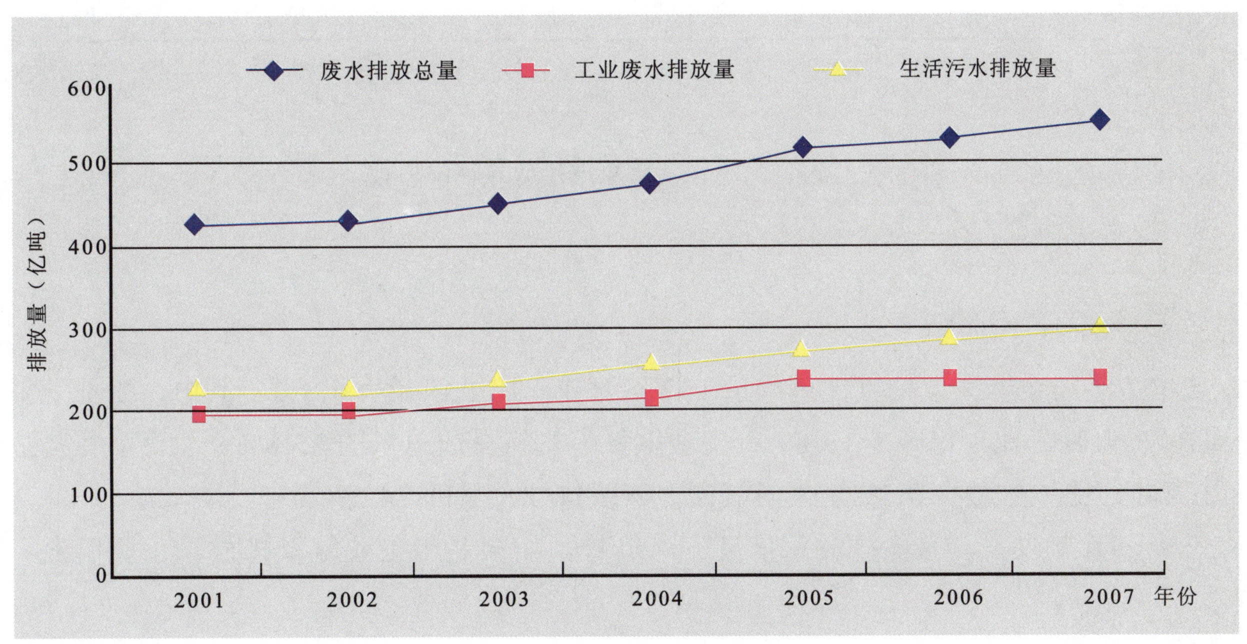


**图 1　全国废水排放量年际对比**

### （2）化学需氧量排放情况

2007 年，全国废水中化学需氧量排放量 1 381.8 万吨，比上年下降 3.2%。

工业废水中化学需氧量排放量 511.0 万吨，比上年下降 5.8%。工业化学需氧量排放量占化学需氧量排放总量的 37.0%。

生活污水中化学需氧量排放量870.8万吨，比上年下降1.7%。生活化学需氧量排放量占化学需氧量排放总量的63.0%。

从表1、图2可以看出，化学需氧量排放总量自“十一五”以来首次下降。

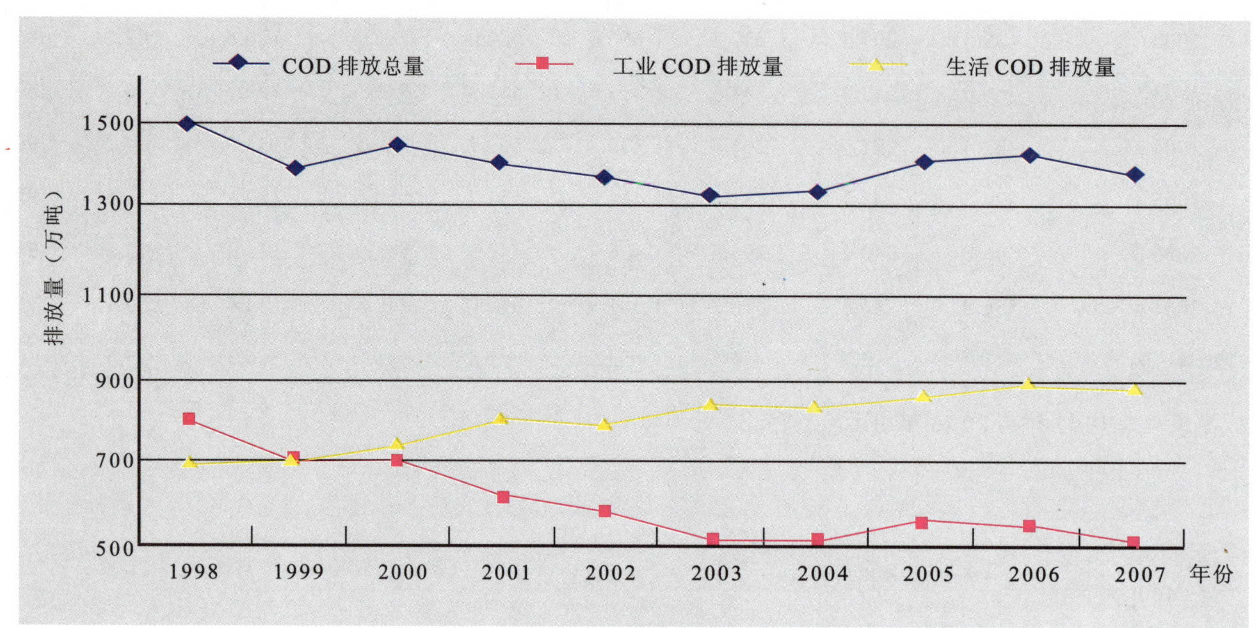


**图2 全国化学需氧量排放量年际对比**

### （3）氨氮排放情况

2007年，全国废水中氨氮排放量132.4万吨，比上年减少6.3%。其中，工业氨氮排放量34.1万吨，比上年减少19.8%；工业氨氮占氨氮排放总量的25.8%。生活氨氮排放量98.3万吨，比上年减少0.5%，生活氨氮占氨氮排放总量的74.2%。

“十一五”以来，氨氮排放总量呈下降趋势，主要是由工业氨氮排放量下降所致，见图3。

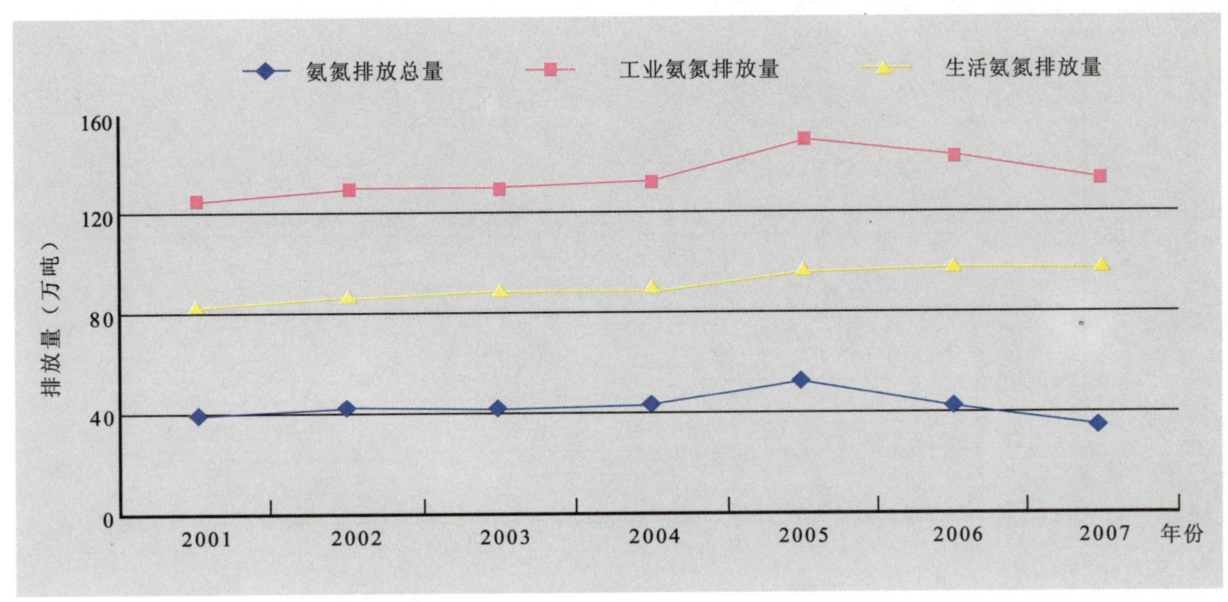


图3　全国废水中氨氮排放量年际对比

## （4）废水中其他主要污染物排放情况

2007年，全国工业废水中石油类排放量1.7万吨，比上年减少10.5%；挥发酚排放量2 926.3吨，比上年减少15.3%；氰化物排放量382吨，比上年减少16.5%。工业废水中五项重金属（汞、镉、六价铬、铅、砷）自“十一五”以来均呈下降趋势，见表2、图4。

表2　全国废水中其他有毒有害污染物排放量年际对比　　单位：吨

| 年 度 | 汞 | 镉 | 六价铬 | 铅 | 砷 |
|---|---|---|---|---|---|
| 2001 | 5.6 | 110.5 | 121.4 | 489.9 | 408.4 |
| 2002 | 4.8 | 105.6 | 111.1 | 484.8 | 346.2 |
| 2003 | 5.5 | 84.5 | 103.1 | 568.5 | 373.7 |
| 2004 | 3.0 | 56.3 | 150.8 | 366.2 | 306.1 |
| 2005 | 2.7 | 62.1 | 105.6 | 378.3 | 453.2 |
| 2006 | 2.6 | 49.4 | 96.4 | 339.1 | 245.2 |
| 2007 | 1.2 | 39.3 | 69.0 | 319.7 | 187.4 |
| 增长率（%） | －53.8 | －20.4 | －28.4 | －5.7 | －23.6 |

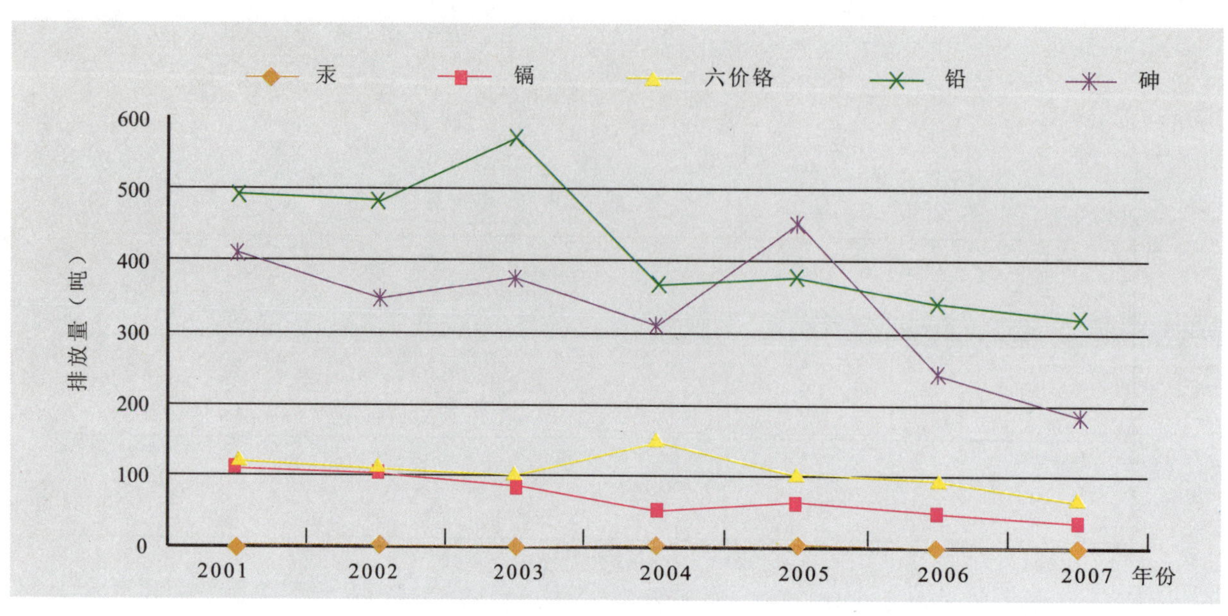


图4 工业废水中五项重金属历年排放趋势

### 1.2.2 各地区废水及主要污染物排放情况

#### （1）各地区废水排放情况

2007年，废水排放量位于前10位的省份依次为广东、江苏、浙江、山东、广西、河南、四川、湖南、湖北和上海。这10个省份废水排放总量为346.4亿吨，占全国废水排放量的62.2%。工业废水排放量最大的是江苏，生活污水排放量最大的是广东，与上年相同，见图5。

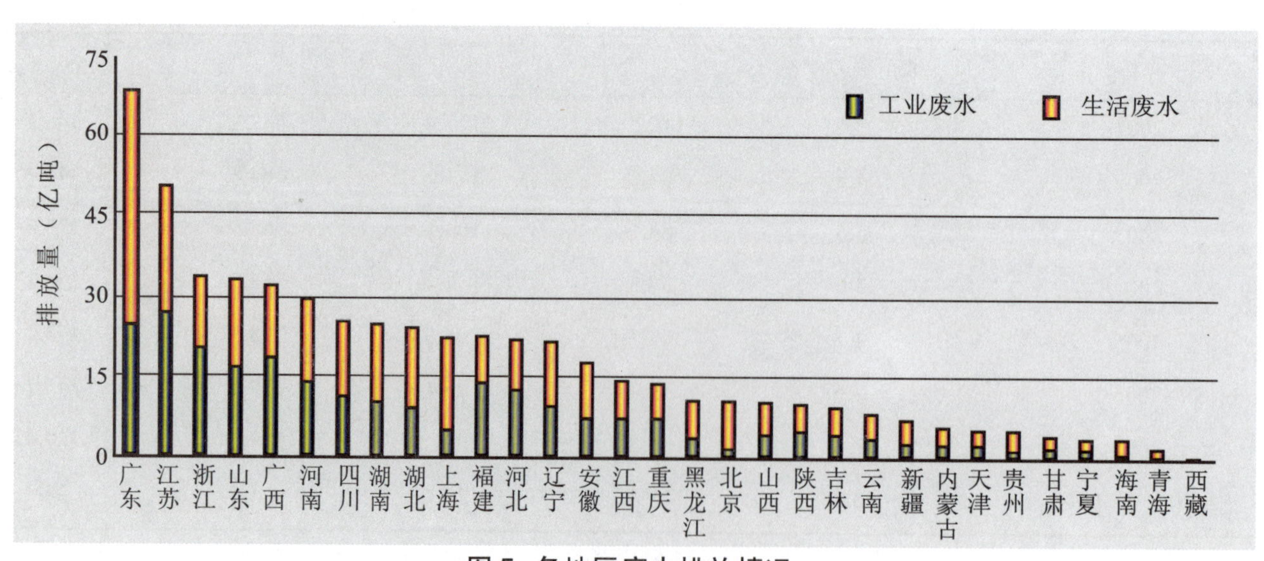


图5 各地区废水排放情况

### (2) 各地区化学需氧量排放情况

化学需氧量排放量前10位的省份依次为广西、广东、湖南、江苏、四川、山东、河南、河北、辽宁和湖北，与上年相同。这10个省份的化学需氧量排放量为795.6万吨，占全国化学需氧量排放量的57.6%。工业化学需氧量排放量最大的是广西，生活化学需氧量排放量最大的是广东，见图6。全国各地区的化学需氧量排放量分布，见图7。

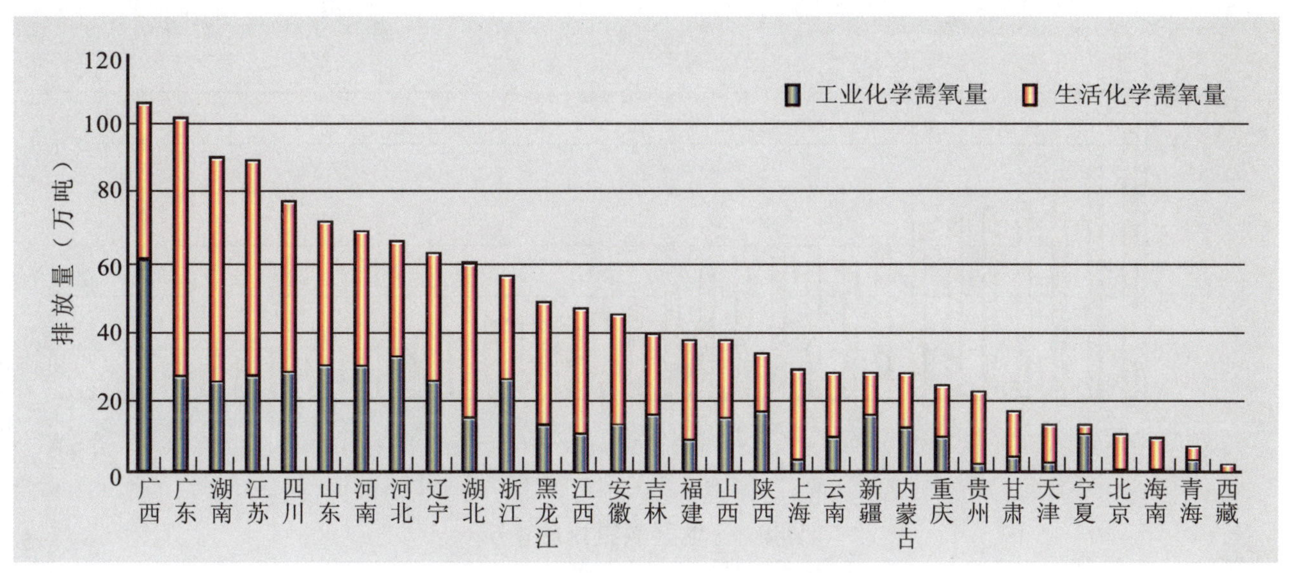


图6 各地区化学需氧量排放情况

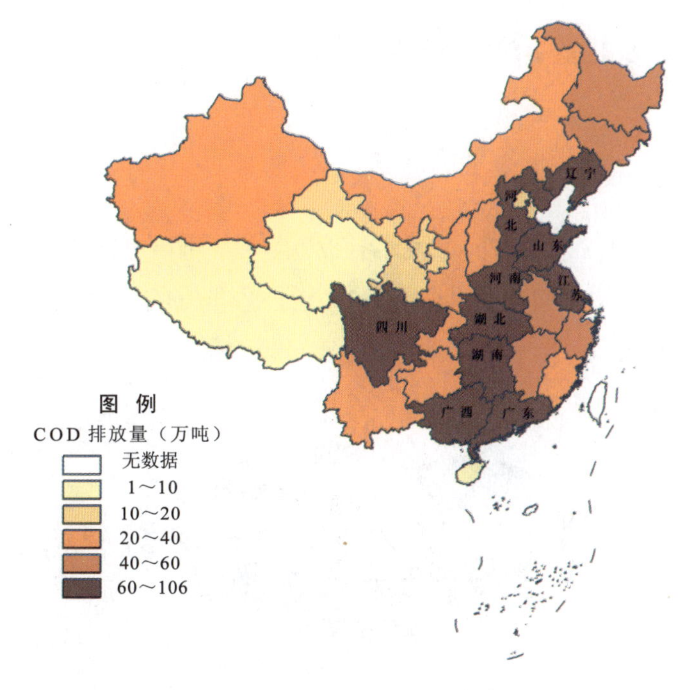


图7 全国化学需氧量排放量分布

### （3）各地区氨氮排放情况

氨氮排放量前10位的省份依次为广东、湖南、河南、山东、江苏、湖北、辽宁、广西、河北和四川。这10个省份的氨氮排放量为76.9万吨，占全国氨氮排放量的58.1%。工业氨氮排放量最大的是湖南，生活氨氮排放量最大的是广东，见图8。

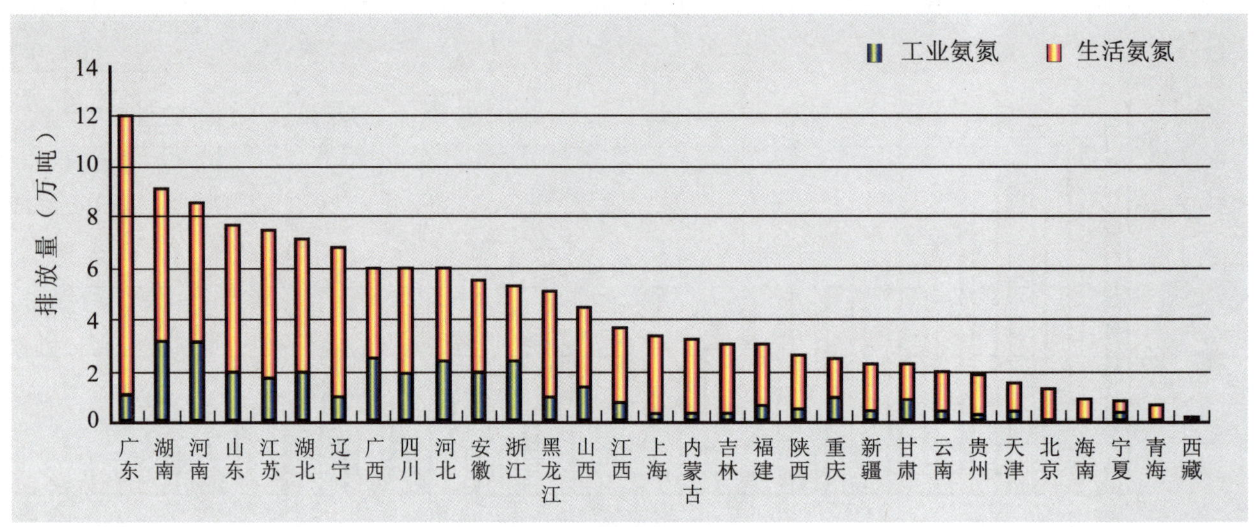


图8 各地区氨氮排放情况

## 1.2.3 工业行业废水及主要污染物排放情况

### （1）行业废水排放情况

2007年，在统计的39个工业行业中，废水排放量位于前4位的行业依次为造纸业、化学原料及化学制品制造业、纺织业和电力业。这4个行业排放的废水占重点调查统计企业废水排放量的52.0%，见图9。

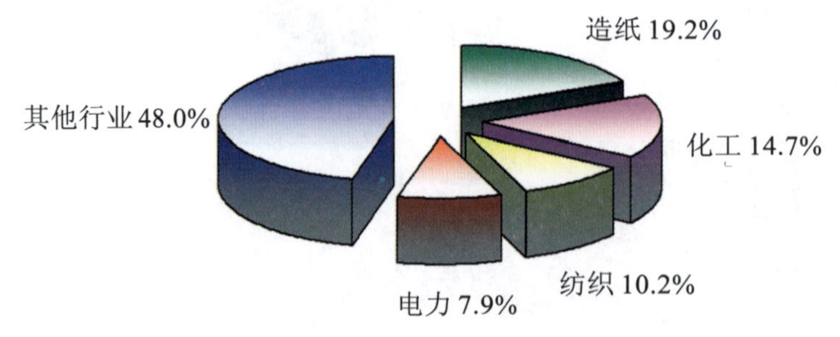


图9 工业行业废水排放情况

### （2）行业化学需氧量排放情况

2007年，化学需氧量排放量位于前4位的行业依次为造纸业、农副食品加工业、化学原料及制品业和纺织业。这4个行业的化学需氧量排放量为296.5万吨，经济贡献率占18.5%，污染贡献率却占65.4%，见表3、表4、表5、图10。

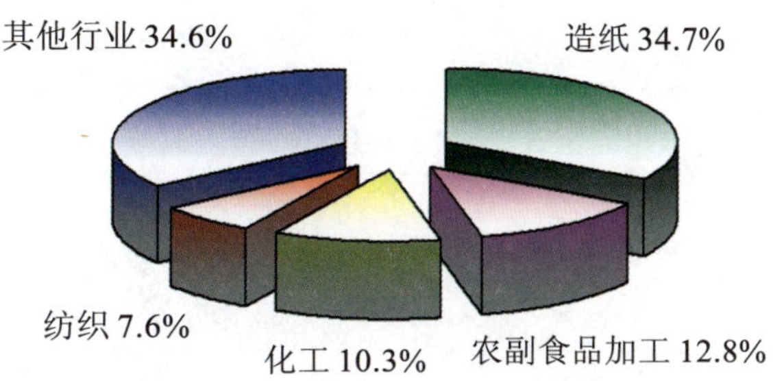


图10 工业行业化学需氧量排放情况

表3 重点行业化学需氧量污染贡献率变化趋势 单位：%

| 行 业 | 2003年 | 2004年 | 2005年 | 2006年 | 2007年 |
|---|---|---|---|---|---|
| 造纸业 | 34.5 | 33.0 | 32.4 | 33.6 | 34.7 |
| 农副食品加工业 | 14.4 | 13.3 | 13.7 | 12.8 | 12.8 |
| 化学原料及制品业 | 10.8 | 11.2 | 11.5 | 11.7 | 10.3 |
| 纺织业 | 5.6 | 6.7 | 6.1 | 6.8 | 7.6 |
| 累计 | 65.3 | 64.2 | 63.7 | 64.9 | 65.4 |

注：① 污染贡献率指该行业某种污染物排放量与统计行业此污染物排放总量之比，下同。

② 因2002年后《国民经济行业分类》标准执行GB/T 4754—2002，行业分类有所变化，故本表起始年份为2003年。

表4 重点行业经济贡献率变化趋势（按工业总产值计算） 单位：%

| 行 业 | 2003年 | 2004年 | 2005年 | 2006年 | 2007年 |
|---|---|---|---|---|---|
| 造纸业 | 2.4 | 2.2 | 2.1 | 2.0 | 2.1 |
| 农副食品加工业 | 3.3 | 3.4 | 3.2 | 3.0 | 3.8 |
| 化学原料及制品业 | 9.5 | 8.3 | 8.3 | 8.2 | 9.2 |
| 纺织业 | 4.8 | 4.4 | 4.3 | 4.1 | 3.4 |
| 累计 | 20.0 | 18.3 | 17.9 | 17.3 | 18.5 |

注：经济贡献率指某行业的工业总产值（现价）与统计工业行业总产值（现价）的比值，下同。

表 5 重点行业化学需氧量排放强度变化趋势　　单位：吨 / 万元

| 行 业 | 2003 年 | 2004 年 | 2005 年 | 2006 年 | 2007 年 |
|---|---|---|---|---|---|
| 造纸业 | 0.094 | 0.075 | 0.069 | 0.054 | 0.040 |
| 农副食品加工业 | 0.021 | 0.025 | 0.019 | 0.014 | 0.008 |
| 化学原料及制品业 | 0.007 | 0.007 | 0.006 | 0.005 | 0.003 |
| 纺织业 | 0.008 | 0.008 | 0.006 | 0.005 | 0.006 |

注：排放强度指某行业污染物排放量与相同统计范围内工业总产值（现价）的比值，即单位产值排放量，下同。

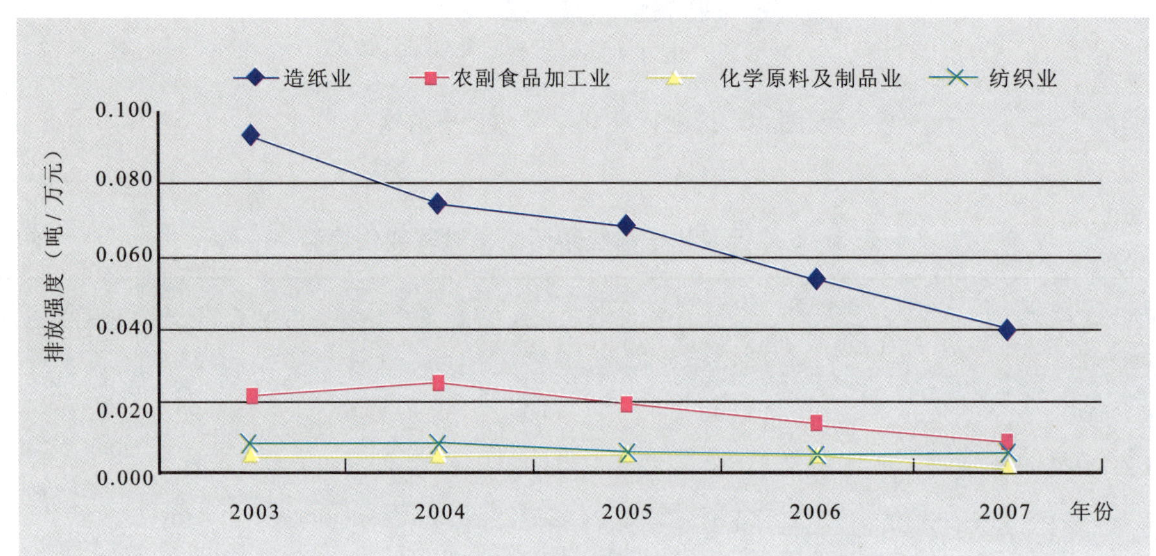


图 11 重点行业化学需氧量排放强度变化趋势

从表 3、表 4、图 11 可以看出，造纸业的经济贡献率呈逐年下降的趋势，但污染贡献率从 2006 年开始有所反弹，2007 年的水平甚至超过了 2003 年。在前几年污染贡献率和经济贡献率均缓慢下降的基础上，2007 年农副食品加工业的经济贡献率出现较大幅度的跃升。

总体看来，从 2003 年到 2007 年，虽然这 4 个行业的排放强度总体下降，但化学需氧量排放量的污染贡献率仍维持在 65% 左右，加快经济发展速度的同时减少污染排放仍是这些行业改革的难点。在今后的较长时期内，这 4 个行业将依然是工业废水治理的重点。

### （3）行业氨氮排放情况

2007 年，氨氮排放量位于前 4 位的行业依次为化学原料及制品业、造纸业、农副食品加工业和纺织业。这 4 个行业氨氮排放量占重点调查统计企业氨氮排放量的 64.7%，见图 12。

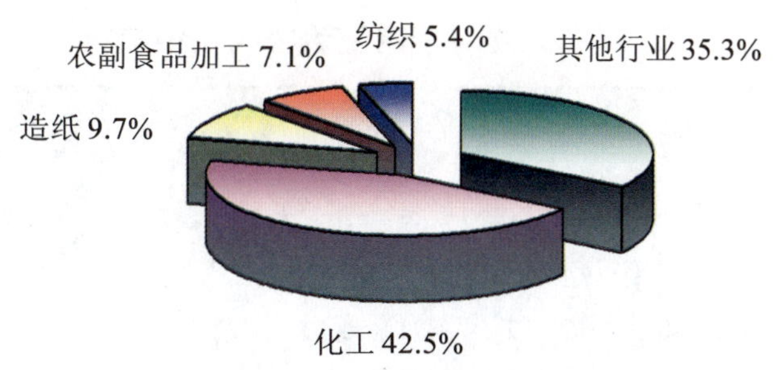


图 12　工业行业氨氮排放情况

### （4）行业重金属等污染物排放情况

2007 年，重金属（汞、镉、六价铬、铅、砷）排放量位于前 4 位的行业依次为有色金属矿采选业、化学原料及化学制品制造业、有色金属冶炼及压延加工业和黑色金属冶炼及压延加工业。这 4 个行业重金属等排放量占重点调查统计企业排放量的 86.2%，见图 13。

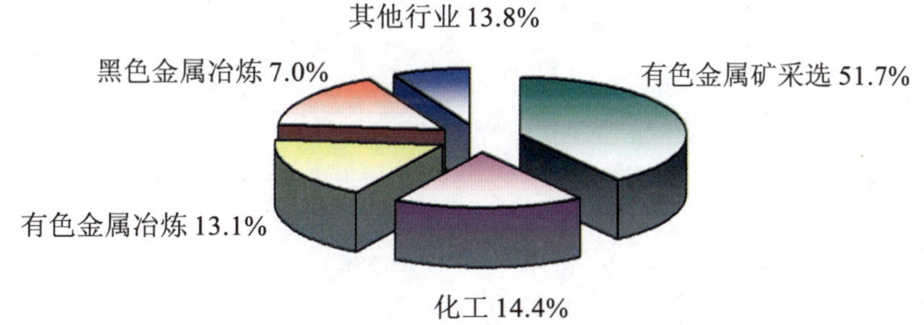


图 13　工业行业重金属等污染物排放情况

### （5）行业石油类污染物排放情况

石油类排放量位于前 4 位的行业依次为石油加工、炼焦及核燃料加工业、黑色金属冶炼及压延加工业、化学原料及化学制品制造业和食品制造业。这 4 个行业石油类排放量占重点调查统计企业石油类排放量的 64.7%。

## 1.2.4　七大流域接纳废水及污染治理情况

### 1.2.4.1　接纳废水及主要污染物情况

2007 年，辽河、海河、淮河、长江、黄河、松花江和珠江七大流域共有 81 820 家工业企业纳入重点调查统计范围，占全部重点调查统计企业数的 76.9%。

### （1）废水

七大流域共接纳废水 433.6 亿吨，比上年增加 5.2%，占全国废水排放总量的 77.9%；

**表6 七大流域废水及污染物接纳情况**

| 年 度 | 废水（亿吨） | | | 化学需氧量（万吨） | | | 氨氮（万吨） | | |
|---|---|---|---|---|---|---|---|---|---|
| | 总计 | 工业 | 生活 | 总计 | 工业 | 生活 | 总计 | 工业 | 生活 |
| 2005 | 379.3 | 172.5 | 206.8 | 1 059.8 | 406.3 | 653.6 | 110.9 | 40.4 | 70.5 |
| 2006 | 412.0 | 180.8 | 231.2 | 1 136.4 | 422.5 | 713.9 | 113.0 | 36.2 | 76.8 |
| 2007 | 433.6 | 191.0 | 242.6 | 1 114.1 | 410.5 | 703.6 | 107.1 | 28.9 | 78.2 |
| 增长率（%） | 5.2 | 5.6 | 4.9 | －2.0 | －2.8 | －1.4 | －5.2 | －20.0 | 1.8 |

注：① 从2004年起，本年报中松花江流域和珠江流域统计范围较往年有所扩大。其中，松花江流域包括松花江流域和黑龙江流域，珠江流域包括珠江流域和粤桂琼沿海诸河流域。

② 从2006年起，本年报中流域数据的汇总方法有所变化，流域规划所含区县的全部数据，不再沿用以前的按“排水去向”汇总数据的方法，汇总的区县数有所减少。以下湖泊数据同。

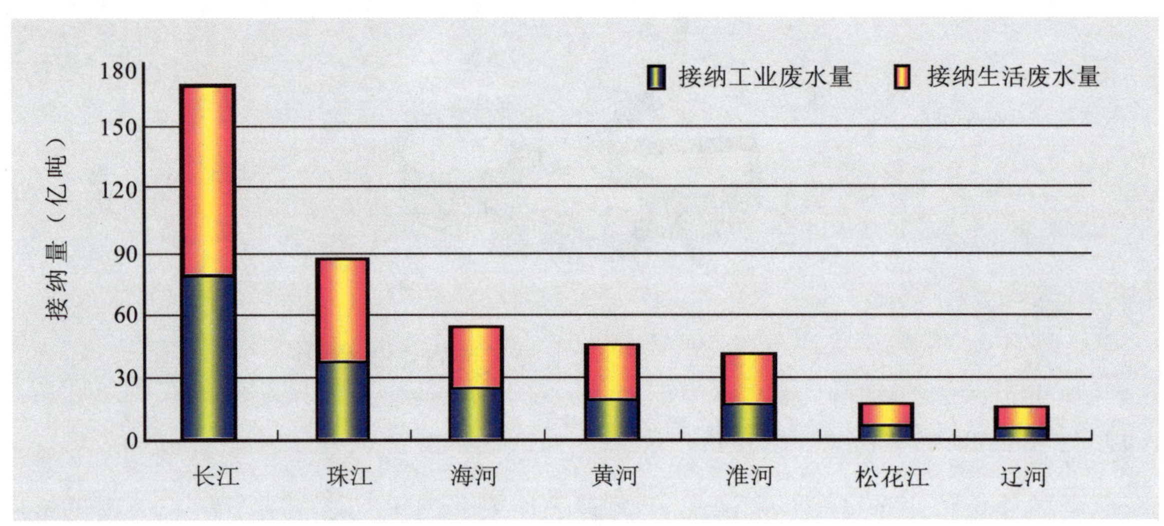


**图14 七大流域废水接纳情况**

接纳工业废水191.0亿吨，比上年增加5.6%，占全国工业废水排放量的77.5%；接纳生活污水242.6亿吨，比上年增加4.9%，占全国生活污水排放量的78.2%，见表6和图14。

长江接纳的废水量占七大流域接纳总量的39.4%，列第一位；其次是珠江，占20.0%；第三位是海河，占12.8%。

### （2）化学需氧量

七大流域接纳化学需氧量1 114.1万吨，比上年降低2.0%，占全国化学需氧量排放量的80.6%；接纳工业化学需氧量410.5万吨，比上年降低2.8%，占全国工业化学需氧量排放量的80.3%；接纳生活化学需氧量703.6万吨，比上年降低1.4%，占全国生活化学需氧量排放量的80.8%，各流域接纳化学需氧量情况见图15。

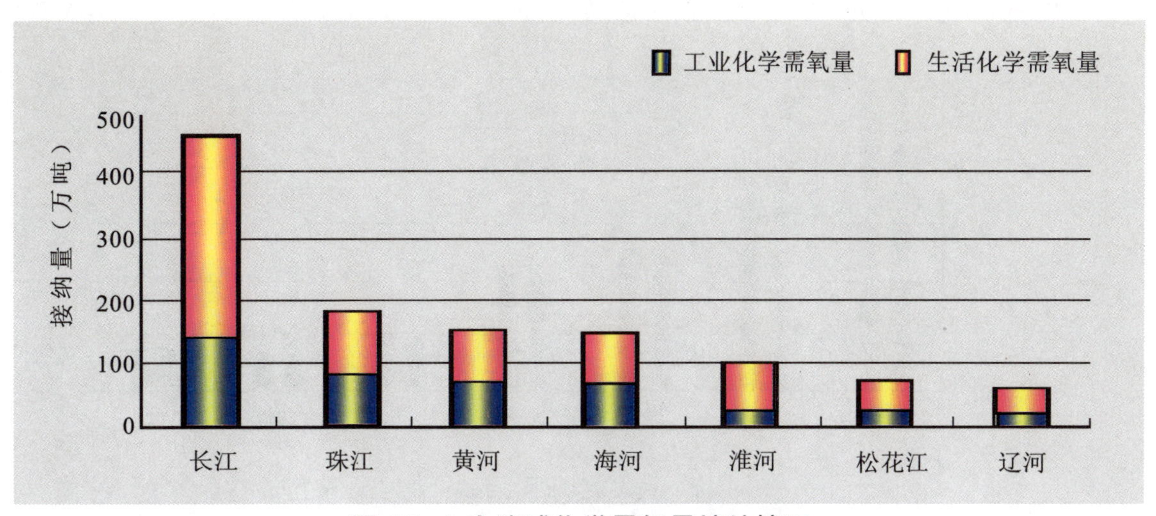


**图 15　七大流域化学需氧量接纳情况**

### （3）氨氮

七大流域接纳氨氮 107.1 万吨，比上年减少 5.2%，占全国氨氮排放量的 80.9%；接纳工业氨氮 28.9 万吨，比上年减少 20.2%，占全国工业氨氮排放量的 84.9%；接纳生活氨氮 78.2 万吨，比上年增加 1.8%，占全国生活氨氮排放量的 79.6%，见图 16。

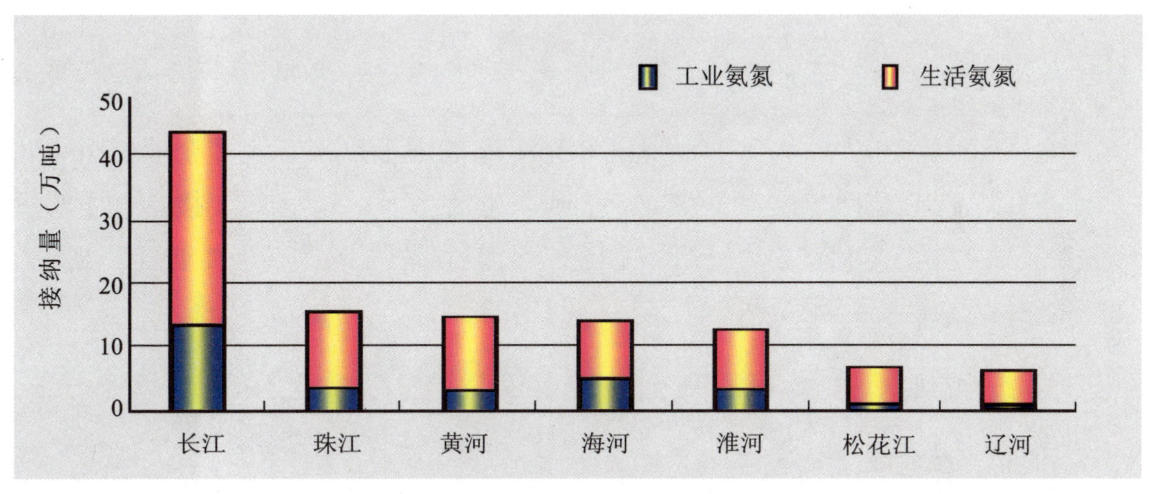


**图 16　七大流域氨氮接纳情况**

### 1.2.4.2　废水及主要污染物治理与投资情况

2007 年，七大流域共有废水治理设施 60 879 套，年运行费用 336.2 亿元，共去除化学需氧量 984.1 万吨，氨氮 39.2 万吨，石油类 23.2 万吨，挥发酚 7.5 万吨，氰化物 1.3 万吨。

2007 年，七大流域实施工业废水治理项目 4 526 个，竣工 3 979 个，工业废水治理项目完成投资 167.6 亿元，占全国工业废水治理项目完成投资额的 85.5%。工业废水治理竣工项目新增设计处理能力 2 854.1 万吨 / 日，见图 17。

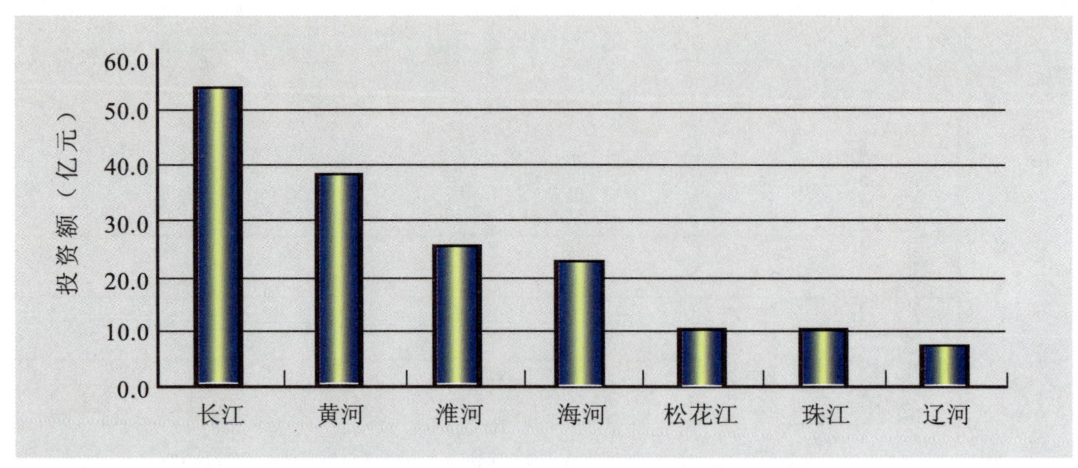


图 17　七大流域工业废水治理投资情况

2007 年，七大流域经处理的工业废水为 405.6 亿吨，工业废水排放达标率为 92.7%。

2007 年，七大流域纳入统计的污水处理厂 1 029 座，比上年增加 306 座，共形成 5 852 万吨 / 日的处理能力，处理生活污水 115.8 亿吨 / 年。城市生活污水处理率为 47.7%，低于全国平均水平 1.4 个百分点。

## 1.2.5　五大湖泊接纳废水及污染治理情况

### （1）接纳废水及主要污染物情况

2007 年，滇池、巢湖、太湖、洞庭湖和鄱阳湖流域重点调查统计企业 5 901 家，接纳废水排放量 41.0 亿吨，其中工业废水 21.5 亿吨，生活污水 19.6 亿吨。接纳化学需氧量 60.5 万吨，其中工业化学需氧量 25.6 万吨，生活化学需氧量 34.9 万吨。接纳氨氮 5.6 万吨，其中工业氨氮 2.1 万吨，生活氨氮 3.6 万吨，见图 18。

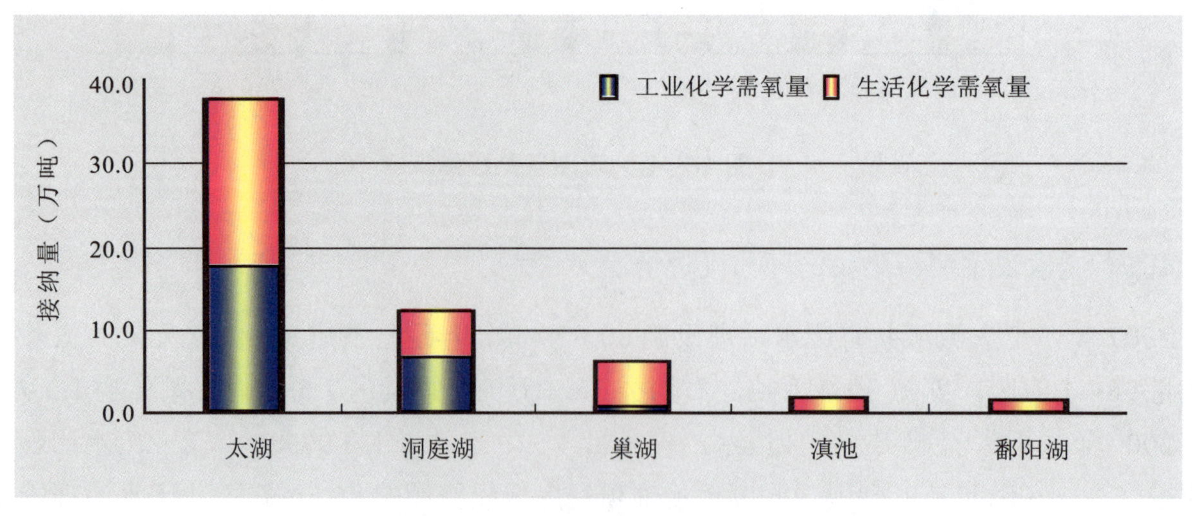


图 18　五大湖泊化学需氧量接纳情况

### （2）废水及主要污染物治理与投资情况

2007 年，五大湖泊流域共有废水治理设施 5 118 套，年运行费用 32.9 亿元，共去除化学需氧量 92.2 万吨、氨氮 2.7 万吨、石油类 0.4 万吨、挥发酚 1 308 吨、氰化物 52 吨。

2007 年，五大湖泊流域施工的工业废水治理项目 501 个，竣工项目 434 个，工业废水治理项目完成投资 14.3 亿元，占全国工业废水治理项目完成投资额的 7.3%。工业废水治理竣工项目新增设计处理能力 97.1 万吨 / 日，见图 19。

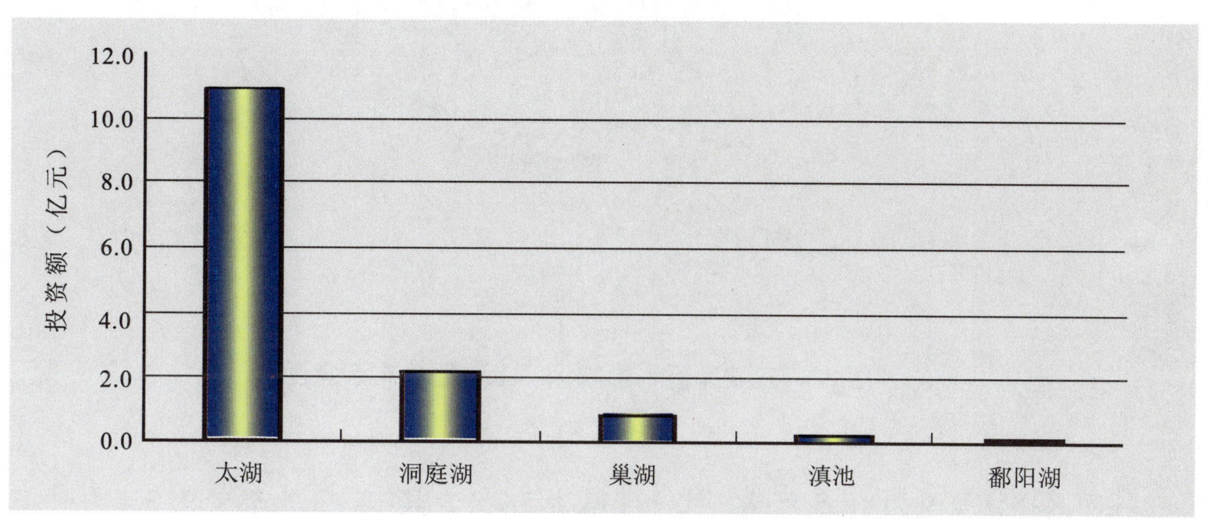


图 19　五大湖泊工业废水治理投资情况

2007 年，五大湖泊流域经处理的工业废水为 25.0 亿吨，工业废水排放达标率为 96.9%。

2007 年，五大湖泊流域纳入统计的污水处理厂共 202 座，比上年增加 58 座，共形成 724 万吨 / 日的处理能力，处理生活污水 13.4 亿吨。城市生活污水处理率为 68.4%，高于全国平均水平 19.3 个百分点。

## 1.2.6　三峡库区接纳废水和主要污染物情况

### （1）废水及污染物接纳情况

2007 年，重点调查了三峡库区（含库区、影响区及上游区共 314 个区县，见图 20）11 112 家企业。

三峡库区共接纳废水 47.0 亿吨，比上年增加 1.0%。其中，工业废水 20.4 亿吨，比上年减少 4.8%；生活污水 26.6 亿吨，比上年增加 5.9%。

三峡库区接纳化学需氧量为 125.5 万吨，比上年减少 1.3%。其中，工业化学需氧量为 41.5 万吨，比上年减少 5.1%；生活化学需氧量为 83.9 万吨，比上年增加 0.7%。

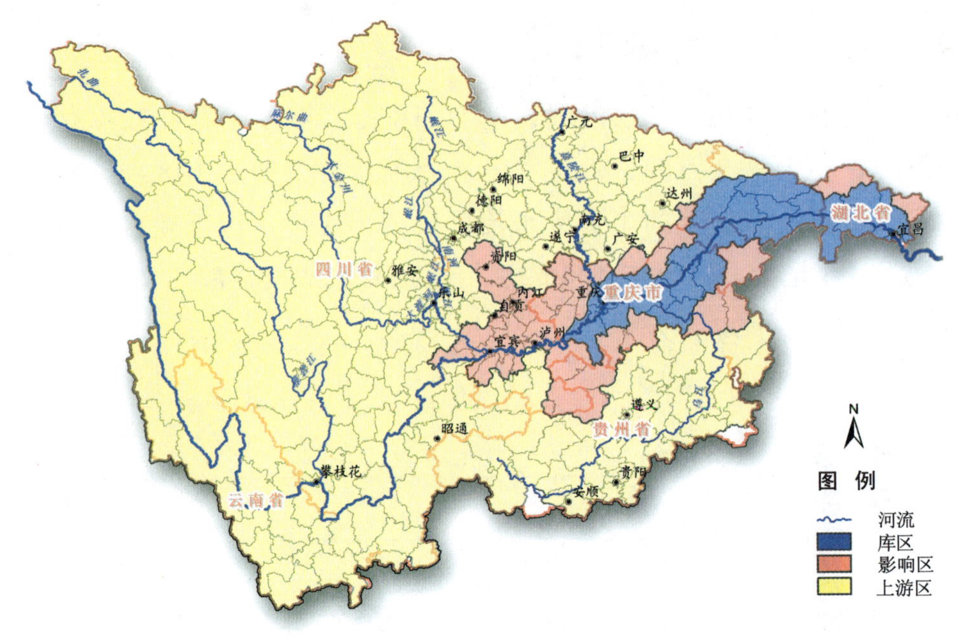


图20 三峡库区、影响区及上游区分布示意图

三峡库区接纳氨氮为10.5万吨，比上年减少5.7%。其中，工业氨氮为3.1万吨，比上年减少14.9%；生活氨氮为7.4万吨，比上年减少1.3%，见表7。

表7 三峡库区及其上游主要污染物排放情况

| 年 度 | 废水排放量（亿吨） | | | 化学需氧量排放量（万吨） | | | 氨氮排放量（万吨） | | |
|---|---|---|---|---|---|---|---|---|---|
| | 合计 | 工业 | 生活 | 合计 | 工业 | 生活 | 合计 | 工业 | 生活 |
| 2003 | 35.71 | 20.17 | 15.56 | 123.75 | 55.42 | 68.34 | 8.50 | 2.62 | 5.88 |
| 2004 | 34.25 | 18.52 | 15.74 | 103.27 | 34.22 | 69.05 | 8.63 | 2.67 | 5.97 |
| 2005 | 38.04 | 19.24 | 18.80 | 104.14 | 33.78 | 70.36 | 8.82 | 2.36 | 6.46 |
| 2006 | 46.50 | 21.37 | 25.12 | 127.14 | 43.76 | 83.38 | 11.09 | 3.60 | 7.48 |
| 2007 | 46.96 | 20.35 | 26.60 | 125.49 | 41.54 | 83.95 | 10.45 | 3.07 | 7.39 |
| 增长率（%） | 1.0 | −4.8 | 5.9 | −1.3 | −5.1 | 0.7 | −5.7 | −14.9 | −1.3 |

三峡库区排放废水量最大的是四川，其次为重庆、贵州、云南、湖北；化学需氧量排放最大的是四川，其次为重庆、贵州、云南、湖北，见图21。

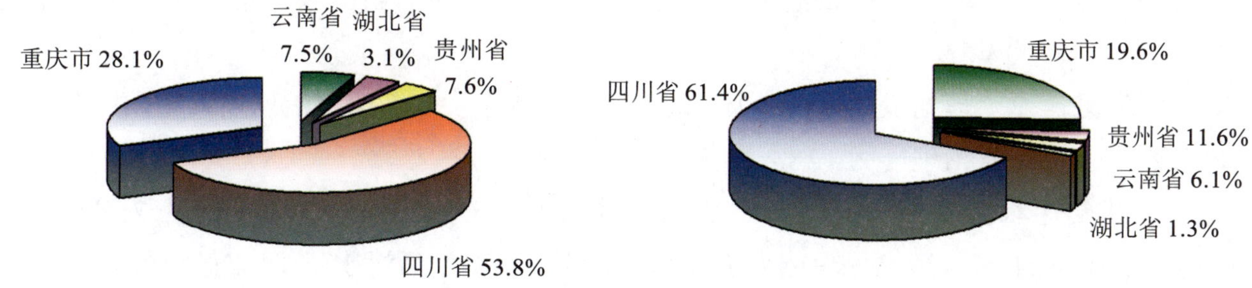


**图 21　三峡库区省市废水及化学需氧量排放构成情况**

### （2）废水及污染物治理与投资情况

2007 年，三峡地区工业废水治理施工项目 450 个，竣工项目 397 个，工业废水治理项目完成投资 15.6 亿元，占全国工业废水治理项目完成投资额的 7.9%。工业废水治理竣工项目新增设计处理能力 199.5 万吨 / 日。

2007 年，三峡地区共处理工业废水 36.0 亿吨，工业废水排放达标率为 91.0%。

2007 年，三峡地区纳入统计的污水处理厂 126 座，比上年增加 46 座，共形成 595 万吨 / 日的处理能力，处理生活污水 12.7 亿吨 / 年。生活污水处理率 47.6%，低于全国平均水平 1.5 个百分点。

## 1.2.7　“南水北调”东线工程沿线接纳废水及主要污染物情况

“南水北调”东线工程途经 6 个地区的 23 个市（地级市）、105 个县（县级市、县城和区），见图 22。

**图 22　南水北调线路示意图**

沿线重点调查工业企业 7 983 家，排放工业废水 19.0 亿吨，排放工业化学需氧量 37.3 万吨、工业氨氮 3.5 万吨，排放石油类、重金属等其他污染物 1 400 吨。沿线各地区工业废水平均排放达标率为 96.9%。

沿线工业废水治理施工项目 609 个，竣工项目 556 个，工业废水治理项目完成投资额 24.3 亿元，新增工业废水治理能力 138.1 万吨 / 日。

沿线生活污水排放 23.3 亿吨，生活化学需氧量为 65.8 万吨，生活氨氮为 7.9 万吨。沿线污水处理厂 121 座，污水处理能力 774 万吨 / 日，处理生活污水量 14.1 亿吨。生活污水平均处理率为 60.8%，高于全国平均水平 11.7 个百分点。

### 1.2.8 入海陆源废水及主要污染物排放情况

2007 年，入海陆源的统计范围为我国沿海 11 个地区的 163 个县（区、市）。四大海域的重点调查工业企业为 21 192 家，占全国重点调查统计工业企业的 19.9%。

表 8 近岸海域主要污染物接纳情况

| 年　度 | 废水（亿吨） | | | 化学需氧量（万吨） | | | 氨氮（万吨） | | |
|---|---|---|---|---|---|---|---|---|---|
| | 总计 | 工业 | 生活 | 总计 | 工业 | 生活 | 总计 | 工业 | 生活 |
| 2003 | 74.6 | 34.4 | 40.2 | 168.4 | 56.4 | 112.0 | 16.4 | 3.9 | 12.5 |
| 2004 | 85.3 | 37.5 | 47.8 | 166.8 | 53.4 | 113.4 | 16.6 | 3.6 | 13.0 |
| 2005 | 91.7 | 40.3 | 51.4 | 179.9 | 63.4 | 116.5 | 18.6 | 4.5 | 14.1 |
| 2006 | 100.4 | 43.1 | 57.3 | 196.1 | 61.5 | 134.6 | 19.5 | 4.2 | 15.3 |
| 2007 | 97.2 | 42.6 | 54.6 | 180.5 | 62.7 | 117.8 | 17.0 | 3.6 | 13.4 |
| 增长率（%） | −3.2 | −1.2 | −4.7 | −8.0 | 2.0 | −12.5 | −12.8 | −14.3 | −12.4 |

我国四大海域入海陆源的废水排放总量为 97.2 亿吨，比上年减少 3.2%。其中，工业废水排放量为 42.6 亿吨，比上年减少 1.2%，占入海陆源废水排放总量的 43.8%；直排海的工业废水量为 15.1 亿吨。生活污水排放量为 54.6 亿吨，比上年减少 4.7%，占入海陆源废水排放总量的 56.2%。工业废水接纳量最大的海域是东海，生活污水接纳量最大的海域是南海，见表 8、图 23。

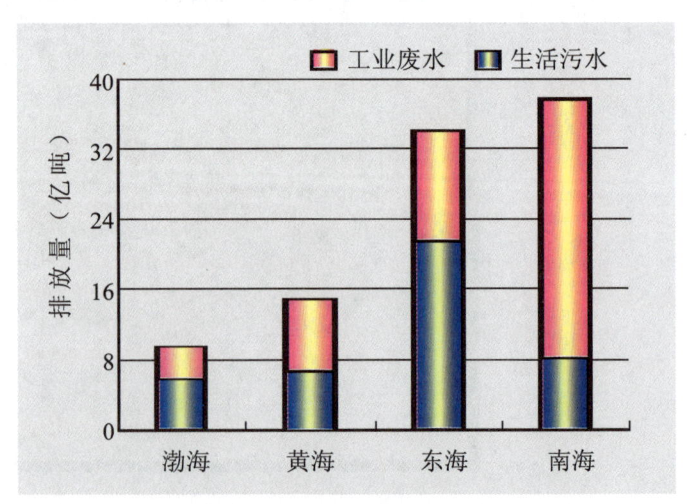


图 23 四大海域入海陆源废水排放情况

四大海域入海陆源排放的化学需氧量为180.5万吨，比上年减少8.0%。其中，工业化学需氧量62.7万吨，比上年增加2.0%，占化学需氧量排放量的34.7%；生活化学需氧量117.8万吨，比上年减少12.5%，占化学需氧量排放量的65.3%。工业化学需氧量接纳量最大的海域是渤海，生活化学需氧量接纳量最大的海域是南海，见表8、图24。

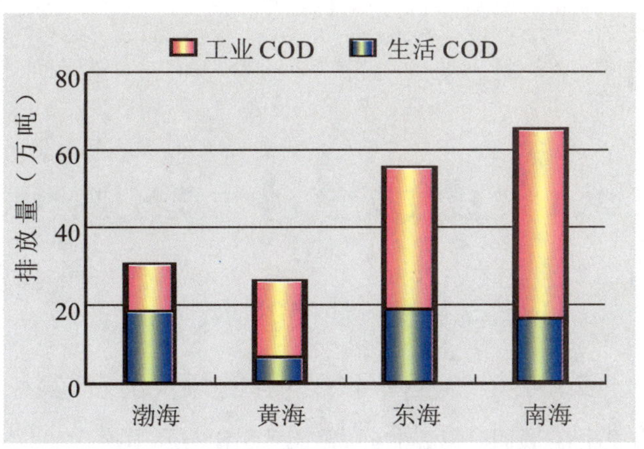


图24 四大海域入海陆源化学需氧量排放情况

四大海域入海陆源排放的氨氮17.0万吨，比上年减少12.8%。其中，工业氨氮为3.6万吨，比上年减少14.3%；生活氨氮为13.4万吨，比上年减少12.4%。工业氨氮接纳量最大的海域是东海，生活氨氮接纳量最大的海域是南海，见表8、图25。

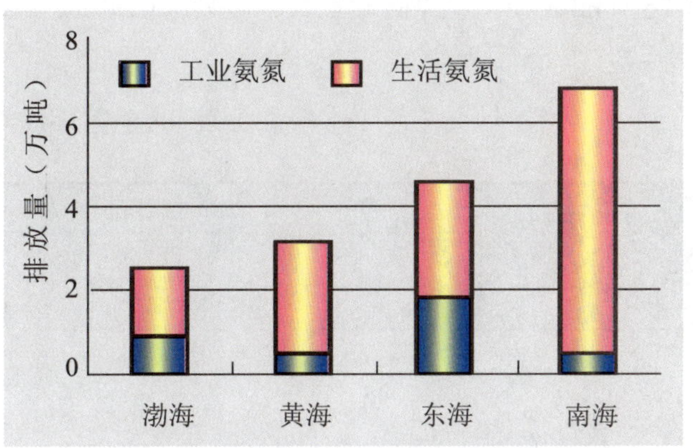


图25 四大海域入海陆源氨氮排放情况

四大海域入海陆源排放的石油类等其他污染物2 072吨，比上年增加12.9%，见图26。

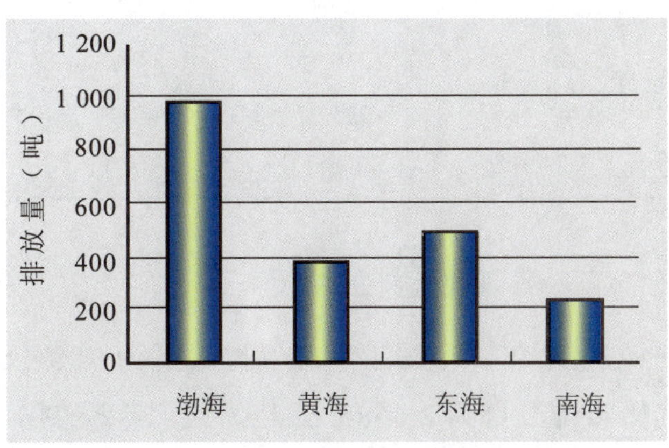


图26 四大海域入海陆源石油类等其他污染物排放情况

2007年，四大海域入海陆源共有废水治理设施16 022套，年运行费用86.8亿元，共去除化学需氧量197.2万吨，氨氮9.4万吨，石油类6.3万吨，挥发酚2 190吨，氰化物1 253吨。四大海域入海陆源工业废水治理施工项目1 210个，竣工项目1 024个，工业废水治理项目完成投资25.8亿元，占全国工业废水治理项目完成投资额的13.2%。工业废水治理竣工项目新增设计处理能力135.1万吨/日。工业废水排放达标率为92.8%，比上年下降0.9个百分点。

2007年，四大海域入海陆源纳入统计的污水处理厂204座，新增38座，共形成1 780.9万吨/日的处理能力，处理生活污水30.0亿吨/年。生活污水处理率为55.0%，高于全国平均水平5.9个百分点。

## 1.3 废气

### 1.3.1 废气及废气中主要污染物排放情况

#### （1）煤炭及燃料油使用情况

2007年，全国环境统计的煤炭消费总量28.5亿吨，比上年增加13.9%。工业煤炭消费量26.6亿吨，比上年增加15.8%。其中，工业煤耗中燃料煤消费量为18.8亿吨，原料煤消费量为7.9亿吨；生活煤炭消费量1.9亿吨，比上年减少7.1%；工业（不含车船用）共消耗燃料油3 207万吨，比上年增加20.3%。其中，重油2 613万吨，柴油557万吨，见表9。

表9 全国环境统计煤炭、燃料油消耗量 单位：万吨

| 项目 / 年度 | 煤炭消耗量 | | | | 燃料油消费量（不含车船用） | | |
|---|---|---|---|---|---|---|---|
| | 合计 | 工业 | | 生活 | 合计 | | |
| | | 燃料煤 | 原料煤 | | | 重油 | 柴油 |
| 2001 | 142 217 | 91 234 | 30 571 | 20 412 | 2 646 | 2 034 | 387 |
| 2002 | 152 812 | 97 264 | 36 524 | 19 024 | 2 773 | 2 043 | 495 |
| 2003 | 172 430 | 110 728 | 42 624 | 19 078 | 2 624 | 2 141 | 343 |
| 2004 | 195 611 | 125 972 | 50 026 | 19 613 | 2 734 | 2 295 | 365 |
| 2005 | 226 164 | 143 627 | 60 796 | 21 741 | 3 447 | 2 412 | 383 |
| 2006 | 250 452 | 162 089 | 67 987 | 20 376 | 2 666 | 2 049 | 571 |
| 2007 | 285 377 | 187 815 | 78 642 | 18 920 | 3 207 | 2 613 | 557 |
| 增长率（%） | 13.9 | 15.9 | 15.7 | －7.1 | 20.3 | 27.5 | －2.5 |

#### （2）二氧化硫排放情况

2007年，全国工业废气排放量为388 169亿米$^3$（标态），比上年增加17.3%。全国二氧化硫排放量为2 468.1万吨，比上年减少4.7%。其中，工业二氧化硫排放量为2 140.0万吨，比上年减少4.2%，占全国二氧化硫排放量的86.7%；生活二氧化硫排放量为328.1万吨，比上年减少6.6%，占全国二氧化硫排放量的13.3%，见表10、图27。

2007年，在全国GDP增加11.9%、煤炭消耗量增加13.9%的宏观经济形势下，在各级政府的积极推动下，污染减排工作取得重大进展，全国二氧化硫排放量“十一五”以来首次下降。

表 10 全国近年废气中主要污染物排放量 单位：万吨

| 年 度 | 二氧化硫 | | | 烟尘 | | | 工业粉尘 | 氮氧化物 | | |
|---|---|---|---|---|---|---|---|---|---|---|
| | 合计 | 工业 | 生活 | 合计 | 工业 | 生活 | | 合计 | 工业 | 生活 |
| 2001 | 1 947.8 | 1 566.6 | 381.2 | 1 069.8 | 851.9 | 217.9 | 990.6 | — | — | — |
| 2002 | 1 926.6 | 1 562.0 | 364.6 | 1 012.7 | 804.2 | 208.5 | 941.0 | — | — | — |
| 2003 | 2 158.7 | 1 791.4 | 367.3 | 1 048.7 | 846.2 | 202.5 | 1 021.0 | — | — | — |
| 2004 | 2 254.9 | 1 891.4 | 363.5 | 1 094.9 | 886.5 | 208.4 | 904.8 | — | — | — |
| 2005 | 2 549.3 | 2 168.4 | 380.9 | 1 182.5 | 948.9 | 233.6 | 911.2 | — | — | — |
| 2006 | 2 588.8 | 2 237.6 | 351.2 | 1 088.8 | 864.5 | 224.3 | 808.4 | 1 523.8 | 1 136.0 | 387.8 |
| 2007 | 2 468.1 | 2 140.0 | 328.1 | 986.6 | 771.1 | 215.5 | 698.7 | 1 643.4 | 1 261.3 | 382.0 |
| 增长率（%） | －4.7 | －4.4 | －6.6 | －9.4 | －10.8 | －3.9 | －13.6 | 7.8 | 11.0 | －1.5 |

注：我国从 2006 年开始统计氮氧化物排放量，生活排放量中含交通源排放的氮氧化物。

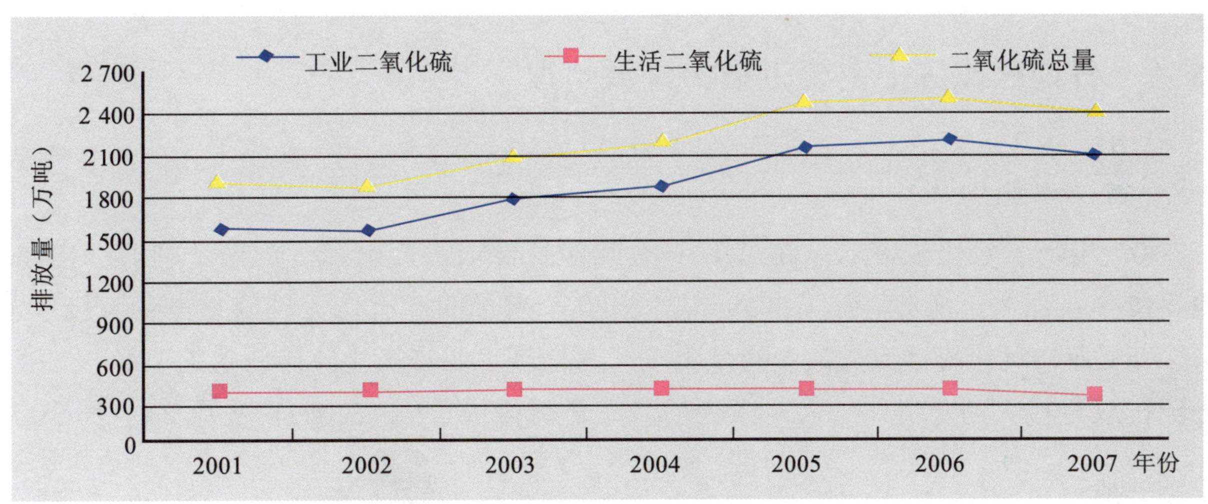


图 27 全国二氧化硫排放量年际变化

### （3）氮氧化物排放情况

2007 年，氮氧化物排放量为 1 643.4 万吨，比上年增加 7.8%。其中，工业氮氧化物排放量为 1 261.3 万吨，比上年增加 11.0%，占全国氮氧化物排放量的 76.7%；生活氮氧化物排放量为 382.0 万吨，比上年减少 1.5%，占全国氮氧化物排放量的 23.3%。其中交通源氮氧化物排放量为 276.7 万吨，占全国氮氧化物排放量的 16.8%。

### （4）烟尘及工业粉尘排放情况

2007 年，烟尘排放量为 986.6 万吨，比上年减少 9.4%。其中，工业烟尘排放量为 771.1 万吨，比上年减少 10.8%，占全国烟尘排放量的 78.2%；生活烟尘排放量为 215.5 万吨，比上年减少 3.9%，占全国烟尘排放量的 21.8%。

2007 年，工业粉尘排放量为 698.7 万吨，比上年减少 13.6%，见表 10、图 28。

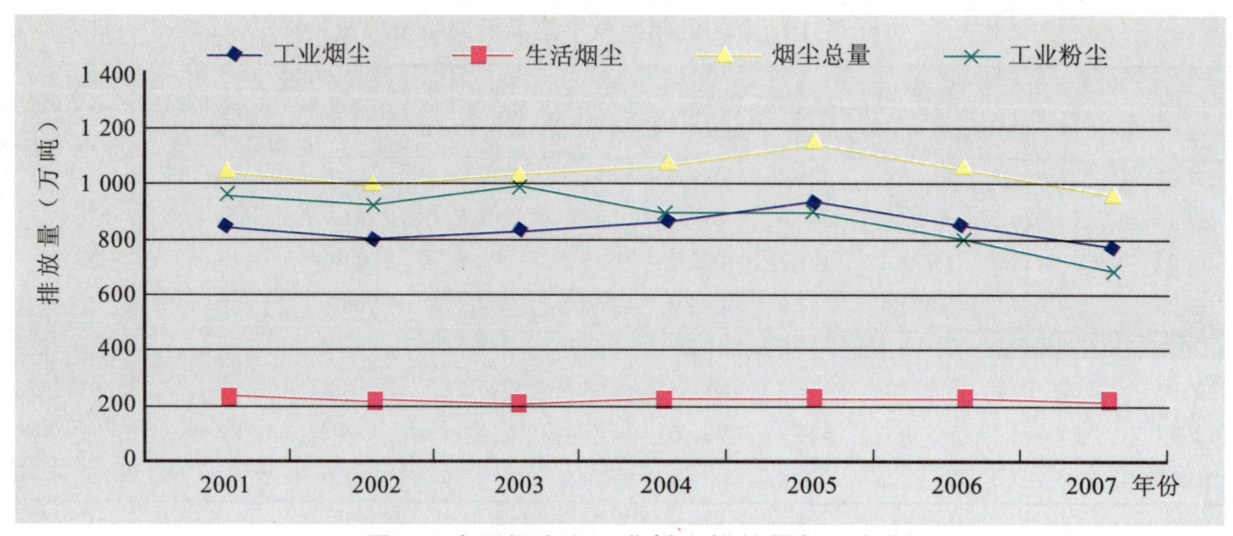

图28 全国烟尘和工业粉尘排放量年际变化

## 1.3.2 各地区废气中主要污染物排放情况

### （1）二氧化硫排放情况

2007年，二氧化硫排放量超过100万吨的省份依次为山东、河南、河北、内蒙古、山西、贵州、辽宁、江苏、广东和四川。这10个省份的二氧化硫排放量占全国排放量的56.4%。工业二氧化硫排放量最大的是山东，占全国工业二氧化硫排放量的7.4%；生活二氧化硫排放量最大的是贵州，占全国生活二氧化硫排放量的13.8%，见图29、图30。

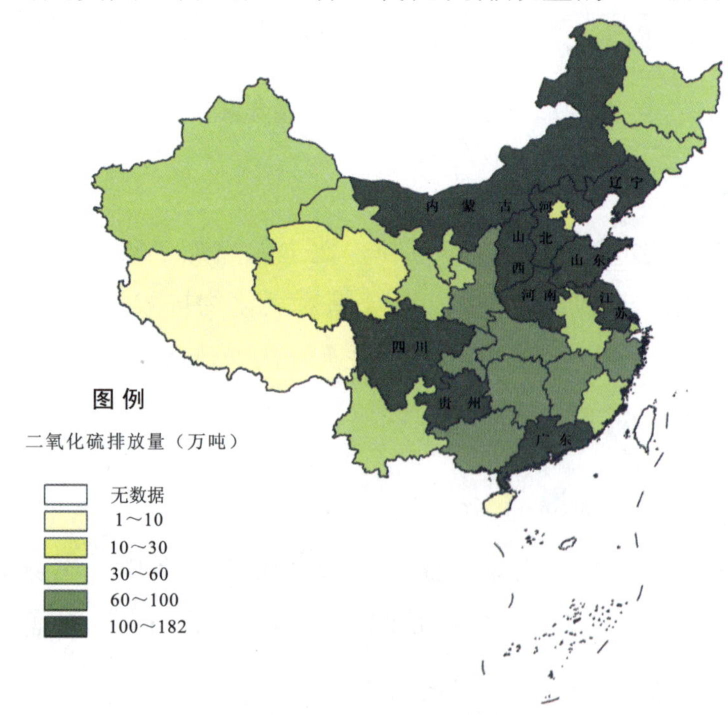

图29 全国二氧化硫排放地区分布

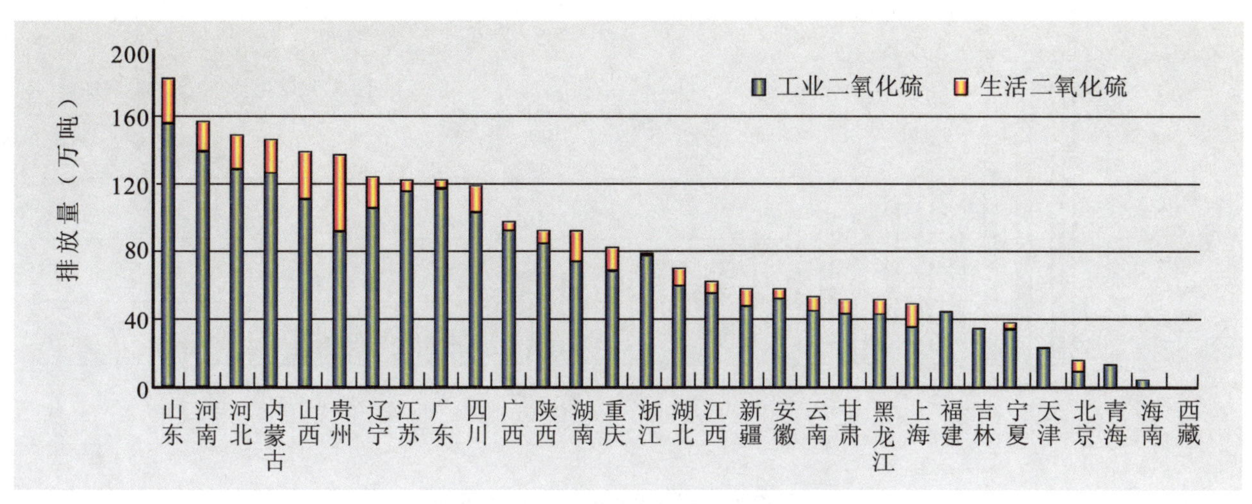


图30 各地区二氧化硫排放情况排序

### （2）氮氧化物排放情况

氮氧化物排放量超过100万吨的省份依次为广东、山东、河北、江苏和河南。这5个省份氮氧化物排放量占全国氮氧化物排放量的43.5%。工业和生活氮氧化物排放量最大的省份分别是河北和广东，分别占全国工业和生活氮氧化物排放量的8.3%和11.7%，见图31。

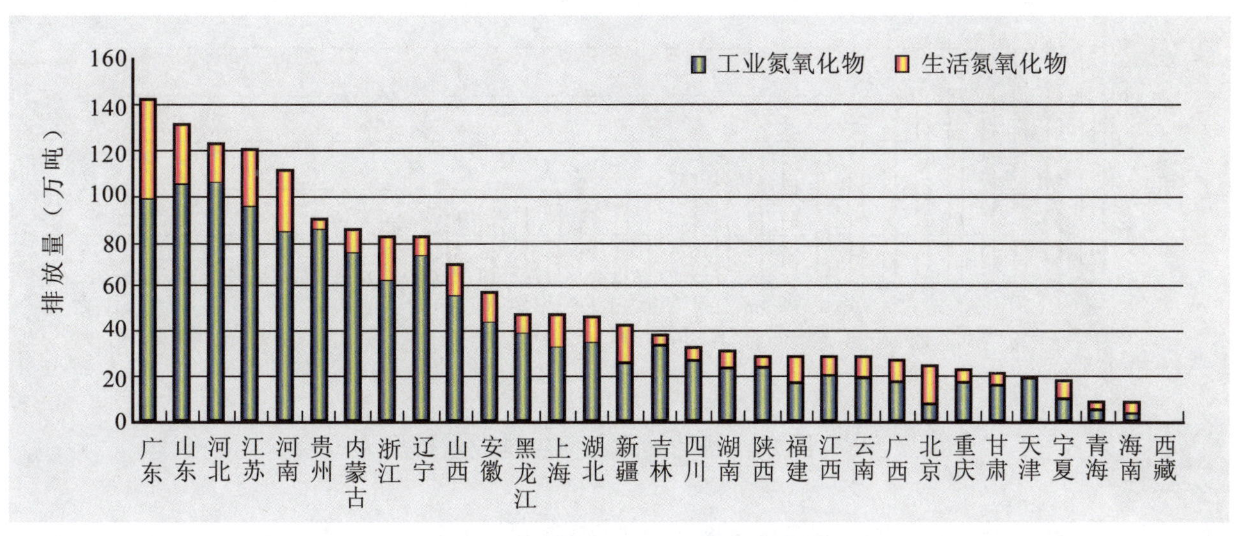


图31 各地区氮氧化物排放量排序

### （3）烟尘排放情况

烟尘排放量超过60万吨的省份依次为山西、辽宁、河南、内蒙古和河北。这5个省份烟尘排放量占全国烟尘排放量的37.0%。工业和生活烟尘排放量最大的省份分别是山西和辽宁，分别占全国工业和生活烟尘排放量的9.3%和10.6%，见图32。

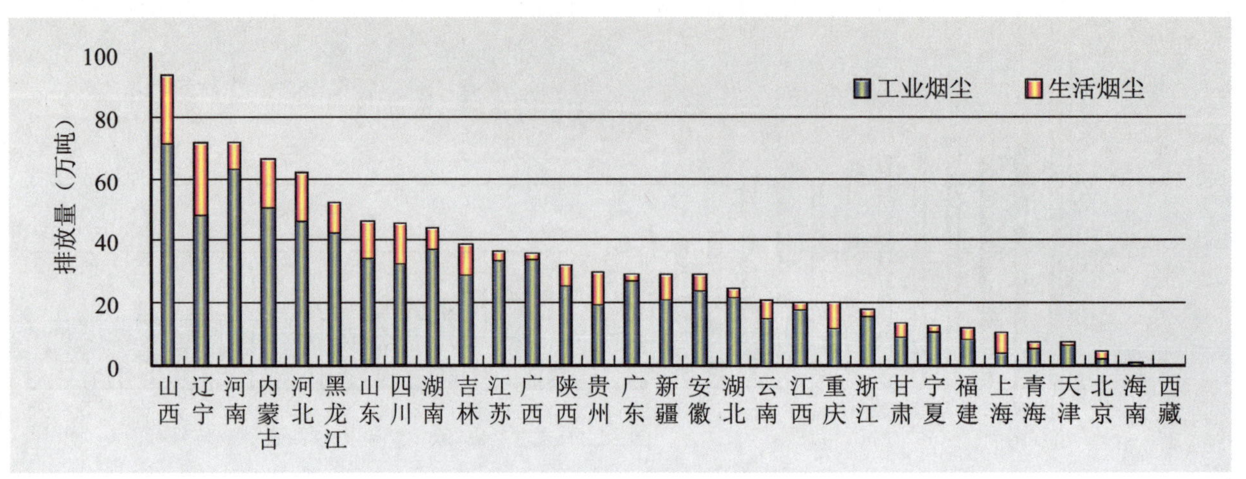


图 32 各地区烟尘排放量排序

### （4）工业粉尘排放情况

工业粉尘排放量超过 50 万吨的省份依次为湖南、山西和河北，其工业粉尘排放量占全国工业粉尘排放量的 25.5%，见图 33。

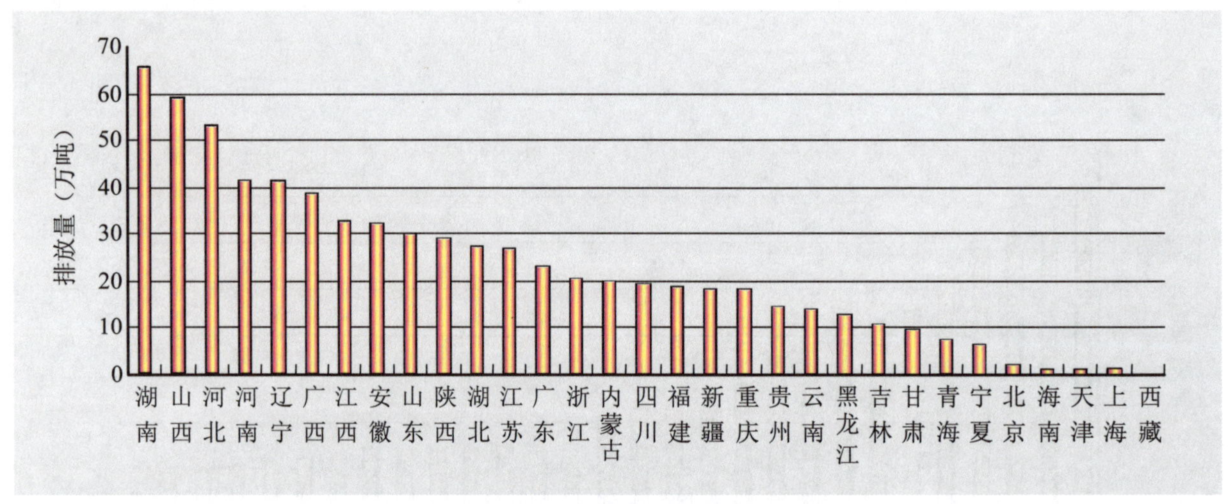


图 33 各地区工业粉尘排放量排序

## 1.3.3 工业行业废气中主要污染物排放情况

### （1）二氧化硫排放情况

2007 年，二氧化硫排放量位于前 3 位的行业依次为电力业、非金属矿物制品业、黑色金属冶炼业。这 3 类重污染行业共排放二氧化硫 1 492 万吨，占统计工业行业二氧化硫排放量的 75.7%，见图 34。

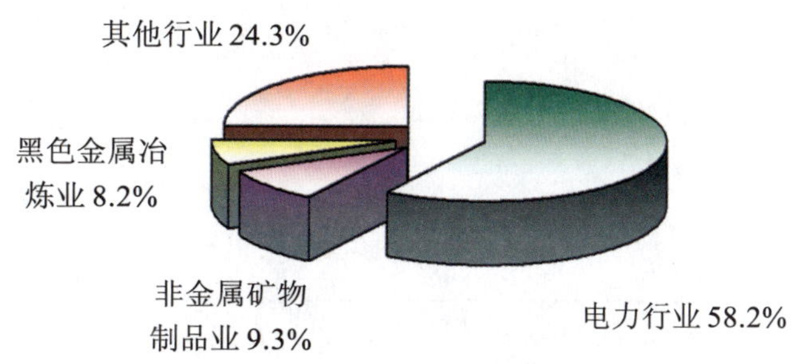


**图 34 工业行业二氧化硫排放情况**

由表 11、表 12 可见，与上年相比，这 3 类行业中，非金属矿物制品业和黑色金属冶炼业二氧化硫污染贡献率略有升高，电力业略有下降。非金属矿物制品业的经济贡献率持续下降。

**表 11 重污染行业二氧化硫污染贡献率年际变化** 单位：%

| 行 业 | 2001 年 | 2002 年 | 2003 年 | 2004 年 | 2005 年 | 2006 年 | 2007 年 |
|---|---|---|---|---|---|---|---|
| 电力业 | 53.5 | 54.9 | 61.7 | 57.1 | 58.9 | 59.0 | 58.2 |
| 非金属矿物制品业 | 11.6 | 11.4 | 9.5 | 9.8 | 9.0 | 9.1 | 9.3 |
| 黑色金属冶炼业 | 5.4 | 5.9 | 5.1 | 6.5 | 7.2 | 7.3 | 8.2 |
| 总计 | 70.5 | 72.2 | 76.3 | 73.4 | 75.1 | 75.4 | 75.7 |

**表 12 重污染行业经济贡献率年际变化** 单位：%

| 行 业 | 2001 年 | 2002 年 | 2003 年 | 2004 年 | 2005 年 | 2006 年 | 2007 年 |
|---|---|---|---|---|---|---|---|
| 电力业 | 5.7 | 6.4 | 5.7 | 5.2 | 4.8 | 5.1 | 6.0 |
| 非金属矿物制品业 | 5.9 | 4.5 | 4.1 | 4.3 | 3.7 | 3.4 | 3.3 |
| 黑色金属冶炼业 | 7.8 | 8.7 | 9.8 | 12.4 | 12.1 | 12.5 | 13.4 |
| 总计 | 19.4 | 19.6 | 19.6 | 21.9 | 20.6 | 21.0 | 22.7 |

“十五” 以来，这 3 类重污染行业二氧化硫排放强度均呈现一定幅度的下降趋势。特别是“十一五”以来，电力业二氧化硫排放强度下降尤为显著，见表 13、图 35。

**表 13 重污染行业二氧化硫排放强度变化趋势** 单位：吨 / 万元

| 行 业 | 2001 年 | 2002 年 | 2003 年 | 2004 年 | 2005 年 | 2006 年 | 2007 年 |
|---|---|---|---|---|---|---|---|
| 电力业 | 0.229 | 0.185 | 0.218 | 0.213 | 0.218 | 0.165 | 0.105 |
| 非金属矿物制品业 | 0.049 | 0.056 | 0.054 | 0.044 | 0.043 | 0.038 | 0.030 |
| 黑色金属冶炼业 | 0.017 | 0.015 | 0.012 | 0.010 | 0.010 | 0.008 | 0.007 |

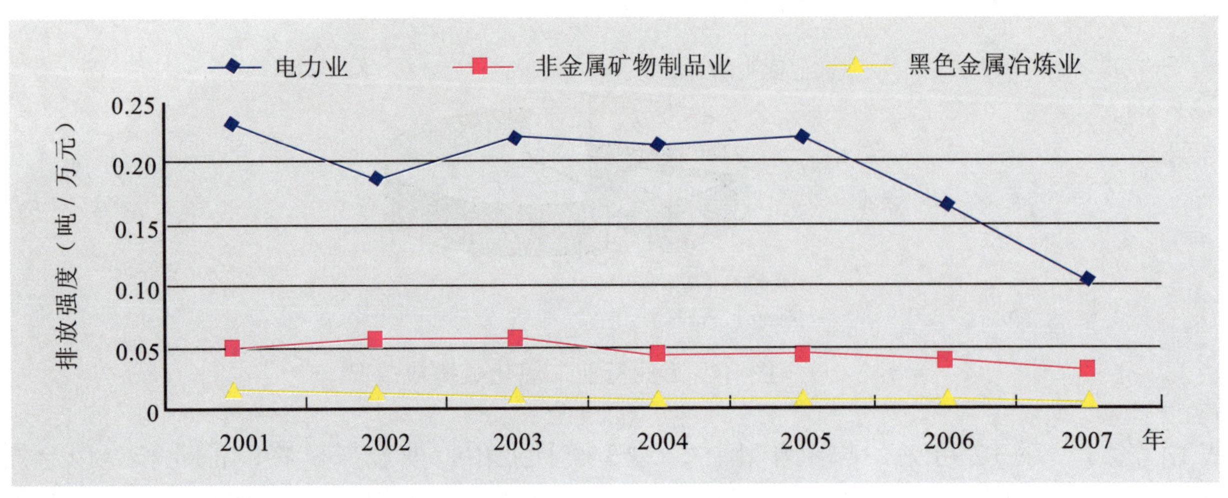


图 35　重污染行业二氧化硫排放强度变化趋势

### （2）氮氧化物排放情况

2007 年，氮氧化物排放量位于前 3 位的行业依次为电力业、非金属矿物制品业、黑色金属冶炼业。这 3 类行业占统计行业氮氧化物排放量的 79.2%，其中电力业占 64.3%，见图 36。

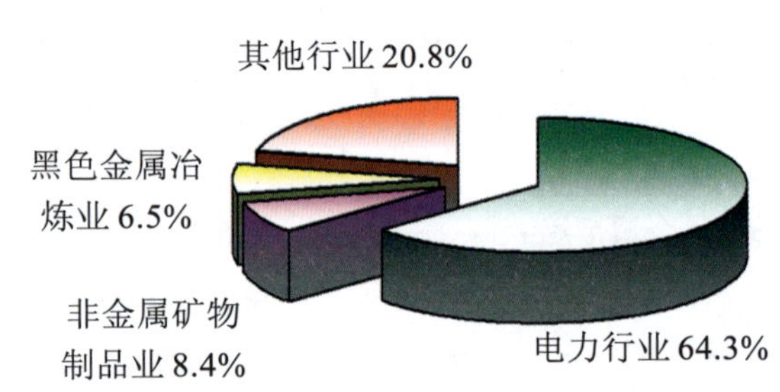


图 36　工业行业氮氧化物排放情况

### （3）烟尘排放情况

2007 年，烟尘排放量位于前 3 位的行业依次为电力业、非金属矿物制品业、黑色金属冶炼业，与上年相同。这 3 类行业占统计行业烟尘排放量的 68.1%，其中电力业占 42.7%，见图 37。

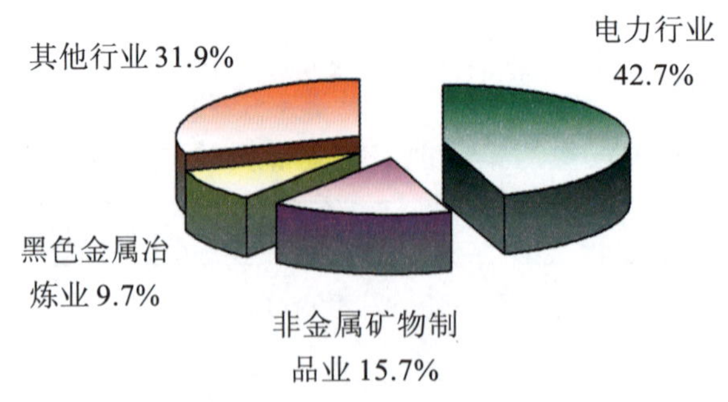


图 37　工业行业烟尘排放情况

**（4）工业粉尘排放情况**

2007 年，非金属矿物制品业和黑色金属冶炼业工业粉尘排放量占统计行业工业粉尘排放量的 86.0%。其中，非金属矿物制品业占 70.0%，黑色金属冶炼业占 16.0%，见图 38。

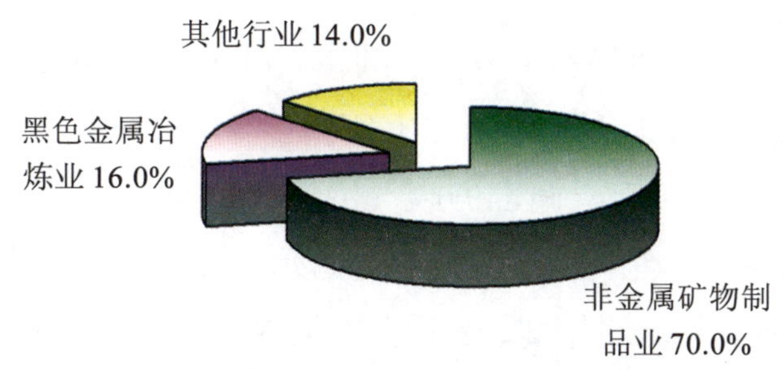


图 38 工业行业粉尘排放情况

## 1.3.4 火电厂二氧化硫排放情况

2007 年，纳入重点调查统计范围的电力企业 2 427 家。其中，独立火电厂 1 715 家，自备电厂 712 家。

独立火电厂共消耗燃料煤 12.5 亿吨，占全国工业煤炭消耗量的 46.9%。二氧化硫排放量为 1 099 万吨，比上年减少 4.8%，占全国工业二氧化硫排放量的 51.4%。独立火电厂二氧化硫排放量位于前 5 位的省份依次为山东、河南、内蒙古、贵州和河北，占全国独立火电厂二氧化硫排放量的 35.5%。全国独立火电厂二氧化硫排放量排序见图 39。

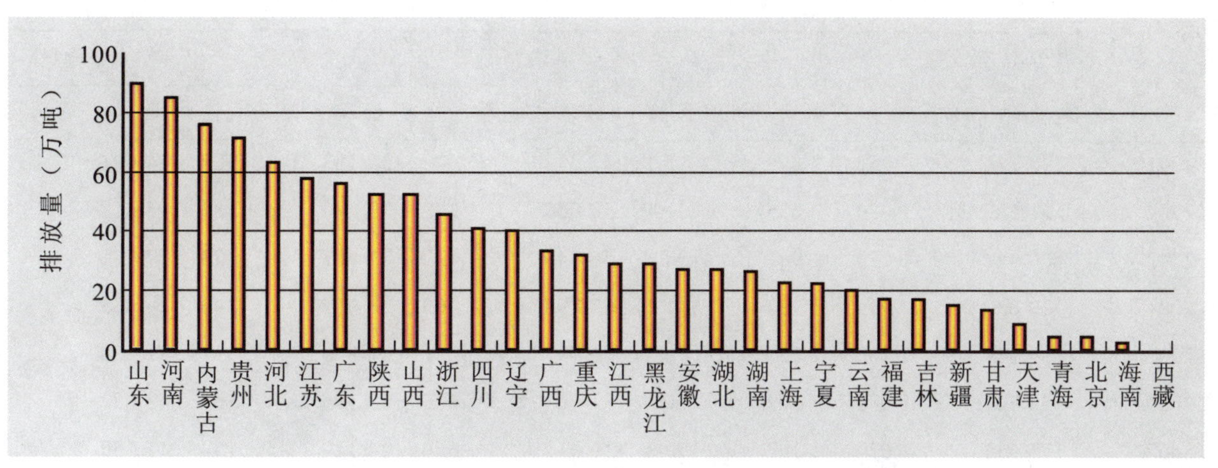


图 39 各地区独立火电厂二氧化硫排放量排序

在 1 715 家独立火电厂中，共安装了 2 618 套脱硫设施，比上年增加 321 套。去除二氧化硫 819 万吨，比上年增加 101.2%，去除率达到 42.7%，比上年升高 16.7 个百分点。

## 1.3.5 北京市废气及废气中主要污染物排放情况

2007 年，北京市工业废气排放量为 5 146 亿米$^3$（标态），比上年增加 10.9%。二氧化硫排放量为15.2万吨，比上年减少13.6%。其中，工业二氧化硫排放量为8.3万吨，比上年减少11.7%；生活二氧化硫排放量为6.9万吨，比上年减少15.9%。烟尘排放量为4.8万吨，比上年减少4.0%。其中，工业烟尘排放量为2.1万吨，比上年增加40.0%；生活烟尘排放量为2.8万吨，比上年减少20.0%。工业粉尘排放量为1.9万吨，比上年减少36.7%。

2007年，施工的废气治理项目86个，其中竣工83个。新增废气治理能力265万米$^3$/时（标态），废气治理投资3.4亿元。废气治理设施运行费用为11.4亿元，比上年增加130.9%；二氧化硫、烟尘以及工业粉尘的排放达标率分别为99.8%、99.1%、100%。

## 1.4 工业固体废物

### 1.4.1 工业固体废物产生、排放及利用情况

2007年，全国工业固体废物产生量175 632万吨，比上年增加15.9%；工业固体废物排放量1 197万吨，比上年减少8.1%。全国危险废物产生量1 079万吨，比上年略有减少；危险废物排放量0.1万吨，比上年减少99.5%，见表14。

表14 全国工业固体废物产生及处理情况 单位：万吨

| 年度 | 产生量 | | 排放量 | | 综合利用量 | | 贮存量 | | 处置量 | |
|---|---|---|---|---|---|---|---|---|---|---|
| | 合计 | 危险废物 | 合计 | 危险废物 | 合计 | 危险废物 | 合计 | 危险废物 | 合计 | 危险废物 |
| 2001 | 88 746 | 952 | 2 894 | 2.1 | 47 290 | 442 | 30 183 | 307 | 14 491 | 229 |
| 2002 | 94 509 | 1 000 | 2 635 | 1.7 | 50 061 | 392 | 30 040 | 383 | 16 618 | 242 |
| 2003 | 100 428 | 1 170 | 1 941 | 0.3 | 56 040 | 427 | 27 667 | 423 | 17 751 | 375 |
| 2004 | 120 030 | 995 | 1 762 | 1.1 | 67 796 | 403 | 26 012 | 343 | 26 635 | 275 |
| 2005 | 134 449 | 1 162 | 1 655 | 0.6 | 76 993 | 496 | 27 876 | 337 | 31 259 | 339 |
| 2006 | 151 541 | 1 084 | 1 302 | 20.0 | 92 601 | 566 | 22 398 | 267 | 42 883 | 289 |
| 2007 | 175 632 | 1 079 | 1 197 | 0.1 | 110 311 | 650 | 24 119 | 154 | 41 350 | 346 |
| 增长率（%） | 15.9 | －0.5 | －8.1 | －99.5 | 19.1 | 14.9 | 7.7 | －42.3 | －3.6 | 19.5 |

注：“综合利用量”和“处置量”指标中含有综合利用和处置往年量。

工业固体废物综合利用量110 311万吨，比上年增加19.1%；工业固体废物贮存量24 119万吨，比上年增加7.7%。其中危险废物贮存量154万吨，比上年减少42.3%；工业固体废物处置量41 350万吨，比上年减少3.6%，其中危险废物处置量346万吨，比上年增加19.7%，见图40。

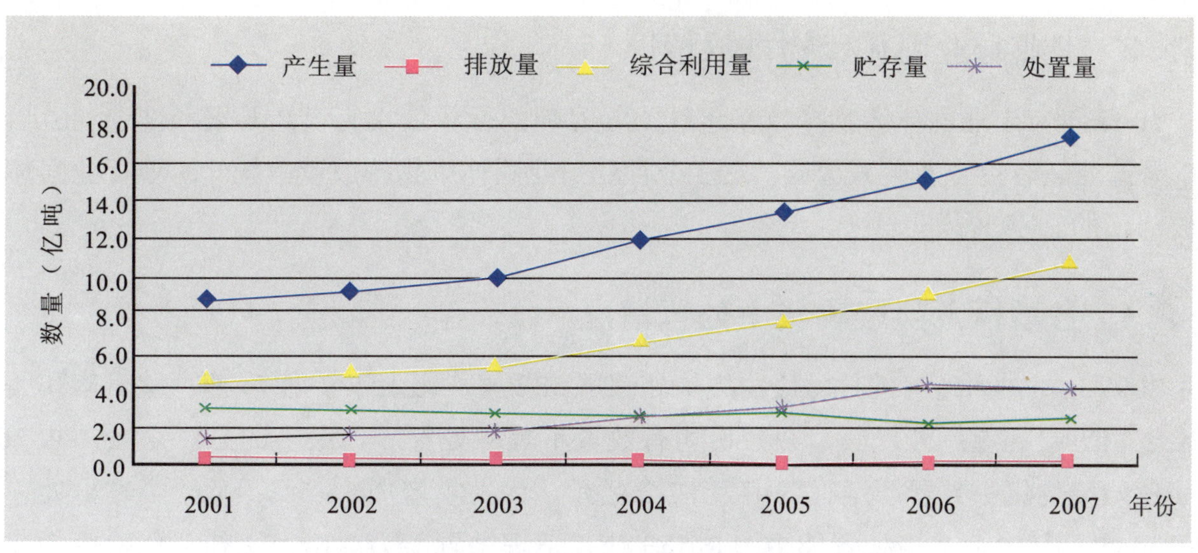


图40 全国工业固体废物产生、处理及排放量年际变化

工业固体废物产生量逐年上升，但由于工业固体废物处理量（包括综合利用量、贮存量和处置量）持续增加，使工业固体废物排放量逐年下降。

### 1.4.2 各地区工业固体废物排放及处理情况

2007年，工业固体废物排放量超过100万吨的省份依次为山西、四川、重庆。这3个省份的工业固体废物排放量占全国工业固体废物排放量的63.2%，见图41。

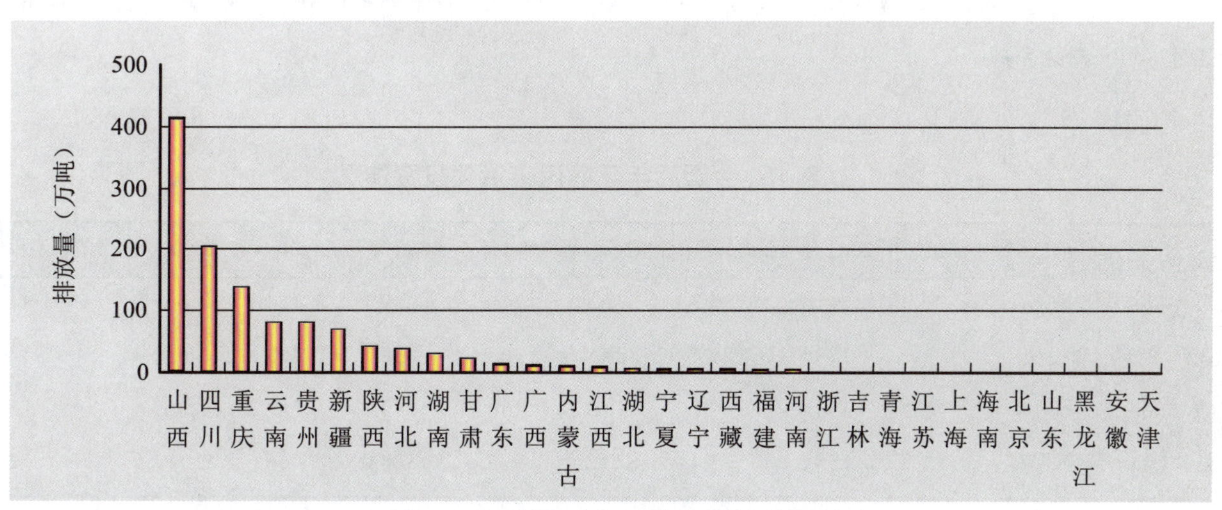


图41 各地区工业固体废物排放量排序

各省份工业固体废物处理率（经处理的工业固体废物占其产生量的比率）均较高，一般在95%以上，西藏、陕西的处理率低于90%。

### 1.4.3 工业行业固体废物排放情况

2007年，工业固体废物排放量超过100万吨的行业依次为煤炭开采和洗选业、黑色金属矿采选业、有色金属矿采选业。这3个行业工业固体废物排放量占统计工业行业固体废物排放总量的65.9%。

### 1.4.4 各地区危险废物集中处置情况

2007年，纳入统计的危险废物集中处置厂322座，比上年新增74座。除云南和西藏无危险废物集中处置厂外，其余各省份均有数量不等的处置厂，最多的是广东省，共76座。

危险废物集中处置厂运行费用为17.2亿元，比上年增加56.5%；危险废物日处置能力19 986吨。其中，焚烧处置能力为8 663吨，填埋处置能力为1 692吨；危险废物实际处置量为114.3万吨，比上年增加29.6%。其中，焚烧量78.2万吨，比上年增加53.9%，填埋量29.0万吨，比上年减少17.8%；危险废物综合利用量为91.0万吨，比上年增加169.7%。

## 1.5 环境污染治理投资情况

2007年，环境污染治理投资为3 387.6亿元，比上年增加32.0%，占当年GDP的1.36%。其中，城市环境基础设施建设投资1 467.8亿元，比上年增加11.6%；工业污染源治理投资552.4亿元，比上年增加14.2%；建设项目“三同时”环保投资1 367.4亿元，比上年增加78.2%，见表15。

表15 全国近年环境污染治理投资情况 单位：亿元

| 项　目 | 2001年 | 2002年 | 2003年 | 2004年 | 2005年 | 2006年 | 2007年 | 增长率（%） |
|---|---|---|---|---|---|---|---|---|
| 城市环境基础设施建设投资 | 595.7 | 785.3 | 1 072.4 | 1 141.2 | 1 289.7 | 1 314.9 | 1 467.8 | 11.6 |
| 工业污染源治理投资 | 174.5 | 188.4 | 221.8 | 308.1 | 458.2 | 483.9 | 552.4 | 14.2 |
| 建设项目“三同时”环保投资 | 336.4 | 389.7 | 333.5 | 460.5 | 640.1 | 767.2 | 1 367.4 | 78.2 |
| 投资总额 | 1 106.6 | 1 363.4 | 1 627.3 | 1 909.8 | 2 388.0 | 2 566.0 | 3 387.6 | 32.0 |

### 1.5.1 城市环境基础设施建设

2007年，在城市环境基础设施建设投资中，燃气工程建设投资160.4亿元，比上年增加3.4%；集中供热工程建设投资230.0亿元，比上年增加2.9%；排水工程建设投资410.0亿元，比上年增加23.7%；园林绿化工程建设投资525.6亿元，比上年增加22.5%；市容环境卫生工程建设投资141.8亿元，比上年减少19.3%。

2007年，燃气、集中供热、排水、园林绿化和市容环境卫生投资分别占城市环境基础设施建设总投资的10.9%、15.7%、27.9%、35.8%和9.7%，排水设施和园林绿化仍为城市环境基础设施建设投资的重点，见表16。

**表16 全国近年城市环境基础设施建设投资构成**　　单位：亿元

| 年　度 | 投资总额 | | | | | |
|---|---|---|---|---|---|---|
| | | 燃气 | 集中供热 | 排水 | 园林绿化 | 市容环境卫生 |
| 2001 | 595.73 | 75.48 | 81.98 | 224.46 | 163.24 | 50.56 |
| 2002 | 789.13 | 88.42 | 121.43 | 274.99 | 239.47 | 64.81 |
| 2003 | 1 072.36 | 133.46 | 145.82 | 375.16 | 321.94 | 95.99 |
| 2004 | 1 141.22 | 148.32 | 173.35 | 352.28 | 359.46 | 107.80 |
| 2005 | 1 289.70 | 142.37 | 220.19 | 368.03 | 411.32 | 147.79 |
| 2006 | 1 314.92 | 155.05 | 223.59 | 331.52 | 429.01 | 175.75 |
| 2007 | 1 467.81 | 160.37 | 230.03 | 410.01 | 525.56 | 141.84 |

### 1.5.2 工业污染源污染治理投资

2007年，在工业污染源污染治理投资中，废水治理资金196.1亿元，比上年增加29.7%；废气治理资金275.3亿元，比上年增加18.0%；工业固体废物治理资金18.3亿元，与上年持平；噪声治理资金1.8亿元，比上年减少39.4%。

2007年，废水、废气、固废、噪声以及其他污染要素治理投资，分别占工业污染源治理总投资的35.5%、49.8%、3.3%、0.3%和11.0%，废水和废气仍是工业污染的治理重点，见表17。

表 17 全国近年工业源污染治理投资构成 单位：万元

| 年 度 | 废水 | 废气 | 固体废物 | 噪声 | 其他 |
| --- | --- | --- | --- | --- | --- |
| 2001 | 729 214.3 | 657 940.4 | 186 967.2 | 6 424.4 | 164 733.7 |
| 2002 | 714 935.1 | 697 864.3 | 161 287.3 | 10 463.5 | 299 112.6 |
| 2003 | 873 747.7 | 921 222.4 | 161 763.4 | 10 139.2 | 251 408.3 |
| 2004 | 1 055 868.1 | 1 427 974.9 | 226 464.8 | 13 416.1 | 357 335.6 |
| 2005 | 1 337 146.9 | 2 129 571.3 | 274 181.3 | 30 613.3 | 810 395.9 |
| 2006 | 1 511 164.5 | 2 332 697.1 | 182 630.5 | 30 145.1 | 782 847.9 |
| 2007 | 1 960 721.8 | 2 752 642.2 | 182 531.9 | 18 278.6 | 606 837.9 |

### 1.5.3 建设项目“三同时”环保投资

2007 年，建设项目“三同时”环保投资 1 367.4 亿元，比上年增加 78.2%。其中，新建项目投资 924.8 亿元，比上年增加 58.1%；扩建项目投资 292.3 亿元，比上年增加 218.4%；技改项目投资 150.3 亿元，比上年增加 66.1%。

建设项目“三同时”环保投资占环境治理投资总额的比例为 40.4%，占建设项目投资总额的 5.0%，见表 18。

表 18 建设项目“三同时”投资情况

| 年 度 | 环保投资额（亿 元） | 占建设项目投资总额（%） | 占全社会固定资产投资总额（%） | 占环境治理投资总额（%） |
| --- | --- | --- | --- | --- |
| 2001 | 336.4 | 3.6 | 0.90 | 30.40 |
| 2002 | 389.7 | 5.2 | 0.90 | 28.58 |
| 2003 | 333.5 | 3.9 | 0.60 | 20.49 |
| 2004 | 460.5 | 3.9 | 0.65 | 24.13 |
| 2005 | 640.1 | 4.0 | 0.72 | 26.80 |
| 2006 | 767.2 | 1.0 | 0.70 | 29.88 |
| 2007 | 1 367.4 | 5.0 | 1.00 | 40.36 |

## 1.6 工业污染物排放达标情况

### 1.6.1 工业废水排放达标率

2007 年，全国工业废水排放达标率为 91.7%，比上年提高 1 个百分点。工业废水排放达标率高于 95% 的省份依次为天津、福建、山东、上海、北京、江苏和陕西，见图 42。

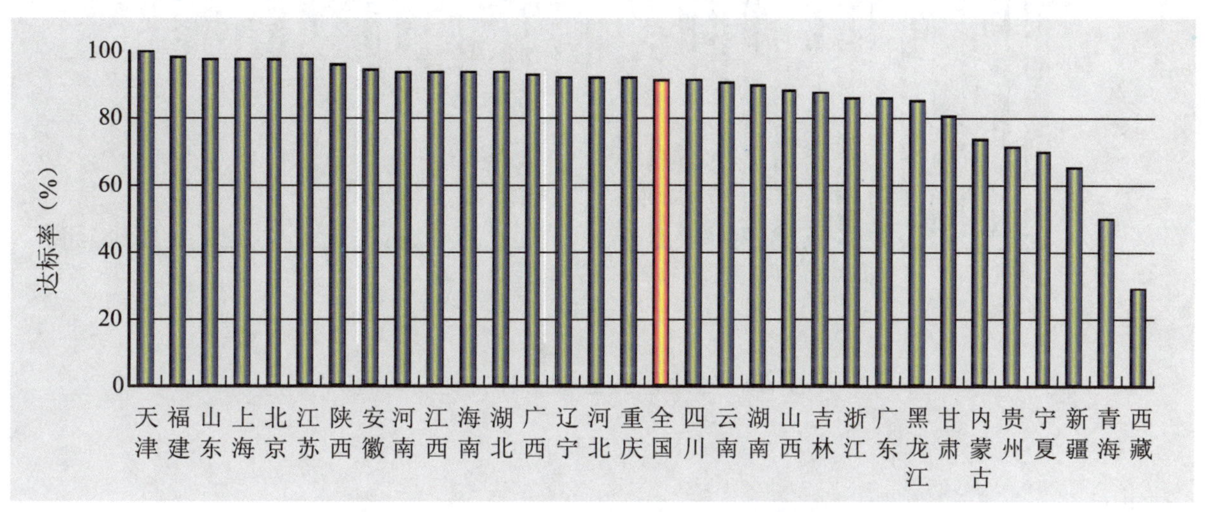


图 42 各地区工业废水排放达标率排序

### 1.6.2 工业二氧化硫排放达标率

2007 年，全国工业二氧化硫排放达标率为 86.3%，比上年提高 4.4 个百分点。工业二氧化硫排放达标率高于 95% 的省份依次为北京、天津、福建、浙江、山东、江苏和湖北，见图 43。

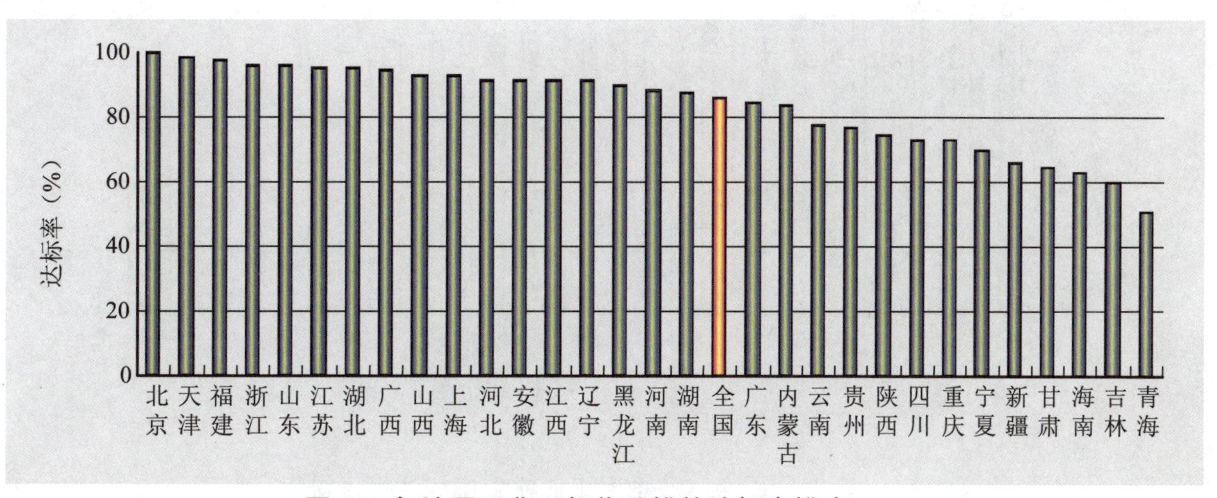


图 43 各地区工业二氧化硫排放达标率排序

### 1.6.3 工业烟尘排放达标率

2007 年，全国工业烟尘排放达标率为 88.2%，比上年提高 1.2 个百分点。达标率高于 95% 的省份依次为天津、北京、山东、上海、江苏、河北、安徽、福建和浙江，见图 44。

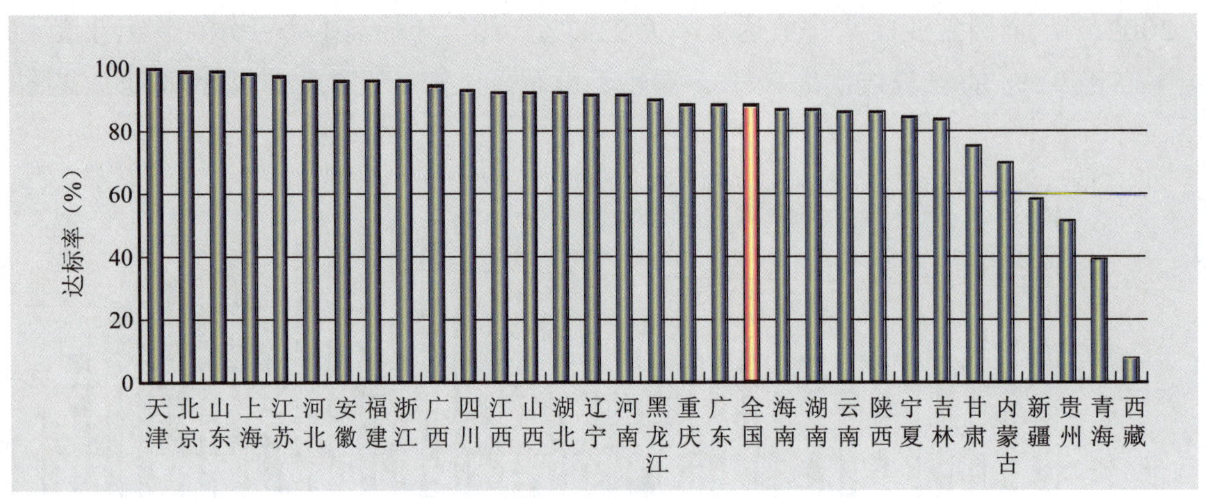


图 44 各地区工业烟尘排放达标率排序

### 1.6.4 工业粉尘排放达标率

2007 年，全国工业粉尘排放达标率为 88.1%，比上年提高 5.2 个百分点。高于 95% 的省份依次为北京、天津、山东、江苏、安徽、广西、福建、浙江、上海和河北，见图 45。

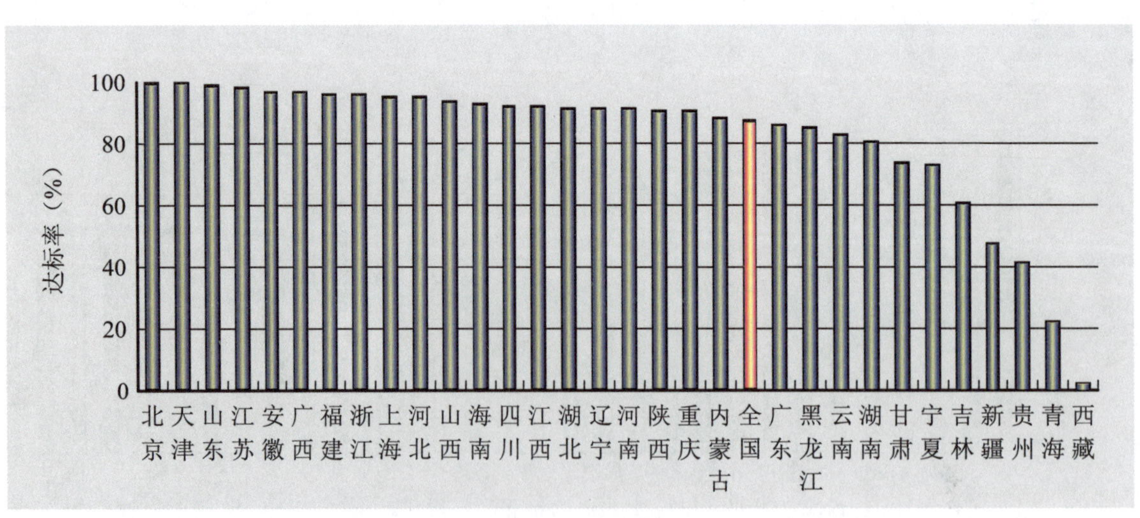


图 45 各地区工业粉尘排放达标率排序

## 1.6.5 工业氮氧化物排放达标率

2007年，全国工业氮氧化物排放达标率为77.5%，比上年下降2.1个百分点。高于95%的省份依次为西藏、福建、湖北、北京、海南、上海、山东和江苏，见图46。

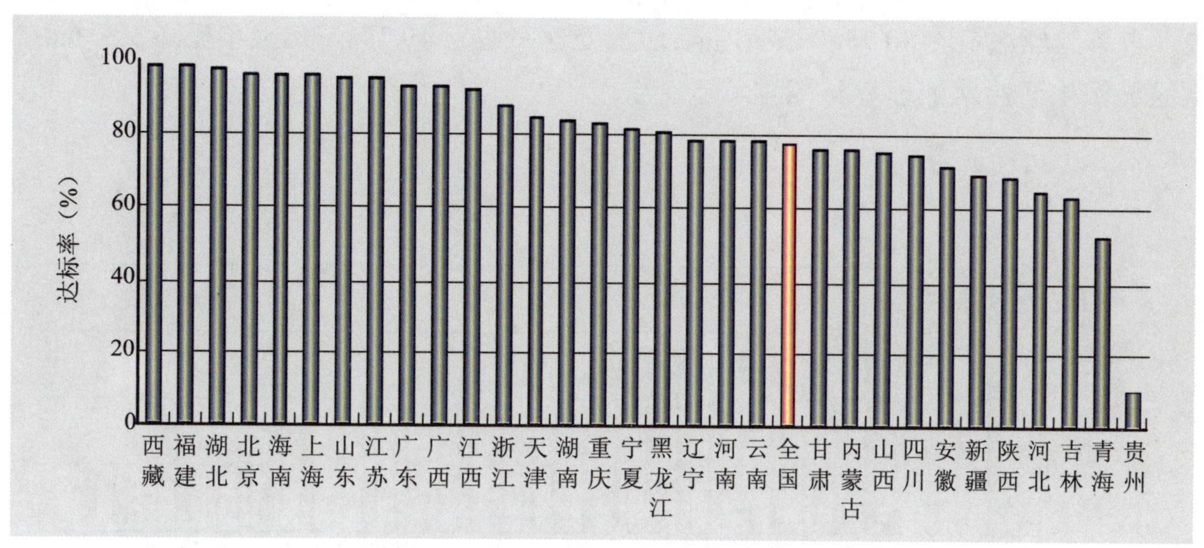


图46 各地区工业氮氧化物排放达标率排序

## 1.6.6 工业固体废物综合利用率

2007年，全国工业固体废物综合利用率为62.1%，比上年提高1.9个百分点。综合利用率高于90%的省份依次为天津、江苏、山东、上海和浙江，见图47。

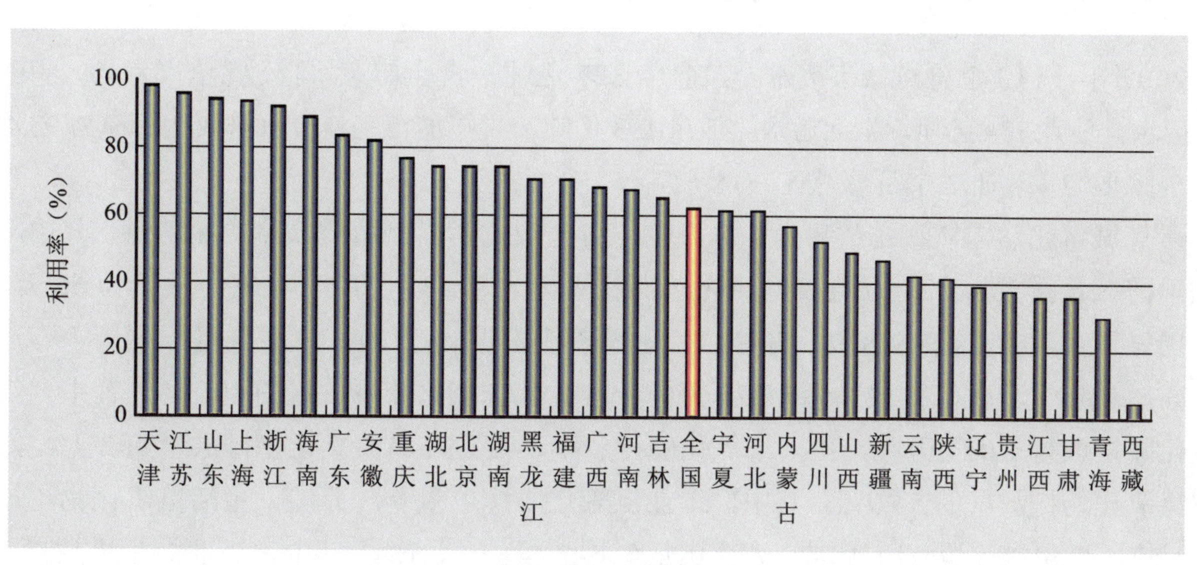


图47 各地区工业固体废物综合利用率排序

## 1.7 城镇生活污水处理情况

2007年，全国共统计1 258座城市污水处理厂，比上年增加319座；设计日处理能力7 579万吨，比上年新增1 209万吨。全年共处理废水190.4亿吨。其中，生活污水152.4亿吨，占总处理水量的80.1%。城镇生活污水处理率达到49.1%，比上年提高5.3个百分点。各地区城镇生活污水处理率见图48。

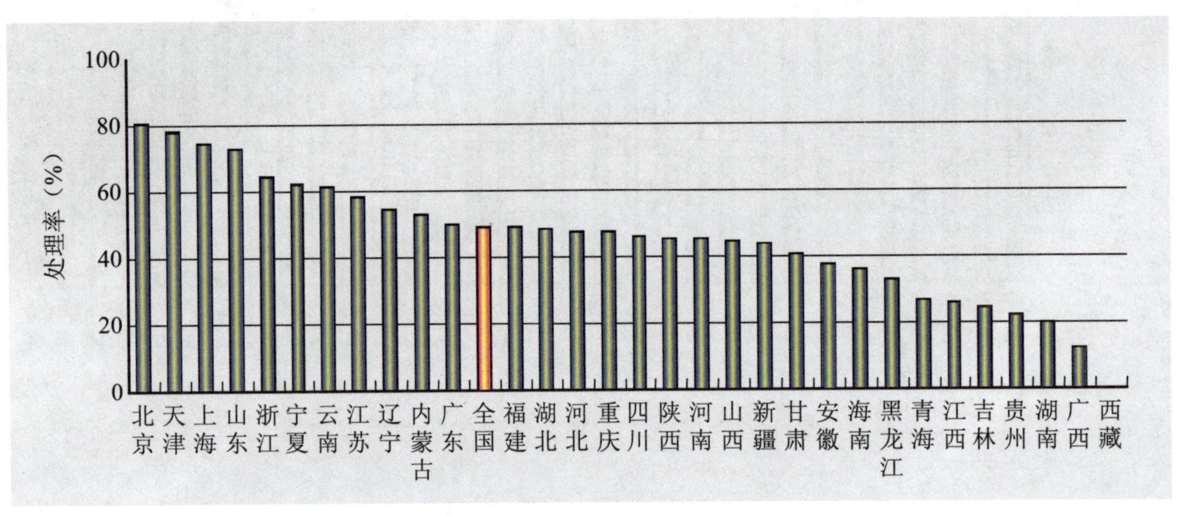


图48 各地区城镇生活污水处理率

## 1.8 重点城市主要污染物排放情况

2007年，113个重点城市废水排放量为327亿吨，占全国废水排放量的58.8%。其中，工业废水排放量134亿吨，生活污水排放量193亿吨。重点城市工业废水排放达标率为93.4%，高于全国平均水平1.7个百分点。

重点城市化学需氧量排放量为660万吨，占全国化学需氧量排放量的47.7%。其中，工业化学需氧量排放量227万吨，生活化学需氧量排放量433万吨。氨氮排放量为66万吨，占全国氨氮排放总量的49.8%。其中，工业氨氮排放量17万吨，生活氨氮排放量49万吨。

重点城市二氧化硫排放量为1 221万吨，占全国二氧化硫排放量的49.5%。其中，工业二氧化硫排放量1 079万吨，生活二氧化硫排放量142万吨。氮氧化物排放量902万吨，占全国氮氧化物排放量的54.9%。其中，工业氮氧化物排放量685万吨，生活氮氧化物排放量216万吨。烟尘排放量440万吨，占全国烟尘排放量的44.6%。其中，工业烟尘排放量348万吨，生活烟尘排放量93万吨。工业粉尘排放量299万吨，占全国工业粉尘排放量的42.9%。

工业固体废物排放量540万吨，占全国工业固体废物排放量的45.1%。

重点城市共有污水处理厂852座，城市生活污水处理率为62.8%，高出全国平均水平13.7个百分点。

## 1.9 医院主要污染物排放情况

2007年，纳入调查的县及县以上医院10 314家，共有196万张床位。废水排放量为3.8亿吨，化学需氧量排放量为5.3万吨，氨氮排放量为0.6万吨，医疗废物产生量为24.2万吨，放射源总数为2.5万枚。

调查的医院共设有9 946套废水处理设施，废水日处理能力为210万吨，废水处理率为95.4%，废水排放达标率为83.7%。

## 1.10 环境管理制度执行情况

### 1.10.1 环境信访

当前，环境问题已成为社会关注的热点问题。2007年，全国环保系统共收到群众来信12.3万封，涉及环境污染与生态破坏有关问题的有12.0万件。其中，反映水污染的有2.4万件，大气污染的有4.6万件，固体废物污染的有0.4万件，噪声污染的有4.1万件，反映“三产”等其他污染的有0.9万件。来信处理率94.2%。

群众来访4.4万批次，7.7万人次，涉及环境污染与生态破坏有关问题的有4.2万批次。其中，反映水污染的有1.0万批次，大气污染的有1.7万批次，固体废物污染的有0.1万批次，噪声污染的有1.2万批次，反映其他污染的有0.5万批次。来访处理率97.5%。

从来信来访数据可以看出，目前我国环境信访问题中，大气污染问题排在第一位，其次是噪声污染问题，水污染问题也比较突出，见表19。

各级人大、政协环保议案、提案为11 992件，已办理人大、政协环保议案、提案为11 726件。

表19 环境信访工作情况

| 年 度 | 来信总数（封） | 水污染（件） | 大气污染（件） | 固体废物污染（件） | 噪声与振动（件） | 来访批次（批） | 来访人次（次） |
|---|---|---|---|---|---|---|---|
| 2001 | 369 712 | 47 536 | 144 880 | 6 762 | 154 780 | 80 575 | 95 033 |
| 2002 | 435 420 | 47 438 | 160 332 | 7 567 | 171 770 | 90 746 | 109 353 |
| 2003 | 525 988 | 60 815 | 194 148 | 11 698 | 201 143 | 85 028 | 120 246 |
| 2004 | 595 852 | 68 012 | 234 569 | 10 674 | 254 089 | 86 892 | 130 340 |
| 2005 | 608 245 | 66 660 | 234 908 | 10 890 | 255 638 | 88 237 | 142 360 |
| 2006 | 616 122 | 73 133 | 242 298 | 8 538 | 263 146 | 71 287 | 110 592 |
| 2007 | 123 357 | 23 788 | 45 986 | 3 762 | 40 638 | 43 909 | 77 399 |

## 1.10.2 环境法制

2007年，国务院颁布了《全国污染源普查条例》、《民用核安全设备监督管理条例》、《国务院关于修改〈中华人民共和国防治海岸工程建设项目污染损害海洋环境管理条例〉的决定》；环境保护部（原国家环保总局）发布了《环境信息公开办法（试行）》、《环境监测管理办法》、《电子废物污染环境防治管理办法》、《排污费征收工作稽查办法》。

2007年，全国受理环境行政处罚案件10.9万起，环境行政复议案件521起，环境行政诉讼案件242起，环境犯罪案件6起。当年做出环境行政处罚决定的案件10.1万起，做出环境行政复议决定的案件435起，做出判决的环境行政诉讼案件199起，做出判决的环境犯罪案件3起，分别占当年受理案件的92.9%、83.5%、82.2%、50.0%。

## 1.10.3 机构建设

2007年，全国环保系统机构有11 932个。其中，国家级机构42个，省级机构345个，地市级环保机构1 818个，县级环保机构8 154个，乡镇环保机构1 573个。各级环保行政机构3 160个，各级环境监察机构2 954个，各级环境监测机构2 399个。

全国环保系统共有17.7万人。其中，环保机关人员4.4万人，占环保系统总人数的24.6%；环境监察人员5.7万人，占环保系统总人数的32.4%；环境监测人员4.9万人，占环保系统总人数的27.9%，见表20、图49。

表20 环保机关、监察机构、监测站年末实有人员情况

| 环境行政主管部门 | 年末实有人数（人） | 环保机关 | | 监察机构 | | 监测站 | |
|---|---|---|---|---|---|---|---|
| | | 实有人数（人） | 占本级环保人员总数的比例（%） | 实有人数（人） | 占本级环保人员总数的比例（%） | 实有人数（人） | 占本级环保人员总数的比例（%） |
| 2001 | 142 766 | 39 175 | 27.4 | 37 934 | 26.6 | 43 629 | 30.6 |
| 2002 | 154 233 | 40 709 | 26.4 | 41 878 | 27.2 | 46 515 | 30.2 |
| 2003 | 156 542 | 40 598 | 25.9 | 44 250 | 28.3 | 45 813 | 29.3 |
| 2004 | 160 246 | 42 134 | 26.3 | 47 189 | 29.4 | 45 849 | 28.6 |
| 2005 | 166 774 | 44 024 | 26.4 | 50 040 | 30.0 | 46 984 | 28.2 |
| 2006 | 170 290 | 44 141 | 25.9 | 52 845 | 31.2 | 47 689 | 28.2 |
| 2007 | 176 988 | 43 626 | 24.6 | 57 427 | 32.4 | 49 335 | 27.9 |
| 国家级 | 2 266 | 249 | 11.0 | 41 | 1.8 | 104 | 4.6 |
| 省　级 | 10 847 | 1 952 | 18.0 | 820 | 7.6 | 2 871 | 26.5 |
| 地市级 | 40 154 | 8 112 | 20.2 | 8 610 | 21.4 | 14 944 | 37.2 |
| 县　级 | 118 751 | 33 313 | 28.1 | 47 956 | 40.4 | 31 416 | 26.5 |

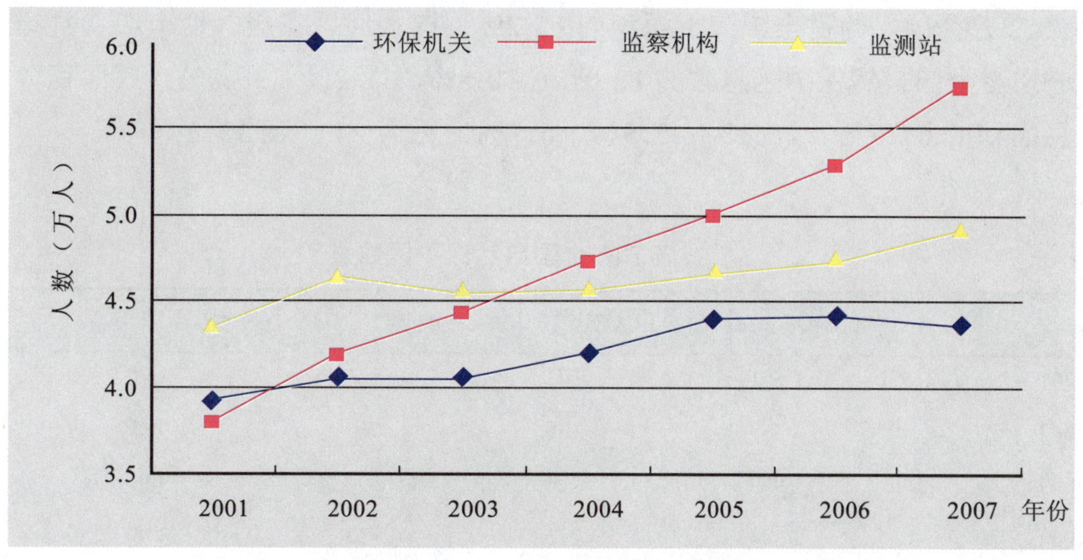

图49 环保机关、监察机构、监测站人员变化情况

## 1.10.4 环境科技

环境科技取得新进展。2007年，全国各地共完成课题研究1 822项，课题研究总经费达4.3亿元，比上年增加4.4%；99项课题研究荣获省部级以上科学技术奖励。其中，有7项获得国家级奖励。

2007年，我国从事环境科技活动人数达1.85万人，其中科技人员1.25万人，占67.5%。全年环境科研业务费支出5.5亿元。

2007年，我国环保产业单位达1.7万个，环保产业的从业人数为116万，环保产业的年收入为2 332.8亿元，环保产品的年销售产值为1 774.2亿元。

### 1.10.5 污染控制

2007年，全国完成强制性清洁生产审核项目1 430个。完成限期治理项目2.4万个，比上年增加17.2%，当年完成限期治理项目投资额326.4亿元，比上年增长37.2%。2007年，各级人民政府对严重浪费资源、污染环境、没有治理价值的25 733家企事业单位依法实行关停并转迁，减少了污染负荷，促进了产业结构的优化升级。

2007年，全国已发放排污许可证14.8万个，实施机动车环保检测车辆3 868万辆。已创建67个环保模范城市，共有617个城市参加了“城市环境综合整治定量考核”，占全国城市总数的94%。

### 1.10.6 自然生态保护

2007年，全国各类自然保护区共计2 531个，比上年增加136个。全国自然保护区面积15 188.2万公顷，约占全国国土面积的15.2%。国家级、省级、地市级、县级自然保护区个数分别占全国自然保护区总数的12.0%、30.8%、18.2%、39.0%，其面积分别占自然保护区总面积的61.7%、28.1%、3.5%、6.7%，见表21、表22。

表21 全国自然保护区数量

单位：个

| 年 度 | 自然保护区数 | 国家级 | 省 级 | 地市级 | 县 级 |
|---|---|---|---|---|---|
| 2001 | 1 551 | 171 | 526 | 269 | 585 |
| 2002 | 1 757 | 188 | 609 | 304 | 656 |
| 2003 | 1 999 | 226 | 654 | 340 | 779 |
| 2004 | 2 194 | 226 | 733 | 396 | 839 |
| 2005 | 2 349 | 243 | 773 | 421 | 912 |
| 2006 | 2 395 | 265 | 793 | 422 | 915 |
| 2007 | 2 531 | 303 | 780 | 462 | 986 |

表22 全国自然保护区面积 单位：万公顷

| 年 度 | 自然保护区面积 | 国家级 | 省 级 | 地市级 | 县 级 |
|---|---|---|---|---|---|
| 2001 | 12 989.0 | 5 903.8 | 5 725.9 | 423.2 | 936.0 |
| 2002 | 13 294.5 | 6 042.1 | 5 907.3 | 463.1 | 882.0 |
| 2003 | 14 398.0 | 8 871.3 | 3 995.6 | 429.0 | 1 102.1 |
| 2004 | 14 822.6 | 8 871.3 | 4 290.2 | 488.3 | 1 172.8 |
| 2005 | 14 994.9 | 8 898.9 | 4 487.0 | 501.5 | 1 107.5 |
| 2006 | 15 153.5 | 9 169.7 | 4 441.8 | 522.4 | 1 019.6 |
| 2007 | 15 188.2 | 9 365.6 | 4 260.1 | 537.6 | 1 024.9 |

## 1.10.7 环境影响评价

2007年，全国设立的建设项目数明显少于上年，与2003年基本持平。环境影响评价制度执行情况依然保持稳定，见图50。

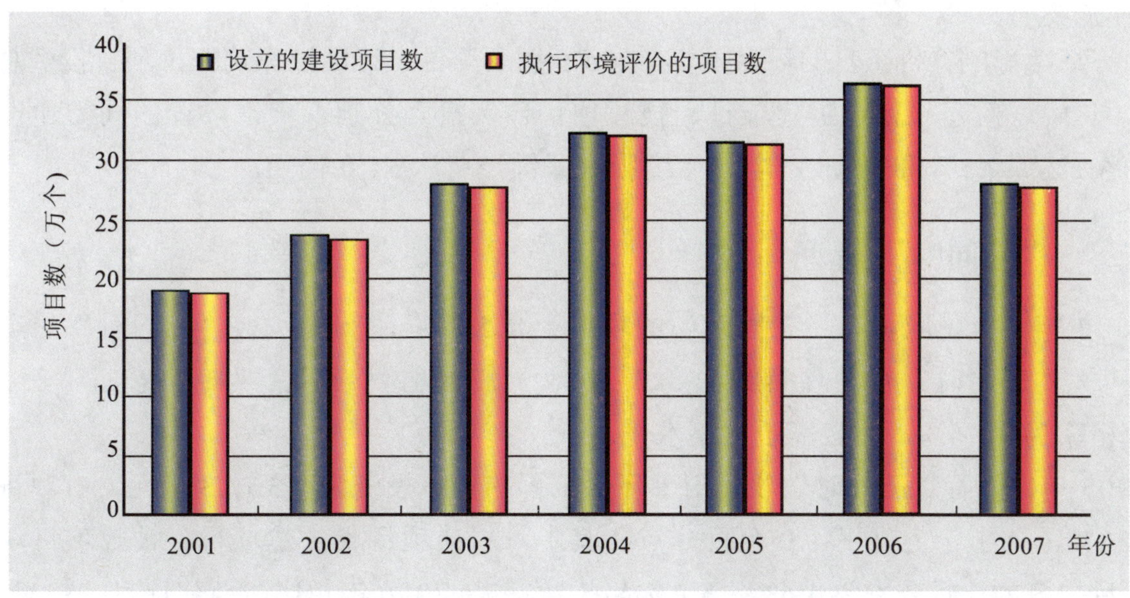


图50 全国建设项目执行环境影响评价制度情况

全国28.1万个建设项目中，有27.8万个执行了环境影响评价制度，环评执行率99.1%，其中，编制环境影响报告书、填报环境影响报告表和填报环境影响登记表的分别占5.5%、42.7%和51.8%，近年建设项目环境影响评价制度执行率变化情况见图51。

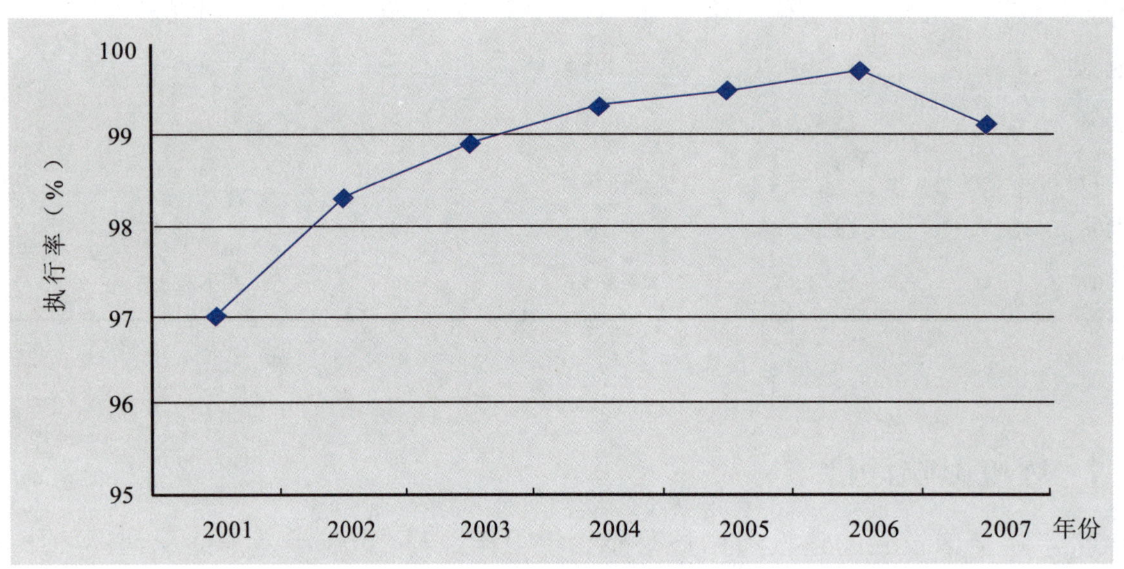


**图51　全国建设项目环境影响评价制度执行率**

申报环境影响评价项目的环保投资7 715.6亿元，占申请环境影响评价项目投资总额的6.1%。其中，新建项目、扩建项目、技改项目环保投资分别占申请环评的同类建设项目总额的6.2%、4.5%和9.8%。全国环境影响评价经费达34.0亿元。

### 1.10.8　“三同时”管理

2007年，全国应执行“三同时”的项目为8.5万项，实际执行“三同时”的项目为8.4万项，“三同时”合格项目数为8.3万项。“三同时”合格率为97.9%，“三同时”执行合格率为96.6%，明显高于上年水平。

2007年，执行“三同时”项目用于环保工程的实际投资为1 367.3亿元，占项目总投资的5.0%，比上年上升了4.0个百分点。其中，新建项目、扩建项目、技改项目环保投资占项目投资的比重分别为4.6%、5.9%和7.1%，与2006年相比，新建项目、扩建项目、技改项目的环保投资占项目总投资的比重分别上升了3.7个、3.6个和5.3个百分点。全国历年实际执行“三同时”建设项目环保投资情况见图52。

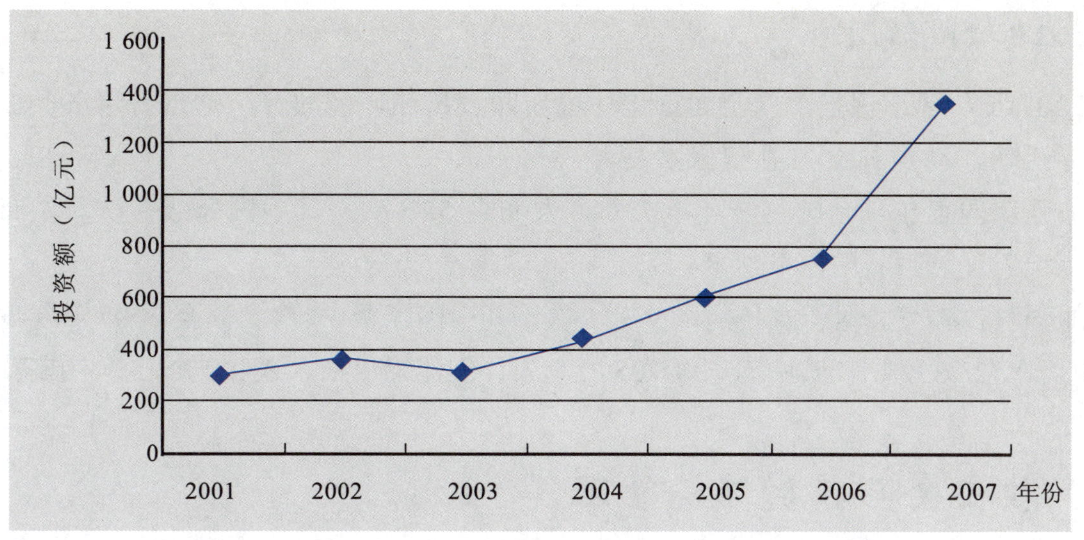


**图 52　全国实际执行“三同时”建设项目环保投资情况**

## 1.10.9 排污收费

2007 年，全国排污费开征单位 647 335 户，征收总额 178 亿元。排污费解缴入库单位 635 721 户，入库金额 174 亿元。其中，污水类解缴入库 348 111 户，入库金额 36 亿元；废气类解缴入库 251 895 户，入库金额 131 亿元；噪声类解缴入库 94 972 户，入库金额 9 亿元；危险废物解缴入库 6 258 户，入库金额 3 亿元。见表 23。

**表 23　排污费收入情况表**

| 项 目 | 户数（户） | 金额（万元） |
|---|---|---|
| 排污费解缴入库合计 | 635 721 | 1 735 957 |
| 污水类 | 348 111 | 361 356 |
| 废气类 | 251 895 | 1 314 429 |
| 噪声类 | 94 972 | 93 433 |
| 危险废物 | 6 258 | 28 365 |

### 1.10.10 环境宣教

2007 年，环境保护部门全面推进环境新闻宣传和环境教育，通过开展各类面向社会宣传教育活动，动员社会各界积极参与环境保护。

加强新闻宣传。全国召开环境类新闻发布会 526 次，其中国家级 9 次。发布环境类新闻通稿 5.7 万篇，其中国家级 84 篇。

加强宣传教育。组织宣传活动 9 321 次，其中国家级 33 次。截至 2007 年年底，累计创建绿色学校 25 332 所，其中国家级 705 所。累计创建绿色社区 8 429 个，其中国家级 236 个。

## 1.11 核安全与辐射环境管理

### 1.11.1 全国辐射环境质量

2007 年，全国辐射环境质量总体良好。环境电离辐射水平基本保持稳定状态，核设施、核技术利用活动周围环境辐射水平为正常环境水平；环境电磁辐射水平总体情况较好，除个别大功率发射设施局部环境综合场强略超国家标准外，其他电磁辐射设施设备周围电磁辐射水平满足国家标准。

环境电离辐射　环境 $\gamma$ 辐射空气吸收剂量率、气溶胶和沉降物总放、空气中氚化水浓度符合环境正常水平；七大江河水系、京杭运河、重要的国界河流、主要湖泊和水库各放射性核素浓度水平未发生变化，天然放射性核素浓度与 1983 — 1990 年全国环境天然放射性水平处于同一量级。开展监测的饮用水总 $\alpha$、总 $\beta$ 放射性均低于《生活饮用水卫生标准》（GB 5749 — 2006）规定，近岸海域锶 -90 和铯 -137 浓度均在《海水水质标准》（GB 3097 — 1997）限值内。土壤中放射性核素含量水平未发生变化，天然放射性核素比活度与 1983 — 1990 年全国环境天然放射性水平处于同一量级。

核电厂周围环境电离辐射　浙江秦山核电基地、广东大亚湾 / 岭澳核电厂和江苏田湾核电厂安全、正常运行，外围环境陆地 $\gamma$ 辐射空气吸收剂量率年均值分别为 102 纳戈 / 时、119 纳戈 / 时、98 纳戈 / 时（未扣除宇宙射线响应值），处于所在地区的天然本底涨落范围内。浙江秦山核电基地周围关键居民点部分环境介质中氚含量有所升高，广东大亚湾 / 岭澳核电厂排放口附近海域海水氚浓度高于对照点，但其对公众产生的附加剂量贡献很小，低于国家规定的限值。江苏田湾核电厂各介质中放射性核素含量与核电厂运行前处于同一水平。

其他核燃料循环设施周围环境电离辐射水平　中国原子能科学研究院、清华大学核能与新能源技术研究院、山东省地质科学实验研究院、中国核动力研究设计院等研究设施外围环境陆地 $\gamma$ 辐射空气吸收剂量率、累计剂量、地下水放射性核素含量为当地环境水平；包头核燃料元件厂、中核建中核燃料元件公司、陕西铀浓缩公司、兰州铀浓缩有限公司、中核四〇四有限公司、西北低中水平放射性固体废物处置场、北龙低中水平放射性固体废物处置场等核燃料生产、加工企业外围环境陆地γ辐射空气吸收剂量率仍为当地环境水平，其余环境介质中也未监测到放射性核素含量异常升高。

铀矿冶及伴生放射性矿周围环境电离辐射　新疆中核天山铀业有限公司、衡阳新华化工冶金总公司、青海原国营221厂放射性填埋坑周围环境陆地γ辐射空气吸收剂量率和空气中氡含量未见异常，地表水、地下水、土壤和底泥天然放射性核素铀和镭-226含量为当地的环境水平。极少数铀矿山及水冶系统周围环境个别监测点放射性核素浓度偏高。部分伴生放射性矿物资源开发利用活动对当地环境产生了一定程度的影响。

电磁辐射设施周围环境辐射水平　电磁辐射污染源增长迅猛，局部环境存在超标现象，但总体上电磁辐射环境质量仍然较好。个别电视广播塔、中波广播发射台周边环境敏感建筑物部分点位环境综合场强超过公众照射导出限值40伏/米，移动通信基站天线周围环境敏感点的电磁辐射水平低于《电磁辐射防护规定》（GB 8702—88）规定的公众照射导出限值。各变电站周围环境敏感点工频电场、工频磁场测值范围均在公众照射导出限值内。

### 1.11.2　核安全和辐射环境管理主要措施

强化核与辐射安全监管　国务院发布了《民用核安全设备监督管理条例》，批准了《核安全与放射性污染防治规划（2006—2010年）》。各核设施及核技术应用单位注重核与辐射安全管理，各级环保部门加强了对核设施及核技术应用项目的日常安全监管。运行核电厂、研究堆、核燃料循环设施、放射性物质运输、放射性废物贮存和处理处置设施安全运行，均未发生一级以上的安全事件或事故，在建核设施的建造质量得到有效控制。辐射事故共发生24起，较往年大幅减少，没有重大和特别重大事故发生，没有人员伤亡，其中较大辐射事故1起，一般事故23起。

加强辐射环境监测　国家辐射环境监测网第一批国控点投入运行，主要包括在重点城市设置了36个辐射环境自动监测站；在重要流域、国界河流、饮用水源、地下水、近岸海域海水设置了108个水体监测点；设置332个陆地监测点、175个土壤监测点、84个电磁辐射监测点；在28座重点核与辐射设施周围设置核安全预警点。

妥善处理处置放射性废物　投资4.13亿元建设城市放射性废物库，并对各地收贮的放射源及放射性废物进行最终处置。其中，新建放射性废物库23座，扩建5座，改造4座。新建配套实验室24个，改造3个。

# 简 要 说 明

1．本年报资料根据全国 31 个省、自治区、直辖市环境统计资料汇总整理而成，未包括香港、澳门特别行政区以及台湾省数据。

2．本年报中数据主要来自工业和生活污染排放，未包括面源污染和农业生产排放统计数据。

3．本年报主要反映我国环境保护事业发展情况。主要内容包括水环境、大气环境、固体废物、生态环境、自然灾害和环境污染治理投资等内容。主要反映我国工业废水和生活污水的排放及治理情况，废气排放及处理情况，工业固体废物的产生、处理及综合利用情况及环境污染与破坏事故情况，环境污染治理投资等情况。

4．调查方法：

1）工业企业污染排放及处理利用情况的调查方法为对重点调查工业企业单位逐个发表填报汇总，对非重点调查工业企业的排污情况实行整体估算。

重点调查单位是指筛选出的排污量占各地区排污总量 85%以上的工业企业单位。筛选重点调查单位的原则为：①筛选指标为国家实行总量控制的各项主要污染物排放量：废水、化学需氧量、氨氮、二氧化硫、烟尘、工业粉尘及工业固体废物产生量；②排放工业废水中有重金属类有害物质的工业企业以及有危险废物产生的工业企业全部为重点调查单位。

非重点调查单位数据的估算方法为将重点调查单位的排污总量作为估算的对比基数，采取“比率估算”方法，估算出非重点调查单位的排污量。重点调查数据与非重点估算数据相加，为工业污染总排放数据。

2）生产及生活中产生的污染物实施集中处理处置情况年报的调查方法为对各集中处理处置单位逐个发表填报汇总，包括危险废物集中处置厂和城市污水处理厂。

3）生活及其他污染情况年报的调查方法为依据相关基础数据和技术参数进行估算。

4）工业企业污染治理项目建设投资情况年报的调查方法为对有在建工业污染治理项目的工业企业逐个发表填报汇总。

5）医院污染排放及处理利用情况的年报的调查方法为对二级及以上的医院逐个发表填报汇总。

5．环境统计范围：

1）工业企业污染排放及处理利用情况的年报综合范围为有污染物排放的工业企业。

2）工业企业污染治理项目投资情况的年报综合范围为在建的老工业污染源污染治理投资项目，不包括已纳入建设项目环境保护“三同时”管理的项目。

3）生产及生活中产生的污染物实施集中处理处置情况的年报综合范围为危险废物集中处置厂和城市污水处理厂。

4）生活及其他污染情况的年报综合范围为城镇的生活污水排放以及除工业生产以外的生活及其他活动所排放的废气中的污染物。

5）医院污染排放及处理利用情况的年报调查范围为辖区内二级及以上的医院。

6．流域汇总范围：

从 2004 年起，本年报中流域汇总范围较往年有所扩大。其中，松花江流域包括松花江、黑龙江、乌苏里江流域及东北地区其他国际河流，珠江流域包括珠江和粤桂琼沿海诸河流域，海河流域包括海河、滦河和华北地区沿海诸河流域，辽河流域包括辽河、大凌河及辽东沿海诸河流域。

从 2006 年起，本年报中流域数据的汇总方法有所变化，按流域规划所含区县的数据汇总，不再沿用以前的按“排水去向”汇总数据的方法，汇总的区县数有所减少，湖泊汇总方式与流域相同。

主要环境统计指标解释附后。

# 2

# 各地区环境统计

GE DIQU HUANJING TONGJI

ANNUAL STATISTIC REPORT ON ENVIRONMENT IN CHINA

2007

# 各地区主要污染物排放情况（一）

# Discharge of Key Pollutants by Region（1）

（2007）

| 年份<br>地区 | Year<br>Region | 废水排放总量（亿吨）<br>Total Volume of Waste Water Discharged（100 million tons） | 工业<br>Industrial | 生活<br>Household | 化学需氧量排放总量（万吨）<br>Total Volume of COD Discharged（10 000 tons） | 工业<br>Industrial | 生活<br>Household |
|---|---|---|---|---|---|---|---|
| | 2001 | 428.4 | 200.7 | 227.7 | 1 406.5 | 607.5 | 799.0 |
| | 2002 | 439.5 | 207.2 | 232.3 | 1 366.9 | 584.0 | 782.9 |
| | 2003 | 460.0 | 212.4 | 247.6 | 1 333.6 | 511.9 | 821.7 |
| | 2004 | 482.4 | 221.1 | 261.3 | 1 339.2 | 509.7 | 829.5 |
| | 2005 | 524.5 | 243.1 | 281.4 | 1 414.2 | 554.7 | 859.5 |
| | 2006 | 536.8 | 240.2 | 296.6 | 1 428.2 | 541.5 | 886.7 |
| | **2007** | **556.8** | **246.6** | **310.2** | **1 381.8** | **511.1** | **870.8** |
| 北　京 | Beijing | 10.8 | 0.9 | 9.9 | 10.6 | 0.7 | 10.0 |
| 天　津 | Tianjin | 5.7 | 2.1 | 3.5 | 13.7 | 3.1 | 10.7 |
| 河　北 | Hebei | 22.3 | 12.4 | 9.9 | 66.7 | 32.8 | 33.9 |
| 山　西 | Shanxi | 10.5 | 4.1 | 6.3 | 37.4 | 15.9 | 21.5 |
| 内蒙古 | Inner Mongolia | 6.0 | 2.5 | 3.5 | 28.8 | 13.1 | 15.7 |
| 辽　宁 | Liaoning | 22.1 | 9.5 | 12.6 | 62.8 | 25.8 | 37.0 |
| 吉　林 | Jilin | 9.8 | 4.0 | 5.8 | 40.0 | 16.5 | 23.5 |
| 黑龙江 | Heilongjiang | 10.9 | 3.8 | 7.1 | 48.8 | 14.3 | 34.5 |
| 上　海 | Shanghai | 22.7 | 4.8 | 17.9 | 29.4 | 3.4 | 26.1 |
| 江　苏 | Jiangsu | 50.6 | 26.9 | 23.7 | 89.1 | 27.8 | 61.3 |
| 浙　江 | Zhejiang | 33.8 | 20.1 | 13.7 | 56.4 | 26.4 | 30.0 |
| 安　徽 | Anhui | 17.5 | 7.4 | 10.2 | 45.1 | 14.0 | 31.1 |
| 福　建 | Fujian | 22.7 | 13.6 | 9.1 | 38.3 | 9.1 | 29.2 |
| 江　西 | Jiangxi | 14.1 | 7.1 | 7.0 | 46.9 | 11.1 | 35.7 |
| 山　东 | Shandong | 33.4 | 16.7 | 16.8 | 72.0 | 30.4 | 41.6 |
| 河　南 | Henan | 29.6 | 13.4 | 16.2 | 69.4 | 30.5 | 38.9 |
| 湖　北 | Hubei | 24.7 | 9.1 | 15.6 | 60.1 | 16.0 | 44.1 |
| 湖　南 | Hunan | 25.2 | 10.0 | 15.2 | 90.4 | 25.7 | 64.6 |
| 广　东 | Guangdong | 69.1 | 24.6 | 44.5 | 101.7 | 28.1 | 73.7 |
| 广　西 | Guangxi | 32.0 | 18.4 | 13.6 | 106.3 | 60.8 | 45.5 |
| 海　南 | Hainan | 3.5 | 0.6 | 2.9 | 10.1 | 1.3 | 8.8 |
| 重　庆 | Chongqing | 13.4 | 6.9 | 6.5 | 25.1 | 10.5 | 14.6 |
| 四　川 | Sichuan | 25.3 | 11.5 | 13.8 | 77.1 | 28.2 | 48.9 |
| 贵　州 | Guizhou | 5.5 | 1.2 | 4.3 | 22.7 | 1.8 | 20.9 |
| 云　南 | Yunnan | 8.4 | 3.5 | 4.8 | 29.0 | 9.8 | 19.2 |
| 西　藏 | Tibet | 0.3 | 0.1 | 0.2 | 1.5 | 0.1 | 1.4 |
| 陕　西 | Shaanxi | 9.9 | 4.9 | 5.1 | 34.5 | 17.4 | 17.1 |
| 甘　肃 | Gansu | 4.4 | 1.6 | 2.8 | 17.4 | 5.0 | 12.4 |
| 青　海 | Qinghai | 2.0 | 0.7 | 1.3 | 7.6 | 3.8 | 3.8 |
| 宁　夏 | Ningxia | 3.7 | 2.1 | 1.6 | 13.7 | 10.8 | 2.9 |
| 新　疆 | Xinjiang | 6.9 | 2.1 | 4.8 | 29.0 | 16.7 | 12.2 |

# 各地区主要污染物排放情况（二）

# Discharge of Key Pollutants by Region（2）

单位：万吨　　（2007）　　（10 000 tons）

| 年份 地区 | Year Region | 氨氮排放总量 Total Volume of Ammonia Nitrogen Discharged | 工业 Industrial | 生活 Household | 二氧化硫排放总量 Total Volume of Sulphur Dioxide Discharged | 工业 Industrial | 生活 Household |
|---|---|---|---|---|---|---|---|
| | 2001 | 125.2 | 41.3 | 83.9 | 1 947.8 | 1 566.6 | 381.2 |
| | 2002 | 128.8 | 42.1 | 86.7 | 1 926.6 | 1 562.0 | 364.6 |
| | 2003 | 129.7 | 40.4 | 89.3 | 2 158.7 | 1 791.4 | 367.3 |
| | 2004 | 133.0 | 42.2 | 90.8 | 2 254.9 | 1 891.4 | 363.5 |
| | 2005 | 149.8 | 52.5 | 97.3 | 2 549.4 | 2 168.4 | 381.0 |
| | 2006 | 141.3 | 42.5 | 98.8 | 2 588.8 | 2 234.8 | 354.0 |
| | **2007** | **132.3** | **34.1** | **98.3** | **2 468.1** | **2 140.0** | **328.1** |
| 北　京 | Beijing | 1.2 | 0.1 | 1.2 | 15.2 | 8.3 | 6.9 |
| 天　津 | Tianjin | 1.5 | 0.4 | 1.1 | 24.5 | 22.5 | 2.0 |
| 河　北 | Hebei | 6.0 | 2.4 | 3.7 | 149.2 | 129.4 | 19.8 |
| 山　西 | Shanxi | 4.5 | 1.4 | 3.1 | 138.7 | 111.8 | 26.8 |
| 内蒙古 | Inner Mongolia | 3.3 | 0.3 | 3.0 | 145.6 | 128.3 | 17.3 |
| 辽　宁 | Liaoning | 6.9 | 1.0 | 5.8 | 123.4 | 106.7 | 16.7 |
| 吉　林 | Jilin | 3.1 | 0.3 | 2.7 | 39.9 | 33.7 | 6.2 |
| 黑龙江 | Heilongjiang | 5.1 | 1.0 | 4.1 | 51.5 | 44.0 | 7.5 |
| 上　海 | Shanghai | 3.4 | 0.3 | 3.1 | 49.8 | 36.4 | 13.3 |
| 江　苏 | Jiangsu | 7.5 | 1.7 | 5.8 | 121.8 | 116.1 | 5.8 |
| 浙　江 | Zhejiang | 5.3 | 2.4 | 2.9 | 79.7 | 77.5 | 2.2 |
| 安　徽 | Anhui | 5.5 | 2.0 | 3.5 | 57.2 | 51.7 | 5.5 |
| 福　建 | Fujian | 3.0 | 0.6 | 2.4 | 44.6 | 42.7 | 1.9 |
| 江　西 | Jiangxi | 3.7 | 0.8 | 2.9 | 62.1 | 55.3 | 6.8 |
| 山　东 | Shandong | 7.7 | 2.0 | 5.7 | 182.2 | 158.3 | 23.9 |
| 河　南 | Henan | 8.5 | 3.1 | 5.5 | 156.4 | 141.0 | 15.4 |
| 湖　北 | Hubei | 7.1 | 1.9 | 5.3 | 70.8 | 60.3 | 10.4 |
| 湖　南 | Hunan | 9.1 | 3.1 | 6.0 | 90.4 | 73.9 | 16.5 |
| 广　东 | Guangdong | 12.0 | 1.1 | 10.9 | 120.3 | 117.6 | 2.7 |
| 广　西 | Guangxi | 6.1 | 2.5 | 3.6 | 97.4 | 92.6 | 4.8 |
| 海　南 | Hainan | 0.8 | 0.1 | 0.8 | 2.6 | 2.5 | 0.1 |
| 重　庆 | Chongqing | 2.5 | 1.0 | 1.5 | 82.6 | 68.3 | 14.3 |
| 四　川 | Sichuan | 6.0 | 1.8 | 4.2 | 117.9 | 102.3 | 15.6 |
| 贵　州 | Guizhou | 1.8 | 0.2 | 1.6 | 137.5 | 92.1 | 45.4 |
| 云　南 | Yunnan | 2.0 | 0.4 | 1.6 | 53.4 | 44.5 | 8.8 |
| 西　藏 | Tibet | 0.1 | … | 0.1 | 0.2 | 0.1 | 0.1 |
| 陕　西 | Shaanxi | 2.6 | 0.5 | 2.1 | 92.7 | 84.6 | 8.2 |
| 甘　肃 | Gansu | 2.2 | 0.9 | 1.4 | 52.3 | 43.6 | 8.7 |
| 青　海 | Qinghai | 0.7 | 0.1 | 0.6 | 13.4 | 12.5 | 0.9 |
| 宁　夏 | Ningxia | 0.8 | 0.4 | 0.4 | 37.0 | 34.0 | 3.0 |
| 新　疆 | Xinjiang | 2.3 | 0.4 | 1.9 | 58.0 | 47.3 | 10.7 |

# 各地区主要污染物排放情况（三）

# Discharge of Key Pollutants by Region（3）

单位：万吨　　（2007）　　（10 000 tons）

| 年　份<br>地　区 | Year<br>Region | 烟尘排放总量<br>Total Volume of Soot Discharged | 工业<br>Industrial | 生活<br>Household | 工业粉尘排放量<br>Total Volume of Industrial Dust Discharged |
|---|---|---|---|---|---|
| | 2001 | 1 059.1 | 841.2 | 217.9 | 990.6 |
| | 2002 | 1 012.7 | 804.2 | 208.5 | 941.0 |
| | 2003 | 1 048.7 | 846.2 | 202.5 | 1 021.0 |
| | 2004 | 1 095.0 | 886.5 | 208.5 | 904.8 |
| | 2005 | 1 182.5 | 948.9 | 233.6 | 911.2 |
| | 2006 | 1 088.8 | 864.5 | 224.3 | 808.4 |
| | **2007** | **986.6** | **771.1** | **215.5** | **698.7** |
| 北　京 | Beijing | 4.8 | 2.1 | 2.8 | 1.9 |
| 天　津 | Tianjin | 7.4 | 6.3 | 1.1 | 0.9 |
| 河　北 | Hebei | 62.3 | 46.4 | 15.9 | 53.2 |
| 山　西 | Shanxi | 93.4 | 72.0 | 21.4 | 59.4 |
| 内蒙古 | Inner Mongolia | 66.4 | 50.4 | 16.0 | 20.0 |
| 辽　宁 | Liaoning | 71.6 | 48.7 | 22.9 | 41.3 |
| 吉　林 | Jilin | 38.5 | 29.1 | 9.4 | 10.8 |
| 黑龙江 | Heilongjiang | 52.1 | 42.2 | 9.9 | 12.9 |
| 上　海 | Shanghai | 10.6 | 4.0 | 6.6 | 0.8 |
| 江　苏 | Jiangsu | 36.9 | 33.9 | 3.0 | 27.1 |
| 浙　江 | Zhejiang | 18.2 | 17.2 | 1.0 | 20.3 |
| 安　徽 | Anhui | 28.8 | 23.7 | 5.2 | 32.5 |
| 福　建 | Fujian | 11.8 | 8.1 | 3.6 | 18.7 |
| 江　西 | Jiangxi | 20.2 | 17.9 | 2.3 | 33.0 |
| 山　东 | Shandong | 46.3 | 34.2 | 12.2 | 30.4 |
| 河　南 | Henan | 71.3 | 63.7 | 7.6 | 41.5 |
| 湖　北 | Hubei | 25.0 | 21.3 | 3.7 | 27.3 |
| 湖　南 | Hunan | 44.3 | 37.3 | 7.0 | 65.9 |
| 广　东 | Guangdong | 29.4 | 27.3 | 2.1 | 22.9 |
| 广　西 | Guangxi | 35.5 | 34.3 | 1.2 | 38.9 |
| 海　南 | Hainan | 1.0 | 0.9 | 0.1 | 1.1 |
| 重　庆 | Chongqing | 19.8 | 11.6 | 8.2 | 18.2 |
| 四　川 | Sichuan | 45.9 | 33.0 | 12.9 | 19.5 |
| 贵　州 | Guizhou | 29.5 | 19.1 | 10.4 | 14.6 |
| 云　南 | Yunnan | 21.0 | 15.2 | 5.7 | 13.8 |
| 西　藏 | Tibet | 0.1 | 0.1 | … | 0.1 |
| 陕　西 | Shaanxi | 32.2 | 25.7 | 6.5 | 29.3 |
| 甘　肃 | Gansu | 13.2 | 9.0 | 4.3 | 9.9 |
| 青　海 | Qinghai | 7.4 | 5.0 | 2.5 | 7.6 |
| 宁　夏 | Ningxia | 12.3 | 10.7 | 1.6 | 6.4 |
| 新　疆 | Xinjiang | 29.2 | 20.8 | 8.4 | 18.5 |

# 各地区主要污染物排放情况（四）
# Discharge of Key Pollutants by Region（4）

单位：万吨　　（2007）　　（10 000 tons）

| 年　份<br>地　区 | Year<br>Region | 氮氧化物排放总量<br>Total Volume of Nitrogen Oxide Discharged | 工业<br>Industrial | 生活<br>Household | 工业固体废物排放量<br>Total Volume of Industrial Solid Waste Discharged |
|---|---|---|---|---|---|
| | 2001 | — | — | — | 2 893. 8 |
| | 2002 | — | — | — | 2 635. 2 |
| | 2003 | — | — | — | 1 940. 9 |
| | 2004 | — | — | — | 1 762. 0 |
| | 2005 | — | — | — | 1 654. 7 |
| | 2006 | 1 523. 8 | 1 136. 0 | 387. 8 | 1 302. 1 |
| | **2007** | **1 643. 4** | **1 261. 3** | **382. 0** | **1 196. 7** |
| 北　京 | Beijing | 24. 8 | 7. 1 | 17. 8 | 0. 1 |
| 天　津 | Tianjin | 20. 1 | 19. 0 | 1. 0 | … |
| 河　北 | Hebei | 122. 2 | 104. 8 | 17. 4 | 38. 9 |
| 山　西 | Shanxi | 68. 6 | 54. 2 | 14. 4 | 414. 3 |
| 内蒙古 | Inner Mongolia | 83. 7 | 74. 1 | 9. 6 | 8. 9 |
| 辽　宁 | Liaoning | 81. 4 | 72. 7 | 8. 8 | 4. 5 |
| 吉　林 | Jilin | 38. 1 | 33. 7 | 4. 4 | 1. 3 |
| 黑龙江 | Heilongjiang | 47. 7 | 38. 2 | 9. 5 | … |
| 上　海 | Shanghai | 47. 4 | 31. 9 | 15. 5 | 0. 2 |
| 江　苏 | Jiangsu | 119. 6 | 93. 3 | 26. 3 | 0. 3 |
| 浙　江 | Zhejiang | 81. 6 | 61. 4 | 20. 2 | 1. 4 |
| 安　徽 | Anhui | 56. 9 | 44. 2 | 12. 7 | … |
| 福　建 | Fujian | 29. 6 | 16. 9 | 12. 7 | 2. 8 |
| 江　西 | Jiangxi | 29. 0 | 19. 7 | 9. 4 | 8. 2 |
| 山　东 | Shandong | 130. 8 | 104. 4 | 26. 4 | 0. 1 |
| 河　南 | Henan | 110. 3 | 83. 5 | 26. 9 | 2. 2 |
| 湖　北 | Hubei | 46. 4 | 34. 6 | 11. 8 | 8. 0 |
| 湖　南 | Hunan | 31. 0 | 23. 3 | 7. 7 | 31. 8 |
| 广　东 | Guangdong | 142. 0 | 97. 2 | 44. 7 | 11. 5 |
| 广　西 | Guangxi | 27. 0 | 17. 4 | 9. 5 | 10. 3 |
| 海　南 | Hainan | 8. 0 | 1. 9 | 6. 1 | 0. 1 |
| 重　庆 | Chongqing | 24. 0 | 17. 2 | 6. 7 | 138. 1 |
| 四　川 | Sichuan | 33. 0 | 26. 2 | 6. 8 | 204. 5 |
| 贵　州 | Guizhou | 89. 1 | 84. 2 | 4. 9 | 81. 9 |
| 云　南 | Yunnan | 28. 9 | 18. 9 | 10. 0 | 82. 7 |
| 西　藏 | Tibet | … | … | | 3. 9 |
| 陕　西 | Shaanxi | 30. 2 | 23. 4 | 6. 8 | 42. 3 |
| 甘　肃 | Gansu | 21. 9 | 17. 1 | 4. 8 | 24. 8 |
| 青　海 | Qinghai | 9. 0 | 6. 0 | 3. 0 | 0. 8 |
| 宁　夏 | Ningxia | 17. 9 | 9. 9 | 8. 0 | 4. 8 |
| 新　疆 | Xinjiang | 43. 0 | 24. 7 | 18. 3 | 68. 0 |

# 各地区工业废水排放及处理情况（一）

# Discharge and Treatment of Industrial Waste Water by Region（1）

单位：万吨　　　　（2007）　　　　（10 000 tons）

| 年　份<br>地　区 | Year<br>Region | 工业废水排放量<br>Total Volume of Industrial Waste Water Discharged | 工业废水排放达标量<br>Industrial Waste Water Meeting Discharge Standards | 工业废水处理量<br>Industrial Waste Water Treated |
|---|---|---|---|---|
| | 2001 | 2 006 906 | 1 727 185 | — |
| | 2002 | 2 071 885 | 1 830 394 | — |
| | 2003 | 2 122 527 | 1 892 891 | — |
| | 2004 | 2 211 424 | 2 005 680 | — |
| | 2005 | 2 431 121 | 2 217 093 | — |
| | 2006 | 2 401 946 | 2 178 461 | 4 427 385 |
| | **2007** | **2 466 493** | **2 260 719** | **4 894 413** |
| 北　京 | Beijing | 9 134 | 8 898 | 75 343 |
| 天　津 | Tianjin | 21 444 | 21 382 | 103 589 |
| 河　北 | Hebei | 123 537 | 113 999 | 475 686 |
| 山　西 | Shanxi | 41 140 | 36 297 | 222 350 |
| 内蒙古 | Inner Mongolia | 25 021 | 18 437 | 68 576 |
| 辽　宁 | Liaoning | 95 197 | 87 969 | 182 809 |
| 吉　林 | Jilin | 39 666 | 34 740 | 60 425 |
| 黑龙江 | Heilongjiang | 38 388 | 32 780 | 98 316 |
| 上　海 | Shanghai | 47 570 | 46 492 | 106 096 |
| 江　苏 | Jiangsu | 268 762 | 261 745 | 349 767 |
| 浙　江 | Zhejiang | 201 211 | 173 220 | 239 349 |
| 安　徽 | Anhui | 73 556 | 69 711 | 235 344 |
| 福　建 | Fujian | 136 408 | 134 052 | 252 256 |
| 江　西 | Jiangxi | 71 410 | 67 044 | 129 023 |
| 山　东 | Shandong | 166 574 | 163 365 | 321 186 |
| 河　南 | Henan | 134 344 | 126 324 | 239 999 |
| 湖　北 | Hubei | 91 001 | 85 215 | 236 830 |
| 湖　南 | Hunan | 100 113 | 89 934 | 187 261 |
| 广　东 | Guangdong | 246 331 | 211 959 | 240 221 |
| 广　西 | Guangxi | 183 981 | 170 757 | 361 849 |
| 海　南 | Hainan | 5 960 | 5 640 | 6 399 |
| 重　庆 | Chongqing | 69 003 | 63 533 | 63 917 |
| 四　川 | Sichuan | 114 687 | 104 780 | 208 710 |
| 贵　州 | Guizhou | 12 101 | 8 703 | 98 687 |
| 云　南 | Yunnan | 35 352 | 31 997 | 124 978 |
| 西　藏 | Tibet | 856 | 250 | 250 |
| 陕　西 | Shaanxi | 48 523 | 46 652 | 104 539 |
| 甘　肃 | Gansu | 15 856 | 12 838 | 21 378 |
| 青　海 | Qinghai | 7 318 | 3 677 | 6 980 |
| 宁　夏 | Ningxia | 21 089 | 14 698 | 51 681 |
| 新　疆 | Xinjiang | 20 960 | 13 629 | 20 617 |

# 各地区工业废水排放及处理情况（二）
# Discharge and Treatment of Industrial Waste Water by Region（2）

（2007）

| 年份<br>地区 | Year<br>Region | 废水治理设施数（套）<br>Number of Facilities for Treatment of Waste Water（set） | 废水治理设施治理能力（万吨/日）<br>Capacity of Facilities forTreatment of Waste Water（10 000 tons/day） | 废水治理设施运行费用（万元）<br>Annual Expenditure for Operation（10 000 yuan） | 废水污染物在线监测仪器套数（套）<br>On-line Apparatus for Waste Water Mornitoring（set） |
|---|---|---|---|---|---|
| | 2001 | 61 226 | 14 380 | 1 958 331. 5 | — |
| | 2002 | 62 939 | 13 113 | 1 810 758. 9 | — |
| | 2003 | 65 128 | 14 031 | 1 965 031. 8 | — |
| | 2004 | 66 252 | 16 220 | 2 445 651. 4 | — |
| | 2005 | 69 231 | 16 349 | 2 766 907. 3 | — |
| | 2006 | 75 830 | 19 553 | 3 885 001. 7 | 7 749 |
| | **2007** | **78 210** | **22 076** | **4 280 384. 5** | **11 029** |
| 北　京 | Beijing | 549 | 321 | 46 783. 2 | 60 |
| 天　津 | Tianjin | 1 816 | 214 | 64 188. 5 | 227 |
| 河　北 | Hebei | 4 798 | 2 878 | 283 455. 0 | 477 |
| 山　西 | Shanxi | 2 700 | 646 | 205 358. 8 | 153 |
| 内蒙古 | Inner Mongolia | 815 | 300 | 56 329. 0 | 50 |
| 辽　宁 | Liaoning | 2 097 | 853 | 251 792. 0 | 147 |
| 吉　林 | Jilin | 731 | 229 | 43 222. 2 | 78 |
| 黑龙江 | Heilongjiang | 1 167 | 497 | 263 509. 0 | 63 |
| 上　海 | Shanghai | 2 718 | 619 | 205 126. 6 | 313 |
| 江　苏 | Jiangsu | 5 990 | 1 542 | 377 976. 6 | 1 517 |
| 浙　江 | Zhejiang | 6 821 | 1 130 | 317 335. 2 | 2 127 |
| 安　徽 | Anhui | 1 687 | 972 | 118 244. 4 | 420 |
| 福　建 | Fujian | 4 205 | 937 | 87 565. 1 | 361 |
| 江　西 | Jiangxi | 1 682 | 459 | 55 609. 0 | 70 |
| 山　东 | Shandong | 4 615 | 1 634 | 384 897. 4 | 1 022 |
| 河　南 | Henan | 3 393 | 1 084 | 145 227. 7 | 565 |
| 湖　北 | Hubei | 2 102 | 879 | 94 013. 8 | 277 |
| 湖　南 | Hunan | 3 125 | 1 061 | 89 894. 8 | 156 |
| 广　东 | Guangdong | 9 314 | 1 236 | 424 373. 2 | 1 589 |
| 广　西 | Guangxi | 2 536 | 1 531 | 95 426. 0 | 101 |
| 海　南 | Hainan | 259 | 32 | 25 649. 2 | 44 |
| 重　庆 | Chongqing | 1 482 | 175 | 45 922. 0 | 174 |
| 四　川 | Sichuan | 5 205 | 968 | 203 078. 9 | 569 |
| 贵　州 | Guizhou | 2 038 | 448 | 51 028. 4 | 67 |
| 云　南 | Yunnan | 2 026 | 644 | 67 482. 8 | 113 |
| 西　藏 | Tibet | 12 | 1 | 220. 0 | |
| 陕　西 | Shaanxi | 2 362 | 317 | 89 632. 2 | 105 |
| 甘　肃 | Gansu | 818 | 149 | 43 637. 4 | 69 |
| 青　海 | Qinghai | 152 | 75 | 4 887. 4 | 5 |
| 宁　夏 | Ningxia | 304 | 80 | 18 371. 7 | 55 |
| 新　疆 | Xinjiang | 691 | 165 | 120 147. 0 | 55 |

# 各地区工业废水排放及处理情况（三）

# Discharge and Treatment of Industrial Waste Water by Region（3）

单位：吨 （2007） (ton)

| 年份<br>地区 | Year<br>Region | 工业废水中污染物排放量<br>Amount of Pollutants Discharged in the Industrial Waste Water | | | | | |
|---|---|---|---|---|---|---|---|
| | | 汞<br>Mercury | 镉<br>Cadmium | 六价铬<br>Hexavalent Chrome | 铅<br>Lead | 砷<br>Arsenic | 挥发酚<br>Volatile Hydroxy-benzene |
| | 2001 | 5.604 | 118.073 | 121.428 | 533.941 | 463.388 | 2 445.737 |
| | 2002 | 4.813 | 105.640 | 111.088 | 484.795 | 369.125 | 2 132.448 |
| | 2003 | 5.478 | 84.470 | 103.122 | 568.450 | 373.702 | 2 245.563 |
| | 2004 | 3.006 | 56.343 | 150.781 | 366.161 | 306.057 | 1 562.826 |
| | 2005 | 2.687 | 62.058 | 105.601 | 378.284 | 453.201 | 4 166.060 |
| | 2006 | 2.638 | 49.352 | 96.447 | 339.121 | 245.214 | 3 453.131 |
| | **2007** | **1.210** | **39.320** | **68.996** | **319.748** | **187.427** | **2 926.285** |
| 北京 | Beijing | … | … | 0.165 | 0.022 | 2.410 | 0.342 |
| 天津 | Tianjin | … | … | 0.409 | 0.026 | … | 2.888 |
| 河北 | Hebei | 0.021 | … | 3.087 | 1.962 | 1.731 | 12.079 |
| 山西 | Shanxi | 0.021 | 0.018 | 0.255 | 0.195 | 0.186 | 292.416 |
| 内蒙古 | Inner Mongolia | 0.001 | 0.050 | 0.409 | 4.630 | 0.579 | 10.390 |
| 辽宁 | Liaoning | 0.001 | 0.115 | 1.363 | 0.965 | 0.373 | 74.201 |
| 吉林 | Jilin | … | 0.001 | 0.339 | 2.051 | 0.464 | 58.656 |
| 黑龙江 | Heilongjiang | … | 0.001 | 0.206 | 0.048 | 0.015 | 1 886.578 |
| 上海 | Shanghai | 0.001 | 0.007 | 0.526 | 0.078 | 0.002 | 5.741 |
| 江苏 | Jiangsu | 0.008 | 0.109 | 6.876 | 7.154 | 1.292 | 111.606 |
| 浙江 | Zhejiang | 0.010 | 0.122 | 12.194 | 2.735 | 0.171 | 14.120 |
| 安徽 | Anhui | 0.002 | 0.103 | 0.367 | 2.207 | 4.401 | 21.643 |
| 福建 | Fujian | 0.001 | 0.286 | 2.133 | 5.327 | 0.529 | 17.596 |
| 江西 | Jiangxi | 0.011 | 3.101 | 1.958 | 8.047 | 10.141 | 23.600 |
| 山东 | Shandong | … | 0.014 | 1.212 | 0.140 | 0.289 | 25.256 |
| 河南 | Henan | 0.052 | 0.407 | 4.217 | 4.168 | 1.433 | 23.626 |
| 湖北 | Hubei | … | 0.173 | 3.090 | 1.409 | 2.259 | 41.646 |
| 湖南 | Hunan | 0.672 | 16.397 | 7.561 | 49.859 | 70.402 | 74.723 |
| 广东 | Guangdong | 0.109 | 1.833 | 12.223 | 13.582 | 2.542 | 11.636 |
| 广西 | Guangxi | 0.090 | 5.212 | 1.541 | 66.707 | 33.954 | 28.213 |
| 海南 | Hainan | … | 0.004 | 0.002 | 0.015 | … | 0.030 |
| 重庆 | Chongqing | … | 0.004 | 2.895 | 2.966 | 0.021 | 2.019 |
| 四川 | Sichuan | 0.004 | 0.166 | 2.003 | 1.176 | 0.818 | 9.010 |
| 贵州 | Guizhou | 0.007 | 0.148 | 0.331 | 1.752 | 0.139 | 1.853 |
| 云南 | Yunnan | 0.006 | 2.395 | 0.104 | 32.039 | 4.387 | 8.361 |
| 西藏 | Tibet | | | | | | |
| 陕西 | Shaanxi | 0.002 | 0.279 | 1.218 | 2.059 | 3.715 | 15.337 |
| 甘肃 | Gansu | 0.183 | 7.202 | 1.500 | 48.964 | 44.771 | 7.882 |
| 青海 | Qinghai | … | 1.163 | 0.131 | 58.660 | … | 0.412 |
| 宁夏 | Ningxia | … | 0.001 | 0.041 | 0.012 | 0.216 | 37.505 |
| 新疆 | Xinjiang | 0.008 | 0.012 | 0.645 | 0.793 | 0.189 | 106.924 |

# 各地区工业废水排放及处理情况（四）

# Discharge and Treatment of Industrial Waste Water by Region（4）

单位：吨　　　　（2007）　　　　(ton)

| 年份<br>地区 | Year<br>Region | 工业废水中污染物排放量 Amount of Pollutants Discharged in the Industrial Waste Water | | | |
|---|---|---|---|---|---|
| | | 氰化物<br>Cyanide | 化学需氧量<br>COD | 石油类<br>Petroleum | 氨氮<br>Ammonia Nitrogen |
| | 2001 | 899.5 | 6 075 000.0 | 28 734.2 | 413 057.8 |
| | 2002 | 772.9 | 5 840 438.2 | 25 261.9 | 421 222.4 |
| | 2003 | 638.6 | 5 118 062.8 | 24 458.7 | 403 600.8 |
| | 2004 | 629.8 | 5 097 004.0 | 24 104.6 | 421 817.9 |
| | 2005 | 573.8 | 5 547 333.1 | 23 471.6 | 525 064.9 |
| | 2006 | 457.1 | 5 415 114.4 | 19 152.7 | 424 616.8 |
| | **2007** | **381.5** | **5 110 631.3** | **16 899.8** | **340 824.8** |
| 北　京 | Beijing | 0.1 | 6 621.7 | 59.8 | 689.7 |
| 天　津 | Tianjin | 1.5 | 30 749.2 | 225.9 | 4 115.9 |
| 河　北 | Hebei | 14.1 | 328 260.5 | 1 449.2 | 23 636.0 |
| 山　西 | Shanxi | 32.3 | 158 950.9 | 600.3 | 13 866.1 |
| 内蒙古 | Inner Mongolia | 11.0 | 130 891.2 | 199.7 | 3 082.8 |
| 辽　宁 | Liaoning | 25.6 | 258 195.5 | 2 937.4 | 10 399.7 |
| 吉　林 | Jilin | 13.1 | 165 454.9 | 689.8 | 3 383.9 |
| 黑龙江 | Heilongjiang | 17.2 | 142 646.3 | 1 212.0 | 9 788.0 |
| 上　海 | Shanghai | 5.9 | 33 792.3 | 405.6 | 2 698.1 |
| 江　苏 | Jiangsu | 15.6 | 278 289.4 | 1 588.5 | 16 831.4 |
| 浙　江 | Zhejiang | 22.1 | 264 278.1 | 335.3 | 24 306.1 |
| 安　徽 | Anhui | 12.3 | 139 931.1 | 532.5 | 20 019.7 |
| 福　建 | Fujian | 7.0 | 91 084.7 | 243.7 | 5 882.3 |
| 江　西 | Jiangxi | 20.5 | 111 428.0 | 316.2 | 8 404.2 |
| 山　东 | Shandong | 7.4 | 303 920.3 | 595.2 | 20 084.5 |
| 河　南 | Henan | 41.0 | 304 532.3 | 754.8 | 30 861.4 |
| 湖　北 | Hubei | 23.7 | 160 489.4 | 1 234.3 | 18 558.8 |
| 湖　南 | Hunan | 44.7 | 257 188.9 | 858.3 | 31 368.3 |
| 广　东 | Guangdong | 10.6 | 280 596.7 | 366.7 | 10 905.1 |
| 广　西 | Guangxi | 25.8 | 607 674.7 | 429.9 | 25 095.0 |
| 海　南 | Hainan | … | 12 905.8 | 19.3 | 535.7 |
| 重　庆 | Chongqing | 1.3 | 105 238.6 | 157.2 | 9 777.7 |
| 四　川 | Sichuan | 1.0 | 282 204.3 | 440.8 | 17 845.0 |
| 贵　州 | Guizhou | 2.1 | 18 370.7 | 43.5 | 1 512.4 |
| 云　南 | Yunnan | 9.0 | 97 895.3 | 145.9 | 4 059.3 |
| 西　藏 | Tibet | | 917.8 | | 11.7 |
| 陕　西 | Shaanxi | 5.3 | 174 228.7 | 383.4 | 4 999.6 |
| 甘　肃 | Gansu | 3.4 | 50 262.3 | 240.1 | 8 504.2 |
| 青　海 | Qinghai | … | 38 158.4 | 80.0 | 1 479.9 |
| 宁　夏 | Ningxia | 0.2 | 108 445.7 | 26.5 | 3 943.9 |
| 新　疆 | Xinjiang | 7.7 | 167 027.4 | 327.8 | 4 178.3 |

# 各地区工业废水排放及处理情况（五）

# Discharge and Treatment of Industrial Waste Water by Region（5）

单位：吨　　　　（2007）　　　　（ton）

| 年份<br>地区 | Year<br>Region | 工业废水中污染物去除量 Amount of Pollutants Removed from Industrial Waste Water | | | | | |
|---|---|---|---|---|---|---|---|
| | | 氰化物<br>Cyanide | 化学需氧量<br>COD | 新增设施去除的<br>Removed by new-added facilities of treatment | 石油类<br>Petroleum | 氨氮<br>Ammonia Nitrogen | 挥发酚<br>Volatile Hydroxy - benzene |
| | 2001 | 14 532 | 10 457 509 | 609 663 | 271 564 | 340 712 | 50 034 |
| | 2002 | 12 939 | 16 498 543 | 472 165 | 324 854 | 387 849 | 46 931 |
| | 2003 | 14 016 | 10 080 308 | 290 479 | 283 249 | 360 390 | 55 179 |
| | 2004 | 16 332 | 10 438 648 | 389 230 | 290 823 | 466 369 | 70 090 |
| | 2005 | 17 564 | 10 882 642 | 412 286 | 271 878 | 483 370 | 73 548 |
| | 2006 | 16 060 | 10 992 651 | 564 778 | 302 388 | 552 649 | 137 743 |
| | **2007** | **14 789** | **12 653 704** | **582 746** | **315 447** | **518 184** | **84 222** |
| 北　京 | Beijing | 47 | 37 715 | 191 | 2 334 | 1 305 | 689 |
| 天　津 | Tianjin | … | 87 596 | 470 | 2 045 | 764 | 295 |
| 河　北 | Hebei | 718 | 548 475 | 10 748 | 7 618 | 26 548 | 6 838 |
| 山　西 | Shanxi | 1 354 | 128 839 | 4 916 | 2 394 | 19 106 | 9 575 |
| 内蒙古 | Inner Mongolia | 1 074 | 395 611 | 8 773 | 562 | 6 349 | 2 616 |
| 辽　宁 | Liaoning | 229 | 401 549 | 1 586 | 9 704 | 15 447 | 4 280 |
| 吉　林 | Jilin | 45 | 236 566 | 18 063 | 3 907 | 2 884 | 1 259 |
| 黑龙江 | Heilongjiang | 109 | 221 510 | 8 675 | 44 707 | 3 997 | 1 680 |
| 上　海 | Shanghai | 266 | 222 298 | 3 289 | 5 586 | 7 086 | 1 444 |
| 江　苏 | Jiangsu | 254 | 1 096 249 | 25 905 | 47 271 | 43 591 | 4 588 |
| 浙　江 | Zhejiang | 469 | 1 205 541 | 40 436 | 24 043 | 67 391 | 212 |
| 安　徽 | Anhui | 6 255 | 392 457 | 17 607 | 26 684 | 72 488 | 25 812 |
| 福　建 | Fujian | 176 | 1 442 162 | 11 085 | 2 220 | 11 308 | 142 |
| 江　西 | Jiangxi | 363 | 123 124 | 7 188 | 5 656 | 10 974 | 1 799 |
| 山　东 | Shandong | 362 | 1 818 114 | 143 296 | 24 636 | 65 541 | 5 057 |
| 河　南 | Henan | 1 074 | 1 064 792 | 19 870 | 20 743 | 30 191 | 2 053 |
| 湖　北 | Hubei | 131 | 226 921 | 6 448 | 7 511 | 7 490 | 2 011 |
| 湖　南 | Hunan | 329 | 301 107 | 29 508 | 3 069 | 19 235 | 797 |
| 广　东 | Guangdong | 689 | 540 947 | 11 708 | 6 049 | 15 930 | 518 |
| 广　西 | Guangxi | 22 | 689 359 | 103 103 | 620 | 8 479 | 450 |
| 海　南 | Hainan | … | 60 533 | 3 543 | 81 | 366 | … |
| 重　庆 | Chongqing | 13 | 96 897 | 3 635 | 755 | 4 060 | 1 613 |
| 四　川 | Sichuan | 119 | 540 772 | 21 947 | 1 651 | 10 983 | 858 |
| 贵　州 | Guizhou | 455 | 20 509 | 484 | 183 | 1 723 | 345 |
| 云　南 | Yunnan | 33 | 267 265 | 15 534 | 19 083 | 22 640 | 7 336 |
| 西　藏 | Tibet | | | | | | |
| 陕　西 | Shaanxi | 151 | 242 829 | 23 049 | 4 322 | 17 195 | 731 |
| 甘　肃 | Gansu | 2 | 36 078 | 6 093 | 3 380 | 5 126 | 114 |
| 青　海 | Qinghai | … | 3 540 | 439 | 14 | 345 | … |
| 宁　夏 | Ningxia | 1 | 119 679 | 12 040 | 1 916 | 6 132 | 72 |
| 新　疆 | Xinjiang | 45 | 84 670 | 23 119 | 36 705 | 13 509 | 1 037 |

# 各地区工业废气排放及处理情况（一）

# Discharge and Treatment of Industrial Waste Gas by Region（1）

（2007）

| 年份<br>地区 | Year<br>Region | 煤炭消费量（万吨）Total Amount of Coal Consumed（10 000 tons） | 燃料煤 Coal Used as Fuel | 原料煤 Coal Used as Material | 燃料油消费量（万吨）Total Amount of Fuel Oil Consumed（10 000 tons） | 工业废气排放总量（标态）（亿米³）Total Volume of Industrial Waste Gas Emission（100 million cu.m） | 燃料燃烧中排放的 from Process of Fuel Burning | 生产工艺中排放的 from Process of Production |
|---|---|---|---|---|---|---|---|---|
| | 2001 | 121 805 | 91 234 | 30 571 | 2 646 | 160 863 | 93 526 | 67 337 |
| | 2002 | 133 790 | 97 265 | 36 525 | 2 773 | 175 257 | 103 776 | 71 481 |
| | 2003 | 153 351 | 110 729 | 42 624 | 2 624 | 198 906 | 116 447 | 82 459 |
| | 2004 | 175 998 | 125 972 | 50 026 | 2 734 | 237 696 | 139 726 | 97 971 |
| | 2005 | 204 423 | 143 627 | 60 796 | 3 447 | 268 988 | 155 238 | 113 749 |
| | 2006 | 230 076 | 162 089 | 67 987 | 2 666 | 330 990 | 181 636 | 149 354 |
| | **2007** | **266 457** | **187 815** | **78 642** | **3 207** | **388 169** | **209 922** | **178 247** |
| 北京 | Beijing | 2 155 | 1 611 | 544 | 55 | 5 146 | 2 205 | 2 941 |
| 天津 | Tianjin | 3 707 | 3 315 | 392 | 21 | 5 506 | 3 507 | 1 998 |
| 河北 | Hebei | 19 079 | 12 284 | 6 795 | 60 | 48 036 | 25 643 | 22 393 |
| 山西 | Shanxi | 32 396 | 12 462 | 19 934 | 18 | 21 429 | 12 865 | 8 564 |
| 内蒙古 | Inner Mongolia | 18 427 | 13 726 | 4 702 | 22 | 18 200 | 12 657 | 5 542 |
| 辽宁 | Liaoning | 12 686 | 9 319 | 3 367 | 191 | 23 946 | 10 363 | 13 583 |
| 吉林 | Jilin | 5 569 | 4 696 | 873 | 101 | 5 730 | 3 886 | 1 844 |
| 黑龙江 | Heilongjiang | 7 649 | 5 976 | 1 673 | 58 | 7 283 | 5 981 | 1 302 |
| 上海 | Shanghai | 4 910 | 3 344 | 1 566 | 161 | 9 591 | 3 514 | 6 077 |
| 江苏 | Jiangsu | 19 246 | 16 601 | 2 645 | 188 | 23 585 | 15 408 | 8 177 |
| 浙江 | Zhejiang | 11 634 | 10 546 | 1 088 | 148 | 17 467 | 11 542 | 5 925 |
| 安徽 | Anhui | 7 512 | 5 054 | 2 458 | 32 | 13 254 | 6 575 | 6 679 |
| 福建 | Fujian | 5 343 | 4 548 | 795 | 60 | 9 153 | 5 626 | 3 528 |
| 江西 | Jiangxi | 4 299 | 3 008 | 1 291 | 17 | 6 103 | 2 919 | 3 184 |
| 山东 | Shandong | 22 805 | 16 343 | 6 462 | 138 | 31 341 | 16 642 | 14 699 |
| 河南 | Henan | 16 212 | 12 729 | 3 483 | 73 | 18 890 | 10 609 | 8 281 |
| 湖北 | Hubei | 6 363 | 4 139 | 2 224 | 21 | 10 373 | 4 314 | 6 059 |
| 湖南 | Hunan | 5 489 | 3 618 | 1 871 | 26 | 8 762 | 4 046 | 4 717 |
| 广东 | Guangdong | 12 712 | 11 078 | 1 634 | 1 673 | 16 939 | 11 682 | 5 257 |
| 广西 | Guangxi | 4 344 | 3 114 | 1 230 | 20 | 12 724 | 6 755 | 5 969 |
| 海南 | Hainan | 418 | 363 | 55 | 2 | 1 115 | 846 | 269 |
| 重庆 | Chongqing | 2 961 | 2 243 | 718 | 5 | 7 617 | 4 275 | 3 342 |
| 四川 | Sichuan | 7 237 | 5 190 | 2 046 | 5 | 22 970 | 7 495 | 15 475 |
| 贵州 | Guizhou | 7 536 | 4 731 | 2 805 | 35 | 10 356 | 3 812 | 6 545 |
| 云南 | Yunnan | 6 876 | 4 373 | 2 503 | 25 | 8 082 | 3 986 | 4 096 |
| 西藏 | Tibet | 26 | 21 | 5 | … | 13 | 13 | … |
| 陕西 | Shaanxi | 7 387 | 4 491 | 2 896 | 8 | 6 469 | 3 683 | 2 786 |
| 甘肃 | Gansu | 3 218 | 2 650 | 568 | 15 | 5 818 | 2 589 | 3 229 |
| 青海 | Qinghai | 956 | 705 | 251 | 2 | 2 492 | 610 | 1 883 |
| 宁夏 | Ningxia | 3 213 | 2 474 | 739 | 1 | 3 981 | 2 123 | 1 858 |
| 新疆 | Xinjiang | 4 091 | 3 064 | 1 027 | 25 | 5 797 | 3 752 | 2 045 |

# 各地区工业废气排放及处理情况（二）

# Discharge and Treatment of Industrial Waste Gas by Region（2）

单位：吨　　　　（2007）　　　　（ton）

| 年份<br>地区 | Year<br>Region | 工业二氧化硫排放量<br>Volume of Industrial Sulphur Dioxide Emission | 燃料燃烧中排放的<br>from Process of Fuel Burning | 生产工艺中排放的<br>from Process of Production | 工业二氧化硫去除量<br>Volume of Industrial Sulphur Dioxide Removed | 燃料燃烧中去除的<br>Removed in Process of Fuel Burning | 生产工艺中去除的<br>Removed in Process of Production |
|---|---|---|---|---|---|---|---|
| | 2001 | 15 660 000 | 12 722 373 | 2 311 973 | 5 647 472 | 1 631 201 | 4 016 271 |
| | 2002 | 15 619 821 | 13 343 443 | 2 276 378 | 6 977 124 | 2 001 245 | 4 975 879 |
| | 2003 | 17 915 620 | 15 431 434 | 2 484 186 | 7 492 125 | 2 248 647 | 5 243 478 |
| | 2004 | 18 914 041 | 16 006 330 | 2 907 711 | 8 902 444 | 3 113 000 | 5 789 444 |
| | 2005 | 21 684 245 | 18 430 775 | 3 253 470 | 10 904 393 | 4 149 311 | 6 755 083 |
| | 2006 | 22 348 175 | 18 923 608 | 3 424 567 | 14 390 241 | 6 536 083 | 7 854 007 |
| | **2007** | **21 399 805** | **18 000 463** | **3 349 982** | **19 426 461** | **10 373 063** | **9 053 397** |
| 北　京 | Beijing | 82 909 | 79 474 | 3 398 | 125 303 | 116 996 | 8 308 |
| 天　津 | Tianjin | 224 775 | 215 291 | 9 482 | 164 662 | 149 759 | 14 903 |
| 河　北 | Hebei | 1 294 416 | 1 061 051 | 233 667 | 1 335 075 | 921 852 | 413 224 |
| 山　西 | Shanxi | 1 118 474 | 828 356 | 284 836 | 992 540 | 786 244 | 206 297 |
| 内蒙古 | Inner Mongolia | 1 283 250 | 1 141 326 | 139 255 | 942 982 | 652 260 | 290 723 |
| 辽　宁 | Liaoning | 1 067 186 | 905 839 | 157 260 | 866 823 | 201 960 | 664 863 |
| 吉　林 | Jilin | 336 566 | 291 120 | 45 381 | 106 447 | 46 886 | 59 561 |
| 黑龙江 | Heilongjiang | 440 419 | 405 090 | 34 950 | 40 661 | 25 394 | 15 268 |
| 上　海 | Shanghai | 364 416 | 339 038 | 13 203 | 90 277 | 52 146 | 38 131 |
| 江　苏 | Jiangsu | 1 160 533 | 1 074 050 | 84 730 | 1 492 299 | 1 038 468 | 453 831 |
| 浙　江 | Zhejiang | 774 639 | 731 545 | 43 044 | 1 052 005 | 698 215 | 353 790 |
| 安　徽 | Anhui | 516 732 | 419 941 | 97 012 | 1 091 746 | 121 900 | 969 846 |
| 福　建 | Fujian | 426 879 | 369 200 | 57 562 | 256 062 | 246 394 | 9 668 |
| 江　西 | Jiangxi | 553 413 | 456 595 | 95 366 | 975 811 | 157 442 | 818 369 |
| 山　东 | Shandong | 1 582 669 | 1 401 982 | 178 865 | 1 375 206 | 1 134 782 | 240 425 |
| 河　南 | Henan | 1 410 203 | 1 240 736 | 162 862 | 931 831 | 381 857 | 549 974 |
| 湖　北 | Hubei | 603 437 | 467 746 | 134 808 | 633 649 | 145 086 | 488 563 |
| 湖　南 | Hunan | 739 430 | 515 701 | 222 046 | 584 196 | 184 349 | 399 847 |
| 广　东 | Guangdong | 1 176 162 | 1 048 929 | 125 047 | 1 158 819 | 662 311 | 496 508 |
| 广　西 | Guangxi | 926 247 | 728 363 | 197 884 | 686 397 | 434 924 | 251 473 |
| 海　南 | Hainan | 24 944 | 20 403 | 4 365 | 16 713 | 15 340 | 1 373 |
| 重　庆 | Chongqing | 683 060 | 578 964 | 103 310 | 630 659 | 560 991 | 69 668 |
| 四　川 | Sichuan | 1 023 119 | 785 377 | 234 249 | 610 086 | 445 917 | 164 170 |
| 贵　州 | Guizhou | 920 586 | 847 614 | 72 958 | 644 834 | 612 555 | 32 279 |
| 云　南 | Yunnan | 445 391 | 346 482 | 97 819 | 1 191 378 | 203 429 | 987 949 |
| 西　藏 | Tibet | 787 | 745 | 42 | | | |
| 陕　西 | Shaanxi | 845 579 | 698 797 | 146 480 | 248 770 | 114 487 | 134 284 |
| 甘　肃 | Gansu | 435 765 | 244 153 | 191 572 | 1 064 719 | 170 477 | 894 241 |
| 青　海 | Qinghai | 125 259 | 87 274 | 37 985 | 11 442 | 11 442 | … |
| 宁　夏 | Ningxia | 340 022 | 325 718 | 13 228 | 80 098 | 71 075 | 9 022 |
| 新　疆 | Xinjiang | 472 538 | 343 567 | 127 318 | 24 968 | 8 126 | 16 841 |

# 各地区工业废气排放及处理情况（三）
# Discharge and Treatment of Industrial Waste Gas by Region（3）

单位：吨 （2007） （ton）

| 年份 地区 | Year Region | 工业烟尘去除量 Volume of Industrial Soot Removed | 工业烟尘排放量 Volume of Industrial Soot Emission | 工业粉尘去除量 Volume of Industrial Dust Removed | 工业粉尘排放量 Volume of Industrial Dust Emission | 工业氮氧化物去除量 Volume of Industrial Nitrogen Oxide Removed | 工业氮氧化物排放量 Volume of Industrial Nitrogen Oxide Emission |
|---|---|---|---|---|---|---|---|
| | 2001 | 123 170 437 | 8 520 862 | 53 216 271 | 9 906 000 | — | — |
| | 2002 | 139 984 586 | 8 042 089 | 55 697 765 | 9 410 303 | — | — |
| | 2003 | 156 493 712 | 8 460 745 | 59 949 356 | 10 213 064 | — | — |
| | 2004 | 180 747 811 | 8 865 413 | 85 285 700 | 9 047 952 | — | — |
| | 2005 | 205 870 817 | 9 489 033 | 64 538 505 | 9 111 883 | — | — |
| | 2006 | 235 645 611 | 8 644 934 | 72 799 462 | 8 084 446 | 941 567 | 11 362 582 |
| | **2007** | **251 663 943** | **7 711 389** | **76 695 820** | **6 987 435** | **1 146 856** | **12 613 314** |
| 北京 | Beijing | 2 433 041 | 20 534 | 1 419 449 | 19 307 | 11 621 | 70 857 |
| 天津 | Tianjin | 6 404 307 | 62 714 | 817 578 | 9 435 | 69 333 | 190 253 |
| 河北 | Hebei | 19 458 990 | 464 188 | 7 446 093 | 532 093 | 53 425 | 1 047 821 |
| 山西 | Shanxi | 16 299 673 | 720 023 | 2 729 008 | 593 817 | 82 104 | 5 418 98 |
| 内蒙古 | Inner Mongolia | 18 613 591 | 504 004 | 1 948 739 | 200 441 | 30 411 | 741 120 |
| 辽宁 | Liaoning | 12 515 073 | 487 206 | 4 238 743 | 412 632 | 18 981 | 726 837 |
| 吉林 | Jilin | 7 846 514 | 290 995 | 2 913 965 | 107 537 | 26 | 337 215 |
| 黑龙江 | Heilongjiang | 8 470 619 | 421 963 | 946 435 | 128 560 | 15 192 | 381 507 |
| 上海 | Shanghai | 4 508 610 | 40 360 | 1 458 452 | 8 400 | 22 086 | 319 236 |
| 江苏 | Jiangsu | 18 302 269 | 338 832 | 2 995 851 | 271 110 | 287 728 | 933 121 |
| 浙江 | Zhejiang | 9 147 712 | 171 825 | 5 789 086 | 203 297 | 32 528 | 614 050 |
| 安徽 | Anhui | 8 722 105 | 236 908 | 2 431 104 | 324 723 | 75 437 | 442 047 |
| 福建 | Fujian | 4 799 662 | 81 489 | 2 216 207 | 186 928 | 27 436 | 169 016 |
| 江西 | Jiangxi | 6 930 041 | 179 263 | 3 155 049 | 329 921 | 9 556 | 196 609 |
| 山东 | Shandong | 19 345 454 | 341 778 | 4 934 507 | 303 620 | 3 821 | 1 044 363 |
| 河南 | Henan | 21 113 222 | 637 172 | 5 736 668 | 414 860 | 8 199 | 834 606 |
| 湖北 | Hubei | 6 137 255 | 213 143 | 3 439 810 | 272 648 | 9 214 | 346 330 |
| 湖南 | Hunan | 7 368 810 | 372 802 | 2 963 563 | 658 624 | 13 144 | 233 232 |
| 广东 | Guangdong | 8 779 844 | 272 941 | 3 647 336 | 229 473 | 16 729 | 972 434 |
| 广西 | Guangxi | 5 600 805 | 342 734 | 2 326 734 | 388 996 | 30 259 | 174 403 |
| 海南 | Hainan | 662 664 | 9 181 | 37 857 | 10 847 | 216 622 | 18 995 |
| 重庆 | Chongqing | 2 112 578 | 115 872 | 390 339 | 182 329 | 9 134 | 172 365 |
| 四川 | Sichuan | 7 417 676 | 329 821 | 2 131 731 | 195 057 | 24 454 | 262 315 |
| 贵州 | Guizhou | 7 521 283 | 191 085 | 2 629 249 | 145 725 | 37 415 | 842 025 |
| 云南 | Yunnan | 5 094 645 | 152 440 | 3 062 951 | 137 834 | 22 083 | 189 478 |
| 西藏 | Tibet | 605 | 1 005 | 87 | 1 174 | | 424 |
| 陕西 | Shaanxi | 5 815 403 | 256 922 | 2 160 562 | 293 273 | 14 189 | 234 240 |
| 甘肃 | Gansu | 2 568 797 | 89 635 | 895 869 | 99 349 | 5 187 | 171 397 |
| 青海 | Qinghai | 639 230 | 49 561 | 635 389 | 76 272 | … | 59 699 |
| 宁夏 | Ningxia | 4 321 416 | 106 831 | 424 742 | 63 843 | 307 | 98 899 |
| 新疆 | Xinjiang | 2 712 049 | 208 163 | 772 665 | 185 310 | 235 | 246 523 |

# 各地区工业废气排放及处理情况（四）
# Discharge and Treatment of Industrial Waste Gas by Region（4）

（2007）

| 年 份<br>地 区 | Year<br>Region | 废气治理设施数（套）<br>Facilities for Treatment of Waste Gas（set） | 脱硫设施数<br>Desulfurization Facilities | 废气治理设施处理能力（标态）（万米³/时）<br>Capacity of Facilities for Treatment of Waste Gas（cu.m/hour） | 脱硫设施脱硫能力（吨/时）<br>Capacity of Desulfurization Facilities（ton/hour） |
|---|---|---|---|---|---|
| | 2001 | 134 025 | 17 444 | — | 17 461 |
| | 2002 | 137 668 | 18 783 | — | 9 821 |
| | 2003 | 137 204 | 19 660 | — | 7 133 |
| | 2004 | 144 973 | 21 643 | — | 7 404 |
| | 2005 | 145 043 | 22 648 | — | 12 907 |
| | 2006 | 154 557 | 24 530 | 801 085 | 16 116 |
| | **2007** | **162 325** | **24 867** | **769 863** | **24 410** |
| 北 京 | Beijing | 2 520 | 1 040 | 9 201 | 275 |
| 天 津 | Tianjin | 2 974 | 1 402 | 8 157 | 1 186 |
| 河 北 | Hebei | 12 492 | 2 515 | 66 092 | 1 847 |
| 山 西 | Shanxi | 7 893 | 2 649 | 75 037 | 1 452 |
| 内蒙古 | Inner Mongolia | 3 965 | 355 | 31 163 | 866 |
| 辽 宁 | Liaoning | 10 280 | 2 353 | 38 203 | 3 731 |
| 吉 林 | Jilin | 2 970 | 511 | 9 743 | 84 |
| 黑龙江 | Heilongjiang | 4 110 | 139 | 22 165 | 938 |
| 上 海 | Shanghai | 3 551 | 438 | 13 348 | 96 |
| 江 苏 | Jiangsu | 10 431 | 1 078 | 58 220 | 1 730 |
| 浙 江 | Zhejiang | 12 118 | 1 999 | 24 066 | 795 |
| 安 徽 | Anhui | 4 386 | 231 | 18 286 | 162 |
| 福 建 | Fujian | 6 726 | 350 | 17 454 | 283 |
| 江 西 | Jiangxi | 3 164 | 262 | 12 078 | 996 |
| 山 东 | Shandong | 10 756 | 2 285 | 69 637 | 1 079 |
| 河 南 | Henan | 8 558 | 774 | 30 163 | 735 |
| 湖 北 | Hubei | 4 367 | 280 | 17 230 | 144 |
| 湖 南 | Hunan | 4 725 | 684 | 17 054 | 127 |
| 广 东 | Guangdong | 11 966 | 1 224 | 32 045 | 198 |
| 广 西 | Guangxi | 5 360 | 455 | 19 632 | 481 |
| 海 南 | Hainan | 354 | 5 | 18 678 | 291 |
| 重 庆 | Chongqing | 2 797 | 363 | 17 176 | 275 |
| 四 川 | Sichuan | 6 148 | 576 | 68 395 | 3 640 |
| 贵 州 | Guizhou | 2 651 | 605 | 15 556 | 247 |
| 云 南 | Yunnan | 4 701 | 374 | 15 589 | 550 |
| 西 藏 | Tibet | 25 | | … | |
| 陕 西 | Shaanxi | 3 800 | 648 | 17 910 | 1 011 |
| 甘 肃 | Gansu | 2 654 | 669 | 8 290 | 401 |
| 青 海 | Qinghai | 690 | 2 | 5 369 | 2 |
| 宁 夏 | Ningxia | 1 229 | 263 | 5 903 | 40 |
| 新 疆 | Xinjiang | 3 964 | 338 | 8 025 | 747 |

# 各地区工业废气排放及处理情况（五）

# Discharge and Treatment of Industrial Waste Gas by Region（5）

（2007）

| 年　份<br>地　区 | Year<br>Region | 废气治理设施运行费用（万元）<br>Annul Expenditure for Operation（10 000 yuan） | 脱硫设施运行费用（万元）<br>Annul Expenditure for Operation（10 000 yuan） | 废气污染物在线监测仪器套数（套）<br>On-line Appartus for Waste Gas Mornitoring（set） |
|---|---|---|---|---|
| | 2001 | 1 110 776. 7 | — | — |
| | 2002 | 1 470 902. 0 | — | — |
| | 2003 | 1 505 873. 6 | — | — |
| | 2004 | 2 138 162. 4 | — | — |
| | 2005 | 2 670 764. 6 | — | — |
| | 2006 | 4 643 681. 2 | 1 323 719. 7 | 3 028 |
| | **2007** | **5 549 659. 8** | **1 946 889. 6** | **4 713** |
| 北　京 | Beijing | 114 078. 4 | 19 323. 6 | 169 |
| 天　津 | Tianjin | 91 574. 2 | 37 077. 7 | 74 |
| 河　北 | Hebei | 426 091. 6 | 80 373. 0 | 263 |
| 山　西 | Shanxi | 322 916. 7 | 116 989. 0 | 329 |
| 内蒙古 | Inner Mongolia | 185 780. 7 | 83 269. 2 | 130 |
| 辽　宁 | Liaoning | 289 361. 0 | 69 781. 1 | 118 |
| 吉　林 | Jilin | 50 480. 2 | 14 528. 6 | 39 |
| 黑龙江 | Heilongjiang | 52 663. 7 | 8 298. 8 | 42 |
| 上　海 | Shanghai | 180 337. 0 | 20 730. 2 | 185 |
| 江　苏 | Jiangsu | 463 018. 9 | 211 682. 2 | 480 |
| 浙　江 | Zhejiang | 272 941. 5 | 125 825. 9 | 428 |
| 安　徽 | Anhui | 104 074. 8 | 40 472. 2 | 122 |
| 福　建 | Fujian | 147 146. 8 | 62 279. 6 | 102 |
| 江　西 | Jiangxi | 97 764. 3 | 44 656. 4 | 55 |
| 山　东 | Shandong | 561 925. 6 | 195 355. 0 | 601 |
| 河　南 | Henan | 257 431. 5 | 112 225. 0 | 371 |
| 湖　北 | Hubei | 198 820. 1 | 97 560. 5 | 91 |
| 湖　南 | Hunan | 177 955. 6 | 61 014. 4 | 106 |
| 广　东 | Guangdong | 434 046. 4 | 173 910. 1 | 322 |
| 广　西 | Guangxi | 119 487. 7 | 27 751. 9 | 58 |
| 海　南 | Hainan | 18 407. 7 | 4 021. 0 | 21 |
| 重　庆 | Chongqing | 127 371. 2 | 70 083. 9 | 99 |
| 四　川 | Sichuan | 182 732. 1 | 58 769. 9 | 117 |
| 贵　州 | Guizhou | 119 494. 1 | 57 222. 9 | 70 |
| 云　南 | Yunnan | 153 460. 3 | 44 465. 8 | 132 |
| 西　藏 | Tibet | 206. 0 | | |
| 陕　西 | Shaanxi | 72 870. 5 | 25 531. 0 | 75 |
| 甘　肃 | Gansu | 165 169. 9 | 50 487. 1 | 57 |
| 青　海 | Qinghai | 32 721. 1 | 4 000. 0 | 4 |
| 宁　夏 | Ningxia | 52 551. 3 | 22 740. 3 | 18 |
| 新　疆 | Xinjiang | 76 778. 9 | 6 463. 3 | 35 |

# 各地区工业固体废物产生及处置利用情况（一）

# Generation and Utilization of Industrial Solid Wastes by Region（1-1）

单位：万吨 （2007） （10 000 tons）

| 年 份<br>地 区 | Year<br>Region | 工业固体废物产生量<br>Industrial Solid Wastes Generated | 危险废物<br>Hazardous Wastes | 冶炼废渣<br>Smelting Residue | 粉煤灰<br>Coalburning Powder | 炉渣<br>Slag |
|---|---|---|---|---|---|---|
| | 2001 | 88 840 | 952 | 9 745 | 14 121 | 8 673 |
| | 2002 | 94 509 | 1 001 | 10 784 | 15 722 | 9 491 |
| | 2003 | 100 428 | 1 170 | 12 304 | 17 529 | 10 544 |
| | 2004 | 120 030 | 995 | 14 626 | 21 391 | 12 346 |
| | 2005 | 134 449 | 1 162 | 18 199 | 23 377 | 13 722 |
| | 2006 | 151 541 | 1 084 | 20 893 | 26 602 | 15 603 |
| | **2007** | **175 632** | **1 079** | **23 720** | **32 672** | **17 797** |
| 北 京 | Beijing | 1 275 | 14 | 314 | 211 | 106 |
| 天 津 | Tianjin | 1 399 | 15 | 375 | 291 | 356 |
| 河 北 | Hebei | 18 688 | 30 | 4 199 | 2 239 | 1 663 |
| 山 西 | Shanxi | 13 819 | 4 | 2 285 | 2 256 | 981 |
| 内蒙古 | Inner Mongolia | 10 973 | 33 | 763 | 2 855 | 672 |
| 辽 宁 | Liaoning | 14 342 | 62 | 1 983 | 1 387 | 912 |
| 吉 林 | Jilin | 3 113 | 50 | 357 | 866 | 598 |
| 黑龙江 | Heilongjiang | 4 130 | 18 | 183 | 1 139 | 549 |
| 上 海 | Shanghai | 2 165 | 45 | 845 | 518 | 126 |
| 江 苏 | Jiangsu | 7 354 | 135 | 1 002 | 2 382 | 1 457 |
| 浙 江 | Zhejiang | 3 613 | 53 | 125 | 1 375 | 949 |
| 安 徽 | Anhui | 5 960 | 5 | 728 | 1 092 | 476 |
| 福 建 | Fujian | 4 815 | 11 | 244 | 553 | 356 |
| 江 西 | Jiangxi | 7 777 | 5 | 540 | 710 | 303 |
| 山 东 | Shandong | 11 935 | 140 | 2 026 | 2 908 | 1 676 |
| 河 南 | Henan | 8 851 | 20 | 958 | 2 325 | 1 092 |
| 湖 北 | Hubei | 4 683 | 14 | 692 | 1 116 | 601 |
| 湖 南 | Hunan | 4 560 | 45 | 1 099 | 871 | 517 |
| 广 东 | Guangdong | 3 852 | 94 | 283 | 1 477 | 659 |
| 广 西 | Guangxi | 4 544 | 37 | 539 | 750 | 315 |
| 海 南 | Hainan | 158 | 1 | 1 | 65 | 9 |
| 重 庆 | Chongqing | 2 087 | 9 | 153 | 313 | 301 |
| 四 川 | Sichuan | 9 654 | 15 | 905 | 1 051 | 1 181 |
| 贵 州 | Guizhou | 5 989 | 46 | 538 | 1 216 | 403 |
| 云 南 | Yunnan | 7 098 | 17 | 1 343 | 754 | 431 |
| 西 藏 | Tibet | 5 | | | … | 1 |
| 陕 西 | Shaanxi | 5 480 | 8 | 193 | 710 | 366 |
| 甘 肃 | Gansu | 3 001 | 12 | 610 | 393 | 207 |
| 青 海 | Qinghai | 1 129 | 75 | 113 | 94 | 64 |
| 宁 夏 | Ningxia | 1 046 | … | 61 | 476 | 236 |
| 新 疆 | Xinjiang | 2 137 | 64 | 263 | 280 | 234 |

# 各地区工业固体废物产生及处置利用情况（一）（续表）

# Generation and Utilization of Industrial Solid Wastes by Region（1-2）

单位：万吨　　（2007）　　（10 000 tons）

| 年份 地区 | Year Region | 工业固体废物产生量 Industrial Solid Wastes Generated | | | | |
|---|---|---|---|---|---|---|
| | | 煤矸石 Coal Stone | 尾矿 Gangue | 放射性废物 Radioactive Wastes | 脱硫石膏 Gypsum for Desulfurization | 其他 Others |
| | 2001 | 12 018 | 24 125 | 22.9 | — | 12 434 |
| | 2002 | 13 035 | 26 542 | 11.5 | — | 11 471 |
| | 2003 | 12 964 | 28 980 | 30.7 | — | 9 963 |
| | 2004 | 13 679 | 32 059 | 14.5 | — | 16 719 |
| | 2005 | 16 158 | 38 519 | 19.6 | — | 13 383 |
| | 2006 | 17 693 | 42 738 | 10.4 | 872.8 | 16 559 |
| | **2007** | **17 339** | **51 252** | **18.5** | **2 055.1** | **18 316** |
| 北京 | Beijing | 55 | 331 | … | 21.4 | 127 |
| 天津 | Tianjin | … | … | … | 27.2 | 233 |
| 河北 | Hebei | 839 | 6 540 | … | 103.1 | 826 |
| 山西 | Shanxi | 4 566 | 2 026 | 0.5 | 114.3 | 623 |
| 内蒙古 | Inner Mongolia | 1 216 | 4 262 | 5.8 | 135.3 | 358 |
| 辽宁 | Liaoning | 513 | 8 075 | … | 14.2 | 838 |
| 吉林 | Jilin | 109 | 754 | … | 3.1 | 162 |
| 黑龙江 | Heilongjiang | 1 372 | 444 | … | 7.6 | 213 |
| 上海 | Shanghai | 1 | … | … | 7.4 | 435 |
| 江苏 | Jiangsu | 255 | 264 | … | 170.3 | 1 024 |
| 浙江 | Zhejiang | 9 | 192 | … | 166.0 | 502 |
| 安徽 | Anhui | 1 511 | 1 343 | … | 38.7 | 604 |
| 福建 | Fujian | 179 | 2 923 | … | 30.8 | 374 |
| 江西 | Jiangxi | 229 | 5 175 | 1.8 | 37.5 | 476 |
| 山东 | Shandong | 1 347 | 1 714 | … | 175.4 | 1 303 |
| 河南 | Henan | 620 | 2 205 | … | 94.6 | 762 |
| 湖北 | Hubei | 47 | 983 | … | 86.7 | 770 |
| 湖南 | Hunan | 246 | 1 059 | 0.1 | 52.8 | 365 |
| 广东 | Guangdong | 15 | 421 | 10.3 | 91.5 | 519 |
| 广西 | Guangxi | 56 | 1 377 | … | 47.1 | 1 182 |
| 海南 | Hainan | … | 26 | … | 3.8 | 50 |
| 重庆 | Chongqing | 486 | 39 | … | 172.9 | 444 |
| 四川 | Sichuan | 746 | 3 383 | … | 63.2 | 1 447 |
| 贵州 | Guizhou | 1 279 | 1 051 | … | 172.4 | 1 273 |
| 云南 | Yunnan | 194 | 2 031 | … | 149.0 | 1 636 |
| 西藏 | Tibet | | 4 | | | 1 |
| 陕西 | Shaanxi | 980 | 1 999 | … | 23.6 | 1 039 |
| 甘肃 | Gansu | 164 | 1 263 | … | 27.0 | 247 |
| 青海 | Qinghai | 63 | 645 | … | 2.3 | 68 |
| 宁夏 | Ningxia | 58 | 2 | … | 16.0 | 145 |
| 新疆 | Xinjiang | 182 | 721 | … | … | 272 |

# 各地区工业固体废物产生及处置利用情况（二）

# Generation and Utilization of Industrial Solid Wastes by Region（2-1）

单位：万吨　　　　（2007）　　　　（10 000 tons）

| 年 份<br>地 区 | Year<br>Region | 工业固体废物综合利用量<br>Industrial Solid Wastes Utilized | 危险废物<br>Hazardous Wastes | 冶炼废渣<br>Smelting Residue | 粉煤灰<br>Coalburning Powder |
|---|---|---|---|---|---|
| | 2001 | 47 290 | 442 | 7 768 | 9 576 |
| | 2002 | 50 061 | 391 | 8 920 | 10 740 |
| | 2003 | 56 040 | 427 | 10 385 | 12 204 |
| | 2004 | 67 796 | 403 | 12 855 | 14 847 |
| | 2005 | 76 993 | 496 | 16 243 | 16 916 |
| | 2006 | 92 601 | 566 | 18 588 | 20 245 |
| | **2007** | **110 311** | **650** | **19 514** | **23 850** |
| 北 京 | Beijing | 1 042 | 7 | 330 | 211 |
| 天 津 | Tianjin | 1 380 | 12 | 375 | 293 |
| 河 北 | Hebei | 11 626 | 25 | 4 255 | 1 573 |
| 山 西 | Shanxi | 6 784 | 4 | 2 114 | 799 |
| 内蒙古 | Inner Mongolia | 6 225 | 15 | 528 | 1 486 |
| 辽 宁 | Liaoning | 5 711 | 59 | 1 214 | 888 |
| 吉 林 | Jilin | 2 046 | 31 | 255 | 480 |
| 黑龙江 | Heilongjiang | 2 962 | 8 | 168 | 758 |
| 上 海 | Shanghai | 2 040 | 31 | 845 | 486 |
| 江 苏 | Jiangsu | 7 259 | 99 | 973 | 2 422 |
| 浙 江 | Zhejiang | 3 334 | 22 | 121 | 1 247 |
| 安 徽 | Anhui | 4 908 | 4 | 294 | 901 |
| 福 建 | Fujian | 3 401 | 9 | 230 | 533 |
| 江 西 | Jiangxi | 2 831 | 5 | 538 | 586 |
| 山 东 | Shandong | 11 615 | 84 | 1 994 | 2 692 |
| 河 南 | Henan | 6 048 | 16 | 834 | 1 908 |
| 湖 北 | Hubei | 3 620 | 12 | 474 | 806 |
| 湖 南 | Hunan | 3 428 | 44 | 929 | 756 |
| 广 东 | Guangdong | 3 379 | 58 | 268 | 1 390 |
| 广 西 | Guangxi | 3 152 | 11 | 518 | 748 |
| 海 南 | Hainan | 141 | … | 1 | 63 |
| 重 庆 | Chongqing | 1 623 | 4 | 55 | 277 |
| 四 川 | Sichuan | 5 048 | 9 | 267 | 777 |
| 贵 州 | Guizhou | 2 252 | 14 | 386 | 435 |
| 云 南 | Yunnan | 3 036 | 4 | 893 | 226 |
| 西 藏 | Tibet | … | | | … |
| 陕 西 | Shaanxi | 2 292 | 4 | 147 | 423 |
| 甘 肃 | Gansu | 1 121 | 9 | 176 | 309 |
| 青 海 | Qinghai | 337 | 1 | 111 | 46 |
| 宁 夏 | Ningxia | 658 | … | 40 | 151 |
| 新 疆 | Xinjiang | 1 010 | 50 | 181 | 179 |

# 各地区工业固体废物产生及处置利用情况（二）（续表）

# Generation and Utilization of Industrial Solid Wastes by Region（2-2）

单位：万吨　　（2007）　　（10 000 tons）

| 年份<br>地区 | Year<br>Region | 工业固体废物综合利用量 Industrial Solid Wastes Utilized | | | | |
|---|---|---|---|---|---|---|
| | | 炉渣<br>Slag | 煤矸石<br>Coal Stone | 尾矿<br>Gangue | 脱硫石膏<br>Gypsum for Desulfurization | 其他<br>Others |
| | 2001 | 7 521 | 6 641 | 3 438 | — | 8 539 |
| | 2002 | 8 132 | 7 020 | 4 420 | — | 7 321 |
| | 2003 | 9 131 | 7 641 | 5 451 | — | 7 129 |
| | 2004 | 10 886 | 8 336 | 7 790 | — | 8 349 |
| | 2005 | 12 137 | 10 911 | 7 951 | — | 9 599 |
| | 2006 | 14 084 | 12 161 | 8 416 | 594 | 11 640 |
| | **2007** | **16 138** | **12 133** | **11 637** | **1 628** | **14 219** |
| 北　京 | Beijing | 106 | 119 | 37 | 21 | 124 |
| 天　津 | Tianjin | 356 | … | … | 27 | 216 |
| 河　北 | Hebei | 1 606 | 748 | 847 | 102 | 887 |
| 山　西 | Shanxi | 573 | 1 772 | 424 | 76 | 468 |
| 内蒙古 | Inner Mongolia | 574 | 1 061 | 1 790 | 100 | 236 |
| 辽　宁 | Liaoning | 816 | 415 | 335 | 9 | 986 |
| 吉　林 | Jilin | 499 | 91 | 73 | 3 | 222 |
| 黑龙江 | Heilongjiang | 543 | 992 | 150 | 8 | 165 |
| 上　海 | Shanghai | 97 | 1 | … | 7 | 390 |
| 江　苏 | Jiangsu | 1 455 | 254 | 153 | 168 | 992 |
| 浙　江 | Zhejiang | 914 | 9 | 108 | 138 | 449 |
| 安　徽 | Anhui | 458 | 1 488 | 655 | 35 | 930 |
| 福　建 | Fujian | 347 | 110 | 1 690 | 25 | 351 |
| 江　西 | Jiangxi | 245 | 223 | 621 | 38 | 378 |
| 山　东 | Shandong | 1 674 | 1 486 | 1 471 | 198 | 1 308 |
| 河　南 | Henan | 1 032 | 619 | 389 | 76 | 563 |
| 湖　北 | Hubei | 601 | 33 | 250 | 21 | 619 |
| 湖　南 | Hunan | 501 | 197 | 436 | 44 | 317 |
| 广　东 | Guangdong | 633 | 6 | 116 | 85 | 483 |
| 广　西 | Guangxi | 299 | 54 | 237 | 46 | 1 034 |
| 海　南 | Hainan | 6 | … | 15 | 4 | 50 |
| 重　庆 | Chongqing | 302 | 354 | 27 | 183 | 289 |
| 四　川 | Sichuan | 1 037 | 603 | 608 | 31 | 710 |
| 贵　州 | Guizhou | 198 | 503 | 154 | 129 | 434 |
| 云　南 | Yunnan | 354 | 129 | 455 | 31 | 658 |
| 西　藏 | Tibet | … | | | | … |
| 陕　西 | Shaanxi | 303 | 666 | 231 | 19 | 411 |
| 甘　肃 | Gansu | 169 | 20 | 189 | 1 | 193 |
| 青　海 | Qinghai | 51 | 9 | 85 | 1 | 30 |
| 宁　夏 | Ningxia | 229 | 45 | … | 2 | 152 |
| 新　疆 | Xinjiang | 158 | 125 | 91 | … | 175 |

# 各地区工业固体废物产生及处置利用情况（三）

# Generation and Utilization of Industrial Solid Wastes by Region（3）

单位：万吨　　（2007）　　（10 000 tons）

| 年份<br>地区 | Year<br>Region | 工业固体废物贮存量<br>Stock of Industrial Solid Wastes | 危险废物贮存量<br>Hazardous Wastes | 工业固体废物处置量<br>Industrial Solid Wastes Disposed | 危险废物处置量<br>Hazardous Wastes | 工业固体废物排放量（吨）<br>Industrial Solid Wastes Discharged（ton） | 危险废物排放量<br>Hazardous Wastes |
|---|---|---|---|---|---|---|---|
| | 2001 | 30 183 | 307. 14 | 14 491 | 228. 97 | 28 938 045 | 20 595. 98 |
| | 2002 | 30 040 | 382. 76 | 16 618 | 242. 15 | 26 352 123 | 16 972. 35 |
| | 2003 | 27 667 | 422. 96 | 17 751 | 375. 44 | 19 409 096 | 2 798. 21 |
| | 2004 | 26 012 | 343. 26 | 26 635 | 275. 19 | 17 619 510 | 11 469. 59 |
| | 2005 | 27 876 | 337. 27 | 31 259 | 339. 00 | 16 546 848 | 5 966. 96 |
| | 2006 | 22 398 | 266. 81 | 42 883 | 289. 34 | 13 020 916 | 199 663. 10 |
| | **2007** | **24 119** | **153. 94** | **41 350** | **345. 64** | **11 967 191** | **735. 53** |
| 北　京 | Beijing | 63 | 0. 34 | 691 | 7. 66 | 887 | … |
| 天　津 | Tianjin | … | … | 22 | 3. 20 | … | … |
| 河　北 | Hebei | 2 458 | 0. 01 | 4 940 | 5. 46 | 389 464 | … |
| 山　西 | Shanxi | 907 | 0. 08 | 5 820 | 1. 36 | 4 142 511 | … |
| 内蒙古 | Inner Mongolia | 3 172 | 8. 49 | 1 609 | 9. 29 | 89 405 | … |
| 辽　宁 | Liaoning | 2 673 | 0. 04 | 5 266 | 24. 81 | 44 817 | … |
| 吉　林 | Jilin | 1 015 | 0. 06 | 73 | 19. 29 | 13 070 | … |
| 黑龙江 | Heilongjiang | 612 | 0. 13 | 617 | 9. 66 | 310 | … |
| 上　海 | Shanghai | 20 | 0. 05 | 106 | 14. 68 | 1 514 | … |
| 江　苏 | Jiangsu | 167 | 0. 08 | 132 | 37. 05 | 2 586 | … |
| 浙　江 | Zhejiang | 101 | 1. 62 | 179 | 30. 81 | 14 385 | … |
| 安　徽 | Anhui | 418 | 0. 18 | 643 | 1. 11 | 68 | … |
| 福　建 | Fujian | 91 | 0. 49 | 1 332 | 2. 35 | 27 550 | … |
| 江　西 | Jiangxi | 848 | 0. 01 | 4 106 | 0. 14 | 82 367 | … |
| 山　东 | Shandong | 427 | 0. 16 | 233 | 59. 30 | 659 | … |
| 河　南 | Henan | 727 | 1. 90 | 2 145 | 2. 29 | 22 193 | … |
| 湖　北 | Hubei | 769 | … | 440 | 4. 62 | 79 968 | … |
| 湖　南 | Hunan | 830 | 0. 91 | 421 | 4. 45 | 318 142 | 735. 00 |
| 广　东 | Guangdong | 168 | 3. 35 | 459 | 35. 05 | 115 032 | 0. 50 |
| 广　西 | Guangxi | 226 | 0. 89 | 1 361 | 25. 59 | 103 404 | … |
| 海　南 | Hainan | 17 | 1. 05 | … | 0. 09 | 1 114 | … |
| 重　庆 | Chongqing | 192 | 0. 48 | 163 | 3. 81 | 1 381 292 | … |
| 四　川 | Sichuan | 2 184 | 9. 84 | 2 229 | 1. 93 | 2 045 050 | … |
| 贵　州 | Guizhou | 1 134 | 18. 02 | 2 559 | 25. 20 | 818 755 | … |
| 云　南 | Yunnan | 1 691 | 14. 44 | 2 345 | 7. 57 | 826 556 | 0. 03 |
| 西　藏 | Tibet | 1 | | | | 39 299 | |
| 陕　西 | Shaanxi | 711 | 4. 77 | 1 472 | 1. 04 | 422 577 | … |
| 甘　肃 | Gansu | 733 | 0. 05 | 1 456 | 2. 81 | 248 186 | … |
| 青　海 | Qinghai | 795 | 75. 87 | 1 | 0. 02 | 8 174 | … |
| 宁　夏 | Ningxia | 158 | … | 274 | 0. 14 | 47 670 | … |
| 新　疆 | Xinjiang | 807 | 10. 63 | 255 | 4. 86 | 680 188 | … |

# 各地区汇总工业企业概况（一）

# Summarization of Industrial Enterprises Investigeted by Region（1）

（2007）

| 年份<br>地区 | Year<br>Region | 汇总工业企业数（个）Number of Industrial Enterprises Investigated (unit) | 工业总产值（现价）（万元）Gross Industrial Output Value (current rate) (10 000 yuan) | 企业专职环保人员数（人）Number of Professional Environmental-protection Employee (person) | 工业炉窑数（台）Number of Industrial Furnaces (unit) | 烟尘排放达标的 Furnaces with Soot Discharged Meeting Standard | 二氧化硫排放达标的 Furnaces with Sulphur Dioxide Discharged Meeting Standard |
|---|---|---|---|---|---|---|---|
| | 2001 | 71 425 | 538 202 156. 2 | 162 191 | 77 430 | 52 037 | 35 722 |
| | 2002 | 70 831 | 607 572 378. 9 | 173 540 | 83 059 | 56 127 | 44 851 |
| | 2003 | 69 904 | 709 258 687. 5 | 168 188 | 84 325 | 56 189 | 47 605 |
| | 2004 | 70 630 | 898 419 799. 1 | 178 025 | 85 132 | 58 253 | 50 674 |
| | 2005 | 70 612 | 1 120 864 276. 0 | 188 051 | 81 117 | 60 525 | 53 545 |
| | 2006 | 76 185 | 1 426 002 200. 0 | 268 473 | 82 814 | 64 599 | 57 450 |
| | **2007** | **106 457** | **1 833 178 647. 4** | **311 624** | **82 576** | **64 188** | **58 564** |
| 北京 | Beijing | 858 | 30 757 505. 4 | 1 876 | 410 | 410 | 407 |
| 天津 | Tianjin | 1 621 | 63 940 638. 9 | 3 572 | 630 | 630 | 629 |
| 河北 | Hebei | 5 036 | 89 912 687. 8 | 24 182 | 4 490 | 3 673 | 3 107 |
| 山西 | Shanxi | 3 898 | 59 166 755. 9 | 13 047 | 5 167 | 4 802 | 3 819 |
| 内蒙古 | Inner Mongolia | 1 883 | 31 549 735. 0 | 4 023 | 2 558 | 1 929 | 2 087 |
| 辽宁 | Liaoning | 5 271 | 121 469 449. 7 | 10 387 | 6 739 | 5 018 | 4 566 |
| 吉林 | Jilin | 998 | 39 868 993. 4 | 3 285 | 601 | 415 | 469 |
| 黑龙江 | Heilongjiang | 1 537 | 46 235 314. 0 | 4 037 | 3 033 | 2 958 | 2 939 |
| 上海 | Shanghai | 1 737 | 150 765 007. 1 | 5 235 | 1 252 | 1 199 | 1 199 |
| 江苏 | Jiangsu | 7 889 | 205 009 728. 2 | 44 894 | 3 818 | 3 425 | 3 157 |
| 浙江 | Zhejiang | 10 136 | 140 629 757. 4 | 21 549 | 3 102 | 2 845 | 2 517 |
| 安徽 | Anhui | 2 757 | 47 535 554. 9 | 5 834 | 1 802 | 1 248 | 984 |
| 福建 | Fujian | 6 224 | 54 610 964. 4 | 22 662 | 2 142 | 2 039 | 1 990 |
| 江西 | Jiangxi | 2 470 | 23 549 574. 0 | 4 291 | 1 495 | 920 | 708 |
| 山东 | Shandong | 6 114 | 179 884 602. 8 | 20 381 | 4 117 | 3 657 | 3 491 |
| 河南 | Henan | 4 775 | 73 397 273. 5 | 11 470 | 5 398 | 4 203 | 3 715 |
| 湖北 | Hubei | 2 422 | 47 480 165. 4 | 5 474 | 2 237 | 2 015 | 1 805 |
| 湖南 | Hunan | 3 334 | 37 520 248. 7 | 14 187 | 2 930 | 2 009 | 1 863 |
| 广东 | Guangdong | 13 103 | 125 621 677. 6 | 30 203 | 4 456 | 3 530 | 3 104 |
| 广西 | Guangxi | 4 349 | 29 874 142. 3 | 14 244 | 2 981 | 2 533 | 2 387 |
| 海南 | Hainan | 286 | 7 650 869. 3 | 767 | 174 | 158 | 121 |
| 重庆 | Chongqing | 2 483 | 24 911 748. 9 | 3 531 | 1 925 | 1 625 | 1 481 |
| 四川 | Sichuan | 6 290 | 48 546 830. 2 | 14 962 | 5 292 | 3 743 | 3 172 |
| 贵州 | Guizhou | 2 963 | 16 578 119. 9 | 8 571 | 5 057 | 2 373 | 2 203 |
| 云南 | Yunnan | 1 975 | 32 339 995. 6 | 4 716 | 2 136 | 1 810 | 1 721 |
| 西藏 | Tibet | 26 | 177 191. 1 | 77 | 32 | 17 | 17 |
| 陕西 | Shaanxi | 2 855 | 36 666 823. 5 | 6 645 | 2 064 | 1 031 | 930 |
| 甘肃 | Gansu | 1 177 | 30 559 622. 6 | 3 184 | 2 471 | 1 610 | 1 709 |
| 青海 | Qinghai | 346 | 7 226 794. 5 | 469 | 767 | 116 | 126 |
| 宁夏 | Ningxia | 423 | 7 531 359. 3 | 1 378 | 1 820 | 1 706 | 1 501 |
| 新疆 | Xinjiang | 1 221 | 22 209 516. 1 | 2 491 | 1 480 | 541 | 640 |

# 各地区汇总工业企业概况（二）

# Summarization of Industrial Enterprises Investigeted by Region（2）

（2007）

| 年份<br>地区 | Year<br>Region | 工业锅炉数（台）<br>Number of Industrial Boilers（unit） | 烟尘排放达标的<br>Boilers with Soot Discharged Meeting Standard | 二氧化硫排放达标的<br>Boilers with Sulphur Dioxide Discharged Meeting Standard | 工业锅炉蒸吨数（蒸吨）<br>Capacity of Industrial Boilers（steam. ton） | 烟尘排放达标的<br>Boilers with Soot Discharged Meeting Standard | 二氧化硫排放达标的<br>Boilers with Sulphur Dioxide Discharged Meeting Standard |
|---|---|---|---|---|---|---|---|
| | 2001 | 87 704 | 78 001 | 52 916 | 1 238 608 | 1 165 038 | 913 739 |
| | 2002 | 86 212 | 76 684 | 59 188 | 1 297 336 | 1 244 902 | 1 063 979 |
| | 2003 | 84 311 | 75 098 | 60 918 | 1 363 905 | 1 296 044 | 1 121 297 |
| | 2004 | 85 116 | 76 840 | 63 700 | 1 500 823 | 1 432 994 | 1 266 854 |
| | 2005 | 85 324 | 76 328 | 65 220 | 1 702 889 | 1 593 056 | 1 443 641 |
| | 2006 | 80 355 | 73 497 | 64 628 | 1 666 515 | 1 617 654 | 1 522 552 |
| | **2007** | **108 492** | **78 793** | **69 267** | **1 814 625** | **1 729 757** | **1 651 240** |
| 北　京 | Beijing | 1 892 | 1 889 | 1 885 | 38 643 | 38 638 | 38 612 |
| 天　津 | Tianjin | 2 156 | 2 151 | 2 146 | 48 536 | 48 090 | 47 476 |
| 河　北 | Hebei | 4 932 | 4 644 | 2 910 | 67 763 | 65 319 | 60 996 |
| 山　西 | Shanxi | 3 763 | 3 403 | 3 166 | 87 253 | 85 404 | 84 373 |
| 内蒙古 | Inner Mongolia | 2 886 | 2 212 | 2 040 | 131 046 | 126 194 | 124 399 |
| 辽　宁 | Liaoning | 6 330 | 5 435 | 4 400 | 98 794 | 89 859 | 80 696 |
| 吉　林 | Jilin | 2 880 | 2 345 | 1 879 | 47 818 | 42 612 | 39 340 |
| 黑龙江 | Heilongjiang | 4 698 | 4 369 | 3 561 | 68 019 | 65 537 | 61 002 |
| 上　海 | Shanghai | 4 863 | 4 823 | 4 791 | 35 234 | 35 066 | 34 943 |
| 江　苏 | Jiangsu | 27 873 | 5 789 | 5 505 | 173 829 | 172 103 | 169 933 |
| 浙　江 | Zhejiang | 6 236 | 6 031 | 5 534 | 96 517 | 95 510 | 94 012 |
| 安　徽 | Anhui | 1 791 | 1 659 | 1 227 | 34 146 | 33 150 | 31 903 |
| 福　建 | Fujian | 2 468 | 2 328 | 2 217 | 56 749 | 52 399 | 52 061 |
| 江　西 | Jiangxi | 1 220 | 1 060 | 760 | 21 748 | 21 129 | 19 855 |
| 山　东 | Shandong | 5 453 | 5 391 | 4 987 | 235 975 | 235 658 | 224 028 |
| 河　南 | Henan | 3 666 | 3 468 | 2 736 | 101 540 | 100 787 | 94 091 |
| 湖　北 | Hubei | 1 821 | 1 638 | 1 435 | 43 638 | 42 255 | 41 853 |
| 湖　南 | Hunan | 1 998 | 1 674 | 1 446 | 28 249 | 27 350 | 26 504 |
| 广　东 | Guangdong | 6 388 | 5 728 | 5 247 | 113 388 | 89 015 | 85 706 |
| 广　西 | Guangxi | 1 446 | 1 311 | 1 144 | 31 564 | 30 883 | 29 419 |
| 海　南 | Hainan | 105 | 96 | 79 | 1 621 | 1 565 | 1 439 |
| 重　庆 | Chongqing | 1 205 | 948 | 867 | 11 355 | 10 790 | 10 469 |
| 四　川 | Sichuan | 3 104 | 2 805 | 2 365 | 29 419 | 28 417 | 24 173 |
| 贵　州 | Guizhou | 805 | 621 | 512 | 31 875 | 27 063 | 21 271 |
| 云　南 | Yunnan | 1 060 | 978 | 906 | 28 350 | 26 821 | 24 636 |
| 西　藏 | Tibet | 11 | 3 | 3 | 8 | 2 | 2 |
| 陕　西 | Shaanxi | 2 659 | 2 085 | 1 843 | 46 116 | 44 068 | 36 829 |
| 甘　肃 | Gansu | 1 628 | 1 335 | 1 277 | 35 471 | 34 131 | 33 709 |
| 青　海 | Qinghai | 338 | 237 | 228 | 9 318 | 6 965 | 6 922 |
| 宁　夏 | Ningxia | 642 | 539 | 469 | 22 056 | 19 410 | 16 570 |
| 新　疆 | Xinjiang | 2 175 | 1 798 | 1 702 | 38 590 | 33 569 | 34 019 |

# 各地区汇总工业企业概况（三）

# Summarization of Industrial Enterprises Investigeted by Region（3）

（2007）

| 年 份<br>地 区 | Year<br>Region | 工业用水总量（万吨）<br>Quantity of Water Used by Industry（10 000 tons） | 新鲜水量<br>Fresh Water | 重复用水量<br>Recycled Water | 污水排放口数（个）<br>Number of Waste Water Outlets（unit） | 直接排海的污水排放口数<br>Direct Discharge into Sea | "三废"综合利用产品产值（万元）<br>Output Value of Products Made from "Three Waste"（10 000yuan） |
|---|---|---|---|---|---|---|---|
| | 2001 | 23 333 575 | 7 101 186 | 16 232 387 | 61 398 | 1 338 | 3 446 149. 0 |
| | 2002 | 24 943 632 | 7 116 909 | 17 826 724 | 62 630 | 1 303 | 3 856 329. 5 |
| | 2003 | 26 974 060 | 7 412 087 | 19 561 968 | 62 272 | 1 115 | 4 410 121. 0 |
| | 2004 | 29 038 017 | 7 486 854 | 21 551 163 | 63 930 | 1 357 | 5 733 245. 8 |
| | 2005 | 31 992 327 | 7 965 406 | 24 026 774 | 64 583 | 1 141 | 7 555 064. 3 |
| | 2006 | 34 653 012 | 7 059 207 | 27 593 815 | 67 074 | 1 156 | 10 267 926. 0 |
| | **2007** | **37 837 725** | **6 819 681** | **31 018 041** | **75 736** | **1 660** | **13 512 691. 9** |
| 北 京 | Beijing | 581 756 | 22 358 | 559 397 | 628 | … | 91 801. 6 |
| 天 津 | Tianjin | 931 210 | 61 947 | 869 264 | 1 240 | 4 | 110 850. 9 |
| 河 北 | Hebei | 3 326 947 | 216 068 | 3 110 878 | 2 861 | 11 | 796 650. 8 |
| 山 西 | Shanxi | 2 246 925 | 125 416 | 2 121 509 | 1 276 | … | 403 412. 0 |
| 内蒙古 | Inner Mongolia | 1 267 861 | 66 094 | 1 201 766 | 827 | … | 198 533. 2 |
| 辽 宁 | Liaoning | 1 908 063 | 177 306 | 1 730 757 | 3 360 | 122 | 517 482. 6 |
| 吉 林 | Jilin | 821 270 | 110 109 | 711 161 | 976 | … | 220 825. 5 |
| 黑龙江 | Heilongjiang | 1 079 519 | 249 737 | 829 782 | 1 304 | 1 | 175 738. 6 |
| 上 海 | Shanghai | 1 416 425 | 517 327 | 899 098 | 1 673 | 68 | 152 091. 3 |
| 江 苏 | Jiangsu | 3 077 184 | 464 613 | 2 612 572 | 6 506 | 37 | 1 834 836. 2 |
| 浙 江 | Zhejiang | 2 171 238 | 803 335 | 1 367 903 | 7 359 | 582 | 2 240 597. 9 |
| 安 徽 | Anhui | 1 260 368 | 135 807 | 1 124 562 | 1 652 | … | 362 346. 3 |
| 福 建 | Fujian | 796 552 | 317 906 | 478 646 | 4 906 | 229 | 205 186. 6 |
| 江 西 | Jiangxi | 617 385 | 157 628 | 459 757 | 1 784 | … | 324 863. 4 |
| 山 东 | Shandong | 3 196 644 | 257 038 | 2 939 605 | 4 168 | 196 | 1 479 858. 1 |
| 河 南 | Henan | 2 420 725 | 225 103 | 2 195 622 | 3 011 | 5 | 517 888. 1 |
| 湖 北 | Hubei | 1 198 278 | 253 405 | 944 873 | 2 182 | … | 613 941. 9 |
| 湖 南 | Hunan | 777 987 | 170 585 | 607 402 | 3 193 | 1 | 491 844. 9 |
| 广 东 | Guangdong | 2 496 750 | 1 343 314 | 1 153 436 | 11 023 | 351 | 497 618. 8 |
| 广 西 | Guangxi | 887 047 | 353 308 | 533 740 | 2 235 | 31 | 418 233. 7 |
| 海 南 | Hainan | 148 404 | 11 206 | 137 197 | 208 | 12 | 24 550. 5 |
| 重 庆 | Chongqing | 649 039 | 227 908 | 421 131 | 2 609 | … | 165 138. 6 |
| 四 川 | Sichuan | 1 058 190 | 194 018 | 864 170 | 5 018 | 3 | 493 074. 3 |
| 贵 州 | Guizhou | 701 815 | 43 651 | 658 164 | 1 522 | 5 | 157 127. 6 |
| 云 南 | Yunnan | 634 470 | 75 454 | 559 016 | 939 | … | 537 403. 3 |
| 西 藏 | Tibet | 1 130 | 1 094 | 36 | 13 | | 558. 3 |
| 陕 西 | Shaanxi | 605 499 | 74 232 | 531 267 | 1 585 | … | 160 527. 0 |
| 甘 肃 | Gansu | 497 407 | 47 015 | 450 393 | 697 | 1 | 167 268. 1 |
| 青 海 | Qinghai | 114 860 | 19 653 | 95 208 | 105 | … | 20 431. 2 |
| 宁 夏 | Ningxia | 420 440 | 33 368 | 387 072 | 234 | … | 40 856. 9 |
| 新 疆 | Xinjiang | 526 335 | 63 678 | 462 657 | 642 | 1 | 91 153. 7 |

# 各地区工业污染治理项目建设情况（一）

# Treatment Projects for Industrial Pollution by Region（1）

单位：个　　（2007）　　(unit)

| 年份<br>地区 | Year<br>Region | 汇总工业企业数<br>Number of Industrial Enterprises Collected | 本年施工项目总数<br>Numer of Projects under Construction | 治理废水<br>Treatment of Waste Water | 治理废气<br>Treatment of Waste Gas | 治理固体废物<br>Treatment of Solid Wastes | 治理噪声<br>Treatment of Noise Pollution | 治理其他<br>Treatment of Other Pollution |
|---|---|---|---|---|---|---|---|---|
| | 2001 | 8 805 | 11 640 | 4 705 | 5 406 | 559 | 355 | 615 |
| | 2002 | 8 634 | 11 557 | 4 679 | 4 992 | 666 | 375 | 845 |
| | 2003 | 8 515 | 11 292 | 4 573 | 4 848 | 660 | 330 | 881 |
| | 2004 | 9 519 | 12 944 | 5 373 | 5 664 | 677 | 380 | 850 |
| | 2005 | 9 871 | 13 330 | 5 545 | 5 472 | 820 | 415 | 928 |
| | 2006 | 9 605 | 13 101 | 5 717 | 5 272 | 750 | 298 | 1 064 |
| | **2007** | **10 233** | **13 664** | **5 898** | **5 570** | **668** | **272** | **1 232** |
| 北　京 | Beijing | 107 | 170 | 47 | 86 | 4 | 9 | 24 |
| 天　津 | Tianjin | 156 | 218 | 82 | 91 | 18 | 4 | 23 |
| 河　北 | Hebei | 373 | 482 | 209 | 223 | 11 | 3 | 36 |
| 山　西 | Shanxi | 670 | 1 041 | 204 | 571 | 51 | 14 | 201 |
| 内蒙古 | Inner Mongolia | 109 | 150 | 49 | 85 | 6 | 3 | 7 |
| 辽　宁 | Liaoning | 198 | 273 | 111 | 118 | 15 | 4 | 25 |
| 吉　林 | Jilin | 137 | 192 | 91 | 70 | 8 | 16 | 7 |
| 黑龙江 | Heilongjiang | 170 | 216 | 119 | 85 | 4 | 5 | 3 |
| 上　海 | Shanghai | 154 | 227 | 81 | 115 | 5 | 14 | 12 |
| 江　苏 | Jiangsu | 677 | 789 | 455 | 234 | 25 | 18 | 56 |
| 浙　江 | Zhejiang | 1 049 | 1 223 | 806 | 339 | 15 | 6 | 57 |
| 安　徽 | Anhui | 225 | 298 | 142 | 105 | 9 | 8 | 34 |
| 福　建 | Fujian | 584 | 779 | 307 | 304 | 130 | 10 | 28 |
| 江　西 | Jiangxi | 170 | 244 | 116 | 102 | 9 | 6 | 11 |
| 山　东 | Shandong | 991 | 1 234 | 656 | 384 | 62 | 13 | 119 |
| 河　南 | Henan | 410 | 586 | 243 | 268 | 21 | 12 | 42 |
| 湖　北 | Hubei | 343 | 505 | 224 | 189 | 21 | 21 | 50 |
| 湖　南 | Hunan | 453 | 593 | 265 | 237 | 44 | 10 | 37 |
| 广　东 | Guangdong | 1 033 | 1 383 | 493 | 558 | 28 | 37 | 244 |
| 广　西 | Guangxi | 303 | 429 | 226 | 159 | 29 | 1 | 14 |
| 海　南 | Hainan | 34 | 33 | 20 | 8 | 1 | 1 | 3 |
| 重　庆 | Chongqing | 221 | 299 | 93 | 163 | 7 | 8 | 28 |
| 四　川 | Sichuan | 501 | 690 | 256 | 319 | 39 | 16 | 60 |
| 贵　州 | Guizhou | 155 | 213 | 83 | 99 | 14 | 4 | 13 |
| 云　南 | Yunnan | 317 | 461 | 129 | 275 | 29 | 8 | 20 |
| 西　藏 | Tibet | 2 | 3 | 1 | … | … | … | 2 |
| 陕　西 | Shaanxi | 224 | 294 | 140 | 97 | 18 | 11 | 28 |
| 甘　肃 | Gansu | 230 | 329 | 141 | 135 | 28 | 4 | 21 |
| 青　海 | Qinghai | 18 | 21 | 5 | 16 | … | … | … |
| 宁　夏 | Ningxia | 110 | 147 | 47 | 88 | 7 | … | 5 |
| 新　疆 | Xinjiang | 109 | 142 | 57 | 47 | 10 | 6 | 22 |

# 各地区工业污染治理项目建设情况（二）

# Treatment Projects for Industrial Pollution by Region（2）

单位：个 （2007） （unit）

| 年份<br>地区 | Year<br>Region | 本年竣工项目数<br>Number of Projects Completed | 治理废水<br>Treatment of Waste Water | 治理废气<br>Treatment of Waste Gas | 治理固体废物<br>Treatment of Solid Wastes | 治理噪声<br>Treatment of Noise Pollution | 治理其他<br>Treatment of Other Pollution |
|---|---|---|---|---|---|---|---|
| | 2001 | 10 277 | 4 076 | 4 856 | 503 | 322 | 520 |
| | 2002 | 9 733 | 3 794 | 4 300 | 583 | 328 | 728 |
| | 2003 | 9 568 | 3 827 | 4 107 | 578 | 283 | 773 |
| | 2004 | 11 290 | 4 662 | 4 923 | 610 | 346 | 749 |
| | 2005 | 11 158 | 4 710 | 4 613 | 708 | 353 | 731 |
| | 2006 | 11 822 | 5 047 | 4 843 | 679 | 274 | 979 |
| | **2007** | **12 199** | **5 169** | **5 038** | **582** | **253** | **1 157** |
| 北　京 | Beijing | 160 | 42 | 83 | 3 | 9 | 23 |
| 天　津 | Tianjin | 188 | 66 | 82 | 16 | 4 | 20 |
| 河　北 | Hebei | 421 | 190 | 185 | 10 | 2 | 34 |
| 山　西 | Shanxi | 965 | 178 | 531 | 48 | 14 | 194 |
| 内蒙古 | Inner Mongolia | 143 | 46 | 82 | 6 | 3 | 6 |
| 辽　宁 | Liaoning | 230 | 86 | 104 | 12 | 4 | 24 |
| 吉　林 | Jilin | 176 | 81 | 65 | 7 | 16 | 7 |
| 黑龙江 | Heilongjiang | 198 | 107 | 80 | 4 | 4 | 3 |
| 上　海 | Shanghai | 203 | 67 | 106 | 5 | 13 | 12 |
| 江　苏 | Jiangsu | 720 | 407 | 222 | 24 | 18 | 49 |
| 浙　江 | Zhejiang | 1 071 | 710 | 292 | 14 | 6 | 49 |
| 安　徽 | Anhui | 261 | 118 | 95 | 8 | 8 | 32 |
| 福　建 | Fujian | 666 | 248 | 266 | 115 | 10 | 27 |
| 江　西 | Jiangxi | 209 | 96 | 91 | 7 | 6 | 9 |
| 山　东 | Shandong | 1 109 | 591 | 339 | 59 | 11 | 109 |
| 河　南 | Henan | 511 | 207 | 241 | 17 | 11 | 35 |
| 湖　北 | Hubei | 442 | 197 | 168 | 18 | 20 | 39 |
| 湖　南 | Hunan | 543 | 244 | 222 | 32 | 10 | 35 |
| 广　东 | Guangdong | 1 273 | 442 | 519 | 24 | 35 | 253 |
| 广　西 | Guangxi | 367 | 193 | 136 | 24 | 1 | 13 |
| 海　南 | Hainan | 28 | 17 | 8 | 1 | … | 2 |
| 重　庆 | Chongqing | 260 | 77 | 143 | 6 | 8 | 26 |
| 四　川 | Sichuan | 616 | 224 | 294 | 30 | 13 | 55 |
| 贵　州 | Guizhou | 190 | 78 | 83 | 14 | 3 | 12 |
| 云　南 | Yunnan | 425 | 116 | 257 | 25 | 8 | 19 |
| 西　藏 | Tibet | 3 | 1 | … | … | … | 2 |
| 陕　西 | Shaanxi | 237 | 116 | 79 | 12 | 7 | 23 |
| 甘　肃 | Gansu | 302 | 126 | 127 | 26 | 4 | 19 |
| 青　海 | Qinghai | 21 | 5 | 16 | … | … | … |
| 宁　夏 | Ningxia | 138 | 43 | 84 | 6 | … | 5 |
| 新　疆 | Xinjiang | 123 | 50 | 38 | 9 | 5 | 21 |

# 各地区工业污染治理项目建设情况（三）
# Treatment Projects for Industrial Pollution by Region（3）

单位：万元　　（2007）　　（10 000 yuan）

| 年 份<br>地 区 | Year<br>Region | 污染治理项目本年完成投资合计<br>Investment Completed in the Treatment of Industrial Pollution This Year（delete） | 治理废水<br>Treatment of Waste Water | 治理废气<br>Treatment of Waste Gas | 治理固体废物<br>Treatment of Solid Wastes | 治理噪声<br>Treatment of Noise Pollution | 治理其他<br>Treatment of Other Pollution |
|---|---|---|---|---|---|---|---|
| | 2001 | 1 745 280. 0 | 729 214. 3 | 657 940. 4 | 186 967. 2 | 6 424. 4 | 164 733. 7 |
| | 2002 | 1 883 662. 8 | 714 935. 1 | 697 864. 3 | 161 287. 3 | 10 463. 5 | 299 112. 6 |
| | 2003 | 2 218 281. 0 | 873 747. 7 | 921 222. 4 | 161 763. 4 | 10 139. 2 | 251 408. 3 |
| | 2004 | 3 081 059. 5 | 1 055 868. 1 | 1 427 974. 9 | 226 464. 8 | 13 416. 1 | 357 335. 6 |
| | 2005 | 4 581 908. 7 | 1 337 146. 9 | 2 129 571. 3 | 274 181. 3 | 30 613. 3 | 810 395. 9 |
| | 2006 | 4 839 485. 1 | 1 511 164. 5 | 2 332 697. 1 | 182 630. 5 | 30 145. 1 | 782 847. 9 |
| | **2007** | **5 523 909. 4** | **1 960 721. 8** | **2 752 642. 2** | **182 531. 9** | **18 278. 6** | **606 837. 9** |
| 北 京 | Beijing | 81 206. 6 | 22 008. 4 | 33 945. 5 | 1 151. 3 | 395. 0 | 23 706. 4 |
| 天 津 | Tianjin | 150 526. 6 | 37 117. 8 | 67 063. 4 | 1 750. 0 | 117. 0 | 44 478. 4 |
| 河 北 | Hebei | 215 484. 7 | 60 761. 2 | 129 938. 9 | 2 539. 3 | 1 488. 0 | 20 757. 3 |
| 山 西 | Shanxi | 457 240. 5 | 148 102. 8 | 265 565. 8 | 12 595. 0 | 856. 1 | 30 120. 8 |
| 内蒙古 | Inner Mongolia | 167 487. 2 | 38 035. 2 | 121 184. 8 | 6 931. 9 | 111. 1 | 1 224. 2 |
| 辽 宁 | Liaoning | 237 001. 8 | 72 092. 6 | 110 238. 6 | 11 201. 1 | 969. 0 | 42 500. 5 |
| 吉 林 | Jilin | 80 307. 9 | 46 095. 5 | 29 875. 1 | 432. 3 | 1 874. 1 | 2 030. 9 |
| 黑龙江 | Heilongjiang | 102 109. 9 | 70 109. 2 | 26 389. 7 | 5 538. 0 | 8. 0 | 65. 0 |
| 上 海 | Shanghai | 164 317. 6 | 13 117. 4 | 148 484. 5 | 10. 5 | 1 013. 3 | 1 691. 9 |
| 江 苏 | Jiangsu | 537 032. 2 | 152 175. 9 | 346 237. 9 | 12 195. 6 | 575. 7 | 25 847. 1 |
| 浙 江 | Zhejiang | 213 773. 1 | 123 772. 3 | 67 699. 7 | 1 942. 0 | 315. 0 | 20 044. 1 |
| 安 徽 | Anhui | 113 852. 5 | 59 004. 3 | 48 302. 8 | 546. 0 | 287. 2 | 5 712. 2 |
| 福 建 | Fujian | 138 007. 0 | 57 745. 2 | 57 147. 3 | 3 239. 9 | 100. 5 | 19 774. 1 |
| 江 西 | Jiangxi | 82 688. 1 | 24 268. 0 | 56 249. 1 | 1 410. 9 | 151. 3 | 608. 8 |
| 山 东 | Shandong | 673 420. 3 | 289 336. 4 | 300 478. 0 | 25 700. 3 | 1 692. 1 | 56 213. 5 |
| 河 南 | Henan | 338 132. 0 | 123 877. 2 | 184 666. 9 | 7 668. 1 | 820. 8 | 21 099. 0 |
| 湖 北 | Hubei | 188 634. 0 | 79 258. 1 | 92 666. 1 | 2 004. 3 | 1 411. 2 | 13 294. 3 |
| 湖 南 | Hunan | 133 640. 8 | 72 607. 8 | 45 672. 1 | 6 675. 7 | 534. 3 | 8 150. 9 |
| 广 东 | Guangdong | 462 758. 3 | 68 431. 9 | 191 689. 1 | 11 429. 7 | 1 947. 8 | 186 362. 8 |
| 广 西 | Guangxi | 181 940. 1 | 61 802. 8 | 101 153. 9 | 16 011. 8 | 1. 0 | 2 970. 6 |
| 海 南 | Hainan | 3 889. 0 | 2 678. 6 | 534. 5 | … | 9. 9 | 666. 0 |
| 重 庆 | Chongqing | 100 069. 8 | 30 203. 1 | 58 653. 1 | 4 233. 2 | 571. 2 | 6 409. 2 |
| 四 川 | Sichuan | 201 032. 7 | 99 756. 9 | 83 307. 4 | 8 368. 1 | 1 580. 1 | 8 020. 2 |
| 贵 州 | Guizhou | 45 645. 5 | 14 502. 5 | 19 881. 2 | 9 140. 8 | 160. 5 | 1 960. 5 |
| 云 南 | Yunnan | 86 423. 3 | 21 511. 4 | 51 766. 2 | 7 501. 3 | 283. 8 | 5 360. 6 |
| 西 藏 | Tibet | 222. 6 | 142. 6 | … | … | … | 80. 0 |
| 陕 西 | Shaanxi | 97 045. 3 | 50 087. 9 | 16 137. 6 | 8 778. 9 | 702. 6 | 21 338. 3 |
| 甘 肃 | Gansu | 149 086. 7 | 64 990. 4 | 45 919. 2 | 8 250. 3 | 83. 0 | 29 843. 8 |
| 青 海 | Qinghai | 7 912. 6 | 1 056. 4 | 6 856. 2 | … | … | … |
| 宁 夏 | Ningxia | 46 272. 3 | 22 599. 3 | 19 594. 8 | 3 610. 0 | … | 468. 2 |
| 新 疆 | Xinjiang | 66 748. 4 | 33 472. 7 | 25 342. 8 | 1 675. 6 | 219. 0 | 6 038. 3 |

# 各地区工业污染治理项目建设情况（四）

# Treatment Projects for Industrial Pollution by Region（4）

单位：万元 （2007） （10 000 yuan）

| 年 份<br>地 区 | Year<br>Region | 污染治理项目本年投资来源 Source of Current Investment in the Treatment of Industrial Pollution | | | | |
|---|---|---|---|---|---|---|
| | | 合计<br>Total | 排污费补助<br>Subsidy of Pollution emission Expenditure | 政府其他补助<br>Other Funds | 企业自筹<br>Self-financing | 国内贷款<br>Domestic Loans |
| | 2001 | 1 745 280.0 | 83 245.4 | 363 456.9 | 1 298 577.7 | 671 103.7 |
| | 2002 | 1 883 662.8 | 67 893.3 | 419 555.3 | 1 396 214.2 | 435 504.5 |
| | 2003 | 2 218 281.0 | 123 798.9 | 187 521.3 | 1 906 960.8 | 250 958.0 |
| | 2004 | 3 081 059.5 | 111 312.7 | 137 146.5 | 2 832 600.3 | 290 189.4 |
| | 2005 | 4 581 908.7 | 206 000.5 | 77 765.8 | 4 298 142.4 | 389 917.7 |
| | 2006 | 4 839 485.1 | 142 810.8 | 155 157.4 | 4 541 517.0 | 301 030.0 |
| | **2007** | **5 523 909.4** | **107 990.8** | **156 563.7** | **5 259 355.3** | **382 803.0** |
| 北 京 | Beijing | 81 206.6 | 1 530.0 | 2 550.0 | 77 126.6 | 400.0 |
| 天 津 | Tianjin | 150 526.6 | 555.3 | 3 116.8 | 146 854.4 | 626.6 |
| 河 北 | Hebei | 215 484.7 | 21 181.8 | 12 961.0 | 181 341.9 | 23 673.8 |
| 山 西 | Shanxi | 457 240.5 | 7 684.8 | 6 525.8 | 443 029.9 | 8 781.6 |
| 内蒙古 | Inner Mongolia | 167 487.2 | 1 410.0 | 6 532.0 | 159 545.1 | 842.1 |
| 辽 宁 | Liaoning | 237 001.8 | 4 498.0 | 4 018.0 | 228 485.8 | 3 079.6 |
| 吉 林 | Jilin | 80 307.9 | 893.0 | 1 746.9 | 77 668.0 | 3 355.2 |
| 黑龙江 | Heilongjiang | 102 109.9 | 837.5 | 6 663.6 | 94 608.8 | 1 651.0 |
| 上 海 | Shanghai | 164 317.6 | 1.0 | 16 377.0 | 147 939.5 | 788.0 |
| 江 苏 | Jiangsu | 537 032.2 | 10 486.0 | 4 697.0 | 521 849.4 | 38 937.0 |
| 浙 江 | Zhejiang | 213 773.1 | 7 744.7 | 6 919.1 | 199 109.3 | 10 913.5 |
| 安 徽 | Anhui | 113 852.5 | 4 065.0 | 7 875.0 | 101 912.5 | 32 365.0 |
| 福 建 | Fujian | 138 007.0 | 1 463.2 | 1 523.0 | 135 021.1 | 1 674.0 |
| 江 西 | Jiangxi | 82 688.1 | 1 665.0 | 756.7 | 80 266.8 | 38 890.0 |
| 山 东 | Shandong | 673 420.3 | 4 537.0 | 25 509.0 | 643 374.3 | 42 487.6 |
| 河 南 | Henan | 338 132.0 | 5 950.0 | 13 722.0 | 318 460.0 | 49 972.0 |
| 湖 北 | Hubei | 188 634.0 | 5 543.0 | 4 433.5 | 178 657.5 | 4 732.0 |
| 湖 南 | Hunan | 133 640.8 | 2 937.9 | 1 321.0 | 129 381.9 | 15 560.0 |
| 广 东 | Guangdong | 462 758.3 | 1 648.5 | 4 373.2 | 456 736.6 | 1 185.0 |
| 广 西 | Guangxi | 181 940.1 | 1 010.5 | 1 628.8 | 179 300.8 | 68 655.0 |
| 海 南 | Hainan | 3 889.0 | 34.8 | 57.5 | 3 796.7 | 139.0 |
| 重 庆 | Chongqing | 100 069.8 | 691.5 | 8 363.0 | 91 015.3 | 1 500.0 |
| 四 川 | Sichuan | 201 032.7 | 6 999.0 | 4 594.8 | 189 438.7 | 2 313.6 |
| 贵 州 | Guizhou | 45 645.5 | 1 147.5 | 1 019.0 | 43 479.0 | 1 800.0 |
| 云 南 | Yunnan | 86 423.3 | 642.0 | 820.0 | 84 961.3 | 17 818.5 |
| 西 藏 | Tibet | 222.6 | 100.0 | | 122.6 | |
| 陕 西 | Shaanxi | 97 045.3 | 1 223.8 | 610.0 | 95 211.5 | 2 040.0 |
| 甘 肃 | Gansu | 149 086.7 | 2 890.9 | 6 260.0 | 139 935.8 | 1 932.4 |
| 青 海 | Qinghai | 7 912.6 | 196.0 | 190.0 | 7 526.6 | … |
| 宁 夏 | Ningxia | 46 272.3 | 145.0 | 970.0 | 45 157.3 | 6 590.5 |
| 新 疆 | Xinjiang | 66 748.4 | 8 278.1 | 430.0 | 58 040.3 | 100.0 |

# 各地区工业污染治理项目建设情况（五）

# Treatment Projects for Industrial Pollution by Region（5）

（2007）

| 年份<br>地区 | Year<br>Region | 本年竣工项目新增设计处理能力<br>Capacity for Treament of Industrial Pollution New-added | | |
|---|---|---|---|---|
| | | 治理废水（吨/日）<br>Treatment of Waste Water<br>（ton/day） | 治理废气（标态）<br>（万米³/时）<br>Treatment of Waste Gas<br>（cu.m/hour） | 治理固体废物（吨/日）<br>Treatment of Solid Wastes<br>（ton/day） |
| | 2001 | 26 888 923 | 35 299 | 2 737 640 |
| | 2002 | 25 209 270 | 118 010 | 1 638 711 |
| | 2003 | 10 135 724 | 15 708 | 4 960 284 |
| | 2004 | 18 106 382 | 37 205 | 2 987 559 |
| | 2005 | 25 602 344 | 25 573 | 2 769 710 |
| | 2006 | 13 490 365 | 94 949 | 15 960 737 |
| | **2007** | **28 214 561** | **87 519** | **906 026** |
| 北京 | Beijing | 13 756 | 265 | … |
| 天津 | Tianjin | 66 025 | 517 | 2 |
| 河北 | Hebei | 425 422 | 1 916 | 55 240 |
| 山西 | Shanxi | 498 060 | 1 116 | 5 172 |
| 内蒙古 | Inner Mongolia | 120 999 | 819 | 2 585 |
| 辽宁 | Liaoning | 138 230 | 623 | 38 963 |
| 吉林 | Jilin | 141 293 | 903 | 1 536 |
| 黑龙江 | Heilongjiang | 1 447 110 | 166 | 61 000 |
| 上海 | Shanghai | 32 325 | 182 | 455 |
| 江苏 | Jiangsu | 835 329 | 2 079 | 12 002 |
| 浙江 | Zhejiang | 815 219 | 469 | 166 |
| 安徽 | Anhui | 943 418 | 752 | 60 025 |
| 福建 | Fujian | 242 469 | 555 | 10 894 |
| 江西 | Jiangxi | 2 291 953 | 443 | 20 |
| 山东 | Shandong | 1 669 566 | 4 534 | 31 840 |
| 河南 | Henan | 789 423 | 55 087 | 1 484 |
| 湖北 | Hubei | 726 286 | 1 130 | 55 479 |
| 湖南 | Hunan | 956 373 | 1 441 | 55 443 |
| 广东 | Guangdong | 402 779 | 1 068 | 10 773 |
| 广西 | Guangxi | 5 325 355 | 1 824 | 9 077 |
| 海南 | Hainan | 19 410 | 46 | … |
| 重庆 | Chongqing | 119 234 | 362 | 5 900 |
| 四川 | Sichuan | 1 730 184 | 1 992 | 21 830 |
| 贵州 | Guizhou | 3 997 405 | 3 485 | 159 941 |
| 云南 | Yunnan | 298 625 | 321 | 4 178 |
| 西藏 | Tibet | 250 | … | … |
| 陕西 | Shaanxi | 3 530 565 | 4 714 | 231 034 |
| 甘肃 | Gansu | 390 033 | 362 | 50 937 |
| 青海 | Qinghai | 121 | 125 | … |
| 宁夏 | Ningxia | 94 135 | 155 | … |
| 新疆 | Xinjiang | 153 209 | 68 | 20 050 |

# 各地区工业企业“三废”治理效率（一）

# Effeciency of Industrial Pollution Treatment by Region（1）

单位：%　　　　（2007）　　　　（%）

| 年　份<br>地　区 | Year<br>Region | 二氧化硫<br>排放达标率<br>Ratio of Industrial Sulphur Dioxide Meeting Discharge Standards | 烟尘排放<br>达标率<br>Ratio of Industrial Soot Meeting Discharge Standards | 工业粉尘<br>排放达标率<br>Ratio of Industrial Dust Meeting Discharge Standards | 工业氮氧化物<br>排放达标率<br>Ratio of Industrial Nirogen Oxcide Meeting Discharge Standards |
|---|---|---|---|---|---|
| | 2001 | 61.3 | 67.3 | 50.2 | — |
| | 2002 | 70.2 | 75.0 | 61.7 | — |
| | 2003 | 69.1 | 78.5 | 54.5 | — |
| | 2004 | 75.6 | 80.2 | 71.1 | — |
| | 2005 | 79.4 | 82.9 | 75.1 | — |
| | 2006 | 81.9 | 87.0 | 82.9 | 79.6 |
| | **2007** | **86.3** | **88.2** | **88.1** | **77.5** |
| 北　京 | Beijing | 99.8 | 99.1 | 100.0 | 96.3 |
| 天　津 | Tianjin | 98.6 | 100.0 | 100.0 | 84.5 |
| 河　北 | Hebei | 91.7 | 96.4 | 95.2 | 64.6 |
| 山　西 | Shanxi | 92.8 | 92.1 | 94.2 | 75.1 |
| 内蒙古 | Inner Mongolia | 84.0 | 69.9 | 88.6 | 75.8 |
| 辽　宁 | Liaoning | 91.3 | 91.8 | 91.4 | 78.7 |
| 吉　林 | Jilin | 59.9 | 83.9 | 60.8 | 63.2 |
| 黑龙江 | Heilongjiang | 89.7 | 90.3 | 85.5 | 80.6 |
| 上　海 | Shanghai | 92.7 | 98.5 | 95.5 | 96.1 |
| 江　苏 | Jiangsu | 95.6 | 97.9 | 98.3 | 95.2 |
| 浙　江 | Zhejiang | 96.3 | 96.0 | 95.9 | 88.1 |
| 安　徽 | Anhui | 91.6 | 96.2 | 97.1 | 71.5 |
| 福　建 | Fujian | 97.8 | 96.0 | 96.0 | 98.1 |
| 江　西 | Jiangxi | 91.4 | 92.5 | 92.1 | 92.0 |
| 山　东 | Shandong | 95.9 | 99.0 | 99.6 | 95.4 |
| 河　南 | Henan | 88.2 | 91.3 | 91.2 | 78.5 |
| 湖　北 | Hubei | 95.1 | 92.0 | 91.7 | 97.4 |
| 湖　南 | Hunan | 87.4 | 87.1 | 80.8 | 83.8 |
| 广　东 | Guangdong | 84.9 | 88.7 | 86.5 | 93.2 |
| 广　西 | Guangxi | 94.9 | 94.6 | 97.1 | 92.8 |
| 海　南 | Hainan | 63.3 | 87.2 | 92.9 | 96.3 |
| 重　庆 | Chongqing | 73.2 | 88.8 | 90.5 | 83.3 |
| 四　川 | Sichuan | 73.3 | 93.0 | 92.4 | 74.5 |
| 贵　州 | Guizhou | 76.6 | 51.3 | 41.2 | 9.7 |
| 云　南 | Yunnan | 77.5 | 86.5 | 83.2 | 78.3 |
| 西　藏 | Tibet | | 7.8 | 2.6 | 98.3 |
| 陕　西 | Shaanxi | 74.3 | 86.2 | 91.1 | 68.3 |
| 甘　肃 | Gansu | 64.4 | 75.6 | 73.9 | 75.9 |
| 青　海 | Qinghai | 50.8 | 39.0 | 22.0 | 52.4 |
| 宁　夏 | Ningxia | 70.1 | 84.7 | 73.0 | 81.8 |
| 新　疆 | Xinjiang | 65.8 | 58.2 | 47.5 | 69.0 |

# 各地区工业企业“三废”治理效率（二）

# Effeciency of Industrial Pollution Treatment by Region（2）

单位：% （2007） （%）

| 年份<br>地区 | Year<br>Region | 工业废水排放达标率<br>Ratio of Industrial Waste Water Meeting Discharge Standards | 工业用水重复利用率<br>Ratio of Recycled Water Used in Industry | 工业固体废物 | |
|---|---|---|---|---|---|
| | | | | 综合利用率<br>Ratio of Industrial Solid Wastes Utilized | 处置率<br>Ratio of Industrial Solid Wastes Disposed |
| | 2001 | 85.6 | 69.6 | 52.1 | 15.7 |
| | 2002 | 88.3 | 71.5 | 52.0 | 17.1 |
| | 2003 | 89.2 | 72.5 | 54.8 | 17.5 |
| | 2004 | 90.7 | 74.2 | 55.7 | 22.1 |
| | 2005 | 91.2 | 75.1 | 57.5 | 23.2 |
| | 2006 | 90.7 | 79.6 | 60.2 | 27.4 |
| | **2007** | **91.7** | **82.0** | **62.1** | **23.4** |
| 北　京 | Beijing | 97.4 | 96.2 | 74.8 | 42.7 |
| 天　津 | Tianjin | 99.7 | 93.4 | 98.4 | 1.6 |
| 河　北 | Hebei | 92.3 | 93.5 | 61.2 | 26.4 |
| 山　西 | Shanxi | 88.2 | 94.4 | 48.9 | 42.0 |
| 内蒙古 | Inner Mongolia | 73.7 | 94.8 | 56.7 | 14.6 |
| 辽　宁 | Liaoning | 92.4 | 90.7 | 39.0 | 36.7 |
| 吉　林 | Jilin | 87.6 | 86.6 | 65.4 | 2.4 |
| 黑龙江 | Heilongjiang | 85.4 | 76.9 | 70.8 | 14.9 |
| 上　海 | Shanghai | 97.7 | 63.5 | 94.2 | 4.9 |
| 江　苏 | Jiangsu | 97.4 | 84.9 | 96.1 | 1.8 |
| 浙　江 | Zhejiang | 86.1 | 63.0 | 92.2 | 5.0 |
| 安　徽 | Anhui | 94.8 | 89.2 | 82.2 | 10.8 |
| 福　建 | Fujian | 98.3 | 60.1 | 70.5 | 27.7 |
| 江　西 | Jiangxi | 93.9 | 74.5 | 36.4 | 52.8 |
| 山　东 | Shandong | 98.1 | 92.0 | 94.6 | 2.0 |
| 河　南 | Henan | 94.0 | 90.7 | 67.8 | 24.2 |
| 湖　北 | Hubei | 93.6 | 78.9 | 74.9 | 9.4 |
| 湖　南 | Hunan | 89.8 | 78.1 | 74.3 | 9.2 |
| 广　东 | Guangdong | 86.1 | 46.2 | 84.2 | 11.9 |
| 广　西 | Guangxi | 92.8 | 60.2 | 68.7 | 28.9 |
| 海　南 | Hainan | 94.6 | 92.5 | 89.0 | 0.3 |
| 重　庆 | Chongqing | 92.1 | 64.9 | 76.7 | 7.8 |
| 四　川 | Sichuan | 91.4 | 81.7 | 52.2 | 23.1 |
| 贵　州 | Guizhou | 71.9 | 93.8 | 37.5 | 42.7 |
| 云　南 | Yunnan | 90.5 | 88.1 | 42.7 | 32.9 |
| 西　藏 | Tibet | 29.2 | 3.2 | 4.4 | |
| 陕　西 | Shaanxi | 96.1 | 87.7 | 41.6 | 26.9 |
| 甘　肃 | Gansu | 81.0 | 90.6 | 36.1 | 45.1 |
| 青　海 | Qinghai | 50.3 | 82.9 | 29.8 | 0.1 |
| 宁　夏 | Ningxia | 69.7 | 92.1 | 61.5 | 25.8 |
| 新　疆 | Xinjiang | 65.0 | 87.9 | 47.3 | 11.9 |

# 各地区危险废物集中处置情况（一）
# Centralized Treatment of Hazardous Wastes by Region（1）

（2007）

| 年份 地区 | Year Region | 危险废物集中处置厂数（座）Number of Plants for Centralized Treatment of Hazardous Wastes（unit） | 危险废物处置能力（吨/日）Capacity of Plants for Centralized Treatment of Hazardous Wastes（ton/day） | 焚烧处置能力 Treatment by Burning | 填埋处理能力 Treatment by Landfilling |
|---|---|---|---|---|---|
| | 2001 | 92 | 3 416 | 1 694 | 1 722 |
| | 2002 | 152 | 2 983 | 2 180 | 803 |
| | 2003 | 154 | 10 627 | 8 624 | 2 003 |
| | 2004 | 177 | 4 006 | 2 261 | 995 |
| | 2005 | 189 | 5 211 | 3 290 | 1 167 |
| | 2006 | 248 | 18 052 | 3 144 | 13 314 |
| | **2007** | **322** | **19 986** | **8 663** | **1 692** |
| 北　京 | Beijing | 6 | 355 | 355 | … |
| 天　津 | Tianjin | 8 | 199 | 134 | 65 |
| 河　北 | Hebei | 6 | 772 | 772 | 1 |
| 山　西 | Shanxi | 9 | 72 | 70 | 1 |
| 内蒙古 | Inner Mongolia | 10 | 32 | 32 | … |
| 辽　宁 | Liaoning | 21 | 640 | 97 | 543 |
| 吉　林 | Jilin | 5 | 71 | 60 | 11 |
| 黑龙江 | Heilongjiang | 10 | 186 | 186 | … |
| 上　海 | Shanghai | 23 | 415 | 306 | 109 |
| 江　苏 | Jiangsu | 39 | 4 167 | 4 043 | 124 |
| 浙　江 | Zhejiang | 37 | 9 349 | 942 | 94 |
| 安　徽 | Anhui | 4 | 43 | 38 | 5 |
| 福　建 | Fujian | 8 | 113 | 50 | 63 |
| 江　西 | Jiangxi | 3 | 14 | 14 | |
| 山　东 | Shandong | 13 | 334 | 334 | … |
| 河　南 | Henan | 1 | 2 | 2 | |
| 湖　北 | Hubei | 3 | 48 | 48 | … |
| 湖　南 | Hunan | 5 | 23 | 23 | … |
| 广　东 | Guangdong | 76 | 2 543 | 584 | 640 |
| 广　西 | Guangxi | 5 | 43 | 43 | |
| 海　南 | Hainan | 3 | 31 | 13 | 18 |
| 重　庆 | Chongqing | 4 | 20 | 20 | … |
| 四　川 | Sichuan | 10 | 57 | 56 | 1 |
| 贵　州 | Guizhou | 2 | 23 | 21 | 1 |
| 陕　西 | Shaanxi | 5 | 361 | 355 | 6 |
| 甘　肃 | Gansu | 1 | 4 | 4 | … |
| 青　海 | Qinghai | 1 | 3 | 3 | |
| 宁　夏 | Ningxia | 1 | 1 | 1 | |
| 新　疆 | Xinjiang | 3 | 68 | 58 | 9 |

# 各地区危险废物集中处置情况（二）
# Centralized Treatment of Hazardous Wastes by Region（2）

（2007）

| 年份 地区 | Year Region | 危险废物处置量（吨） Volume of Hazardous Wastes Disposed（ton） | 焚烧量 Volume of Hazardous Wastes Burned | 填埋量 Volume of Hazardous Wastes Landfilled | 危险废物综合利用量（吨） Volume of Hazardous Wastes Utilized（ton） | 本年运行费用（万元） Annual Expenditure for Operation（10 000yuan） |
|---|---|---|---|---|---|---|
| | 2001 | 136 065 | 99 141 | 36 924 | 73 212 | 21 168.8 |
| | 2002 | 199 116 | 152 842 | 46 274 | 175 706 | 15 932.8 |
| | 2003 | 421 362 | 330 914 | 90 448 | 216 584 | 31 365.5 |
| | 2004 | 416 488 | 270 917 | 141 881 | 178 447 | 46 888.1 |
| | 2005 | 521 978 | 316 524 | 198 839 | 214 316 | 71 496.0 |
| | 2006 | 885 908 | 507 979 | 352 856 | 337 338 | 110 234.2 |
| | **2007** | **1 142 897** | **781 817** | **290 192** | **909 933** | **172 466.4** |
| 北　京 | Beijing | 48 725 | 48 725 | | 5 885 | 11 192.0 |
| 天　津 | Tianjin | 25 316 | 11 037 | 14 279 | 104 975 | 17 568.3 |
| 河　北 | Hebei | 4 296 | 4 146 | 150 | 2 000 | 735.8 |
| 山　西 | Shanxi | 11 384 | 10 907 | 476 | | 1 025.8 |
| 内蒙古 | Inner Mongolia | 2 027 | 2 027 | … | | 260.7 |
| 辽　宁 | Liaoning | 79 707 | 14 595 | 65 112 | 62 937 | 8 619.5 |
| 吉　林 | Jilin | 10 154 | 9 472 | 682 | 758 | 1 471.0 |
| 黑龙江 | Heilongjiang | 29 390 | 29 381 | 9 | 20 811 | 1 393.8 |
| 上　海 | Shanghai | 89 988 | 54 916 | 35 072 | 20 252 | 12 992.3 |
| 江　苏 | Jiangsu | 143 052 | 127 590 | 15 462 | 7 509 | 15 761.4 |
| 浙　江 | Zhejiang | 206 555 | 171 678 | 1 914 | 141 137 | 17 405.9 |
| 安　徽 | Anhui | 9 403 | 9 353 | 50 | … | 1 058.2 |
| 福　建 | Fujian | 21 679 | 8 361 | 13 318 | 3 750 | 2 463.2 |
| 江　西 | Jiangxi | 3 257 | 3 257 | | … | 538.0 |
| 山　东 | Shandong | 25 785 | 25 785 | … | 190 | 6 076.9 |
| 河　南 | Henan | 265 | 265 | | | 80.0 |
| 湖　北 | Hubei | 12 447 | 12 447 | … | … | 1 642.5 |
| 湖　南 | Hunan | 3 165 | 3 165 | … | … | 899.2 |
| 广　东 | Guangdong | 256 220 | 85 490 | 132 805 | 363 134 | 62 725.5 |
| 广　西 | Guangxi | 8 989 | 8 989 | | | 826.4 |
| 海　南 | Hainan | 10 134 | 3 654 | 6 480 | 150 | 901.2 |
| 重　庆 | Chongqing | 4 137 | 4 137 | … | … | 1 389.0 |
| 四　川 | Sichuan | 14 447 | 14 422 | 25 | 75 957 | 1 342.0 |
| 贵　州 | Guizhou | 5 878 | 5 515 | 364 | | 608.0 |
| 陕　西 | Shaanxi | 109 885 | 109 271 | 614 | 70 140 | 2 246.8 |
| 甘　肃 | Gansu | 1 344 | 1 344 | … | … | 290.0 |
| 青　海 | Qinghai | 896 | 896 | | | 180.0 |
| 宁　夏 | Ningxia | 320 | 320 | | | 134.5 |
| 新　疆 | Xinjiang | 4 053 | 673 | 3 380 | 30 348 | 638.5 |

# 各地区城市污水处理情况（一）

# Urban Waste Water Treatment by Region（1）

（2007）

| 年 份 Year<br>地 区 Region | 城市污水处理厂数（座）Urban Waste Water Treatment Plants（unit） | 污水处理厂设计处理能力（万吨/日）Treatment Capacity（10 000 tons/day） | 工业区废污水集中处理装置数（座）Industrilal Park Waste Water Treatment Plants（unit） | 集中处理装置处理能力（吨/日）Treatment Capacity（ton/day） | 本年运行费用（万元）Annul Expenditure for Operation（10 000 yuan） |
|---|---|---|---|---|---|
| 2001 | 319 | 2 022 | 14 | 326 190 | 236 977. 5 |
| 2002 | 418 | 2 544 | 27 | 398 290 | 313 286. 1 |
| 2003 | 511 | 3 231 | 26 | 425 458 | 411 549. 4 |
| 2004 | 637 | 4 255 | 26 | 394 121 | 583 042. 1 |
| 2005 | 764 | 5 220 | 46 | 742 445 | 736 514. 5 |
| 2006 | 939 | 6 370 | 74 | 1 627 310 | 1 016 240. 3 |
| **2007** | **1 258** | **7 579** | **120** | **2 414 000** | **1 295 906. 7** |
| 北 京 Beijing | 30 | 331 | 5 | 19 500 | 70 884. 7 |
| 天 津 Tianjin | 16 | 183 | 1 | 4 000 | 5 806. 8 |
| 河 北 Hebei | 54 | 384 | | | 45 411. 5 |
| 山 西 Shanxi | 34 | 124 | 7 | 72 300 | 15 559. 0 |
| 内蒙古 Inner Mongolia | 29 | 126 | 6 | 140 000 | 16 169. 1 |
| 辽 宁 Liaoning | 35 | 338 | | | 39 430. 0 |
| 吉 林 Jilin | 12 | 150 | | | 17 350. 0 |
| 黑龙江 Heilongjiang | 10 | 110 | | | 19 112. 7 |
| 上 海 Shanghai | 45 | 539 | | | 66 361. 6 |
| 江 苏 Jiangsu | 217 | 688 | 36 | 405 400 | 162 027. 8 |
| 浙 江 Zhejiang | 77 | 551 | 28 | 1 149 200 | 181 421. 0 |
| 安 徽 Anhui | 26 | 188 | | | 26 621. 5 |
| 福 建 Fujian | 37 | 214 | 10 | 313 100 | 40 194. 3 |
| 江 西 Jiangxi | 12 | 118 | | | 11 663. 1 |
| 山 东 Shandong | 128 | 646 | 3 | 40 000 | 117 462. 9 |
| 河 南 Henan | 80 | 428 | 3 | 57 000 | 53 097. 5 |
| 湖 北 Hubei | 35 | 321 | 2 | 30 000 | 28 618. 3 |
| 湖 南 Hunan | 22 | 138 | | | 14 831. 7 |
| 广 东 Guangdong | 127 | 874 | 5 | 25 500 | 155 506. 3 |
| 广 西 Guangxi | 11 | 95 | | | 13 290. 9 |
| 海 南 Hainan | 4 | 40 | | | 3 914. 8 |
| 重 庆 Chongqing | 41 | 187 | 7 | 48 200 | 49 269. 5 |
| 四 川 Sichuan | 56 | 266 | | | 55 671. 3 |
| 贵 州 Guizhou | 14 | 47 | 5 | 45 000 | 4 814. 0 |
| 云 南 Yunnan | 34 | 120 | | | 14 955. 0 |
| 陕 西 Shaanxi | 12 | 87 | 1 | 6 800 | 11 036. 8 |
| 甘 肃 Gansu | 19 | 72 | 1 | 58 000 | 11 113. 4 |
| 青 海 Qinghai | 3 | 18 | | | 1 701. 1 |
| 宁 夏 Ningxia | 11 | 59 | | | 7 150. 0 |
| 新 疆 Xinjiang | 27 | 138 | | | 35 460. 1 |

# 各地区城市污水处理情况（二）
# Urban Waste Water Treatment by Region（2）

（2007）

| 年　份<br>地　区 | Year<br>Region | 污水处理量（万吨）<br>Quantity of Waste Water Treated（10 000 tons） | 处理生活污水量<br>Household Waste Water Treated | 污水再生利用量（万吨）<br>Waste Water Recycled（10 000 tons） | 化学需氧量去除量（吨）<br>Quantity of COD Removed （ton） |
|---|---|---|---|---|---|
| | 2001 | 512 295 | 417 709 | 22 183 | 1 412 362 |
| | 2002 | 632 848 | 522 483 | 30 084 | 1 972 182 |
| | 2003 | 775 041 | 646 797 | 40 935 | 2 351 537 |
| | 2004 | 1 014 404 | 857 963 | 46 172 | 3 050 905 |
| | 2005 | 1 287 059 | 1 084 444 | 55 174 | 3 745 933 |
| | 2006 | 1 631 339 | 1 304 230 | 75 062 | 4 830 318 |
| | **2007** | **1 903 890** | **1 524 408** | **80 244** | **5 620 200** |
| 北　京 | Beijing | 94 870 | 79 729 | 11 889 | 330 571 |
| 天　津 | Tianjin | 39 313 | 27 753 | 657 | 147 163 |
| 河　北 | Hebei | 79 458 | 47 369 | 6 918 | 334 870 |
| 山　西 | Shanxi | 29 221 | 28 121 | 4 553 | 111 572 |
| 内蒙古 | Inner Mongolia | 23 744 | 18 745 | 2 678 | 90 204 |
| 辽　宁 | Liaoning | 78 879 | 68 775 | 2 110 | 189 358 |
| 吉　林 | Jilin | 21 099 | 14 280 | 100 | 64 595 |
| 黑龙江 | Heilongjiang | 26 132 | 23 135 | 1 080 | 71 711 |
| 上　海 | Shanghai | 152 886 | 133 921 | 1 424 | 304 229 |
| 江　苏 | Jiangsu | 188 931 | 138 711 | 5 111 | 578 708 |
| 浙　江 | Zhejiang | 162 868 | 88 229 | 947 | 1 020 878 |
| 安　徽 | Anhui | 41 713 | 38 305 | 2 958 | 83 241 |
| 福　建 | Fujian | 57 991 | 44 425 | 70 | 186 460 |
| 江　西 | Jiangxi | 18 331 | 18 176 | 2 | 19 044 |
| 山　东 | Shandong | 161 687 | 121 864 | 6 704 | 530 576 |
| 河　南 | Henan | 85 709 | 73 030 | 7 566 | 234 915 |
| 湖　北 | Hubei | 79 186 | 75 555 | 137 | 108 298 |
| 湖　南 | Hunan | 31 661 | 30 302 | 638 | 71 962 |
| 广　东 | Guangdong | 282 700 | 223 170 | 870 | 485 827 |
| 广　西 | Guangxi | 17 611 | 16 435 | 186 | 28 991 |
| 海　南 | Hainan | 12 639 | 10 645 | 150 | 19 605 |
| 重　庆 | Chongqing | 32 187 | 31 017 | 230 | 81 854 |
| 四　川 | Sichuan | 69 235 | 64 230 | 5 384 | 159 115 |
| 贵　州 | Guizhou | 11 012 | 9 684 | 1 216 | 14 161 |
| 云　南 | Yunnan | 30 266 | 29 814 | 10 240 | 58 445 |
| 陕　西 | Shaanxi | 23 936 | 23 126 | 393 | 101 508 |
| 甘　肃 | Gansu | 14 137 | 11 600 | 1 004 | 43 006 |
| 青　海 | Qinghai | 3 406 | 3 406 | | 11 219 |
| 宁　夏 | Ningxia | 10 852 | 10 053 | 311 | 32 860 |
| 新　疆 | Xinjiang | 22 230 | 20 803 | 4 718 | 105 257 |

# 各地区城市污水处理情况（三）
# Urban Waste Water Treatment by Region（3）

单位：吨　　　　（2007）　　　　（ton）

| 年份 地区 | Year Region | 氨氮去除量 Quantity of Ammonia Nitrogen Removed | 总磷去除量 Quantity of TP Removed | 污泥产生量 Quantity of Sludge Generated | 污泥排放量 Quantity of Sludge Removed |
|---|---|---|---|---|---|
| | 2001 | 67 927 | 11 662 | 5 665 435 | 172 879 |
| | 2002 | 94 960 | 13 794 | 5 046 371 | 158 876 |
| | 2003 | 117 836 | 18 267 | 17 664 878 | 215 804 |
| | 2004 | 166 162 | 26 202 | 14 022 002 | 762 239 |
| | 2005 | 214 482 | 46 972 | 11 130 226 | 85 605 |
| | 2006 | 288 951 | 48 807 | 11 038 162 | 304 155 |
| | **2007** | **347 945** | **52 338** | **15 174 266** | **964 356** |
| 北　京 | Beijing | 37 194 | 3 771 | 632 105 | … |
| 天　津 | Tianjin | 9 891 | 1 560 | 213 081 | … |
| 河　北 | Hebei | 21 335 | 3 289 | 1 789 147 | 546 000 |
| 山　西 | Shanxi | 6 494 | 625 | 278 243 | 23 420 |
| 内蒙古 | Inner Mongolia | 4 214 | 604 | 104 785 | 19 291 |
| 辽　宁 | Liaoning | 15 161 | 1 563 | 380 024 | 58 044 |
| 吉　林 | Jilin | 3 397 | 321 | 84 411 | … |
| 黑龙江 | Heilongjiang | 6 449 | 498 | 307 742 | 7 826 |
| 上　海 | Shanghai | 11 619 | 1 486 | 1 278 415 | 228 470 |
| 江　苏 | Jiangsu | 35 921 | 4 876 | 2 617 631 | 8 |
| 浙　江 | Zhejiang | 30 908 | 8 391 | 1 248 289 | 1 384 |
| 安　徽 | Anhui | 7 814 | 919 | 204 777 | 12 |
| 福　建 | Fujian | 9 170 | 1 299 | 282 889 | 1 339 |
| 江　西 | Jiangxi | 1 242 | 152 | 19 356 | … |
| 山　东 | Shandong | 33 827 | 5 553 | 948 361 | 35 474 |
| 河　南 | Henan | 15 993 | 2 215 | 500 974 | 2 718 |
| 湖　北 | Hubei | 4 467 | 501 | 62 929 | 14 281 |
| 湖　南 | Hunan | 3 519 | 658 | 71 358 | 23 |
| 广　东 | Guangdong | 39 451 | 7 205 | 907 501 | 18 |
| 广　西 | Guangxi | 2 464 | 437 | 38 248 | … |
| 海　南 | Hainan | 222 | 197 | 16 269 | … |
| 重　庆 | Chongqing | 10 372 | 1 358 | 159 096 | … |
| 四　川 | Sichuan | 16 045 | 1 119 | 324 159 | 542 |
| 贵　州 | Guizhou | 1 474 | 166 | 49 224 | 194 |
| 云　南 | Yunnan | 4 729 | 1 038 | 132 153 | … |
| 陕　西 | Shaanxi | 6 172 | 1 217 | 1 081 455 | … |
| 甘　肃 | Gansu | 2 369 | 266 | 69 236 | 16 561 |
| 青　海 | Qinghai | 151 | 24 | 17 929 | 681 |
| 宁　夏 | Ningxia | 2 766 | 445 | 31 057 | … |
| 新　疆 | Xinjiang | 3 116 | 588 | 1 323 422 | 8 070 |

# 各地区生活及其他污染情况（一）

# Discharge of Household Pollutants by Region（1）

（2007）

| 年份<br>地区 | Year<br>Region | 城镇生活污水排放量（万吨）<br>Amount of Household Waste Water Discharged（10 000 tons） | 城镇生活污水中化学需氧量排放量（吨）<br>Amount of Household COD Discharged（ton） | 城镇生活污水中氨氮排放量（吨）<br>Amount of Household Ammonia Nitrogen Discharged （ton） | 城镇生活污水处理率（%）<br>Ratio of Household Waste Water Treated（%） |
|---|---|---|---|---|---|
| | 2001 | 2 302 341 | 7 972 518 | 838 835 | 18.5 |
| | 2002 | 2 323 420 | 7 829 006 | 867 071 | 22.3 |
| | 2003 | 2 470 115 | 8 211 402 | 892 199 | 25.8 |
| | 2004 | 2 612 669 | 8 294 750 | 908 071 | 32.3 |
| | 2005 | 2 813 968 | 8 594 387 | 972 743 | 37.4 |
| | 2006 | 2 966 340 | 8 867 038 | 988 656 | 43.8 |
| | **2007** | **3 102 001** | **8 707 531** | **982 601** | **49.1** |
| 北京 | Beijing | 98 682 | 99 878 | 11 720 | 80.8 |
| 天津 | Tianjin | 35 484 | 106 551 | 10 779 | 78.2 |
| 河北 | Hebei | 99 377 | 339 090 | 36 851 | 47.7 |
| 山西 | Shanxi | 63 454 | 215 262 | 30 645 | 44.3 |
| 内蒙古 | Inner Mongolia | 35 384 | 156 813 | 30 247 | 53.0 |
| 辽宁 | Liaoning | 125 800 | 369 548 | 58 252 | 54.7 |
| 吉林 | Jilin | 58 191 | 234 549 | 27 118 | 24.5 |
| 黑龙江 | Heilongjiang | 70 584 | 345 395 | 41 193 | 32.8 |
| 上海 | Shanghai | 179 045 | 260 571 | 31 272 | 74.8 |
| 江苏 | Jiangsu | 236 836 | 613 076 | 57 747 | 58.6 |
| 浙江 | Zhejiang | 136 890 | 299 687 | 28 792 | 64.5 |
| 安徽 | Anhui | 101 772 | 311 046 | 34 737 | 37.6 |
| 福建 | Fujian | 90 590 | 292 106 | 23 953 | 49.0 |
| 江西 | Jiangxi | 69 856 | 357 344 | 28 686 | 26.0 |
| 山东 | Shandong | 167 681 | 415 936 | 56 613 | 72.7 |
| 河南 | Henan | 162 123 | 389 372 | 54 608 | 45.1 |
| 湖北 | Hubei | 155 581 | 440 936 | 52 757 | 48.6 |
| 湖南 | Hunan | 151 960 | 646 411 | 60 087 | 19.9 |
| 广东 | Guangdong | 444 556 | 736 752 | 109 102 | 50.2 |
| 广西 | Guangxi | 135 827 | 455 419 | 35 909 | 12.1 |
| 海南 | Hainan | 29 199 | 88 494 | 7 823 | 36.5 |
| 重庆 | Chongqing | 65 238 | 146 064 | 15 116 | 47.5 |
| 四川 | Sichuan | 138 275 | 488 774 | 41 832 | 46.5 |
| 贵州 | Guizhou | 43 011 | 208 634 | 16 223 | 22.5 |
| 云南 | Yunnan | 48 407 | 192 105 | 15 778 | 61.6 |
| 西藏 | Tibet | 2 479 | 14 461 | 1 446 | … |
| 陕西 | Shaanxi | 50 825 | 170 564 | 20 838 | 45.5 |
| 甘肃 | Gansu | 28 479 | 123 880 | 13 989 | 40.7 |
| 青海 | Qinghai | 12 630 | 37 637 | 5 549 | 27.0 |
| 宁夏 | Ningxia | 16 124 | 28 683 | 3 991 | 62.4 |
| 新疆 | Xinjiang | 47 658 | 122 491 | 18 947 | 43.7 |

# 各地区生活及其他污染情况（二）
# Discharge of Household Pollutants by Region（2）

（2007）

| 年份 地区 | Year Region | 生活及其他煤炭消费量（万吨） Amount of Household Coal Consumed（10 000 tons） | 生活及其他二氧化硫排放量（吨） Amount of Household Sulphur Dioxide Emission（ton） | 生活及其他烟尘排放量（吨） Amount of Household Soot Emission（ton） | 生活及其他氮氧化物排放量（吨） Amount of Household Nitrogen Oxcide Emission（ton） | 公路交通氮氧化物排放量（吨） Amount of Road Traffic Nitrogen Oxcide Emission（ton） |
|---|---|---|---|---|---|---|
| | 2001 | 20 412 | 3 811 833 | 2 178 736 | — | — |
| | 2002 | 19 024 | 3 645 831 | 2 084 836 | — | — |
| | 2003 | 19 078 | 3 669 379 | 2 024 527 | — | — |
| | 2004 | 19 613 | 3 635 088 | 2 084 478 | — | — |
| | 2005 | 21 741 | 3 808 817 | 2 335 820 | — | — |
| | 2006 | 20 376 | 3 515 573 | 2 226 552 | 3 877 733 | 2 843 207 |
| | **2007** | **18 920** | **3 281 084** | **2 154 937** | **3 820 482** | **2 767 297** |
| 北　京 | Beijing | 467 | 68 752 | 27 949 | 177 521 | 153 000 |
| 天　津 | Tianjin | 148 | 19 925 | 11 078 | 10 303 | 5 794 |
| 河　北 | Hebei | 1 215 | 198 064 | 158 906 | 174 422 | 99 287 |
| 山　西 | Shanxi | 1 821 | 268 250 | 213 786 | 143 901 | 60 408 |
| 内蒙古 | Inner Mongolia | 1 158 | 172 550 | 160 081 | 95 879 | 57 726 |
| 辽　宁 | Liaoning | 1 128 | 166 657 | 229 190 | 87 602 | 35 909 |
| 吉　林 | Jilin | 810 | 62 411 | 93 748 | 43 659 | 19 770 |
| 黑龙江 | Heilongjiang | 1 149 | 74 950 | 98 773 | 95 383 | 58 748 |
| 上　海 | Shanghai | 326 | 133 402 | 65 653 | 154 787 | 152 301 |
| 江　苏 | Jiangsu | 352 | 57 523 | 30 295 | 262 852 | 215 182 |
| 浙　江 | Zhejiang | 154 | 22 388 | 10 133 | 202 223 | 186 296 |
| 安　徽 | Anhui | 440 | 54 969 | 51 569 | 126 963 | 86 900 |
| 福　建 | Fujian | 121 | 18 779 | 36 498 | 126 596 | 73 441 |
| 江　西 | Jiangxi | 325 | 67 576 | 23 082 | 93 839 | 76 950 |
| 山　东 | Shandong | 1 467 | 239 481 | 121 570 | 263 766 | 176 616 |
| 河　南 | Henan | 1 162 | 153 697 | 75 533 | 268 841 | 193 558 |
| 湖　北 | Hubei | 487 | 104 138 | 36 817 | 118 161 | 100 869 |
| 湖　南 | Hunan | 632 | 164 859 | 70 360 | 76 620 | 56 122 |
| 广　东 | Guangdong | 169 | 26 857 | 21 342 | 447 485 | 430 015 |
| 广　西 | Guangxi | 168 | 47 597 | 12 426 | 95 356 | 80 165 |
| 海　南 | Hainan | 14 | 656 | 886 | 61 048 | 18 271 |
| 重　庆 | Chongqing | 334 | 143 140 | 81 891 | 67 259 | 42 825 |
| 四　川 | Sichuan | 768 | 155 631 | 128 769 | 68 066 | 46 198 |
| 贵　州 | Guizhou | 1 255 | 454 487 | 104 118 | 49 042 | 13 942 |
| 云　南 | Yunnan | 607 | 88 309 | 57 498 | 99 995 | 78 459 |
| 西　藏 | Tibet | 7 | 1 104 | 34 | | |
| 陕　西 | Shaanxi | 651 | 81 630 | 65 451 | 67 599 | 46 621 |
| 甘　肃 | Gansu | 386 | 87 485 | 42 561 | 47 526 | 30 099 |
| 青　海 | Qinghai | 108 | 8 664 | 24 918 | 30 247 | 21 077 |
| 宁　夏 | Ningxia | 269 | 29 754 | 16 420 | 80 258 | 15 509 |
| 新　疆 | Xinjiang | 820 | 107 399 | 83 603 | 183 283 | 135 239 |

# 各地区主要污染物排放强度（一）

# Emission Density of Key Pollutants by Region（1）

单位：吨/万元 GDP （2007） （ton/10 000 yuan GDP）

| 年份 地区 | Year Region | 废水 Waste Water | 化学需氧量 COD | 氨氮 Ammonia Nitrogen | 工业固体废物 Solid Wastes |
|---|---|---|---|---|---|
| | 2001 | 39.07 | 0.012 8 | 0.001 1 | 0.026 4 |
| | 2002 | 36.52 | 0.011 4 | 0.001 1 | 0.021 9 |
| | 2003 | 33.87 | 0.009 8 | 0.001 0 | 0.014 3 |
| | 2004 | 30.17 | 0.008 4 | 0.000 8 | 0.011 0 |
| | 2005 | 28.77 | 0.007 8 | 0.000 8 | 0.009 1 |
| | 2006 | 25.46 | 0.006 8 | 0.000 7 | 0.006 2 |
| | **2007** | **22.14** | **0.005 5** | **0.000 5** | **0.004 8** |
| 北京 | Beijing | 11.97 | 0.001 2 | 0.000 1 | … |
| 天津 | Tianjin | 11.34 | 0.002 7 | 0.000 3 | … |
| 河北 | Hebei | 16.08 | 0.004 8 | 0.000 4 | 0.002 8 |
| 山西 | Shanxi | 18.36 | 0.006 6 | 0.000 8 | 0.072 7 |
| 内蒙古 | Inner Mongolia | 10.04 | 0.004 8 | 0.000 6 | 0.001 5 |
| 辽宁 | Liaoning | 20.05 | 0.005 7 | 0.000 6 | 0.000 4 |
| 吉林 | Jilin | 18.72 | 0.007 7 | 0.000 6 | 0.000 3 |
| 黑龙江 | Heilongjiang | 15.40 | 0.006 9 | 0.000 7 | … |
| 上海 | Shanghai | 18.88 | 0.002 5 | 0.000 3 | … |
| 江苏 | Jiangsu | 19.78 | 0.003 5 | 0.000 3 | … |
| 浙江 | Zhejiang | 18.14 | 0.003 0 | 0.000 3 | 0.000 1 |
| 安徽 | Anhui | 23.87 | 0.006 1 | 0.000 7 | … |
| 福建 | Fujian | 24.78 | 0.004 2 | 0.000 3 | 0.000 3 |
| 江西 | Jiangxi | 25.83 | 0.008 6 | 0.000 7 | 0.001 5 |
| 山东 | Shandong | 12.91 | 0.002 8 | 0.000 3 | … |
| 河南 | Henan | 19.69 | 0.004 6 | 0.000 6 | 0.000 1 |
| 湖北 | Hubei | 26.95 | 0.006 6 | 0.000 8 | 0.000 9 |
| 湖南 | Hunan | 27.56 | 0.009 9 | 0.001 0 | 0.003 5 |
| 广东 | Guangdong | 22.52 | 0.003 3 | 0.000 4 | 0.000 4 |
| 广西 | Guangxi | 54.33 | 0.018 1 | 0.001 0 | 0.001 8 |
| 海南 | Hainan | 28.59 | 0.008 2 | 0.000 7 | 0.000 1 |
| 重庆 | Chongqing | 32.65 | 0.006 1 | 0.000 6 | 0.033 6 |
| 四川 | Sichuan | 24.08 | 0.007 3 | 0.000 6 | 0.019 5 |
| 贵州 | Guizhou | 20.33 | 0.008 4 | 0.000 7 | 0.030 2 |
| 云南 | Yunnan | 17.74 | 0.006 1 | 0.000 4 | 0.017 5 |
| 西藏 | Tibet | 9.75 | 0.004 5 | 0.000 4 | 0.011 5 |
| 陕西 | Shaanxi | 18.50 | 0.006 4 | 0.000 5 | 0.007 9 |
| 甘肃 | Gansu | 16.43 | 0.006 5 | 0.000 8 | 0.009 2 |
| 青海 | Qinghai | 26.21 | 0.010 0 | 0.000 9 | 0.001 1 |
| 宁夏 | Ningxia | 44.61 | 0.016 4 | 0.001 0 | 0.005 7 |
| 新疆 | Xinjiang | 19.64 | 0.008 3 | 0.000 7 | 0.019 5 |

# 各地区主要污染物排放强度（二）

# Emission Density of Key Pollutants by Region（2）

单位：吨/万元 GDP （2007） （ton/10 000 yuan GDP）

| 年份 地区 | Year Region | 二氧化硫 Sulphur Dioxide | 烟尘 Soot | 工业粉尘 Dust | 氮氧化物 $NO_x$ |
|---|---|---|---|---|---|
| | 2001 | 0.017 8 | 0.009 7 | 0.009 0 | — |
| | 2002 | 0.016 0 | 0.008 4 | 0.007 8 | — |
| | 2003 | 0.015 9 | 0.007 7 | 0.007 5 | — |
| | 2004 | 0.014 1 | 0.006 8 | 0.005 7 | — |
| | 2005 | 0.014 0 | 0.006 5 | 0.005 0 | — |
| | 2006 | 0.012 3 | 0.005 2 | 0.003 8 | 0.008 9 |
| | **2007** | **0.009 8** | **0.003 9** | **0.002 8** | **0.006 5** |
| 北 京 | Beijing | 0.001 7 | 0.000 5 | 0.000 2 | 0.002 8 |
| 天 津 | Tianjin | 0.004 9 | 0.001 5 | 0.000 2 | 0.004 0 |
| 河 北 | Hebei | 0.010 8 | 0.004 5 | 0.003 8 | 0.008 8 |
| 山 西 | Shanxi | 0.024 3 | 0.016 4 | 0.010 4 | 0.012 0 |
| 内蒙古 | Inner Mongolia | 0.024 2 | 0.011 0 | 0.003 3 | 0.013 9 |
| 辽 宁 | Liaoning | 0.011 2 | 0.006 5 | 0.003 7 | 0.007 4 |
| 吉 林 | Jilin | 0.007 6 | 0.007 4 | 0.002 1 | 0.007 3 |
| 黑龙江 | Heilongjiang | 0.007 3 | 0.007 4 | 0.001 8 | 0.006 7 |
| 上 海 | Shanghai | 0.004 1 | 0.000 9 | 0.000 1 | 0.003 9 |
| 江 苏 | Jiangsu | 0.004 8 | 0.001 4 | 0.001 1 | 0.004 7 |
| 浙 江 | Zhejiang | 0.004 3 | 0.001 0 | 0.001 1 | 0.004 4 |
| 安 徽 | Anhui | 0.007 8 | 0.003 9 | 0.004 4 | 0.007 7 |
| 福 建 | Fujian | 0.004 9 | 0.001 3 | 0.002 0 | 0.003 2 |
| 江 西 | Jiangxi | 0.011 4 | 0.003 7 | 0.006 0 | 0.005 3 |
| 山 东 | Shandong | 0.007 0 | 0.001 8 | 0.001 2 | 0.005 1 |
| 河 南 | Henan | 0.010 4 | 0.004 7 | 0.002 8 | 0.007 3 |
| 湖 北 | Hubei | 0.007 7 | 0.002 7 | 0.003 0 | 0.005 1 |
| 湖 南 | Hunan | 0.009 9 | 0.004 8 | 0.007 2 | 0.003 4 |
| 广 东 | Guangdong | 0.003 9 | 0.001 0 | 0.000 7 | 0.004 6 |
| 广 西 | Guangxi | 0.016 5 | 0.006 0 | 0.006 6 | 0.004 6 |
| 海 南 | Hainan | 0.002 1 | 0.000 8 | 0.000 9 | 0.006 5 |
| 重 庆 | Chongqing | 0.020 1 | 0.004 8 | 0.004 4 | 0.005 8 |
| 四 川 | Sichuan | 0.011 2 | 0.004 4 | 0.001 9 | 0.003 1 |
| 贵 州 | Guizhou | 0.050 7 | 0.010 9 | 0.005 4 | 0.032 9 |
| 云 南 | Yunnan | 0.011 3 | 0.004 4 | 0.002 9 | 0.006 1 |
| 西 藏 | Tibet | 0.000 6 | 0.000 3 | 0.000 3 | 0.000 1 |
| 陕 西 | Shaanxi | 0.017 3 | 0.006 0 | 0.005 5 | 0.005 6 |
| 甘 肃 | Gansu | 0.019 4 | 0.004 9 | 0.003 7 | 0.008 1 |
| 青 海 | Qinghai | 0.017 6 | 0.009 8 | 0.010 0 | 0.011 8 |
| 宁 夏 | Ningxia | 0.044 3 | 0.014 8 | 0.007 7 | 0.021 5 |
| 新 疆 | Xinjiang | 0.016 6 | 0.008 3 | 0.005 3 | 0.012 3 |

# 各地区环境污染治理投资情况
# Investment in the Treatment of Environmental Pollution by Region

（2007）

| 年份<br>地区 | Year<br>Region | 环境污染治理投资总额（亿元）<br>Total Investment in Treatment of Environmental Pollution（100 million yuan） | 城市环境基础设施建设投资<br>Investment in Urban Environment Infrastructure Facilities | 工业污染源治理投资<br>Investment in Treatment of Industrial Pollution Sources | 建设项目“三同时”环保投资<br>Investments in Environment Components for New Construction Projects | 环境污染治理投资总额占GDP比重（%）<br>Percentage of Treatment Investment of Environmental Pollution in GDP（%） |
|---|---|---|---|---|---|---|
| | 2001 | 1 106.6 | 595.7 | 174.5 | 336.4 | 1.01 |
| | 2002 | 1 367.2 | 789.1 | 188.4 | 389.7 | 1.14 |
| | 2003 | 1 627.7 | 1 072.4 | 221.8 | 333.5 | 1.20 |
| | 2004 | 1 909.8 | 1 141.2 | 308.1 | 460.5 | 1.19 |
| | 2005 | 2 388.0 | 1 289.7 | 458.2 | 640.1 | 1.31 |
| | 2006 | 2 566.0 | 1 314.9 | 483.9 | 767.2 | 1.22 |
| | **2007** | **3 387.6** | **1 467.8** | **552.4** | **1 367.4** | **1.36** |
| 国家级 | State Level | 527.2 | — | — | 527.2 | — |
| 北京 | Beijing | 185.3 | 136.0 | 8.1 | 41.2 | 2.06 |
| 天津 | Tianjin | 59.8 | 20.1 | 15.1 | 24.7 | 1.19 |
| 河北 | Hebei | 170.2 | 87.2 | 21.5 | 61.5 | 1.23 |
| 山西 | Shanxi | 97.0 | 32.6 | 45.7 | 18.7 | 1.70 |
| 内蒙古 | Inner Mongolia | 90.5 | 51.3 | 16.7 | 22.5 | 1.50 |
| 辽宁 | Liaoning | 125.1 | 79.1 | 23.7 | 22.3 | 1.14 |
| 吉林 | Jilin | 51.3 | 32.2 | 8.0 | 11.0 | 0.98 |
| 黑龙江 | Heilongjiang | 58.7 | 39.3 | 10.2 | 9.2 | 0.83 |
| 上海 | Shanghai | 123.0 | 68.3 | 16.4 | 38.3 | 1.03 |
| 江苏 | Jiangsu | 318.2 | 161.0 | 53.7 | 103.5 | 1.24 |
| 浙江 | Zhejiang | 177.4 | 65.6 | 21.4 | 90.4 | 0.95 |
| 安徽 | Anhui | 82.4 | 45.3 | 11.4 | 25.6 | 1.12 |
| 福建 | Fujian | 78.0 | 40.2 | 13.8 | 24.0 | 0.85 |
| 江西 | Jiangxi | 45.5 | 18.2 | 8.3 | 19.0 | 0.83 |
| 山东 | Shandong | 320.8 | 174.0 | 67.3 | 79.5 | 1.24 |
| 河南 | Henan | 114.4 | 41.3 | 33.8 | 39.3 | 0.76 |
| 湖北 | Hubei | 64.3 | 38.2 | 18.9 | 7.3 | 0.70 |
| 湖南 | Hunan | 64.6 | 34.4 | 13.4 | 16.7 | 0.71 |
| 广东 | Guangdong | 153.6 | 67.0 | 46.3 | 40.3 | 0.50 |
| 广西 | Guangxi | 65.5 | 41.7 | 18.2 | 5.6 | 1.11 |
| 海南 | Hainan | 14.9 | 9.0 | 0.4 | 5.5 | 1.21 |
| 重庆 | Chongqing | 63.7 | 28.3 | 10.0 | 25.4 | 1.55 |
| 四川 | Sichuan | 102.2 | 53.2 | 20.1 | 28.9 | 0.97 |
| 贵州 | Guizhou | 22.4 | 8.1 | 4.6 | 9.7 | 0.83 |
| 云南 | Yunnan | 29.9 | 5.3 | 8.6 | 15.9 | 0.63 |
| 西藏 | Tibet | 0.6 | | 0.0 | 0.5 | 0.17 |
| 陕西 | Shaanxi | 63.8 | 29.4 | 9.7 | 24.6 | 1.19 |
| 甘肃 | Gansu | 38.1 | 14.5 | 14.9 | 8.7 | 1.41 |
| 青海 | Qinghai | 10.6 | 4.7 | 0.8 | 5.1 | 1.40 |
| 宁夏 | Ningxia | 33.4 | 22.4 | 4.6 | 6.4 | 4.01 |
| 新疆 | Xinjiang | 35.2 | 19.7 | 6.7 | 8.8 | 1.01 |

# 各地区城市环境基础设施建设投资情况

# Investment in Urban Environment Infrastructure by Region

单位：亿元　　（2007）　　（100 million yuan）

| 年份 地区 | Year Region | 投资总额 Total Investment | 燃气 Gas Supply | 集中供热 Gemeral Heating | 排水 Sewerage Projects | 园林绿化 Gardening & Greening | 市容环境卫生 Sanitation |
|---|---|---|---|---|---|---|---|
| | 2001 | 595.73 | 75.48 | 81.98 | 224.46 | 163.24 | 50.56 |
| | 2002 | 789.13 | 88.42 | 121.43 | 274.99 | 239.47 | 64.81 |
| | 2003 | 1 072.36 | 133.46 | 145.82 | 375.16 | 321.94 | 95.99 |
| | 2004 | 1 141.22 | 148.32 | 173.35 | 352.28 | 359.46 | 107.80 |
| | 2005 | 1 289.70 | 142.37 | 220.19 | 368.03 | 411.32 | 147.79 |
| | 2006 | 1 314.92 | 155.05 | 223.59 | 331.52 | 429.01 | 175.75 |
| | **2007** | **1 467.81** | **160.37** | **230.03** | **410.01** | **525.56** | **141.84** |
| 北　京 | Beijing | 135.98 | 13.78 | 43.36 | 11.01 | 25.34 | 42.48 |
| 天　津 | Tianjin | 20.08 | 4.04 | 5.89 | 1.20 | 8.06 | 0.89 |
| 河　北 | Hebei | 87.23 | 8.09 | 25.77 | 16.72 | 31.01 | 5.64 |
| 山　西 | Shanxi | 32.58 | 3.26 | 19.05 | 1.49 | 6.55 | 2.23 |
| 内蒙古 | Inner Mongolia | 51.29 | 3.14 | 16.45 | 4.44 | 25.06 | 2.19 |
| 辽　宁 | Liaoning | 79.14 | 5.47 | 16.51 | 22.84 | 32.39 | 1.93 |
| 吉　林 | Jilin | 32.20 | 3.01 | 11.52 | 9.30 | 4.73 | 3.63 |
| 黑龙江 | Heilongjiang | 39.26 | 2.95 | 18.70 | 9.32 | 6.62 | 1.67 |
| 上　海 | Shanghai | 68.32 | 15.24 | | 24.87 | 24.66 | 3.54 |
| 江　苏 | Jiangsu | 160.98 | 15.25 | 0.53 | 35.65 | 98.52 | 11.02 |
| 浙　江 | Zhejiang | 65.62 | 7.59 | 3.63 | 23.58 | 26.77 | 4.04 |
| 安　徽 | Anhui | 45.35 | 6.74 | 1.13 | 9.83 | 24.91 | 2.74 |
| 福　建 | Fujian | 40.21 | 5.36 | | 12.68 | 17.83 | 4.34 |
| 江　西 | Jiangxi | 18.21 | 3.32 | | 4.63 | 8.68 | 1.58 |
| 山　东 | Shandong | 173.97 | 15.68 | 36.32 | 56.52 | 54.83 | 10.61 |
| 河　南 | Henan | 41.30 | 3.41 | 3.04 | 11.32 | 17.59 | 5.93 |
| 湖　北 | Hubei | 38.19 | 6.55 | | 14.69 | 13.59 | 3.36 |
| 湖　南 | Hunan | 34.45 | 4.02 | | 14.25 | 9.80 | 6.37 |
| 广　东 | Guangdong | 66.98 | 10.27 | | 34.66 | 8.51 | 13.55 |
| 广　西 | Guangxi | 41.71 | 3.61 | | 21.16 | 14.18 | 2.75 |
| 海　南 | Hainan | 9.03 | 2.36 | | 4.04 | 2.09 | 0.55 |
| 重　庆 | Chongqing | 28.33 | 3.22 | | 16.43 | 7.04 | 1.65 |
| 四　川 | Sichuan | 53.20 | 4.15 | | 22.09 | 23.75 | 3.22 |
| 贵　州 | Guizhou | 8.15 | 0.05 | | 7.60 | 0.26 | 0.23 |
| 云　南 | Yunnan | 5.32 | 0.67 | | 1.51 | 3.00 | 0.14 |
| 西　藏 | Tibet | | | | | | |
| 陕　西 | Shaanxi | 29.41 | 2.15 | 3.63 | 8.75 | 12.12 | 2.76 |
| 甘　肃 | Gansu | 14.48 | 2.18 | 3.87 | 5.07 | 2.89 | 0.47 |
| 青　海 | Qinghai | 4.71 | 0.37 | 0.23 | 0.58 | 2.88 | 0.66 |
| 宁　夏 | Ningxia | 22.42 | 0.92 | 15.57 | 1.04 | 4.74 | 0.15 |
| 新　疆 | Xinjiang | 19.73 | 3.51 | 4.84 | 2.72 | 7.16 | 1.50 |

# 3

# 重点城市环境统计

ZHONGDIAN CHENGSHI HUANJING TONGJI

ANNUAL STATISTIC REPORT ON ENVIRONMENT IN CHINA

2007

# 重点城市工业废水排放及处理情况（一）

（2007）

| 城市名称 | 工业废水排放量（万吨） | 直接排入海的 | 工业废水排放达标量（万吨） | 废水治理设施数（套） | 废水治理设施治理能力（吨/日） | 废水治理设施运行费用（万元） |
|---|---|---|---|---|---|---|
| **总　　计** | 1 343 151 | 84 407 | 1 254 942 | 46 458 | 131 340 293.6 | 2 596 214.3 |
| 北　　京 | 9 134 | | 8 898 | 549 | 3 210 459.5 | 46 783.2 |
| 天　　津 | 21 444 | 531 | 21 382 | 1 816 | 2 142 233.2 | 64 188.5 |
| 石 家 庄 | 25 734 | | 25 276 | 559 | 3 609 742.2 | 34 719.8 |
| 唐　　山 | 26 571 | 108 | 25 663 | 902 | 18 275 878.5 | 57 496.2 |
| 秦 皇 岛 | 5 652 | 602 | 5 126 | 143 | 598 013.6 | 3 747.3 |
| 邯　　郸 | 12 260 | | 12 085 | 1 255 | 1 103 887.8 | 28 754.3 |
| 保　　定 | 13 316 | | 8 461 | 567 | 682 275.9 | 10 939.5 |
| 太　　原 | 3 104 | | 2 892 | 315 | 1 107 317.2 | 36 607.7 |
| 大　　同 | 4 243 | | 3 958 | 208 | 1 235 162.9 | 9 241.1 |
| 阳　　泉 | 1 330 | | 1 259 | 91 | 138 009.7 | 3 213.7 |
| 长　　治 | 3 619 | | 3 574 | 335 | 569 218.1 | 15 377.8 |
| 临　　汾 | 3 898 | | 3 859 | 201 | 372 527.1 | 18 422.1 |
| 呼和浩特 | 1 367 | | 1 266 | 68 | 101 942.5 | 7 812.4 |
| 包　　头 | 4 220 | | 3 878 | 217 | 1 368 006.0 | 21 262.8 |
| 赤　　峰 | 1 998 | | 1 603 | 89 | 242 327.9 | 4 848.6 |
| 沈　　阳 | 8 597 | | 7 926 | 434 | 254 830.9 | 9 478.3 |
| 大　　连 | 34 463 | 31 181 | 33 881 | 327 | 330 344.9 | 12 525.9 |
| 鞍　　山 | 5 704 | | 5 423 | 181 | 3 236 079.0 | 34 154.6 |
| 抚　　顺 | 6 232 | | 5 946 | 97 | 601 684.0 | 9 747.0 |
| 本　　溪 | 8 758 | | 8 601 | 104 | 2 083 396.8 | 10 029.3 |
| 锦　　州 | 5 269 | 71 | 4 546 | 130 | 204 017.0 | 25 983.9 |
| 长　　春 | 4 223 | | 4 015 | 110 | 176 884.0 | 5 042.8 |
| 吉　　林 | 18 293 | | 17 817 | 145 | 883 461.3 | 20 222.1 |
| 哈 尔 滨 | 3 356 | | 2 613 | 154 | 227 620.3 | 13 426.8 |
| 齐齐哈尔 | 8 661 | | 7 233 | 99 | 586 074.8 | 3 874.2 |
| 大　　庆 | 8 373 | | 7 898 | 253 | 2 504 766.4 | 139 911.8 |
| 牡 丹 江 | 2 763 | | 2 658 | 213 | 193 630.4 | 94 577.0 |
| 上　　海 | 47 570 | 14 739 | 46 492 | 2 718 | 6 191 046.4 | 205 126.6 |
| 南　　京 | 40 327 | 54 | 38 330 | 642 | 3 336 333.0 | 69 836.3 |
| 无　　锡 | 44 901 | | 43 338 | 845 | 2 864 752.6 | 58 502.2 |
| 徐　　州 | 9 380 | 14 | 9 166 | 278 | 1 258 091.2 | 14 543.7 |
| 常　　州 | 31 975 | | 31 590 | 669 | 735 205.9 | 37 726.5 |
| 苏　　州 | 67 532 | 28 | 67 166 | 1 124 | 2 406 538.8 | 98 639.9 |
| 南　　通 | 15 492 | | 15 116 | 690 | 655 778.2 | 24 857.7 |
| 连 云 港 | 3 402 | 463 | 3 338 | 156 | 524 809.2 | 7 769.0 |
| 扬　　州 | 9 067 | | 9 006 | 244 | 304 299.8 | 12 945.1 |
| 杭　　州 | 75 359 | 1 970 | 55 169 | 1 041 | 3 863 459.7 | 77 989.3 |

# 重点城市工业废水排放及处理情况（一）（续表）

（2007）

| 城市名称 | 工业废水排放量（万吨） | 直接排入海的 | 工业废水排放达标量（万吨） | 废水治理设施数（套） | 废水治理设施治理能力（吨/日） | 废水治理设施运行费用（万元） |
|---|---|---|---|---|---|---|
| 宁波 | 17 726 | 7 604 | 15 698 | 779 | 911 576.2 | 54 427.4 |
| 温州 | 10 689 | 887 | 9 281 | 988 | 488 286.3 | 26 401.4 |
| 嘉兴 | 15 759 | 275 | 15 497 | 658 | 1 020 646.5 | 43 427.3 |
| 湖州 | 10 326 | | 9 885 | 476 | 401 955.8 | 16 983.6 |
| 绍兴 | 29 043 | 85 | 28 416 | 764 | 1 150 509.3 | 41 316.8 |
| 台州 | 5 292 | 700 | 4 656 | 752 | 279 888.7 | 17 953.4 |
| 合肥 | 5 054 | | 4 770 | 153 | 743 007.5 | 6 568.2 |
| 芜湖 | 7 048 | | 6 909 | 111 | 246 393.2 | 5 541.1 |
| 马鞍山 | 9 558 | | 9 004 | 124 | 2 895 592.0 | 28 212.2 |
| 福州 | 6 220 | 574 | 5 979 | 391 | 961 114.6 | 14 978.4 |
| 厦门 | 4 314 | 264 | 4 303 | 317 | 234 900.6 | 8 752.7 |
| 泉州 | 28 619 | 1 527 | 28 582 | 1 821 | 1 285 813.4 | 21 117.4 |
| 南昌 | 10 475 | | 9 883 | 151 | 447 984.9 | 7 649.2 |
| 九江 | 6 099 | | 5 818 | 136 | 229 279.6 | 7 501.6 |
| 济南 | 5 059 | | 4 996 | 305 | 1 911 853.5 | 25 163.9 |
| 青岛 | 9 412 | 2 911 | 9 292 | 464 | 767 082.4 | 25 817.1 |
| 淄博 | 18 853 | | 18 788 | 569 | 995 853.0 | 50 235.7 |
| 枣庄 | 13 536 | | 13 536 | 170 | 737 656.0 | 12 312.9 |
| 烟台 | 7 704 | 2 466 | 7 681 | 472 | 507 820.5 | 17 323.1 |
| 潍坊 | 14 581 | | 14 477 | 446 | 2 516 958.7 | 33 439.2 |
| 济宁 | 12 178 | | 11 648 | 334 | 1 725 051.6 | 31 995.6 |
| 泰安 | 4 194 | | 4 131 | 247 | 1 539 791.5 | 10 241.0 |
| 威海 | 2 902 | 766 | 2 902 | 168 | 144 107.5 | 6 632.5 |
| 日照 | 6 703 | 2 798 | 6 703 | 78 | 208 245.0 | 9 238.7 |
| 郑州 | 13 013 | | 13 013 | 431 | 730 236.4 | 16 557.9 |
| 开封 | 3 960 | | 3 794 | 70 | 228 851.7 | 1 261.8 |
| 洛阳 | 6 145 | | 5 882 | 386 | 631 174.2 | 10 658.5 |
| 平顶山 | 6 765 | | 6 487 | 213 | 1 015 533.0 | 10 337.7 |
| 安阳 | 11 961 | | 11 306 | 340 | 1 031 503.3 | 11 794.4 |
| 焦作 | 15 089 | | 14 630 | 261 | 778 194.0 | 13 521.0 |
| 武汉 | 22 812 | | 22 525 | 269 | 2 407 462.4 | 25 147.7 |
| 宜昌 | 10 011 | | 9 580 | 377 | 1 272 841.4 | 12 179.2 |
| 荆州 | 5 653 | | 4 345 | 81 | 221 159.8 | 4 569.1 |
| 长沙 | 4 377 | | 3 704 | 276 | 178 067.3 | 4 210.0 |
| 株洲 | 8 508 | | 7 822 | 530 | 513 785.0 | 9 436.0 |
| 湘潭 | 11 133 | | 10 162 | 244 | 1 782 321.0 | 8 451.6 |
| 岳阳 | 11 044 | | 10 155 | 219 | 392 145.0 | 16 099.8 |
| 常德 | 12 505 | | 9 646 | 161 | 567 211.0 | 2 744.9 |

## 重点城市工业废水排放及处理情况（一）（续表）

（2007）

| 城市名称 | 工业废水排放量（万吨） | 直接排入海的 | 工业废水排放达标量（万吨） | 废水治理设施数（套） | 废水治理设施治理能力（吨/日） | 废水治理设施运行费用（万元） |
|---|---|---|---|---|---|---|
| 张家界 | 524 | | 488 | 8 | 420.0 | 59.6 |
| 广州 | 21 036 | 632 | 20 089 | 652 | 1 833 656.8 | 40 397.4 |
| 韶关 | 10 737 | | 9 136 | 304 | 2 144 086.8 | 31 845.1 |
| 深圳 | 9 199 | 1 539 | 8 859 | 1 684 | 421 946.2 | 63 301.2 |
| 珠海 | 6 528 | 185 | 5 463 | 333 | 215 367.7 | 15 675.0 |
| 汕头 | 5 219 | 325 | 4 821 | 300 | 265 349.0 | 7 775.8 |
| 佛山 | 28 385 | | 26 635 | 1 039 | 1 451 462.5 | 44 025.8 |
| 湛江 | 5 898 | 364 | 4 330 | 201 | 340 864.8 | 8 692.6 |
| 中山 | 12 908 | 10 550 | 12 302 | 507 | 303 433.0 | 24 715.2 |
| 南宁 | 14 306 | | 11 873 | 354 | 1 458 714.1 | 12 697.9 |
| 柳州 | 19 466 | | 15 771 | 342 | 5 409 508.0 | 31 501.3 |
| 桂林 | 4 896 | | 4 500 | 250 | 348 494.5 | 4 894.7 |
| 北海 | 1 932 | 196 | 1 724 | 44 | 100 522.0 | 1 414.6 |
| 海口 | 557 | | 557 | 30 | 45 958.0 | 1 321.5 |
| 三亚 | 22 | | 22 | 9 | 4 524.0 | 92.0 |
| 重庆 | 69 003 | | 63 533 | 1 482 | 1 745 535.7 | 45 922.0 |
| 成都 | 24 247 | | 23 376 | 1 761 | 1 823 246.5 | 28 044.6 |
| 攀枝花 | 1 639 | | 1 615 | 137 | 1 254 909.2 | 22 436.2 |
| 泸州 | 10 430 | | 9 959 | 156 | 1 589 234.0 | 5 843.7 |
| 绵阳 | 9 014 | | 8 974 | 217 | 454 005.7 | 6 020.8 |
| 宜宾 | 12 236 | | 10 407 | 244 | 718 193.0 | 9 156.9 |
| 贵阳 | 3 945 | | 3 480 | 412 | 823 108.1 | 9 765.4 |
| 遵义 | 1 318 | | 1 131 | 192 | 160 581.9 | 6 407.1 |
| 昆明 | 4 708 | | 4 566 | 563 | 2 036 752.9 | 20 456.3 |
| 曲靖 | 3 112 | | 2 823 | 284 | 606 428.7 | 10 138.9 |
| 拉萨 | 670 | | 250 | 11 | 7 666.2 | 200.0 |
| 西安 | 19 069 | | 18 352 | 413 | 666 680.4 | 27 379.3 |
| 铜川 | 347 | | 282 | 314 | 44 876.0 | 705.9 |
| 宝鸡 | 7 586 | | 7 347 | 485 | 615 301.8 | 5 440.4 |
| 咸阳 | 6 903 | | 6 692 | 190 | 253 129.3 | 6 767.4 |
| 延安 | 759 | | 1 045 | 162 | 60 154.0 | 12 272.3 |
| 兰州 | 3 725 | | 3 384 | 97 | 598 742.5 | 23 494.6 |
| 金昌 | 1 697 | | 1 556 | 82 | 89 431.1 | 1 618.6 |
| 西宁 | 4 358 | | 3 570 | 122 | 197 175.7 | 2 463.2 |
| 银川 | 5 187 | | 4 937 | 98 | 143 463.2 | 5 243.8 |
| 石嘴山 | 3 273 | | 2 759 | 108 | 335 659.0 | 4 210.9 |
| 乌鲁木齐 | 4 848 | | 4 590 | 95 | 373 782.0 | 18 197.3 |
| 克拉玛依 | 1 557 | | 1 408 | 75 | 115 968.8 | 15 094.0 |

# 重点城市工业废水排放及处理情况（二）

（2007）

单位：吨

| 城市名称 | 工业废水中污染物排放量 | | | | | |
|---|---|---|---|---|---|---|
| | 汞 | 镉 | 六价铬 | 铅 | 砷 | 挥发酚 |
| **总　计** | 0.752 | 5.515 | 44.897 | 64.673 | 22.274 | 731.954 |
| 北　京 | | | 0.165 | 0.022 | 2.410 | 0.342 |
| 天　津 | | | 0.409 | 0.026 | 0.000 | 2.888 |
| 石家庄 | | | 2.685 | 0.052 | | 2.465 |
| 唐　山 | | | 0.007 | | | 1.647 |
| 秦皇岛 | | | 0.009 | | 0.009 | |
| 邯　郸 | | | 0.082 | 1.325 | | 0.731 |
| 保　定 | | | 0.114 | 0.433 | | 0.010 |
| 太　原 | 0.008 | 0.017 | 0.112 | 0.100 | 0.074 | 1.725 |
| 大　同 | 0.010 | 0.001 | 0.020 | 0.080 | 0.010 | 131.088 |
| 阳　泉 | | | | | | |
| 长　治 | 0.003 | | 0.051 | | | 83.292 |
| 临　汾 | | | 0.001 | 0.015 | 0.020 | 10.270 |
| 呼和浩特 | | 0.003 | 0.000 | 0.050 | 0.010 | 0.294 |
| 包　头 | | | 0.261 | 4.055 | 0.004 | 3.626 |
| 赤　峰 | | | 0.144 | 0.027 | 0.062 | 3.924 |
| 沈　阳 | | … | 0.845 | 0.119 | | 0.530 |
| 大　连 | | … | 0.036 | | | 25.144 |
| 鞍　山 | | | 0.310 | 0.586 | 0.008 | 0.336 |
| 抚　顺 | | 0.100 | 0.084 | 0.029 | 0.054 | 1.128 |
| 本　溪 | | 0.004 | | 0.002 | 0.028 | 38.976 |
| 锦　州 | | | 0.021 | | | 0.332 |
| 长　春 | | | 0.034 | | | 0.497 |
| 吉　林 | | 0.001 | 0.238 | 1.953 | | 34.733 |
| 哈尔滨 | | 0.001 | 0.014 | 0.008 | 0.005 | 200.753 |
| 齐齐哈尔 | | | 0.014 | | | 1.674 |
| 大　庆 | | | | | | 4.415 |
| 牡丹江 | | | | | | 0.109 |
| 上　海 | 0.001 | 0.007 | 0.526 | 0.078 | 0.002 | 5.741 |
| 南　京 | 0.001 | 0.094 | 1.471 | 4.808 | 0.051 | 12.145 |
| 无　锡 | | 0.001 | 0.391 | 0.026 | 0.050 | 1.843 |
| 徐　州 | 0.003 | … | 0.001 | 0.026 | | 0.469 |
| 常　州 | 0.001 | 0.001 | 0.643 | 0.010 | | 2.972 |
| 苏　州 | | … | 2.328 | 1.235 | 0.060 | 6.431 |
| 南　通 | | 0.013 | 0.460 | 0.285 | | 5.902 |
| 连云港 | | | | | | 0.169 |
| 扬　州 | 0.004 | | 0.158 | 0.305 | | 8.156 |
| 杭　州 | | | 0.743 | 0.086 | 0.025 | 0.445 |

# 重点城市工业废水排放及处理情况（二）（续表）

（2007）

单位：吨

| 城市名称 | 工业废水中污染物排放量 | | | | | |
|---|---|---|---|---|---|---|
| | 汞 | 镉 | 六价铬 | 铅 | 砷 | 挥发酚 |
| 宁波 | | 0.002 | 2.986 | 0.057 | | 0.075 |
| 温州 | | | 4.651 | 0.528 | | 0.228 |
| 嘉兴 | | | 0.124 | 0.146 | | 11.200 |
| 湖州 | | | 0.453 | | | 0.050 |
| 绍兴 | 0.006 | | 0.460 | 0.015 | | 0.628 |
| 台州 | | | 0.711 | 0.076 | 0.006 | 0.521 |
| 合肥 | | | 0.006 | 0.022 | 0.432 | 8.341 |
| 芜湖 | 0.002 | | 0.025 | 0.835 | 0.016 | 0.861 |
| 马鞍山 | | | | | | 4.216 |
| 福州 | | | 0.136 | 0.006 | | 0.086 |
| 厦门 | | | 0.263 | 0.004 | 0.009 | 0.011 |
| 泉州 | | | 1.166 | 0.116 | | 0.029 |
| 南昌 | | 0.007 | 0.017 | 0.045 | | 1.603 |
| 九江 | | 0.273 | 0.312 | 0.936 | 0.394 | 3.663 |
| 济南 | | | 0.604 | | | 2.734 |
| 青岛 | | | 0.036 | | | 0.060 |
| 淄博 | | | 0.002 | 0.042 | | 2.739 |
| 枣庄 | | | | | | 0.623 |
| 烟台 | | 0.014 | 0.026 | 0.086 | 0.142 | 0.410 |
| 潍坊 | | | 0.008 | | 0.003 | 2.345 |
| 济宁 | | | 0.007 | | | 3.641 |
| 泰安 | | | 0.009 | | 0.098 | 0.195 |
| 威海 | | | 0.287 | | 0.006 | |
| 日照 | | | 0.010 | | | |
| 郑州 | | 0.008 | 0.059 | 0.015 | 0.019 | 0.060 |
| 开封 | | | 0.010 | | 0.041 | 0.082 |
| 洛阳 | | 0.006 | 0.160 | 0.521 | 0.664 | 0.332 |
| 平顶山 | | | 0.025 | | | 1.331 |
| 安阳 | | | 0.228 | 0.060 | | 2.490 |
| 焦作 | 0.047 | | 3.414 | | | 12.924 |
| 武汉 | | 0.001 | 0.073 | 0.176 | 0.170 | 3.976 |
| 宜昌 | | … | 0.010 | | | 0.414 |
| 荆州 | | | 0.068 | | | 6.605 |
| 长沙 | | 0.198 | 0.652 | 0.149 | 0.399 | 0.148 |
| 株洲 | 0.128 | 1.590 | 0.995 | 4.324 | 7.700 | 4.746 |
| 湘潭 | 0.400 | 0.992 | 2.102 | 4.304 | 1.022 | 1.622 |
| 岳阳 | … | 0.001 | 0.023 | 0.492 | 0.030 | 1.978 |
| 常德 | | | 0.197 | 0.020 | 2.520 | 0.874 |

# 重点城市工业废水排放及处理情况（二）（续表）

（2007）

单位：吨

| 城　市<br>名　称 | 工业废水中污染物排放量 | | | | | |
|---|---|---|---|---|---|---|
| | 汞 | 镉 | 六价铬 | 铅 | 砷 | 挥发酚 |
| 张家界 | | | | | | |
| 广　州 | 0.013 | 0.014 | 0.811 | 0.261 | 0.161 | 0.089 |
| 韶　关 | 0.073 | 0.684 | 0.924 | 5.103 | 1.222 | 0.882 |
| 深　圳 | 0.011 | 0.030 | 0.872 | 0.527 | 0.005 | 0.033 |
| 珠　海 | | 0.048 | 0.234 | 0.307 | 0.008 | 0.298 |
| 汕　头 | | | 0.029 | 0.043 | | 0.005 |
| 佛　山 | | 0.118 | 0.556 | 0.763 | 0.141 | 3.784 |
| 湛　江 | | 0.000 | 0.001 | 0.307 | … | 0.003 |
| 中　山 | | 0.293 | 1.061 | 1.298 | | 0.551 |
| 南　宁 | 0.005 | 0.000 | 0.342 | 0.001 | | 0.262 |
| 柳　州 | 0.014 | 0.299 | 0.012 | 10.666 | 1.133 | 2.392 |
| 桂　林 | | 0.008 | 0.030 | 0.342 | | 0.033 |
| 北　海 | | | | | | 0.022 |
| 海　口 | | 0.004 | 0.002 | 0.015 | | 0.030 |
| 三　亚 | | | | | | |
| 重　庆 | 0.000 | 0.004 | 2.895 | 2.966 | 0.021 | 2.019 |
| 成　都 | | 0.045 | 1.323 | 0.695 | 0.260 | 0.300 |
| 攀枝花 | | | 0.004 | | | 0.477 |
| 泸　州 | | | 0.191 | | | 4.752 |
| 绵　阳 | | … | 0.162 | | | 1.107 |
| 宜　宾 | | | 0.002 | | 0.218 | 0.023 |
| 贵　阳 | | … | 0.040 | 0.007 | | 1.241 |
| 遵　义 | 0.006 | | 0.054 | … | | 0.473 |
| 昆　明 | 0.006 | 0.112 | 0.035 | 8.329 | 1.423 | 0.980 |
| 曲　靖 | | 0.072 | 0.018 | 0.538 | 0.148 | 0.088 |
| 拉　萨 | | | | | | |
| 西　安 | | 0.022 | 0.118 | 0.110 | 0.005 | 6.219 |
| 铜　川 | | | | | | |
| 宝　鸡 | | 0.003 | 0.097 | 1.037 | 0.060 | 2.109 |
| 咸　阳 | | 0.005 | 0.544 | 0.054 | | 0.055 |
| 延　安 | | 0.067 | 0.178 | 0.240 | 0.084 | 1.949 |
| 兰　州 | | 0.249 | 0.645 | 1.200 | 0.183 | 0.269 |
| 金　昌 | 0.010 | 0.099 | 0.406 | 0.341 | 0.428 | 0.571 |
| 西　宁 | | | 0.131 | 0.048 | | 0.072 |
| 银　川 | | 0.001 | 0.013 | 0.010 | 0.052 | 2.143 |
| 石嘴山 | | 0.001 | | 0.002 | 0.001 | 0.026 |
| 乌鲁木齐 | 0.001 | 0.006 | 0.481 | 0.751 | 0.169 | 20.195 |
| 克拉玛依 | | | | | | 1.464 |

# 重点城市工业废水排放及处理情况（三）

（2007）

单位：吨

| 城市名称 | 工业废水中污染物排放量 | | | |
|---|---|---|---|---|
| | 氰化物 | 化学需氧量 | 石油类 | 氨氮 |
| **总　　计** | 190.0 | 2 266 280.1 | 10 806.7 | 165 621.3 |
| 北　　京 | 0.1 | 6 621.7 | 59.8 | 689.7 |
| 天　　津 | 1.5 | 30 749.2 | 225.9 | 4 115.9 |
| 石 家 庄 | 3.1 | 77 527.8 | 165.5 | 4 987.3 |
| 唐　　山 | 1.0 | 75 563.2 | 123.5 | 1 992.8 |
| 秦 皇 岛 | … | 9 195.3 | 8.8 | 402.3 |
| 邯　　郸 | 1.9 | 16 151.1 | 53.9 | 713.8 |
| 保　　定 | … | 26 734.1 | 13.2 | 2 499.3 |
| 太　　原 | 1.6 | 7 273.1 | 89.2 | 424.2 |
| 大　　同 | 0.1 | 28 394.4 | 50.7 | 3 145.8 |
| 阳　　泉 | 0.7 | 1 355.1 | 17.9 | 101.1 |
| 长　　治 | 13.7 | 9 615.0 | 110.8 | 1 100.2 |
| 临　　汾 | 4.4 | 10 484.6 | 152.7 | 1 244.3 |
| 呼和浩特 | 4.8 | 5 392.9 | 23.2 | 190.3 |
| 包　　头 | 5.9 | 4 905.7 | 154.3 | 718.0 |
| 赤　　峰 | … | 4 346.9 | 5.7 | 115.0 |
| 沈　　阳 | 0.1 | 10 700.1 | 1 838.7 | 1 349.7 |
| 大　　连 | 0.4 | 13 093.6 | 297.9 | 1 074.5 |
| 鞍　　山 | 3.6 | 9 098.0 | 45.0 | 399.5 |
| 抚　　顺 | 0.9 | 5 009.5 | 157.5 | 334.1 |
| 本　　溪 | 7.1 | 19 475.8 | 255.4 | 2 266.3 |
| 锦　　州 | … | 48 180.7 | 84.9 | 219.8 |
| 长　　春 | 0.5 | 19 148.0 | 204.1 | 458.0 |
| 吉　　林 | 9.1 | 27 951.8 | 276.2 | 341.8 |
| 哈 尔 滨 | … | 16 397.9 | 77.2 | 2 536.2 |
| 齐齐哈尔 | … | 17 926.7 | 113.1 | 596.9 |
| 大　　庆 | 2.0 | 15 026.1 | 177.9 | 1 512.4 |
| 牡 丹 江 | | 15 379.8 | 4.3 | 74.5 |
| 上　　海 | 5.9 | 33 792.3 | 405.6 | 2 698.1 |
| 南　　京 | 4.7 | 31 349.7 | 434.9 | 1 057.3 |
| 无　　锡 | 0.2 | 35 837.1 | 268.5 | 2 480.4 |
| 徐　　州 | 1.0 | 17 495.1 | 84.6 | 363.4 |
| 常　　州 | 1.4 | 30 944.3 | 103.6 | 1 750.7 |
| 苏　　州 | 3.4 | 62 040.8 | 156.3 | 5 102.1 |
| 南　　通 | 0.7 | 20 090.7 | 69.3 | 1 633.2 |
| 连 云 港 | 0.1 | 4 784.6 | 1.0 | 403.7 |
| 扬　　州 | 0.4 | 19 095.4 | 18.3 | 625.2 |
| 杭　　州 | 0.8 | 98 664.4 | 60.9 | 3 823.9 |

# 重点城市工业废水排放及处理情况（三）（续表）

（2007）

单位：吨

| 城市名称 | 工业废水中污染物排放量 | | | |
|---|---|---|---|---|
| | 氰化物 | 化学需氧量 | 石油类 | 氨氮 |
| 宁　波 | 5.1 | 17 311.5 | 11.4 | 1 273.1 |
| 温　州 | 4.6 | 29 176.2 | 1.5 | 7 311.2 |
| 嘉　兴 | 1.7 | 16 925.0 | 3.8 | 2 313.1 |
| 湖　州 | 0.1 | 7 252.3 | 0.3 | 1 426.0 |
| 绍　兴 | 0.8 | 42 861.7 | 17.3 | 3 174.5 |
| 台　州 | 0.8 | 10 381.3 | 41.2 | 285.9 |
| 合　肥 | 3.7 | 4 674.7 | 148.0 | 715.6 |
| 芜　湖 | | 13 055.8 | 2.2 | 149.5 |
| 马鞍山 | 1.2 | 7 538.6 | 229.1 | 126.1 |
| 福　州 | … | 6 383.5 | 48.0 | 512.2 |
| 厦　门 | … | 3 829.9 | 4.4 | 437.4 |
| 泉　州 | 0.3 | 27 903.0 | 13.1 | 1 739.9 |
| 南　昌 | 4.1 | 18 270.5 | 40.6 | 2 614.0 |
| 九　江 | 0.1 | 5 656.0 | 33.8 | 203.6 |
| 济　南 | 1.1 | 6 453.7 | 50.9 | 580.8 |
| 青　岛 | 0.3 | 10 435.3 | 23.7 | 546.5 |
| 淄　博 | 0.8 | 24 931.3 | 148.1 | 2 896.6 |
| 枣　庄 | | 15 135.6 | 42.7 | 1 458.5 |
| 烟　台 | 0.1 | 15 471.8 | 13.0 | 889.1 |
| 潍　坊 | 0.2 | 27 745.9 | 25.7 | 1 574.2 |
| 济　宁 | 0.6 | 13 350.6 | 7.0 | 919.3 |
| 泰　安 | 1.1 | 6 124.8 | 25.9 | 312.7 |
| 威　海 | … | 4 031.1 | … | 260.8 |
| 日　照 | … | 14 291.1 | 0.9 | 400.5 |
| 郑　州 | 0.2 | 11 782.4 | 47.4 | 438.4 |
| 开　封 | 1.0 | 8 159.2 | 21.5 | 2 920.5 |
| 洛　阳 | 7.5 | 8 247.6 | 159.1 | 483.0 |
| 平顶山 | 3.3 | 11 377.8 | 68.9 | 1 640.8 |
| 安　阳 | 4.5 | 41 356.4 | 215.4 | 720.2 |
| 焦　作 | 6.3 | 36 579.9 | 70.2 | 3 686.5 |
| 武　汉 | 10.8 | 25 440.1 | 437.1 | 1 282.8 |
| 宜　昌 | 0.3 | 11 055.5 | 11.0 | 2 419.4 |
| 荆　州 | 0.2 | 26 366.6 | 25.5 | 336.9 |
| 长　沙 | 0.1 | 4 800.7 | 23.4 | 199.0 |
| 株　洲 | 7.1 | 19 137.2 | 257.3 | 7 697.4 |
| 湘　潭 | 2.7 | 23 492.2 | 203.5 | 3 542.3 |
| 岳　阳 | 2.4 | 32 420.5 | 108.5 | 6 163.7 |
| 常　德 | 0.2 | 48 622.9 | 34.6 | 741.9 |

# 重点城市工业废水排放及处理情况（三）（续表）

（2007）

单位：吨

| 城市名称 | 工业废水中污染物排放量 | | | |
|---|---|---|---|---|
| | 氰化物 | 化学需氧量 | 石油类 | 氨氮 |
| 张家界 | … | 1 299.6 | 0.2 | 45.9 |
| 广州 | 0.8 | 45 651.8 | 47.3 | 706.3 |
| 韶关 | 0.5 | 9 192.7 | 19.9 | 405.3 |
| 深圳 | 1.7 | 5 989.0 | 7.0 | 228.1 |
| 珠海 | 0.1 | 9 175.6 | 17.4 | 397.6 |
| 汕头 | … | 4 652.3 | 23.7 | 141.6 |
| 佛山 | 0.4 | 20 957.5 | 19.4 | 1 411.9 |
| 湛江 | | 11 908.7 | 33.1 | 391.4 |
| 中山 | 3.9 | 11 706.0 | 11.0 | 505.6 |
| 南宁 | … | 73 142.6 | 3.2 | 1 862.3 |
| 柳州 | 12.8 | 52 027.6 | 297.8 | 3 023.1 |
| 桂林 | 0.2 | 6 194.5 | 5.2 | 186.9 |
| 北海 | … | 17 562.1 | 0.9 | 674.7 |
| 海口 | … | 326.2 | 1.0 | 13.8 |
| 三亚 | | 61.0 | … | 2.7 |
| 重庆 | 1.3 | 105 238.6 | 157.2 | 9 777.7 |
| 成都 | 0.2 | 72 063.0 | 52.4 | 9 256.9 |
| 攀枝花 | 0.1 | 5 411.2 | 19.4 | 26.4 |
| 泸州 | | 21 178.2 | 37.5 | 1 495.0 |
| 绵阳 | | 9 353.5 | 177.3 | 412.0 |
| 宜宾 | … | 36 432.6 | 6.4 | 322.8 |
| 贵阳 | 0.7 | 3 765.8 | 18.0 | 342.2 |
| 遵义 | 0.9 | 2 085.6 | 6.1 | 195.4 |
| 昆明 | 1.4 | 4 577.1 | 49.4 | 271.1 |
| 曲靖 | 1.4 | 5 004.9 | 27.9 | 1 315.7 |
| 拉萨 | | 592.2 | | 11.5 |
| 西安 | 0.1 | 62 939.9 | 102.8 | 1 531.5 |
| 铜川 | | 535.7 | 1.2 | 8.2 |
| 宝鸡 | 1.0 | 30 513.6 | 105.5 | 268.8 |
| 咸阳 | … | 27 550.8 | 70.2 | 443.8 |
| 延安 | 0.2 | 6 538.6 | 46.8 | 50.8 |
| 兰州 | 0.2 | 2 112.1 | 75.9 | 229.1 |
| 金昌 | 0.6 | 6 487.0 | 33.7 | 7 115.2 |
| 西宁 | | 12 308.3 | 70.5 | 979.6 |
| 银川 | … | 17 402.1 | 16.0 | 1 212.1 |
| 石嘴山 | | 9 892.3 | … | 632.2 |
| 乌鲁木齐 | 7.7 | 8 704.5 | 151.0 | 1 596.4 |
| 克拉玛依 | … | 1 922.6 | 88.6 | 194.3 |

## 重点城市工业废水排放及处理情况（四）

（2007）

单位：吨

| 城市名称 | 工业废水中污染物去除量 | | | | |
|---|---|---|---|---|---|
| | 氰化物 | 化学需氧量 | 石油类 | 氨氮 | 挥发酚 |
| **总　计** | 12 133.0 | 6 185 343.0 | 242 915.8 | 278 066.2 | 66 891.5 |
| 北　京 | 47.4 | 37 715.5 | 2 333.5 | 1 305.1 | 688.5 |
| 天　津 | 0.3 | 87 595.6 | 2 044.8 | 763.8 | 294.6 |
| 石家庄 | 317.1 | 163 617.6 | 797.1 | 14 277.7 | 410.7 |
| 唐　山 | 30.0 | 70 201.6 | 5 148.1 | 790.6 | 2 348.3 |
| 秦皇岛 | | 31 088.7 | 57.3 | 23.9 | |
| 邯　郸 | 160.1 | 21 377.3 | 87.1 | 1 491.6 | 2 109.3 |
| 保　定 | 0.3 | 49 798.3 | 117.6 | 396.9 | 81.0 |
| 太　原 | 68.9 | 18 849.0 | 559.3 | 1 107.9 | 752.1 |
| 大　同 | 2.4 | 5 387.7 | 263.1 | 360.4 | 171.6 |
| 阳　泉 | 0.5 | 113.8 | 394.9 | 4.3 | |
| 长　治 | 1.2 | 6 231.6 | 107.9 | 424.5 | 4.3 |
| 临　汾 | 1 272.1 | 48 039.2 | 824.9 | 12 080.6 | 7 798.1 |
| 呼和浩特 | 890.7 | 23 439.8 | 52.5 | 1 109.7 | 14.4 |
| 包　头 | 176.8 | 18 719.1 | 483.7 | 4 012.4 | 2 599.1 |
| 赤　峰 | | 2 067.2 | 4.1 | 6.4 | |
| 沈　阳 | 2.6 | 56 467.4 | 79.4 | 1 276.9 | 3.7 |
| 大　连 | 68.1 | 16 758.8 | 341.0 | 2 388.7 | 73.4 |
| 鞍　山 | 31.0 | 23 341.0 | 64.0 | 651.6 | 1 137.0 |
| 抚　顺 | 0.5 | 7 012.8 | 621.3 | 191.1 | 405.0 |
| 本　溪 | 84.7 | 14 041.9 | 143.6 | 206.4 | 509.6 |
| 锦　州 | 0.3 | 22 686.4 | 573.9 | 3 177.8 | 1 800.0 |
| 长　春 | 9.5 | 23 029.1 | 354.5 | 407.2 | 329.8 |
| 吉　林 | 4.0 | 61 443.7 | 3 411.0 | 759.1 | 204.9 |
| 哈尔滨 | 1.7 | 43 222.0 | 241.7 | 279.5 | 26.9 |
| 齐齐哈尔 | … | 24 907.3 | 118.3 | 27.9 | 585.3 |
| 大　庆 | 67.2 | 55 260.7 | 44 162.9 | 2 430.3 | 384.9 |
| 牡丹江 | | 7 971.8 | 121.0 | 450.2 | 3.3 |
| 上　海 | 265.8 | 222 298.5 | 5 586.4 | 7 085.7 | 1 444.3 |
| 南　京 | 179.5 | 60 849.3 | 44 967.4 | 7 527.3 | 3 468.4 |
| 无　锡 | 0.6 | 154 401.3 | 751.5 | 4 332.0 | 303.9 |
| 徐　州 | 23.2 | 132 864.7 | 33.3 | 1 401.6 | 115.1 |
| 常　州 | 12.6 | 80 389.0 | 163.0 | 1 151.5 | 42.4 |
| 苏　州 | 10.9 | 326 958.1 | 276.4 | 12 798.3 | 310.3 |
| 南　通 | 0.9 | 65 108.0 | 89.6 | 2 191.0 | 5.2 |
| 连云港 | | 40 560.3 | | 1 202.4 | 1.3 |
| 扬　州 | 4.6 | 88 717.1 | 472.1 | 1 167.3 | 12.5 |
| 杭　州 | 8.7 | 285 635.4 | 597.7 | 1 080.8 | 130.1 |

## 重点城市工业废水排放及处理情况（四）（续表）

（2007）

单位：吨

| 城市名称 | 工业废水中污染物去除量 | | | | |
|---|---|---|---|---|---|
| | 氰化物 | 化学需氧量 | 石油类 | 氨氮 | 挥发酚 |
| 宁 波 | 64.5 | 235 930.7 | 23 270.8 | 49 310.1 | 78.0 |
| 温 州 | 276.7 | 81 023.4 | 6.8 | 3 500.5 | 0.3 |
| 嘉 兴 | 4.6 | 115 643.8 | | 2 324.3 | 0.1 |
| 湖 州 | 1.7 | 70 261.3 | 1.5 | 1 075.0 | |
| 绍 兴 | … | 283 397.9 | 28.1 | 5 725.2 | 2.6 |
| 台 州 | 11.9 | 33 593.6 | 13.5 | 769.0 | 0.5 |
| 合 肥 | 17.1 | 13 460.7 | 201.0 | 1 835.8 | 118.7 |
| 芜 湖 | 29.1 | 6 499.6 | 27.5 | 46.8 | 124.0 |
| 马鞍山 | 5 948.8 | 43 103.3 | 25 175.7 | 1 519.5 | 24 918.0 |
| 福 州 | … | 26 334.6 | 14.9 | 331.6 | 21.5 |
| 厦 门 | 4.0 | 82 548.1 | 1.0 | 1 880.5 | … |
| 泉 州 | 21.8 | 112 958.6 | 1 858.8 | 1 554.5 | 33.4 |
| 南 昌 | 117.1 | 57 645.2 | 650.4 | 1 490.2 | 264.7 |
| 九 江 | … | 10 852.5 | 1 225.2 | 249.0 | 275.5 |
| 济 南 | 41.4 | 11 874.7 | 1 827.8 | 4 495.1 | 1 138.9 |
| 青 岛 | 22.1 | 57 613.9 | 184.7 | 5 173.9 | 69.1 |
| 淄 博 | 5.2 | 197 545.1 | 1 655.4 | 3 910.5 | 2 245.6 |
| 枣 庄 | 1.2 | 56 543.8 | 43.9 | 4 331.9 | 222.4 |
| 烟 台 | 240.1 | 90 615.1 | 28.6 | 297.1 | 0.3 |
| 潍 坊 | 1.4 | 165 498.7 | 500.8 | 5 057.0 | 10.8 |
| 济 宁 | 21.0 | 158 583.3 | 74.5 | 16 160.1 | 139.5 |
| 泰 安 | 0.7 | 25 854.6 | 57.6 | 565.9 | 26.2 |
| 威 海 | 2.9 | 6 861.5 | 3.5 | 237.7 | |
| 日 照 | | 124 404.4 | 75.1 | 292.1 | |
| 郑 州 | 1.5 | 32 369.4 | 139.9 | 690.4 | … |
| 开 封 | 1.5 | 4 891.6 | 0.6 | 960.1 | 1.5 |
| 洛 阳 | 6.0 | 6 562.9 | 15 019.5 | 48.3 | 64.2 |
| 平顶山 | 65.1 | 18 324.4 | 412.4 | 1 257.6 | 715.6 |
| 安 阳 | 85.3 | 35 650.0 | 921.6 | 1 730.4 | 939.6 |
| 焦 作 | 0.1 | 93 129.1 | 1.1 | 1 912.8 | 3.0 |
| 武 汉 | 24.6 | 72 933.9 | 1 182.9 | 603.2 | 920.1 |
| 宜 昌 | 13.4 | 28 456.1 | 5.0 | 2 197.0 | 178.9 |
| 荆 州 | | 35 216.9 | … | 57.0 | |
| 长 沙 | 0.1 | 11 143.1 | 66.2 | 263.6 | 4.2 |
| 株 洲 | 109.2 | 15 635.1 | 256.9 | 3 854.5 | 46.7 |
| 湘 潭 | 19.7 | 8 658.8 | 43.9 | 263.9 | 385.4 |
| 岳 阳 | | 65 054.3 | 1 921.8 | 3 858.5 | 282.2 |
| 常 德 | … | 15 384.1 | 228.7 | 2.5 | 0.1 |

# 重点城市工业废水排放及处理情况（四）（续表）

（2007）

单位：吨

| 城市名称 | 工业废水中污染物去除量 | | | | |
|---|---|---|---|---|---|
| | 氰化物 | 化学需氧量 | 石油类 | 氨氮 | 挥发酚 |
| 张家界 | | 30.9 | | 0.4 | |
| 广州 | 36.5 | 51 074.2 | 438.7 | 3 194.1 | 25.8 |
| 韶关 | 3.1 | 6 221.2 | 177.9 | 65.5 | 6.7 |
| 深圳 | 283.1 | 28 822.1 | 106.9 | 422.6 | 0.3 |
| 珠海 | 11.9 | 36 738.0 | 130.1 | 288.8 | 5.0 |
| 汕头 | 0.4 | 15 634.8 | 16.2 | 160.8 | 0.0 |
| 佛山 | 69.1 | 91 282.9 | 260.1 | 3 661.8 | 153.0 |
| 湛江 | | 14 478.8 | 64.7 | 605.5 | 1.7 |
| 中山 | 155.3 | 37 716.8 | 116.9 | 1 628.8 | 1.1 |
| 南宁 | 2.4 | 122 626.9 | 4.6 | 5 965.2 | 6.6 |
| 柳州 | 1.1 | 20 435.8 | 344.4 | 149.2 | 348.3 |
| 桂林 | 0.8 | 29 815.4 | 7.2 | 122.3 | 0.1 |
| 北海 | … | 13 301.0 | 30.4 | 498.0 | 26.9 |
| 海口 | | 5 107.2 | 2.6 | 11.5 | |
| 三亚 | | 141.8 | | 3.5 | |
| 重庆 | 12.8 | 96 896.8 | 754.9 | 4 060.2 | 1 613.3 |
| 成都 | 47.9 | 82 206.3 | 169.9 | 2 400.9 | 0.1 |
| 攀枝花 | 18.3 | 220 647.0 | 804.5 | 1 224.0 | 347.4 |
| 泸州 | | 9 844.0 | … | 801.4 | |
| 绵阳 | | 15 343.4 | 358.8 | 647.4 | 1.6 |
| 宜宾 | … | 52 299.0 | 117.4 | 122.8 | |
| 贵阳 | 442.3 | 13 082.2 | 152.5 | 146.0 | 153.8 |
| 遵义 | 9.3 | 1 480.0 | 0.3 | 736.7 | |
| 昆明 | 13.4 | 25 338.1 | 437.0 | 395.8 | 490.8 |
| 曲靖 | 12.9 | 19 429.3 | 86.7 | 14.9 | 79.1 |
| 拉萨 | | | | | |
| 西安 | 1.3 | 97 627.4 | 30.2 | 6 487.8 | 441.0 |
| 铜川 | | 204.3 | 2.5 | 0.5 | |
| 宝鸡 | 14.3 | 59 390.8 | 375.0 | 2 129.8 | 9.8 |
| 咸阳 | | 7 722.5 | 376.4 | 234.6 | 23.7 |
| 延安 | 46.5 | 5 339.3 | 2 967.5 | 297.0 | 152.2 |
| 兰州 | 0.3 | 10 001.5 | 2 400.8 | 386.4 | 95.6 |
| 金昌 | | 457.0 | 169.4 | 1 547.0 | |
| 西宁 | | 2 797.1 | 13.8 | 284.1 | |
| 银川 | 1.3 | 41 587.0 | 1 909.4 | 6 031.5 | 71.9 |
| 石嘴山 | | 14 899.3 | … | 99.2 | |
| 乌鲁木齐 | 45.1 | 15 697.8 | 693.5 | 12 960.3 | 1 010.9 |
| 克拉玛依 | | 9 400.2 | 35 820.5 | 106.6 | 24.1 |

# 重点城市工业废气排放及处理情况（一）

（2007）

| 城市名称 | 燃料煤消费量（万吨） | 原料煤消费量（万吨） | 燃料油消费量（万吨） | 工业废气排放总量（标态）（亿米$^{3}$） | 燃料燃烧废气排放 | 生产过程废气排放 |
|---|---|---|---|---|---|---|
| **总计** | 105 792 | 40 702 | 1 869 | 229 346 | 114 665 | 114 682 |
| 北京 | 1 611 | 544 | 55 | 5 146 | 2 205 | 2 941 |
| 天津 | 3 315 | 392 | 21 | 5 506 | 3 507 | 1 998 |
| 石家庄 | 2 226 | 529 | 3 | 3 911 | 2 405 | 1 506 |
| 唐山 | 3 033 | 2 616 | 24 | 14 401 | 4 576 | 9 825 |
| 秦皇岛 | 661 | 103 | 25 | 2 254 | 788 | 1 467 |
| 邯郸 | 1 677 | 1 755 | 1 | 7 280 | 1 687 | 5 593 |
| 保定 | 785 | 259 | … | 1 597 | 860 | 737 |
| 太原 | 1 326 | 2 518 | 3 | 4 435 | 1 474 | 2 961 |
| 大同 | 1 235 | 158 | … | 2 149 | 1 722 | 426 |
| 阳泉 | 1 109 | 147 | 1 | 1 400 | 1 195 | 205 |
| 长治 | 1 383 | 3 084 | 8 | 2 007 | 1 055 | 953 |
| 临汾 | 815 | 3 940 | 1 | 1 321 | 590 | 732 |
| 呼和浩特 | 1 659 | 45 | 1 | 957 | 874 | 82 |
| 包头 | 1 719 | 914 | … | 4 398 | 1 930 | 2 468 |
| 赤峰 | 1 215 | 71 | 1 | 998 | 828 | 170 |
| 沈阳 | 1 111 | 65 | 10 | 1 479 | 1 093 | 386 |
| 大连 | 1 186 | 127 | 35 | 1 948 | 1 265 | 683 |
| 鞍山 | 609 | 1 237 | 9 | 4 391 | 1 594 | 2 797 |
| 抚顺 | 924 | 112 | 19 | 1 552 | 975 | 577 |
| 本溪 | 377 | 1 144 | 3 | 5 055 | 1 037 | 4 017 |
| 锦州 | 686 | 7 | 20 | 880 | 743 | 137 |
| 长春 | 941 | 117 | … | 1 035 | 758 | 277 |
| 吉林 | 1 106 | 123 | 27 | 1 860 | 1 112 | 748 |
| 哈尔滨 | 1 175 | 161 | 5 | 873 | 599 | 274 |
| 齐齐哈尔 | 1 019 | 223 | 2 | 760 | 627 | 133 |
| 大庆 | 899 | 4 | 49 | 1 235 | 1 083 | 152 |
| 牡丹江 | 604 | 68 | 1 | 726 | 640 | 86 |
| 上海 | 3 344 | 1 566 | 161 | 9 591 | 3 514 | 6 077 |
| 南京 | 1 428 | 816 | 44 | 4 042 | 1 811 | 2 231 |
| 无锡 | 2 355 | 259 | 11 | 3 596 | 2 291 | 1 305 |
| 徐州 | 1 854 | 420 | 2 | 2 529 | 1 745 | 784 |
| 常州 | 1 102 | 36 | 2 | 1 502 | 1 308 | 195 |
| 苏州 | 4 038 | 697 | 69 | 5 557 | 3 684 | 1 873 |
| 南通 | 1 053 | 20 | 5 | 1 277 | 1 001 | 276 |
| 连云港 | 460 | 14 | … | 381 | 342 | 39 |
| 扬州 | 1 370 | 13 | 13 | 1 001 | 936 | 64 |
| 杭州 | 1 305 | 325 | 24 | 3 792 | 2 475 | 1 318 |

## 重点城市工业废气排放及处理情况（一）（续表）

（2007）

| 城市名称 | 燃料煤消费量（万吨） | 原料煤消费量（万吨） | 燃料油消费量（万吨） | 工业废气排放总量（标态）（亿米$^3$） | 燃料燃烧废气排放 | 生产过程废气排放 |
|---|---|---|---|---|---|---|
| 宁波 | 3 018 | 18 | 46 | 3 764 | 2 957 | 807 |
| 温州 | 582 | 5 | 29 | 641 | 573 | 68 |
| 嘉兴 | 1 407 | 81 | 3 | 2 065 | 1 434 | 632 |
| 湖州 | 732 | 239 | 3 | 1 615 | 805 | 809 |
| 绍兴 | 992 | 62 | 20 | 1 626 | 951 | 675 |
| 台州 | 956 | 3 | 2 | 1 325 | 1 109 | 216 |
| 合肥 | 355 | 117 | … | 487 | 317 | 170 |
| 芜湖 | 213 | 272 | 1 | 789 | 198 | 592 |
| 马鞍山 | 466 | 673 | 18 | 3 863 | 653 | 3 211 |
| 福州 | 972 | 14 | 16 | 990 | 730 | 260 |
| 厦门 | 443 | | 15 | 656 | 411 | 245 |
| 泉州 | 812 | 25 | 12 | 1 910 | 1 515 | 394 |
| 南昌 | 207 | 184 | 3 | 690 | 290 | 399 |
| 九江 | 452 | 94 | 3 | 873 | 402 | 471 |
| 济南 | 886 | 555 | 4 | 2 857 | 1 015 | 1 842 |
| 青岛 | 1 064 | 99 | 17 | 2 142 | 1 315 | 827 |
| 淄博 | 1 723 | 505 | 45 | 2 929 | 1 833 | 1 096 |
| 枣庄 | 866 | 847 | 5 | 2 497 | 935 | 1 562 |
| 烟台 | 1 144 | 161 | 1 | 1 475 | 949 | 526 |
| 潍坊 | 1 199 | 501 | 3 | 2 021 | 1 123 | 898 |
| 济宁 | 2 334 | 590 | 3 | 2 495 | 1 933 | 562 |
| 泰安 | 608 | 439 | … | 1 618 | 916 | 702 |
| 威海 | 375 | 10 | 13 | 308 | 256 | 52 |
| 日照 | 338 | 257 | 1 | 2 594 | 304 | 2 290 |
| 郑州 | 2 005 | 147 | 14 | 2 782 | 1 377 | 1 405 |
| 开封 | 213 | 38 | … | 135 | 121 | 13 |
| 洛阳 | 1 967 | 83 | 13 | 2 352 | 1 470 | 882 |
| 平顶山 | 1 022 | 690 | 10 | 1 380 | 878 | 502 |
| 安阳 | 573 | 877 | 1 | 2 314 | 615 | 1 699 |
| 焦作 | 1 222 | 162 | 2 | 1 542 | 1 012 | 531 |
| 武汉 | 1 078 | 946 | 17 | 3 108 | 1 597 | 1 511 |
| 宜昌 | 205 | 346 | … | 1 199 | 252 | 947 |
| 荆州 | 128 | 42 | 1 | 176 | 109 | 68 |
| 长沙 | 99 | 121 | 5 | 293 | 65 | 229 |
| 株洲 | 399 | 175 | 8 | 576 | 290 | 285 |
| 湘潭 | 332 | 404 | 1 | 1 825 | 486 | 1 339 |
| 岳阳 | 522 | 63 | 6 | 539 | 468 | 70 |
| 常德 | 363 | 146 | 1 | 692 | 293 | 399 |

# 重点城市工业废气排放及处理情况（一）（续表）

（2007）

| 城　市<br>名　称 | 燃料煤消费量<br>（万吨） | 原料煤消费量<br>（万吨） | 燃料油消费量<br>（万吨） | 工业废气排放总量（标态）（亿米$^3$） | 燃料燃烧废气排放 | 生产过程废气排放 |
|---|---|---|---|---|---|---|
| 张家界 | 20 | 6 | … | 88 | 42 | 46 |
| 广　州 | 1 880 | 137 | 81 | 1 994 | 1 635 | 359 |
| 韶　关 | 894 | 185 | 2 | 808 | 523 | 285 |
| 深　圳 | 494 | | 179 | 1 901 | 1 498 | 404 |
| 珠　海 | 667 | | 22 | 967 | 668 | 299 |
| 汕　头 | 428 | … | 2 | 343 | 300 | 43 |
| 佛　山 | 839 | 83 | 435 | 1 699 | 1 105 | 594 |
| 湛　江 | 387 | 55 | 9 | 146 | 104 | 42 |
| 中　山 | 185 | … | 72 | 386 | 360 | 26 |
| 南　宁 | 238 | 63 | 8 | 1 199 | 1 007 | 191 |
| 柳　州 | 354 | 487 | 1 | 1 798 | 784 | 1 014 |
| 桂　林 | 269 | 83 | 1 | 377 | 234 | 143 |
| 北　海 | 194 | 16 | … | 293 | 246 | 46 |
| 海　口 | … | | … | 13 | 6 | 7 |
| 三　亚 | … | 4 | … | 58 | 50 | 9 |
| 重　庆 | 2 243 | 718 | 5 | 7 617 | 4 275 | 3 342 |
| 成　都 | 586 | 168 | 2 | 2 840 | 768 | 2 072 |
| 攀枝花 | 632 | 452 | … | 2 230 | 581 | 1 649 |
| 泸　州 | 199 | 62 | … | 371 | 256 | 115 |
| 绵　阳 | 403 | 86 | … | 858 | 419 | 438 |
| 宜　宾 | 456 | 92 | … | 10 612 | 2 478 | 8 133 |
| 贵　阳 | 551 | 257 | 13 | 2 007 | 519 | 1 488 |
| 遵　义 | 572 | 79 | 1 | 1 040 | 515 | 525 |
| 昆　明 | 875 | 517 | 9 | 2 362 | 794 | 1 568 |
| 曲　靖 | 1 707 | 1 190 | 2 | 2 141 | 1 428 | 713 |
| 拉　萨 | 13 | 3 | … | 5 | 5 | |
| 西　安 | 679 | 36 | 2 | 1 149 | 373 | 776 |
| 铜　川 | 84 | 72 | … | 580 | 69 | 511 |
| 宝　鸡 | 518 | 111 | … | 1 044 | 868 | 176 |
| 咸　阳 | 477 | 58 | 1 | 589 | 419 | 170 |
| 延　安 | 88 | 4 | 4 | 139 | 139 | … |
| 兰　州 | 806 | 59 | 5 | 1 766 | 744 | 1 022 |
| 金　昌 | 203 | 59 | 6 | 380 | 183 | 197 |
| 西　宁 | 494 | 157 | … | 1 424 | 463 | 962 |
| 银　川 | 229 | 55 | … | 429 | 182 | 247 |
| 石嘴山 | 1 006 | 471 | … | 1 534 | 825 | 709 |
| 乌鲁木齐 | 959 | 258 | 1 | 1 661 | 992 | 669 |
| 克拉玛依 | 179 | | 14 | 534 | 520 | 14 |

# 重点城市工业废气排放及处理情况（二）

（2007）

单位：吨

| 城市名称 | 工业二氧化硫去除量 | 燃料燃烧过程中去除的 | 生产工艺过程中去除的 | 工业二氧化硫排放量 | 燃料燃烧过程中排放的 | 生产工艺过程中排放的 |
|---|---|---|---|---|---|---|
| **总计** | 10 813 381 | 6 483 026 | 4 330 355 | 10 788 484 | 9 208 042 | 1 550 902 |
| 北京 | 125 303 | 116 996 | 8 308 | 82 909 | 79 474 | 3 398 |
| 天津 | 164 662 | 149 759 | 14 903 | 224 775 | 215 291 | 9 482 |
| 石家庄 | 199 828 | 196 742 | 3 087 | 197 227 | 185 560 | 11 707 |
| 唐山 | 521 350 | 167 621 | 353 729 | 287 076 | 208 720 | 78 354 |
| 秦皇岛 | 28 297 | 25 675 | 2 622 | 54 993 | 50 251 | 4 743 |
| 邯郸 | 144 255 | 121 308 | 22 947 | 191 039 | 113 762 | 77 234 |
| 保定 | 43 529 | 42 870 | 659 | 67 089 | 60 202 | 6 865 |
| 太原 | 179 406 | 154 989 | 24 417 | 108 090 | 70 040 | 38 050 |
| 大同 | 104 526 | 101 795 | 2 731 | 103 582 | 97 325 | 5 287 |
| 阳泉 | 77 613 | 74 889 | 2 724 | 102 818 | 100 017 | 1 417 |
| 长治 | 151 170 | 120 393 | 30 777 | 112 153 | 65 260 | 46 895 |
| 临汾 | 56 002 | 26 351 | 29 652 | 77 337 | 24 573 | 52 764 |
| 呼和浩特 | 135 719 | 135 028 | 691 | 98 503 | 97 205 | 1 294 |
| 包头 | 229 909 | 136 697 | 93 212 | 163 795 | 96 920 | 66 825 |
| 赤峰 | 225 437 | 42 940 | 182 497 | 200 917 | 194 827 | 6 080 |
| 沈阳 | 28 902 | 27 867 | 1 035 | 92 684 | 90 113 | 2 388 |
| 大连 | 155 350 | 32 072 | 123 278 | 101 944 | 84 188 | 17 551 |
| 鞍山 | 29 544 | 22 936 | 6 608 | 103 932 | 87 696 | 16 236 |
| 抚顺 | 6 174 | 4 086 | 2 088 | 90 494 | 85 813 | 4 681 |
| 本溪 | 12 381 | 12 381 | | 130 052 | 109 156 | 20 896 |
| 锦州 | 26 980 | 11 155 | 15 826 | 65 296 | 57 585 | 7 711 |
| 长春 | 4 004 | 2 690 | 1 314 | 58 575 | 53 827 | 4 747 |
| 吉林 | 78 488 | 22 920 | 55 568 | 52 513 | 48 989 | 3 499 |
| 哈尔滨 | 20 559 | 11 223 | 9 336 | 58 232 | 55 793 | 2 071 |
| 齐齐哈尔 | 6 065 | 6 025 | 40 | 52 934 | 51 847 | 1 087 |
| 大庆 | 4 947 | 1 321 | 3 626 | 60 916 | 59 679 | 1 236 |
| 牡丹江 | 2 707 | 2 649 | 59 | 44 749 | 42 783 | 1 952 |
| 上海 | 90 277 | 52 146 | 38 131 | 364 416 | 339 038 | 13 203 |
| 南京 | 424 082 | 42 663 | 381 420 | 145 544 | 118 106 | 27 467 |
| 无锡 | 180 021 | 162 251 | 17 770 | 126 886 | 119 195 | 7 541 |
| 徐州 | 121 262 | 107 242 | 14 021 | 149 589 | 141 320 | 8 126 |
| 常州 | 39 591 | 38 662 | 929 | 78 143 | 78 048 | 95 |
| 苏州 | 379 183 | 368 814 | 10 369 | 221 863 | 199 122 | 22 648 |
| 南通 | 52 821 | 51 590 | 1 230 | 87 258 | 86 606 | 675 |
| 连云港 | 31 137 | 30 541 | 596 | 32 607 | 31 997 | 610 |
| 扬州 | 73 965 | 73 947 | 18 | 91 307 | 90 563 | 743 |
| 杭州 | 87 062 | 74 253 | 12 809 | 118 474 | 106 351 | 12 121 |

# 重点城市工业废气排放及处理情况（二）（续表）

（2007）　　单位：吨

| 城市名称 | 工业二氧化硫去除量 | 燃料燃烧过程中去除的 | 生产工艺过程中去除的 | 工业二氧化硫排放量 | 燃料燃烧过程中排放的 | 生产工艺过程中排放的 |
|---|---|---|---|---|---|---|
| 宁　波 | 630 638 | 312 610 | 318 028 | 160 247 | 156 324 | 4 200 |
| 温　州 | 56 563 | 40 971 | 15 591 | 55 484 | 54 029 | 1 455 |
| 嘉　兴 | 29 497 | 26 416 | 3 081 | 115 055 | 113 393 | 1 662 |
| 湖　州 | 57 795 | 57 794 | 2 | 49 512 | 36 597 | 12 902 |
| 绍　兴 | 60 350 | 59 764 | 586 | 68 950 | 65 116 | 3 834 |
| 台　州 | 36 761 | 36 276 | 484 | 94 623 | 94 330 | 1 |
| 合　肥 | 2 136 | 1 503 | 633 | 25 014 | 22 645 | 2 449 |
| 芜　湖 | 1 517 | 14 | 1 503 | 45 753 | 36 464 | 9 294 |
| 马鞍山 | 22 775 | 11 128 | 11 647 | 50 687 | 25 657 | 25 030 |
| 福　州 | 35 898 | 33 861 | 2 036 | 104 156 | 93 879 | 10 268 |
| 厦　门 | 26 563 | 26 108 | 455 | 52 101 | 52 026 | 76 |
| 泉　州 | 52 722 | 52 572 | 150 | 52 775 | 50 121 | 2 653 |
| 南　昌 | 20 479 | 17 141 | 3 338 | 27 085 | 21 404 | 5 681 |
| 九　江 | 48 293 | 7801 | 40 492 | 89 264 | 85 874 | 3 200 |
| 济　南 | 106 230 | 86 731 | 19 499 | 75 084 | 56 812 | 18 270 |
| 青　岛 | 115 233 | 99 690 | 15 543 | 95 648 | 88 170 | 7 478 |
| 淄　博 | 181 986 | 156 506 | 25 480 | 194 231 | 160 729 | 33 043 |
| 枣　庄 | 86 579 | 79 146 | 7 432 | 87 426 | 68 369 | 19 057 |
| 烟　台 | 141 270 | 71 361 | 69 908 | 91 901 | 80 072 | 11 835 |
| 潍　坊 | 139 054 | 110 248 | 28 807 | 112 433 | 100 787 | 11 648 |
| 济　宁 | 161 571 | 158 718 | 2 853 | 111 502 | 106 017 | 5 457 |
| 泰　安 | 125 275 | 122 124 | 3 151 | 73 358 | 65 407 | 7 952 |
| 威　海 | 803 | 682 | 122 | 49 433 | 48 427 | 1 006 |
| 日　照 | 24 079 | 21 239 | 2 840 | 51 629 | 35 165 | 16 464 |
| 郑　州 | 58 508 | 46 667 | 11 841 | 152 785 | 141 597 | 11 196 |
| 开　封 | 8 676 | 8 476 | 200 | 18 298 | 18 046 | 252 |
| 洛　阳 | 92 763 | 59 723 | 33 040 | 275 083 | 262 367 | 6 417 |
| 平顶山 | 30 567 | 22 331 | 8 236 | 130 101 | 108 002 | 22 099 |
| 安　阳 | 44 746 | 31 307 | 13 439 | 114 626 | 57 596 | 57 067 |
| 焦　作 | 34 302 | 29 624 | 4 678 | 109 849 | 94 245 | 15 605 |
| 武　汉 | 85 979 | 43 082 | 42 897 | 123 422 | 119 918 | 3 504 |
| 宜　昌 | 20 820 | 8 314 | 12 507 | 36 832 | 27 601 | 9 184 |
| 荆　州 | 12 083 | 11 853 | 230 | 34 636 | 31 048 | 3 036 |
| 长　沙 | 7 940 | 6 113 | 1 827 | 49 538 | 30 579 | 18 859 |
| 株　洲 | 348 600 | 28 905 | 319 695 | 75 687 | 42 763 | 32 924 |
| 湘　潭 | 30 288 | 22 818 | 7 470 | 72 441 | 34 693 | 37 647 |
| 岳　阳 | 15 641 | 10 301 | 5 340 | 69 975 | 65 271 | 4 542 |
| 常　德 | 15 916 | 15 527 | 389 | 65 626 | 59 030 | 6 596 |

# 重点城市工业废气排放及处理情况（二）（续表）

（2007）

单位：吨

| 城市名称 | 工业二氧化硫去除量 | 燃料燃烧过程中去除的 | 生产工艺过程中去除的 | 工业二氧化硫排放量 | 燃料燃烧过程中排放的 | 生产工艺过程中排放的 |
|---|---|---|---|---|---|---|
| 张家界 | 12 696 | 11 805 | 890 | 7 293 | 5 635 | 1 605 |
| 广州 | 321 043 | 117 159 | 203 884 | 100 909 | 94 337 | 5 570 |
| 韶关 | 33 663 | 30 900 | 2 763 | 65 036 | 45 388 | 19 579 |
| 深圳 | 41 402 | 41 128 | 274 | 37 988 | 37 985 | 3 |
| 珠海 | 52 066 | 52 066 | | 38 172 | 32 521 | 5 652 |
| 汕头 | 37 086 | 37 086 | | 34 027 | 34 027 | |
| 佛山 | 53 007 | 40 351 | 12 656 | 132 452 | 108 744 | 23 708 |
| 湛江 | 12 482 | 12 482 | | 47 393 | 45 884 | 1 507 |
| 中山 | 4 739 | 4 639 | 99 | 34 800 | 34 800 | |
| 南宁 | 22 363 | 21 860 | 503 | 60 790 | 56 586 | 4 204 |
| 柳州 | 84 893 | 47 234 | 37 660 | 72 854 | 48 253 | 24 601 |
| 桂林 | 30 838 | 29 624 | 1 214 | 52 980 | 45 535 | 7 445 |
| 北海 | 30 | 30 | | 41 946 | 37 777 | 4 169 |
| 海口 | … | … | | 140 | 140 | |
| 三亚 | | | | 275 | 32 | 244 |
| 重庆 | 630 659 | 560 991 | 69 668 | 683 060 | 578 964 | 103 310 |
| 成都 | 23 738 | 21 120 | 2 618 | 119 236 | 99 281 | 17 280 |
| 攀枝花 | 9 401 | 8 814 | 587 | 112 334 | 32 319 | 80 015 |
| 泸州 | 5 435 | 4 762 | 673 | 42 486 | 39 422 | 3 074 |
| 绵阳 | 29 467 | 26 653 | 2 814 | 47 305 | 41 781 | 5 448 |
| 宜宾 | 149 229 | 145 666 | 3 563 | 120 928 | 115 199 | 5 703 |
| 贵阳 | 294 412 | 278 849 | 15 563 | 119 266 | 107 905 | 11 347 |
| 遵义 | 84 924 | 83 386 | 1 538 | 85 572 | 80 380 | 5 192 |
| 昆明 | 550 195 | 41 948 | 508 247 | 99 308 | 66 071 | 33 137 |
| 曲靖 | 228 750 | 20 565 | 208 185 | 82 741 | 69 938 | 12 510 |
| 拉萨 | | | | 416 | 374 | 42 |
| 西安 | 17 667 | 17 246 | 421 | 98 155 | 93 322 | 4 838 |
| 铜川 | 1 548 | 491 | 1 058 | 16 376 | 11 244 | 5 096 |
| 宝鸡 | 8 876 | 7 481 | 1 395 | 82 880 | 66 755 | 16 056 |
| 咸阳 | 7 561 | 1 007 | 6 554 | 123 934 | 121 363 | 2 571 |
| 延安 | 1 330 | 1 330 | | 13 184 | 10 149 | 3 035 |
| 兰州 | 9 849 | 7 349 | 2 500 | 67 944 | 63 237 | 4 716 |
| 金昌 | 747 584 | 31 438 | 716 146 | 94 967 | 34 140 | 60 827 |
| 西宁 | 11 442 | 11 442 | | 69 417 | 49 365 | 20 053 |
| 银川 | 14 455 | 10 023 | 4 432 | 15 541 | 14 145 | 1 397 |
| 石嘴山 | 44 333 | 40 009 | 4 324 | 156 233 | 152 422 | 3 810 |
| 乌鲁木齐 | 7 139 | 7 021 | 118 | 123 961 | 107 384 | 15 845 |
| 克拉玛依 | 15 674 | 143 | 15 531 | 23 222 | 17 427 | 5 794 |

# 重点城市工业废气排放及处理情况（三）

（2007）

单位：吨

| 城　市<br>名　称 | 氮氧化物<br>去除量 | 氮氧化物<br>排放量 | 工业烟尘<br>去除量 | 工业烟尘<br>排放量 | 工业粉尘<br>去除量 | 工业粉尘<br>排放量 |
|---|---|---|---|---|---|---|
| **总　　计** | 652 844 | 6 853 707 | 150 484 942 | 3 476 508 | 44 977 409 | 2 994 226 |
| 北　　京 | 11 621 | 70 857 | 2 433 041 | 20 534 | 1 419 449 | 19 307 |
| 天　　津 | 69 333 | 190 253 | 6 404 307 | 62 714 | 817 578 | 9 435 |
| 石 家 庄 | 2 | 153 960 | 2 801 071 | 78 295 | 698 832 | 91 538 |
| 唐　　山 | 35 843 | 263 658 | 6 046 845 | 130 350 | 2 878 576 | 204 701 |
| 秦 皇 岛 | 7 509 | 29 542 | 928 247 | 10 177 | 454 311 | 46 107 |
| 邯　　郸 | 1 580 | 281 855 | 3 122 807 | 70 453 | 2 776 383 | 62 021 |
| 保　　定 | 400 | 49 502 | 783 875 | 20 839 | 88 618 | 21 344 |
| 太　　原 | 17 853 | 60 209 | 2 780 129 | 46 309 | 833 578 | 35 968 |
| 大　　同 | 18 479 | 63 325 | 328 199 | 83 320 | 48 833 | 53 146 |
| 阳　　泉 | 5 568 | 31 243 | 1 021 499 | 57 765 | 56 999 | 15 905 |
| 长　　治 | 25 818 | 60 809 | 2 865 415 | 84 398 | 524 562 | 117 206 |
| 临　　汾 | 5 525 | 27 797 | 833 840 | 104 882 | 203 883 | 113 618 |
| 呼和浩特 | 29 655 | 110 257 | 6 674 754 | 18 184 | 154 652 | 7 896 |
| 包　　头 | 61 | 120 890 | 1 529 204 | 49 977 | 695 550 | 49 032 |
| 赤　　峰 |  | 121 502 | 2 324 354 | 30 262 | 159 147 | 17 058 |
| 沈　　阳 | 2 014 | 66 592 | 1 278 506 | 70 939 | 21 297 | 8 732 |
| 大　　连 | 1 108 | 73 900 | 922 906 | 19 712 | 159 230 | 19 195 |
| 鞍　　山 |  | 82 107 | 1 024 268 | 39 729 | 799 040 | 64 005 |
| 抚　　顺 | 584 | 57 839 | 1 585 237 | 28 926 | 338 544 | 12 171 |
| 本　　溪 | 20 | 87 604 | 244 104 | 45 932 | 1 335 842 | 75 856 |
| 锦　　州 |  | 67 691 | 1 181 601 | 49 510 | 52 214 | 11 468 |
| 长　　春 |  | 49 516 | 1 537 489 | 61 973 | 852 402 | 25 073 |
| 吉　　林 |  | 60 575 | 2 083 602 | 52 624 | 522 757 | 9 290 |
| 哈 尔 滨 | 4 733 | 46 177 | 1 981 848 | 60 088 | 152 270 | 34 368 |
| 齐齐哈尔 | 1 393 | 46 918 | 785 162 | 59 755 | 43 865 | 7 023 |
| 大　　庆 | 7 906 | 64 552 | 2 101 399 | 35 022 | 3 085 | 2 376 |
| 牡 丹 江 | 258 | 31 529 | 1 294 659 | 46 158 | 77 148 | 27 128 |
| 上　　海 | 22 086 | 319 236 | 4 508 610 | 40 360 | 1 458 452 | 8 400 |
| 南　　京 | 16 895 | 97 292 | 2 576 846 | 37 138 | 746 184 | 48 390 |
| 无　　锡 |  | 223 121 | 3 136 130 | 59 489 | 696 976 | 45 653 |
| 徐　　州 | 14 757 | 67 106 | 3 077 028 | 28 776 | 544 915 | 28 286 |
| 常　　州 | 143 686 | 51 118 | 606 959 | 29 496 | 365 281 | 52 085 |
| 苏　　州 | 77 499 | 283 919 | 3 250 604 | 48 679 | 204 478 | 24 200 |
| 南　　通 | 736 | 35 134 | 675 216 | 40 409 | 14 487 | 8 280 |
| 连 云 港 | 1 835 | 19 272 | 775 731 | 11 585 | 6 243 | 820 |
| 扬　　州 | 1 978 | 55 015 | 1 426 544 | 14 790 | 105 133 | 3 703 |
| 杭　　州 | 10 416 | 80 313 | 1 172 204 | 30 962 | 580 272 | 33 354 |

# 重点城市工业废气排放及处理情况（三）（续表）

（2007） 单位：吨

| 城市名称 | 氮氧化物去除量 | 氮氧化物排放量 | 工业烟尘去除量 | 工业烟尘排放量 | 工业粉尘去除量 | 工业粉尘排放量 |
|---|---|---|---|---|---|---|
| 宁　波 | 16 735 | 183 628 | 2 134 369 | 20 206 | 390 287 | 9 707 |
| 温　州 | 116 | 34 038 | 714 334 | 7 249 | 409 | 139 |
| 嘉　兴 | 1 955 | 68 261 | 1 161 299 | 22 424 | 227 276 | 26 891 |
| 湖　州 | 1 588 | 66 620 | 1 323 287 | 13 390 | 579 167 | 42 477 |
| 绍　兴 | 944 | 52 911 | 782 988 | 16 825 | 268 326 | 7 589 |
| 台　州 | 420 | 38 344 | 1 070 168 | 10 577 | 7 087 | 442 |
| 合　肥 | 173 | 10 691 | 596 458 | 11 412 | 83 591 | 5 318 |
| 芜　湖 | 6 | 22 854 | 37 717 | 9 721 | 25 176 | 37 909 |
| 马鞍山 | … | 31 826 | 1 012 400 | 8 953 | 1 568 225 | 17 396 |
| 福　州 | 332 | 25 372 | 1 027 096 | 8 507 | 16 680 | 2 791 |
| 厦　门 | 9 332 | 12 421 | 739 050 | 4 128 | 2 213 | 448 |
| 泉　州 | 9 531 | 20 852 | 329 198 | 24 328 | 236 105 | 11 659 |
| 南　昌 | 92 | 19 237 | 494 810 | 19 067 | 339 679 | 6 313 |
| 九　江 | 1 320 | 27 037 | 1 079 763 | 21 614 | 386 412 | 8 659 |
| 济　南 |  | 43 081 | 1 428 616 | 20 546 | 606 312 | 30 375 |
| 青　岛 |  | 52 992 | 347 733 | 21 048 | 329 104 | 4 800 |
| 淄　博 | 2 866 | 99 742 | 1 848 578 | 62 158 | 514 596 | 24 744 |
| 枣　庄 |  | 42 866 | 776 706 | 15 325 | 750 869 | 76 950 |
| 烟　台 | 681 | 58 426 | 1 868 194 | 13 830 | 60 896 | 38 929 |
| 潍　坊 |  | 88 367 | 669 684 | 24 777 | 137 456 | 29 513 |
| 济　宁 | 274 | 75 212 | 4 589 379 | 26 386 | 1 082 941 | 14 067 |
| 泰　安 |  | 68 690 | 921 770 | 19 996 | 194 915 | 5 902 |
| 威　海 |  | 35 105 | 166 688 | 7 298 | 12 701 | 3 769 |
| 日　照 | 1 | 22 189 | 715 064 | 5 607 | 312 888 | 7 248 |
| 郑　州 | 1 822 | 161 953 | 3 110 869 | 91 870 | 834 180 | 58 856 |
| 开　封 | 54 | 6 540 | 227 569 | 17 043 | 1 224 | 469 |
| 洛　阳 |  | 51 354 | 2 705 747 | 78 974 | 985 784 | 61 945 |
| 平顶山 |  | 59 132 | 2 846 130 | 49 617 | 446 813 | 26 525 |
| 安　阳 | 1 | 46 685 | 975 297 | 55 741 | 905 230 | 77 059 |
| 焦　作 | 1 189 | 79 877 | 1 616 875 | 41 784 | 473 829 | 16 917 |
| 武　汉 | 293 | 123 898 | 2 691 529 | 40 891 | 385 170 | 8 880 |
| 宜　昌 | 232 | 18 069 | 580 137 | 18 795 | 707 186 | 21 191 |
| 荆　州 |  | 13 600 | 152 474 | 14 276 | 18 752 | 12 304 |
| 长　沙 | 4 457 | 15 329 | 58 187 | 33 704 | 191 455 | 102 936 |
| 株　洲 | 1 871 | 31 556 | 1 833 648 | 42 562 | 378 550 | 35 647 |
| 湘　潭 | 35 | 21 394 | 856 019 | 23 032 | 710 965 | 49 100 |
| 岳　阳 | 192 | 26 099 | 1 189 907 | 17 217 | 34 829 | 9 294 |
| 常　德 | 467 | 24 170 | 86 618 | 15 406 | 237 106 | 57 329 |

# 重点城市工业废气排放及处理情况（三）（续表）

（2007）

单位：吨

| 城　市<br>名　称 | 氮氧化物<br>去除量 | 氮氧化物<br>排放量 | 工业烟尘<br>去除量 | 工业烟尘<br>排放量 | 工业粉尘<br>去除量 | 工业粉尘<br>排放量 |
|---|---|---|---|---|---|---|
| 张家界 | | 955 | 100 514 | 4 711 | 23 566 | 9 462 |
| 广　州 | 5 535 | 194 804 | 1 630 305 | 16 094 | 237 717 | 1 433 |
| 韶　关 | 1 100 | 26 506 | 1 400 275 | 11 344 | 625 170 | 7 508 |
| 深　圳 | 2 024 | 71 544 | 611 620 | 3 121 | 707 | 109 |
| 珠　海 | 132 | 65 554 | 590 591 | 9 589 | 26 036 | 2 014 |
| 汕　头 | 16 | 15 861 | 364 963 | 6 617 | 691 | 32 |
| 佛　山 | | 115 483 | 748 224 | 29 602 | 251 482 | 8 185 |
| 湛　江 | 19 | 48 466 | 85 312 | 14 957 | 32 541 | 10 832 |
| 中　山 | 2 507 | 10 833 | 23 770 | 10 707 | 410 | 21 |
| 南　宁 | 191 | 24 297 | 356 608 | 36 650 | 322 820 | 12 454 |
| 柳　州 | 1 809 | 18 022 | 411 638 | 25 570 | 826 083 | 11 448 |
| 桂　林 | | 17 072 | 431 642 | 14 320 | 119 631 | 16 874 |
| 北　海 | | 20 380 | 365 083 | 11 142 | | 14 796 |
| 海　口 | | 138 | 64 | 318 | | … |
| 三　亚 | | 200 | | 130 | 2 358 | 297 |
| 重　庆 | 9 134 | 172 365 | 2 112 578 | 115 872 | 390 339 | 182 329 |
| 成　都 | 6 691 | 37 113 | 1 255 870 | 38 014 | 285 124 | 19 583 |
| 攀枝花 | 1 312 | 9 471 | 1 120 193 | 8 551 | 766 212 | 10 865 |
| 泸　州 | 2 232 | 14 884 | 214 246 | 12 655 | 9 013 | 7 789 |
| 绵　阳 | 3 | 21 464 | 1 360 372 | 16 855 | 240 403 | 8 064 |
| 宜　宾 | 5 261 | 13 737 | 346 331 | 14 923 | 26 392 | 2 493 |
| 贵　阳 | 8 148 | 15 948 | 994 641 | 19 168 | 336 438 | 19 026 |
| 遵　义 | 384 | 18 895 | 1 613 344 | 23 967 | 742 974 | 11 786 |
| 昆　明 | 468 | 35 636 | 1 250 620 | 13 298 | 656 824 | 9 228 |
| 曲　靖 | 111 | 70 491 | 1 831 302 | 64 889 | 858 421 | 15 500 |
| 拉　萨 | | 10 | | 627 | | 776 |
| 西　安 | 70 | 37 387 | 645 604 | 24 363 | 38 909 | 10 198 |
| 铜　川 | 54 | 9 334 | 54 722 | 2 358 | 15 733 | 61 235 |
| 宝　鸡 | 10 690 | 34 156 | 420 341 | 14 855 | 13 447 | 70 168 |
| 咸　阳 | 78 | 19 023 | 1 700 576 | 17 752 | 1 748 183 | 9 072 |
| 延　安 | 181 | 5 276 | 39 379 | 7 701 | 1 | 235 |
| 兰　州 | 239 | 37 431 | 613 233 | 14 662 | 83 295 | 12 575 |
| 金　昌 | | 14 640 | 355 114 | 18 972 | 108 611 | 7 098 |
| 西　宁 | | 35 114 | 522 747 | 22 158 | 363 163 | 32 013 |
| 银　川 | 7 | 7 041 | 82 396 | 5 213 | 67 307 | 2 206 |
| 石嘴山 | 300 | 43 466 | 2 522 072 | 39 316 | 235 302 | 30 238 |
| 乌鲁木齐 | 23 | 69 419 | 1 160 373 | 45 030 | 186 660 | 9 660 |
| 克拉玛依 | | 18 689 | 277 680 | 3 640 | | |

# 重点城市工业废气排放及处理情况（四）

（2007）

| 城市名称 | 废气治理设施数（套） | 脱硫设施数 | 废气治理设施处理能力（标态）（万米³/时） | 脱硫设施脱硫能力（吨/时） | 废气治理设施运行费用（万元） | 脱硫设施运行费用 |
|---|---|---|---|---|---|---|
| 总　　计 | 94 681 | 16 684 | 414 839 | 14 090 | 3 591 837.8 | 1 266 935.2 |
| 北　　京 | 2 520 | 1 040 | 9 201 | 275 | 114 078.4 | 19 323.6 |
| 天　　津 | 2 974 | 1 402 | 8 157 | 1 186 | 91 574.2 | 37 077.7 |
| 石 家 庄 | 1 423 | 367 | 4 913 | 102 | 29 595.6 | 9 928.9 |
| 唐　　山 | 2 327 | 358 | 33 096 | 58 | 193 028.6 | 29 739.0 |
| 秦 皇 岛 | 2 907 | 174 | 2 627 | 39 | 22 341.1 | 1 914.0 |
| 邯　　郸 | 1 257 | 283 | 7 147 | 100 | 70 017.9 | 10 461.1 |
| 保　　定 | 1 216 | 207 | 4 275 | 43 | 21 240.5 | 9 274.3 |
| 太　　原 | 1 037 | 472 | 7 255 | 267 | 82 659.8 | 33 951.6 |
| 大　　同 | 1 092 | 476 | 4 158 | 70 | 15 815.9 | 9 540.2 |
| 阳　　泉 | 452 | 84 | 1 388 | 26 | 11 120.4 | 6 237.1 |
| 长　　治 | 833 | 47 | 2 988 | 24 | 24 552.5 | 10 334.2 |
| 临　　汾 | 518 | 172 | 1 354 | 197 | 76 521.0 | 12 646.0 |
| 呼和浩特 | 384 | 58 | 2 733 | 51 | 30 143.2 | 24 583.5 |
| 包　　头 | 965 | 72 | 7 423 | 439 | 77 656.4 | 32 099.6 |
| 赤　　峰 | 278 | 54 | 1 725 | 57 | 14 375.2 | 9 040.6 |
| 沈　　阳 | 1 755 | 694 | 2 500 | 170 | 6 573.0 | 2 830.5 |
| 大　　连 | 966 | 362 | 2 056 | 32 | 23 415.4 | 6 050.3 |
| 鞍　　山 | 2 148 | 172 | 11 683 | 325 | 37 233.5 | 14 486.9 |
| 抚　　顺 | 772 | 165 | 4 457 | 946 | 25 810.4 | 3 333.4 |
| 本　　溪 | 736 | 93 | 3 750 | 2 059 | 53 409.3 | 392.2 |
| 锦　　州 | 464 | 169 | 1 468 | 7 | 14 345.6 | 9 222.5 |
| 长　　春 | 741 | 326 | 939 | 49 | 10 830.3 | 1 351.7 |
| 吉　　林 | 587 | 132 | 2 696 | 20 | 19 161.5 | 7 410.5 |
| 哈 尔 滨 | 782 | 25 | 9 918 | 612 | 13 837.0 | 6 208.6 |
| 齐齐哈尔 | 760 | 34 | 2 189 | 30 | 9 737.0 | 544.1 |
| 大　　庆 | 219 | 22 | 1 659 | 1 | 13 140.2 | 1 009.7 |
| 牡 丹 江 | 218 | 42 | 1 031 | 214 | 2 872.0 | 251.4 |
| 上　　海 | 3 551 | 438 | 13 348 | 96 | 180 337.0 | 20 730.2 |
| 南　　京 | 1 079 | 67 | 5 226 | 101 | 64 158.2 | 22 592.2 |
| 无　　锡 | 1 801 | 100 | 6 842 | 25 | 79 939.2 | 46 102.3 |
| 徐　　州 | 875 | 142 | 5 979 | 290 | 35 684.4 | 13 491.5 |
| 常　　州 | 1 244 | 93 | 2 118 | 4 | 14 573.2 | 4 828.3 |
| 苏　　州 | 2 112 | 316 | 13 741 | 421 | 111 025.1 | 54 639.4 |
| 南　　通 | 856 | 27 | 6 936 | 36 | 19 339.4 | 4 677.3 |
| 连 云 港 | 240 | 23 | 649 | 19 | 11 836.4 | 9 365.6 |
| 扬　　州 | 296 | 20 | 2 907 | 643 | 13 603.5 | 7 805.3 |
| 杭　　州 | 1 456 | 339 | 5 372 | 26 | 55 133.5 | 25 343.2 |

## 重点城市工业废气排放及处理情况（四）（续表）

（2007）

| 城市名称 | 废气治理设施数（套） | 脱硫设施数 | 废气治理设施处理能力（标态）（万米$^3$/时） | 脱硫设施脱硫能力（吨/时） | 废气治理设施运行费用（万元） | 脱硫设施运行费用 |
|---|---|---|---|---|---|---|
| 宁波 | 1 231 | 159 | 5 038 | 141 | 84 704.4 | 50 721.5 |
| 温州 | 945 | 91 | 2 166 | 170 | 14 789.4 | 10 583.3 |
| 嘉兴 | 1 755 | 253 | 2 468 | 185 | 18 206.2 | 5 684.2 |
| 湖州 | 1 160 | 107 | 2 244 | 143 | 18 183.7 | 2 505.2 |
| 绍兴 | 1 995 | 674 | 2 288 | 56 | 25 169.5 | 8 269.0 |
| 台州 | 1 017 | 169 | 1 402 | 32 | 29 995.9 | 18 981.7 |
| 合肥 | 499 | 22 | 1 267 | 1 | 5 108.5 | 729.8 |
| 芜湖 | 280 | 7 | 1 111 | 30 | 7 859.0 | 132.0 |
| 马鞍山 | 229 | 4 | 5 882 | 5 | 8 650.1 | 213.8 |
| 福州 | 547 | 13 | 3 155 | 7 | 39 480.8 | 25 385.7 |
| 厦门 | 514 | 45 | 1 165 | 14 | 25 054.2 | 14 351.3 |
| 泉州 | 1 702 | 154 | 3 434 | 22 | 26 034.4 | 10 303.0 |
| 南昌 | 342 | 63 | 1 606 | 37 | 15 587.1 | 1 909.8 |
| 九江 | 458 | 31 | 1 781 | 8 | 3 190.7 | 1 050.7 |
| 济南 | 741 | 152 | 11 466 | 15 | 99 592.9 | 16 377.9 |
| 青岛 | 832 | 227 | 5 059 | 24 | 40 172.4 | 17 159.1 |
| 淄博 | 1 257 | 183 | 5 127 | 457 | 49 151.6 | 25 589.5 |
| 枣庄 | 1 262 | 45 | 6 790 | 30 | 23 945.6 | 12 012.3 |
| 烟台 | 851 | 378 | 3 304 | 183 | 29 921.0 | 17 079.7 |
| 潍坊 | 851 | 253 | 3 165 | 86 | 21 965.7 | 10 052.4 |
| 济宁 | 928 | 218 | 5 612 | 72 | 41 045.4 | 22 349.5 |
| 泰安 | 605 | 191 | 3 556 | 45 | 24 672.8 | 13 140.3 |
| 威海 | 247 | 25 | 5 303 | 1 | 3 528.9 | 846.7 |
| 日照 | 426 | 21 | 4 533 | 7 | 21 127.1 | 1 669.4 |
| 郑州 | 1 697 | 119 | 4 848 | 358 | 31 710.0 | 6 907.3 |
| 开封 | 91 | 19 | 329 | 99 | 1 289.6 | 706.5 |
| 洛阳 | 1 105 | 231 | 2 980 | 33 | 50 268.9 | 29 826.2 |
| 平顶山 | 568 | 13 | 2 327 | 3 | 20 265.1 | 2 982.0 |
| 安阳 | 998 | 42 | 3 882 | 57 | 20 677.6 | 6 934.2 |
| 焦作 | 741 | 123 | 2 055 | 15 | 19 474.1 | 5 930.2 |
| 武汉 | 444 | 28 | 5 178 | 22 | 44 054.4 | 6 303.0 |
| 宜昌 | 565 | 36 | 1 555 | 5 | 9 858.0 | 2 062.5 |
| 荆州 | 170 | 8 | 189 | 11 | 2 391.6 | 1 513.5 |
| 长沙 | 356 | 93 | 386 | 15 | 3 363.4 | 1 435.0 |
| 株洲 | 391 | 74 | 901 | 31 | 58 614.3 | 7 716.5 |
| 湘潭 | 327 | 92 | 1 504 | 5 | 15 481.2 | 13 255.8 |
| 岳阳 | 293 | 25 | 1 123 | 4 | 9 806.0 | 6 163.6 |
| 常德 | 685 | 19 | 3 322 | 6 | 15 598.3 | 8 296.0 |

# 重点城市工业废气排放及处理情况（四）（续表）

（2007）

| 城市名称 | 废气治理设施数（套） | 脱硫设施数 | 废气治理设施处理能力（标态）（万米³/时） | 脱硫设施脱硫能力（吨/时） | 废气治理设施运行费用（万元） | 脱硫设施运行费用 |
|---|---|---|---|---|---|---|
| 张家界 | 44 | 9 | 90 | 5 | 1 242.0 | 684.5 |
| 广州 | 1 438 | 123 | 4 563 | 58 | 67 724.1 | 24 962.4 |
| 韶关 | 557 | 36 | 2 632 | 7 | 24 829.5 | 10 649.4 |
| 深圳 | 606 | 59 | 1 652 | 7 | 17 957.4 | 9 530.7 |
| 珠海 | 639 | 43 | 1 941 | 9 | 47 982.0 | 26 074.9 |
| 汕头 | 448 | 5 | 1 098 | 6 | 23 542.9 | 17 572.0 |
| 佛山 | 1 665 | 436 | 4 433 | 12 | 32 573.4 | 7 760.1 |
| 湛江 | 299 | 7 | 507 | 9 | 13 817.1 | 6 555.0 |
| 中山 | 719 | 118 | 857 | 4 | 5 314.4 | 1 571.0 |
| 南宁 | 688 | 127 | 1 970 | 12 | 9 000.1 | 1 628.3 |
| 柳州 | 775 | 73 | 3 453 | 18 | 40 700.4 | 6 937.4 |
| 桂林 | 480 | 18 | 965 | 10 | 5 074.5 | 427.5 |
| 北海 | 41 | 3 | 266 | … | 922.9 | 8.0 |
| 海口 | 38 |  | 38 |  | 1 212.9 |  |
| 三亚 | 19 |  | 57 |  | 330.0 |  |
| 重庆 | 2 797 | 363 | 17 176 | 275 | 127 371.2 | 70 083.9 |
| 成都 | 1 528 | 90 | 2 355 | 39 | 17 834.6 | 2 098.8 |
| 攀枝花 | 335 | 33 | 5 112 | 13 | 35 129.7 | 367.2 |
| 泸州 | 99 | 31 | 305 | 3 | 1 812.4 | 625.2 |
| 绵阳 | 359 | 33 | 1 224 | 6 | 31 361.9 | 23 356.7 |
| 宜宾 | 368 | 144 | 1 455 | 85 | 22 112.5 | 14 990.2 |
| 贵阳 | 757 | 216 | 2 063 | 60 | 43 313.5 | 31 582.5 |
| 遵义 | 455 | 107 | 1 651 | 28 | 28 295.4 | 6 534.0 |
| 昆明 | 1 253 | 84 | 4 111 | 186 | 59 535.4 | 16 981.9 |
| 曲靖 | 694 | 54 | 3 560 | 19 | 23 779.1 | 7 878.9 |
| 拉萨 | 10 |  |  |  | 150.0 |  |
| 西安 | 846 | 209 | 2 037 | 135 | 4 068.0 | 1 124.9 |
| 铜川 | 341 | 59 | 1 652 | 9 | 5 135.0 | 1 612.3 |
| 宝鸡 | 554 | 71 | 5 745 | 18 | 13 034.8 | 4 299.4 |
| 咸阳 | 314 | 64 | 1 547 | 666 | 5 986.2 | 3 658.5 |
| 延安 | 69 | 15 | 2 009 | 5 | 1 482.0 | 45.1 |
| 兰州 | 438 | 17 | 1 315 | 3 | 55 962.1 | 2 902.8 |
| 金昌 | 275 | 37 | 364 | 124 | 75 835.7 | 35 882.3 |
| 西宁 | 374 | 2 | 4 979 | 2 | 30 290.2 | 4 000.0 |
| 银川 | 198 | 82 | 776 | 3 | 6 943.5 | 2 395.4 |
| 石嘴山 | 566 | 142 | 2 221 | 17 | 25 060.7 | 10 817.7 |
| 乌鲁木齐 | 487 | 217 | 2 877 | 472 | 10 023.7 | 1 256.7 |
| 克拉玛依 | 162 | 83 | 379 | 275 | 4 391.0 | 4 131.0 |

# 重点城市工业固体废物产生及处置利用情况（一）

（2007）

单位：万吨

| 城市名称 | 工业固体废物产生量 | 危险废物 | 冶炼废渣 | 粉煤灰 | 炉渣 | 煤矸石 | 尾矿 | 放射性废物 | 脱硫石膏 | 其他废物 |
|---|---|---|---|---|---|---|---|---|---|---|
| 总　计 | 93 634 | 695 | 16 259 | 18 586 | 9 806 | 7 761 | 22 747 | 16 | 1 275 | 9 788 |
| 北　京 | 1 275 | 14.21 | 314 | 211 | 106 | 55 | 331 | … | 21 | 127 |
| 天　津 | 1 399 | 15.41 | 375 | 291 | 356 | … |  | … | 27 | 233 |
| 石家庄 | 1 237 | 19.96 | 384 | 340 | 153 | 4 | 112 |  | 16 | 47 |
| 唐　山 | 8 089 | 5.60 | 2 015 | 648 | 678 | 393 | 2 727 |  | 38 | 377 |
| 秦皇岛 | 698 | 0.14 | 68 | 129 | 140 |  | 323 |  | … | 37 |
| 邯　郸 | 1 856 | 0.05 | 841 | 329 | 129 | 333 | 135 |  | 13 | 13 |
| 保　定 | 789 | 3.62 | 92 | 171 | 94 | 3 | 262 |  | 9 | 45 |
| 太　原 | 2 642 | 3.05 | 420 | 317 | 97 | 967 | 654 |  | 12 | 125 |
| 大　同 | 802 | 0.04 | 90 | 187 | 53 | 212 | 114 |  | 32 | 14 |
| 阳　泉 | 1 510 | 0.01 | 32 | 206 | 89 | 933 |  | 1 | 5 | 37 |
| 长　治 | 1 879 | 0.04 | 587 | 293 | 124 | 596 | 83 |  | 22 | 106 |
| 临　汾 | 1 285 | 0.96 | 540 | 114 | 48 | 162 | 189 |  | 19 | 47 |
| 呼和浩特 | 503 | 0.17 | 6 | 404 | 24 | … | 12 |  | 41 | 13 |
| 包　头 | 5 121 | 12.47 | 621 | 901 | 174 | 37 | 2 796 | 5 | 25 | 107 |
| 赤　峰 | 1 130 | 6.54 | 43 | 219 | 84 | 19 | 623 |  | 9 | 53 |
| 沈　阳 | 469 | 8.40 | 4 | 109 | 153 | 112 |  |  | 5 | 39 |
| 大　连 | 367 | 9.74 | 10 | 148 | 115 |  | 2 |  | 3 | 65 |
| 鞍　山 | 5 535 | 0.61 | 749 | 60 | 89 |  | 4 439 |  |  | 45 |
| 抚　顺 | 1 463 | 3.61 | 143 | 160 | 64 | 84 | 449 |  |  | 491 |
| 本　溪 | 2 420 | 0.54 | 815 | 45 | 32 | 5 | 1 483 |  |  | 5 |
| 锦　州 | 289 | 10.64 | 31 | 143 | 83 | … | 3 |  |  | 13 |
| 长　春 | 335 | 1.26 | … | 157 | 132 | 1 | … |  | 1 | 20 |
| 吉　林 | 939 | 47.28 | 158 | 199 | 166 | 15 | 288 |  | … | 16 |
| 哈尔滨 | 1 093 | 1.13 | 23 | 258 | 83 | 566 | 70 |  | 3 | 23 |
| 齐齐哈尔 | 352 | 4.18 | 19 | 122 | 67 |  |  |  | 1 | 131 |
| 大　庆 | 258 | 9.12 |  | 149 | 32 |  |  |  | 2 | 36 |
| 牡丹江 | 213 | 0.01 | … | 165 | 24 |  |  |  | 2 | 11 |
| 上　海 | 2 165 | 45.43 | 845 | 518 | 126 | 1 |  | … | 7 | 435 |
| 南　京 | 1 340 | 25.30 | 378 | 285 | 77 | 4 | 145 |  | 7 | 237 |
| 无　锡 | 1 002 | 36.94 | 206 | 319 | 238 |  |  |  | 33 | 68 |
| 徐　州 | 1 001 | 0.19 | 71 | 328 | 190 | 239 |  |  | 20 | 91 |
| 常　州 | 372 | 7.29 | 45 | 96 | 156 |  |  |  | … | 48 |
| 苏　州 | 1 666 | 22.84 | 266 | 526 | 345 | 1 | 10 |  | 54 | 279 |
| 南　通 | 336 | 13.56 | 20 | 145 | 78 | … |  |  | 8 | 63 |
| 连云港 | 256 | 0.32 |  | 70 | 30 |  | 22 |  | 7 | 107 |
| 扬　州 | 218 | 7.65 | … | 135 | 52 | … |  |  | … | 15 |
| 杭　州 | 662 | 4.25 | 102 | 168 | 196 | 6 | 34 |  | 18 | 98 |

# 重点城市工业固体废物产生及处置利用情况（一）（续表）

（2007）

单位：万吨

| 城市名称 | 工业固体废物产生量 | 危险废物 | 冶炼废渣 | 粉煤灰 | 炉渣 | 煤矸石 | 尾矿 | 放射性废物 | 脱硫石膏 | 其他废物 |
|---|---|---|---|---|---|---|---|---|---|---|
| 宁　波 | 784 | 11.29 | 5 | 423 | 167 | | | | 63 | 83 |
| 温　州 | 200 | 18.83 | 3 | 70 | 50 | … | 4 | | 12 | 22 |
| 嘉　兴 | 338 | 2.00 | … | 148 | 125 | 1 | | | 1 | 35 |
| 湖　州 | 301 | 2.94 | 2 | 136 | 68 | … | … | | 13 | 34 |
| 绍　兴 | 326 | 5.65 | 2 | 81 | 133 | … | 75 | | 1 | 18 |
| 台　州 | 214 | 2.37 | … | 112 | 34 | … | 2 | | 19 | 36 |
| 合　肥 | 238 | 1.33 | 94 | 55 | 37 | | 8 | | … | 12 |
| 芜　湖 | 166 | 0.36 | 56 | 50 | 20 | | | | | 20 |
| 马鞍山 | 1 466 | 0.63 | 477 | 110 | 59 | | 667 | | 2 | 132 |
| 福　州 | 269 | 1.20 | 43 | 93 | 60 | 2 | … | | 14 | 40 |
| 厦　门 | 128 | 1.24 | 1 | 69 | 28 | … | | | … | 26 |
| 泉　州 | 414 | 1.81 | 48 | 40 | 103 | 20 | 109 | | 7 | 58 |
| 南　昌 | 158 | 0.11 | 41 | 53 | 28 | | | | | 16 |
| 九　江 | 471 | 1.67 | 31 | 107 | 27 | 5 | 263 | 1 | 1 | 11 |
| 济　南 | 1 000 | 9.44 | 486 | 165 | 76 | 35 | 6 | | 20 | 147 |
| 青　岛 | 699 | 1.19 | 183 | 196 | 84 | | 55 | | | 131 |
| 淄　博 | 1 097 | 14.16 | 193 | 318 | 207 | 48 | 197 | | 14 | 60 |
| 枣　庄 | 518 | | 1 | 144 | 150 | 162 | 10 | | 15 | 3 |
| 烟　台 | 1 577 | 26.20 | 123 | 185 | 101 | 21 | 977 | | 10 | 15 |
| 潍　坊 | 576 | 70.87 | 33 | 196 | 145 | 11 | 2 | | 17 | 75 |
| 济　宁 | 1 601 | 9.10 | 15 | 503 | 180 | 617 | 127 | | 27 | 93 |
| 泰　安 | 771 | 2.04 | 34 | 162 | 140 | 368 | | | 32 | 27 |
| 威　海 | 133 | 0.43 | 8 | 54 | 21 | | 22 | | | 17 |
| 日　照 | 477 | 0.01 | 239 | 50 | 29 | | | | … | 97 |
| 郑　州 | 979 | 0.31 | 53 | 346 | 147 | 59 | 218 | | 6 | 26 |
| 开　封 | 72 | 4.57 | … | 37 | 25 | | | | … | … |
| 洛　阳 | 1 958 | 0.97 | 33 | 374 | 98 | 14 | 1051 | | 37 | 73 |
| 平顶山 | 938 | 0.14 | 91 | 280 | 114 | 194 | 163 | | 5 | 52 |
| 安　阳 | 995 | 0.12 | 478 | 97 | 43 | 27 | 166 | | 1 | 93 |
| 焦　作 | 801 | 0.10 | 19 | 181 | 115 | 57 | 45 | | 7 | 277 |
| 武　汉 | 922 | 0.66 | 174 | 561 | 38 | … | | | 7 | 124 |
| 宜　昌 | 579 | 1.54 | 74 | 50 | 95 | 5 | 113 | | 61 | 118 |
| 荆　州 | 41 | 0.40 | | 16 | 21 | | | | | 3 |
| 长　沙 | 107 | 0.07 | 3 | 18 | 23 | 33 | 1 | | 1 | 18 |
| 株　洲 | 287 | 1.13 | 43 | 108 | 42 | 12 | 11 | … | 10 | 47 |
| 湘　潭 | 550 | 2.21 | 270 | 98 | 28 | | 1 | | 9 | 115 |
| 岳　阳 | 232 | 5.05 | … | 121 | 45 | … | 35 | | 4 | 19 |
| 常　德 | 221 | 2.15 | 1 | 101 | 38 | 24 | | | 1 | 32 |

## 重点城市工业固体废物产生及处置利用情况（一）（续表）

（2007）

单位：万吨

| 城市名称 | 工业固体废物产生量 | 危险废物 | 冶炼废渣 | 粉煤灰 | 炉渣 | 煤矸石 | 尾矿 | 放射性废物 | 脱硫石膏 | 其他废物 |
|---|---|---|---|---|---|---|---|---|---|---|
| 张家界 | 38 | … | 1 | 2 | 16 | 7 | 6 |  | 3 | 1 |
| 广州 | 610 | 21.43 | 117 | 283 | 41 | … | … | … | 10 | 88 |
| 韶关 | 665 | 13.27 | 35 | 219 | 95 | … | 150 | 10 | 5 | 106 |
| 深圳 | 122 | 31.73 | … | 60 | 13 | 1 |  |  | … | 16 |
| 珠海 | 205 | 4.64 | 68 | 70 | 18 |  |  |  | 13 | 27 |
| 汕头 | 64 | 0.68 | … | 32 | 19 | 1 |  |  | 6 | 4 |
| 佛山 | 279 | 1.37 | … | 42 | 99 |  |  |  | 6 | 109 |
| 湛江 | 181 | 0.11 | … | 87 | 32 |  | … |  | 2 | 39 |
| 中山 | 64 | 3.16 | … | 29 | 18 | 1 |  |  | … | 6 |
| 南宁 | 325 | 23.29 | 1 | 65 | 39 | 2 | 24 |  | … | 148 |
| 柳州 | 772 | 4.54 | 325 | 59 | 38 | … | 44 |  | 20 | 224 |
| 桂林 | 158 | 0.11 | 33 | 41 | 17 | … | 15 |  | 4 | 26 |
| 北海 | 104 | 0.07 |  | 36 | 12 |  |  |  | … | 54 |
| 海口 | 1 | 0.05 |  | … | … |  |  |  |  | 1 |
| 三亚 | 1 | … |  |  | … |  |  |  |  | 1 |
| 重庆 | 2 087 | 8.50 | 153 | 313 | 301 | 486 | 39 |  | 173 | 444 |
| 成都 | 634 | 0.68 | 135 | 122 | 100 | 56 | 24 |  | 14 | 138 |
| 攀枝花 | 2 472 | 3.10 | 434 | 110 | 117 | 146 | 1 433 |  |  | 137 |
| 泸州 | 675 | 0.02 |  | 35 | 42 | 55 | 195 |  |  | 259 |
| 绵阳 | 311 | 5.65 | 11 | 141 | 31 | 1 | 7 |  | 11 | 76 |
| 宜宾 | 582 |  | 3 | 104 | 109 | 137 | 42 |  | 1 | 133 |
| 贵阳 | 867 | 1.00 | 174 | 154 | 40 | 35 | 93 |  | 46 | 324 |
| 遵义 | 509 | 0.17 | 24 | 162 | 100 | 19 | 6 |  | 35 | 163 |
| 昆明 | 1 801 | 1.03 | 438 | 156 | 70 | … | 203 |  | 10 | 849 |
| 曲靖 | 1 164 | 2.32 | 169 | 395 | 157 | 73 | 13 |  | 20 | 183 |
| 拉萨 | 1 |  |  | … | … |  |  |  |  | 1 |
| 西安 | 193 | 0.16 | 2 | 75 | 48 | … | 16 |  | 4 | 30 |
| 铜川 | 95 |  | … | 13 | 4 | 73 |  |  | 1 | 2 |
| 宝鸡 | 299 | 0.18 | 18 | 65 | 24 | 1 | 144 |  |  | 18 |
| 咸阳 | 157 | 0.21 | … | 71 | 29 | 38 | … |  |  | 18 |
| 延安 | 33 | 0.86 |  | 6 | 7 | 14 |  |  |  | 4 |
| 兰州 | 412 | 7.38 | 66 | 142 | 46 | 4 | 77 |  | 2 | 48 |
| 金昌 | 804 | 2.00 | 147 | 32 | 31 | 3 | 530 |  |  | 55 |
| 西宁 | 203 | 1.04 | 68 | 82 | 21 | 5 | 6 |  | 2 | 14 |
| 银川 | 106 |  | 3 | 14 | 24 | … |  |  | 3 | 59 |
| 石嘴山 | 546 |  | 19 | 281 | 163 | 47 | 2 | … | 6 | 23 |
| 乌鲁木齐 | 486 | 2.61 | 146 | 94 | 56 | 92 | 42 |  |  | 38 |
| 克拉玛依 | 36 | 6.49 |  | 16 | 12 |  |  |  |  | 1 |

## 重点城市工业固体废物产生及处置利用情况（二）

（2007）

单位：万吨

| 城市名称 | 工业固体废物综合利用量 | 危险废物 | 冶炼废渣 | 粉煤灰 | 炉渣 | 煤矸石 | 尾矿 | 脱硫石膏 | 其他废物 |
|---|---|---|---|---|---|---|---|---|---|
| **总计** | 63 589 | 455.32 | 13 665 | 14 259 | 8 941 | 5 278 | 5 282 | 1 112 | 7 679 |
| 北京 | 1 042 | 6.65 | 330 | 211 | 106 | 119 | 37 | 21 | 124 |
| 天津 | 1 380 | 12.24 | 375 | 293 | 356 | … |  | 27 | 216 |
| 石家庄 | 1 194 | 15.33 | 384 | 319 | 144 | 4 | 112 | 16 | 44 |
| 唐山 | 5 135 | 5.59 | 2 113 | 355 | 674 | 393 | 67 | 37 | 460 |
| 秦皇岛 | 575 | 0.01 | 68 | 84 | 131 |  | 256 | … | 36 |
| 邯郸 | 1 655 | 0.05 | 841 | 298 | 119 | 260 | 49 | 13 | 13 |
| 保定 | 446 | 3.24 | 90 | 131 | 69 | 3 | 37 | 9 | 43 |
| 太原 | 1 114 | 2.97 | 366 | 107 | 66 | 364 | 73 | 8 | 103 |
| 大同 | 342 | 0.16 | 83 | 32 | 35 | 12 | 100 | 31 | 4 |
| 阳泉 | 320 | 0.01 | 25 | 107 | 54 | 69 |  |  | 24 |
| 长治 | 1 223 |  | 574 | 98 | 85 | 304 | 8 | 8 | 102 |
| 临汾 | 1 062 | 0.48 | 503 | 92 | 37 | 115 | 118 | 19 | 39 |
| 呼和浩特 | 164 | 0.02 | 6 | 82 | 20 | … | … | 41 | 13 |
| 包头 | 3 539 | 11.84 | 392 | 821 | 171 | 33 | 1 651 | 23 | 103 |
| 赤峰 | 201 | 0.43 | 42 | 27 | 46 | 13 | 37 | 9 | 12 |
| 沈阳 | 446 | 7.54 | 3 | 127 | 145 | 93 |  | … | 32 |
| 大连 | 340 | 4.85 | 10 | 134 | 113 |  | 2 | 3 | 62 |
| 鞍山 | 976 |  | 749 | 44 | 89 | … | 35 |  | 7 |
| 抚顺 | 896 | 2.92 | 137 | 67 | 63 | 84 | 11 |  | 489 |
| 本溪 | 911 | 0.54 | 112 | 19 | 28 |  | 34 |  | 3 |
| 锦州 | 135 | 28.19 | 30 | 21 | 43 |  | 1 |  | 9 |
| 长春 | 333 | 0.70 | … | 57 | 127 | … | … | 1 | 20 |
| 吉林 | 580 | 29.48 | 156 | 136 | 142 | 15 | 48 | … | 11 |
| 哈尔滨 | 776 | 0.36 | 23 | 158 | 83 | 402 | 31 | 3 | 23 |
| 齐齐哈尔 | 255 | 4.14 | 16 | 52 | 66 |  |  | 1 | 108 |
| 大庆 | 237 | 0.20 |  | 159 | 29 |  |  | 2 | 17 |
| 牡丹江 | 95 |  | … | 52 | 24 |  |  | 2 | 6 |
| 上海 | 2 040 | 30.94 | 845 | 486 | 97 | 1 |  | 7 | 390 |
| 南京 | 1 297 | 19.57 | 349 | 352 | 79 | 4 | 71 | 7 | 251 |
| 无锡 | 990 | 34.92 | 206 | 319 | 238 |  |  | 31 | 62 |
| 徐州 | 992 | 0.02 | 71 | 328 | 190 | 237 |  | 20 | 84 |
| 常州 | 370 | 3.92 | 45 | 100 | 156 |  |  | … | 45 |
| 苏州 | 1 632 | 10.08 | 266 | 527 | 340 | 1 | 10 | 52 | 266 |
| 南通 | 332 | 11.29 | 20 | 145 | 77 | … | … | 8 | 61 |
| 连云港 | 260 |  |  | 96 | 27 |  | 9 | 7 | 100 |
| 扬州 | 191 | 4.01 | … | 125 | 46 | … |  | … | 9 |
| 杭州 | 630 | 2.50 | 100 | 168 | 194 | 6 | 26 | 15 | 86 |

# 重点城市工业固体废物产生及处置利用情况（二）（续表）

（2007）

单位：万吨

| 城市名称 | 工业固体废物综合利用量 | 危险废物 | 冶炼废渣 | 粉煤灰 | 炉渣 | 煤矸石 | 尾矿 | 脱硫石膏 | 其他废物 |
|---|---|---|---|---|---|---|---|---|---|
| 宁　波 | 684 | 5.91 | 5 | 395 | 135 | | ··· | 39 | 74 |
| 温　州 | 170 | 0.47 | 3 | 70 | 50 | ··· | 1 | 12 | 15 |
| 嘉　兴 | 334 | 1.18 | ··· | 148 | 125 | 1 | | 1 | 32 |
| 湖　州 | 298 | 2.15 | 2 | 136 | 67 | ··· | | 13 | 32 |
| 绍　兴 | 264 | 4.10 | 2 | 81 | 132 | ··· | 21 | 1 | 13 |
| 台　州 | 205 | 1.19 | ··· | 112 | 33 | ··· | | 19 | 32 |
| 合　肥 | 237 | 1.27 | 94 | 55 | 37 | | 8 | | 11 |
| 芜　湖 | 157 | 0.05 | 56 | 50 | 20 | | | | 12 |
| 马鞍山 | 866 | 0.58 | 46 | 81 | 59 | | 147 | 1 | 516 |
| 福　州 | 252 | 0.86 | 43 | 87 | 59 | ··· | ··· | 8 | 40 |
| 厦　门 | 120 | 0.42 | ··· | 71 | 27 | ··· | | ··· | 20 |
| 泉　州 | 402 | 1.65 | 48 | 40 | 103 | 19 | 102 | 7 | 55 |
| 南　昌 | 143 | ··· | 41 | 55 | 24 | | | | 14 |
| 九　江 | 212 | 1.66 | 31 | 103 | 20 | 5 | 30 | | 10 |
| 济　南 | 948 | 8.63 | 485 | 158 | 69 | 33 | 6 | 20 | 114 |
| 青　岛 | 723 | 0.56 | 183 | 194 | 84 | | 48 | 22 | 144 |
| 淄　博 | 1 041 | 11.04 | 198 | 321 | 189 | 82 | 98 | 15 | 82 |
| 枣　庄 | 550 | 1.10 | 1 | 143 | 150 | 182 | 10 | 15 | 15 |
| 烟　台 | 1 451 | 19.03 | 123 | 171 | 101 | 21 | 894 | 10 | 15 |
| 潍　坊 | 529 | 27.44 | 35 | 193 | 144 | 11 | 2 | 17 | 75 |
| 济　宁 | 1 488 | 9.02 | 15 | 409 | 171 | 604 | 127 | 27 | 96 |
| 泰　安 | 835 | 1.61 | 34 | 185 | 140 | 409 | | 32 | 27 |
| 威　海 | 126 | ··· | 5 | 54 | 21 | | 18 | | 17 |
| 日　照 | 477 | | 239 | 50 | 29 | | | ··· | 97 |
| 郑　州 | 595 | 0.13 | 53 | 264 | 130 | 48 | | 6 | 6 |
| 开　封 | 72 | 4.57 | ··· | 37 | 25 | | | ··· | ··· |
| 洛　阳 | 937 | 0.94 | 32 | 273 | 96 | 5 | 277 | 19 | 32 |
| 平顶山 | 687 | | 91 | 230 | 101 | 184 | 5 | 5 | 45 |
| 安　阳 | 827 | 0.11 | 478 | 54 | 43 | 27 | 42 | 1 | 93 |
| 焦　作 | 530 | 0.03 | 16 | 156 | 114 | 102 | | 7 | 69 |
| 武　汉 | 858 | 0.22 | 85 | 245 | 26 | ··· | | 6 | 78 |
| 宜　昌 | 298 | 0.61 | 48 | 53 | 95 | 3 | 22 | 2 | 44 |
| 荆　州 | 85 | 0.40 | | 16 | 21 | | | | 3 |
| 长　沙 | 102 | 0.02 | 2 | 17 | 22 | 30 | ··· | ··· | 19 |
| 株　洲 | 216 | 1.29 | 59 | 69 | 38 | 6 | ··· | 2 | 31 |
| 湘　潭 | 529 | 2.18 | 267 | 97 | 28 | | 1 | 9 | 99 |
| 岳　阳 | 210 | 5.05 | ··· | 120 | 45 | ··· | 15 | 4 | 19 |
| 常　德 | 164 | 2.15 | 1 | 70 | 31 | 13 | ··· | 1 | 30 |

# 重点城市工业固体废物产生及处置利用情况（二）（续表）

（2007）

单位：万吨

| 城市名称 | 工业固体废物综合利用量 | 危险废物 | 冶炼废渣 | 粉煤灰 | 炉渣 | 煤矸石 | 尾矿 | 脱硫石膏 | 其他废物 |
|---|---|---|---|---|---|---|---|---|---|
| 张家界 | 32 | | 1 | 2 | 16 | 7 | 2 | 3 | 1 |
| 广州 | 592 | 13.35 | 117 | 306 | 32 | … | … | 7 | 66 |
| 韶关 | 521 | 12.70 | 23 | 121 | 95 | … | 46 | 5 | 101 |
| 深圳 | 99 | 18.18 | … | 60 | 11 | 1 | | … | 9 |
| 珠海 | 205 | 2.63 | 68 | 72 | 21 | | | 13 | 25 |
| 汕头 | 63 | 0.55 | … | 32 | 19 | 1 | | 6 | 4 |
| 佛山 | 274 | … | | 42 | 99 | | | 6 | 106 |
| 湛江 | 166 | | … | 80 | 30 | | … | 2 | 39 |
| 中山 | 55 | 1.61 | | 26 | 18 | 1 | | | 3 |
| 南宁 | 262 | 3.07 | 1 | 62 | 38 | 2 | 2 | | 133 |
| 柳州 | 675 | 0.70 | 323 | 60 | 38 | … | 4 | 20 | 178 |
| 桂林 | 148 | 0.11 | 32 | 41 | 16 | … | 9 | 3 | 25 |
| 北海 | 60 | … | | 36 | 12 | | | … | 10 |
| 海口 | 1 | | | … | … | | | | 1 |
| 三亚 | 1 | | | | … | | | | 1 |
| 重庆 | 1 623 | 4.23 | 55 | 277 | 302 | 354 | 27 | 183 | 289 |
| 成都 | 622 | 0.45 | 24 | 123 | 99 | 56 | 24 | 14 | 137 |
| 攀枝花 | 767 | 2.36 | 70 | 73 | 30 | 114 | 67 | | 105 |
| 泸州 | 323 | 0.01 | | 14 | 32 | 54 | 174 | | 9 |
| 绵阳 | 249 | 5.53 | 8 | 121 | 31 | … | 7 | | 52 |
| 宜宾 | 425 | | 3 | 64 | 76 | 91 | 39 | 1 | 118 |
| 贵阳 | 472 | 0.87 | 149 | 94 | 35 | 33 | 29 | 46 | 84 |
| 遵义 | 192 | 0.16 | 21 | 49 | 24 | 17 | 3 | 26 | 51 |
| 昆明 | 639 | 0.94 | 187 | 72 | 55 | | 44 | 10 | 222 |
| 曲靖 | 536 | 2.32 | 138 | 87 | 112 | 54 | 9 | 17 | 42 |
| 拉萨 | … | | | | … | | | | … |
| 西安 | 171 | 0.09 | 2 | 75 | 48 | … | | 4 | 24 |
| 铜川 | 47 | | … | 14 | 4 | 25 | | 1 | 1 |
| 宝鸡 | 124 | 0.18 | 18 | 65 | 24 | 1 | | | 13 |
| 咸阳 | 149 | 0.05 | … | 71 | 27 | 33 | … | | 17 |
| 延安 | 27 | 0.03 | | 5 | 6 | 11 | | | 3 |
| 兰州 | 344 | 6.07 | 67 | 114 | 35 | 4 | 77 | | 24 |
| 金昌 | 148 | 1.00 | 26 | 22 | 21 | 2 | 10 | | 63 |
| 西宁 | 141 | 0.54 | 65 | 35 | 12 | 8 | 2 | 1 | 14 |
| 银川 | 121 | | 3 | 15 | 23 | … | | 1 | 76 |
| 石嘴山 | 295 | | 21 | 58 | 154 | 42 | | 1 | 16 |
| 乌鲁木齐 | 267 | 1.52 | 90 | 69 | 25 | 51 | 12 | | 14 |
| 克拉玛依 | 25 | 3.26 | | 11 | 11 | | | | |

# 重点城市工业固体废物产生及处置利用情况（三）

（2007）

| 城市名称 | 工业固体废物贮存量（万吨） | 危险废物贮存量 | 工业固体废物处置量（万吨） | 危险废物处置量 | 工业固体废物排放量（万吨） | 危险废物排放量 |
|---|---|---|---|---|---|---|
| **总　计** | 9 168 | 14.13 | 21 651 | 261.61 | 540 | |
| 北　京 | 63 | 0.34 | 691 | 7.66 | … | |
| 天　津 | … | … | 22 | 3.20 | | |
| 石家庄 | 48 | … | 9 | 4.62 | … | |
| 唐　山 | 661 | | 2 542 | … | 24 | |
| 秦皇岛 | 57 | | 71 | 0.13 | | |
| 邯　郸 | 248 | … | 4 | … | … | |
| 保　定 | 338 | 0.01 | 5 | 0.37 | … | |
| 太　原 | 171 | … | 1 314 | 0.08 | 45 | |
| 大　同 | 89 | 0.01 | 409 | 0.01 | 21 | |
| 阳　泉 | 56 | 0.01 | 1 101 | 0.75 | 33 | |
| 长　治 | 145 | | 504 | 0.04 | 47 | |
| 临　汾 | 43 | | 31 | 0.48 | 149 | |
| 呼和浩特 | 338 | 0.11 | … | 0.04 | … | |
| 包　头 | 1 572 | | 9 | 0.63 | 1 | |
| 赤　峰 | 409 | 6.11 | 524 | | 3 | |
| 沈　阳 | 20 | | 23 | 1.64 | | |
| 大　连 | 23 | … | 10 | 4.89 | … | |
| 鞍　山 | 432 | … | 4 128 | 0.62 | | |
| 抚　顺 | 455 | … | 112 | 0.69 | | |
| 本　溪 | 297 | | 211 | … | … | |
| 锦　州 | … | | 159 | 2.45 | … | |
| 长　春 | 1 | … | 1 | 0.57 | | |
| 吉　林 | 338 | | 27 | 17.80 | | |
| 哈尔滨 | 152 | 0.03 | 165 | 0.73 | | |
| 齐齐哈尔 | 81 | … | 16 | 0.03 | … | |
| 大　庆 | 31 | 0.03 | 28 | 8.89 | | |
| 牡丹江 | 118 | 0.01 | 5 | 0.01 | | |
| 上　海 | 20 | 0.05 | 106 | 14.68 | … | |
| 南　京 | 109 | 0.06 | 16 | 5.67 | | |
| 无　锡 | | | 11 | 2.03 | | |
| 徐　州 | 2 | … | 7 | 0.17 | | |
| 常　州 | … | … | 7 | 3.37 | | |
| 苏　州 | 5 | | 30 | 12.80 | | |
| 南　通 | … | 0.01 | 4 | 2.26 | | |
| 连云港 | 24 | … | 1 | 0.32 | | |
| 扬　州 | 16 | | 26 | 3.66 | … | |
| 杭　州 | 1 | 0.04 | 31 | 1.71 | … | |

## 重点城市工业固体废物产生及处置利用情况（三）（续表）

（2007）

| 城市名称 | 工业固体废物贮存量（万吨） | 危险废物贮存量 | 工业固体废物处置量（万吨） | 危险废物处置量 | 工业固体废物排放量（万吨） | 危险废物排放量 |
|---|---|---|---|---|---|---|
| 宁 波 | 74 | 0.11 | 27 | 5.33 | … | |
| 温 州 | 1 | 1.01 | 28 | 17.89 | 1 | |
| 嘉 兴 | … | | 4 | 0.81 | … | |
| 湖 州 | 1 | 0.02 | 2 | 0.84 | … | |
| 绍 兴 | 3 | 0.01 | 60 | 1.56 | | |
| 台 州 | 3 | 0.21 | 6 | 1.22 | … | |
| 合 肥 | … | 0.01 | 1 | 0.08 | … | |
| 芜 湖 | | | 10 | 0.36 | … | |
| 马鞍山 | 95 | | 506 | 0.05 | | |
| 福 州 | 15 | | 2 | 0.34 | … | |
| 厦 门 | 3 | | 8 | 0.83 | … | |
| 泉 州 | 5 | … | 7 | 0.16 | … | |
| 南 昌 | 16 | … | 4 | 0.11 | … | |
| 九 江 | 40 | | 219 | 0.01 | … | |
| 济 南 | 59 | 0.13 | 3 | 0.69 | | |
| 青 岛 | 9 | 0.01 | 6 | 0.64 | … | |
| 淄 博 | 83 | | 47 | 3.14 | … | |
| 枣 庄 | 6 | | | | | |
| 烟 台 | 59 | | 68 | 7.17 | | |
| 潍 坊 | 2 | | 46 | 45.68 | | |
| 济 宁 | 126 | … | 3 | 0.13 | | |
| 泰 安 | 40 | | … | 0.44 | | |
| 威 海 | 4 | | 3 | 0.43 | | |
| 日 照 | | | … | 0.01 | | |
| 郑 州 | 12 | … | 372 | 0.18 | | |
| 开 封 | | | | | | |
| 洛 阳 | 153 | … | 870 | 0.03 | 1 | |
| 平顶山 | 17 | | 240 | 0.14 | | |
| 安 阳 | 43 | | 125 | 0.01 | | |
| 焦 作 | 39 | | 283 | 0.07 | … | |
| 武 汉 | 67 | … | 48 | 0.43 | | |
| 宜 昌 | 4 | | 280 | 0.92 | | |
| 荆 州 | | | … | … | … | |
| 长 沙 | 3 | | 1 | 0.06 | 4 | |
| 株 洲 | 18 | 0.03 | 71 | 0.05 | 2 | |
| 湘 潭 | 1 | … | 21 | 0.03 | 1 | … |
| 岳 阳 | 18 | … | 4 | … | … | |
| 常 德 | 20 | | 38 | … | | |

# 重点城市工业固体废物产生及处置利用情况（三）（续表）

（2007）

| 城市名称 | 工业固体废物贮存量（万吨） | 危险废物贮存量 | 工业固体废物处置量（万吨） | 危险废物处置量 | 工业固体废物排放量（万吨） | 危险废物排放量 |
|---|---|---|---|---|---|---|
| 张家界 | 3 | … | 3 | | … | |
| 广州 | 19 | 3.26 | 39 | 7.04 | … | |
| 韶关 | 130 | 0.01 | 126 | 0.56 | 2 | |
| 深圳 | 2 | … | 22 | 13.55 | … | |
| 珠海 | … | 0.08 | 5 | 1.93 | … | |
| 汕头 | … | … | 1 | 0.14 | … | |
| 佛山 | … | | 2 | 1.37 | 3 | |
| 湛江 | | | 13 | 0.11 | 1 | |
| 中山 | … | … | 9 | 1.55 | … | |
| 南宁 | 13 | 0.01 | 50 | 20.22 | … | |
| 柳州 | 38 | 0.33 | 60 | 3.73 | … | |
| 桂林 | 11 | | 1 | … | 1 | |
| 北海 | | | 45 | 0.07 | … | |
| 海口 | | | … | 0.05 | | |
| 三亚 | | | … | … | | |
| 重庆 | 192 | 0.48 | 163 | 3.81 | 138 | |
| 成都 | 6 | 0.02 | 7 | 0.25 | | |
| 攀枝花 | 91 | | 1 621 | 0.74 | 1 | |
| 泸州 | 10 | | 339 | 0.01 | 2 | |
| 绵阳 | 28 | | 34 | 0.11 | … | |
| 宜宾 | 147 | | 2 | | 9 | |
| 贵阳 | 41 | | 371 | 0.13 | … | |
| 遵义 | 128 | … | 285 | … | 2 | |
| 昆明 | 15 | 0.02 | 1 108 | 0.07 | 42 | |
| 曲靖 | 371 | | 269 | 5.47 | … | |
| 拉萨 | | | | | 1 | |
| 西安 | 16 | 0.01 | 6 | 0.13 | … | |
| 铜川 | 30 | | 27 | | … | |
| 宝鸡 | 1 | | 172 | | 2 | |
| 咸阳 | … | | 8 | 0.15 | 1 | |
| 延安 | 1 | 0.11 | 5 | 0.73 | … | |
| 兰州 | 54 | | 22 | 1.31 | | |
| 金昌 | 160 | | 770 | 1.00 | … | |
| 西宁 | 67 | 0.48 | … | 0.02 | … | |
| 银川 | 3 | | 2 | | … | |
| 石嘴山 | 44 | | 211 | | … | |
| 乌鲁木齐 | 143 | 0.08 | 72 | 2.16 | 4 | |
| 克拉玛依 | 1 | 0.91 | 10 | 2.32 | | |

# 重点城市汇总工业企业概况（一）

（2007）

| 城市名称 | 汇总工业企业数（个） | 工业总产值（现价）（万元） | 企业专职环保人员数（人） | 工业炉窑数（台） | 烟尘排放达标的 | 二氧化硫排放达标的 |
|---|---|---|---|---|---|---|
| **总计** | 58 842 | 1 311 200 596.3 | 180 422 | 41 701 | 36 876 | 34 808 |
| 北京 | 858 | 30 757 505.4 | 1 876 | 410 | 410 | 407 |
| 天津 | 1 621 | 63 940 638.9 | 3 572 | 630 | 630 | 629 |
| 石家庄 | 437 | 12 148 972.5 | 2 894 | 439 | 415 | 376 |
| 唐山 | 355 | 24 636 122.6 | 1 574 | 901 | 804 | 804 |
| 秦皇岛 | 174 | 5 562 226.5 | 710 | 118 | 114 | 102 |
| 邯郸 | 406 | 12 646 772.9 | 1 459 | 649 | 529 | 467 |
| 保定 | 954 | 8 197 133.8 | 2 443 | 642 | 509 | 382 |
| 太原 | 276 | 14 150 810.0 | 1 151 | 693 | 661 | 638 |
| 大同 | 263 | 4 491 769.3 | 942 | 247 | 192 | 150 |
| 阳泉 | 254 | 1 916 733.7 | 691 | 350 | 350 | 158 |
| 长治 | 352 | 7 598 714.7 | 1 178 | 268 | 251 | 244 |
| 临汾 | 356 | 6 542 914.5 | 1 170 | 201 | 173 | 173 |
| 呼和浩特 | 124 | 5 837 352.0 | 412 | 48 | 47 | 47 |
| 包头 | 230 | 8 462 715.0 | 864 | 540 | 505 | 471 |
| 赤峰 | 194 | 1 740 747.3 | 288 | 100 | 93 | 62 |
| 沈阳 | 1 942 | 18 987 199.6 | 2 629 | 462 | 365 | 338 |
| 大连 | 464 | 18 857 260.2 | 1 063 | 470 | 324 | 317 |
| 鞍山 | 203 | 10 480 803.1 | 697 | 1 502 | 1 483 | 1 439 |
| 抚顺 | 338 | 10 071 128.8 | 692 | 605 | 380 | 351 |
| 本溪 | 214 | 5 548 528.2 | 653 | 350 | 297 | 254 |
| 锦州 | 181 | 5 019 192.4 | 661 | 204 | 204 | 203 |
| 长春 | 163 | 19 711 415.1 | 491 | 229 | 149 | 229 |
| 吉林 | 238 | 10 177 634.0 | 1 279 | 165 | 150 | 149 |
| 哈尔滨 | 366 | 9 304 386.8 | 909 | 133 | 131 | 129 |
| 齐齐哈尔 | 197 | 3 177 542.6 | 312 | 326 | 293 | 300 |
| 大庆 | 122 | 25 414 191.6 | 1 085 | 2 311 | 2 310 | 2 310 |
| 牡丹江 | 93 | 995 229.9 | 244 | 65 | 57 | 52 |
| 上海 | 1 737 | 150 765 007.1 | 5 235 | 1 252 | 1 199 | 1 199 |
| 南京 | 722 | 38 086 142.2 | 1 988 | 585 | 533 | 458 |
| 无锡 | 1 081 | 40 066 011.4 | 3 204 | 613 | 604 | 564 |
| 徐州 | 397 | 7 303 343.2 | 1 199 | 291 | 200 | 184 |
| 常州 | 930 | 12 877 765.4 | 2 287 | 287 | 287 | 287 |
| 苏州 | 1 163 | 51 805 566.9 | 12 177 | 550 | 487 | 462 |
| 南通 | 890 | 10 562 350.6 | 1 763 | 414 | 378 | 378 |
| 连云港 | 162 | 2 983 404.3 | 481 | 16 | 16 | 16 |
| 扬州 | 489 | 9 272 444.3 | 1 011 | 139 | 139 | 139 |
| 杭州 | 1 101 | 23 310 336.4 | 3 542 | 295 | 266 | 260 |

# 重点城市汇总工业企业概况（一）（续表）

（2007）

| 城市名称 | 汇总工业企业数（个） | 工业总产值（现价）（万元） | 企业专职环保人员数（人） | 工业炉窑数（台） | 烟尘排放达标的 | 二氧化硫排放达标的 |
|---|---|---|---|---|---|---|
| 宁 波 | 910 | 32 834 561. 4 | 2 544 | 516 | 504 | 482 |
| 温 州 | 1 142 | 6 863 597. 0 | 2 233 | 212 | 183 | 162 |
| 嘉 兴 | 762 | 9 884 500. 2 | 2 745 | 230 | 225 | 216 |
| 湖 州 | 536 | 4 885 845. 2 | 1 390 | 168 | 153 | 154 |
| 绍 兴 | 842 | 15 447 021. 9 | 2 732 | 282 | 271 | 267 |
| 台 州 | 2 729 | 31 291 341. 1 | 2 997 | 402 | 332 | 276 |
| 合 肥 | 204 | 8 519 584. 4 | 686 | 218 | 139 | 132 |
| 芜 湖 | 215 | 5 940 196. 1 | 437 | 178 | 94 | 86 |
| 马鞍山 | 85 | 6 395 888. 6 | 392 | 145 | 141 | 136 |
| 福 州 | 521 | 11 836 640. 1 | 9 727 | 184 | 171 | 182 |
| 厦 门 | 374 | 18 099 537. 5 | 923 | 83 | 83 | 83 |
| 泉 州 | 3 242 | 9 603 728. 0 | 8 534 | 763 | 760 | 752 |
| 南 昌 | 214 | 5 317 572. 9 | 469 | 147 | 81 | 74 |
| 九 江 | 282 | 3 320 363. 8 | 427 | 174 | 59 | 29 |
| 济 南 | 585 | 15 309 136. 4 | 1 252 | 422 | 398 | 397 |
| 青 岛 | 579 | 23 651 334. 7 | 1 837 | 214 | 214 | 214 |
| 淄 博 | 536 | 13 024 480. 0 | 2 184 | 709 | 685 | 527 |
| 枣 庄 | 224 | 3 261 757. 8 | 800 | 232 | 208 | 231 |
| 烟 台 | 601 | 13 001 815. 7 | 1 587 | 227 | 186 | 223 |
| 潍 坊 | 513 | 16 360 373. 5 | 1 412 | 181 | 181 | 181 |
| 济 宁 | 453 | 10 697 663. 3 | 1 970 | 499 | 383 | 391 |
| 泰 安 | 315 | 5 152 809. 1 | 719 | 158 | 134 | 124 |
| 威 海 | 189 | 6 051 999. 5 | 620 | 36 | 36 | 36 |
| 日 照 | 76 | 5 217 343. 6 | 274 | 89 | 89 | 89 |
| 郑 州 | 696 | 9 046 769. 3 | 2 113 | 1 279 | 1 279 | 1 209 |
| 开 封 | 80 | 635 526. 2 | 406 | 141 | 19 | 18 |
| 洛 阳 | 397 | 11 422 372. 4 | 1 295 | 736 | 711 | 568 |
| 平顶山 | 195 | 5 729 138. 5 | 616 | 231 | 224 | 231 |
| 安 阳 | 450 | 7 327 302. 4 | 1 166 | 573 | 373 | 204 |
| 焦 作 | 223 | 4 565 614. 5 | 1 061 | 237 | 221 | 196 |
| 武 汉 | 392 | 18 602 928. 7 | 935 | 375 | 352 | 331 |
| 宜 昌 | 303 | 5 557 594. 6 | 646 | 208 | 206 | 205 |
| 荆 州 | 234 | 1 939 910. 5 | 651 | 45 | 28 | 21 |
| 长 沙 | 477 | 6 870 729. 0 | 9 075 | 251 | 194 | 193 |
| 株 洲 | 519 | 4 969 536. 4 | 908 | 500 | 320 | 320 |
| 湘 潭 | 299 | 3 974 763. 7 | 553 | 300 | 238 | 225 |
| 岳 阳 | 170 | 4 710 708. 1 | 402 | 109 | 87 | 74 |
| 常 德 | 229 | 3 259 496. 1 | 432 | 134 | 51 | 52 |

## 重点城市汇总工业企业概况（一）（续表）

（2007）

| 城市名称 | 汇总工业企业数（个） | 工业总产值（现价）（万元） | 企业专职环保人员数（人） | 工业炉窑数（台） | 烟尘排放达标的 | 二氧化硫排放达标的 |
|---|---|---|---|---|---|---|
| 张家界 | 59 | 136 178.2 | 54 | 252 | 21 | 16 |
| 广　州 | 967 | 20 226 910.4 | 1 929 | 245 | 212 | 202 |
| 韶　关 | 385 | 4 851 334.3 | 872 | 187 | 162 | 142 |
| 深　圳 | 2 116 | 25 599 312.2 | 5 865 | 91 | 88 | 88 |
| 珠　海 | 551 | 11 589 319.7 | 809 | 70 | 62 | 61 |
| 汕　头 | 1 213 | 4 457 815.4 | 950 | 45 | 41 | 42 |
| 佛　山 | 1 178 | 15 517 828.6 | 3 715 | 1 685 | 1 577 | 1 424 |
| 湛　江 | 209 | 3 760 282.1 | 580 | 82 | 78 | 51 |
| 中　山 | 502 | 6 901 064.5 | 1 284 | 106 | 103 | 102 |
| 南　宁 | 676 | 2 521 145.8 | 4 053 | 275 | 216 | 203 |
| 柳　州 | 618 | 9 945 342.0 | 3 686 | 312 | 262 | 242 |
| 桂　林 | 302 | 2 171 296.0 | 408 | 227 | 192 | 180 |
| 北　海 | 186 | 736 685.4 | 294 | 40 | 4 | 4 |
| 海　口 | 34 | 1 809 796.5 | 128 | 5 | 5 | 5 |
| 三　亚 | 20 | 320 255.5 | 42 | 3 | 3 | 3 |
| 重　庆 | 2 483 | 24 911 748.9 | 3 531 | 1 925 | 1 625 | 1 481 |
| 成　都 | 2 324 | 12 498 944.5 | 6 482 | 787 | 768 | 715 |
| 攀枝花 | 122 | 3 488 602.1 | 513 | 342 | 305 | 334 |
| 泸　州 | 444 | 1 855 518.9 | 333 | 216 | 93 | 89 |
| 绵　阳 | 246 | 4 825 561.0 | 451 | 313 | 313 | 313 |
| 宜　宾 | 252 | 3 927 956.7 | 1 752 | 165 | 105 | 95 |
| 贵　阳 | 446 | 4 059 887.3 | 939 | 1 344 | 1 184 | 1 184 |
| 遵　义 | 401 | 3 357 203.3 | 587 | 475 | 379 | 356 |
| 昆　明 | 433 | 12 024 971.5 | 1 107 | 491 | 478 | 439 |
| 曲　靖 | 200 | 4 423 713.8 | 551 | 326 | 278 | 282 |
| 拉　萨 | 14 | 112 510.8 | 36 | 16 | 14 | 14 |
| 西　安 | 374 | 9 988 653.1 | 1 285 | 155 | 136 | 133 |
| 铜　川 | 83 | 764 984.5 | 192 | 42 | 34 | 31 |
| 宝　鸡 | 242 | 4 620 893.2 | 506 | 159 | 157 | 151 |
| 咸　阳 | 172 | 4 830 213.7 | 859 | 119 | 111 | 78 |
| 延　安 | 94 | 5 887 184.4 | 241 | 32 | 14 | 6 |
| 兰　州 | 173 | 11 130 398.8 | 579 | 1 142 | 1 110 | 1 122 |
| 金　昌 | 36 | 4 743 853.0 | 195 | 62 | 55 | 50 |
| 西　宁 | 84 | 3 216 558.6 | 229 | 179 | 73 | 93 |
| 银　川 | 88 | 2 198 445.2 | 206 | 64 | 63 | 61 |
| 石嘴山 | 159 | 2 150 056.6 | 598 | 383 | 376 | 358 |
| 乌鲁木齐 | 103 | 5 241 763.4 | 288 | 93 | 73 | 81 |
| 克拉玛依 | 13 | 6 406 911.0 | 317 | 158 | 158 | 158 |

# 重点城市汇总工业企业概况（二）

（2007）

| 城市名称 | 工业锅炉数（台） | 烟尘排放达标的 | 二氧化硫排放达标的 | 工业锅炉蒸吨数（蒸吨） | 烟尘排放达标的 | 二氧化硫排放达标的 |
|---|---|---|---|---|---|---|
| **总　计** | 72 818 | 48 134 | 44 719 | 1 071 314.8 | 1 052 248.6 | 1 020 142.7 |
| 北　京 | 1 892 | 1 889 | 1 885 | 38 643.4 | 38 638.4 | 38 612.4 |
| 天　津 | 2 156 | 2 151 | 2 146 | 48 536.4 | 48 090.4 | 47 476.4 |
| 石家庄 | 236 | 222 | 214 | 4 401.9 | 4 346.4 | 4 326.4 |
| 唐　山 | 421 | 421 | 415 | 16 719.5 | 16 719.5 | 16 464.5 |
| 秦皇岛 | 97 | 97 | 92 | 6 268.0 | 6 268.0 | 6 252.0 |
| 邯　郸 | 301 | 292 | 269 | 8 211.7 | 8 155.2 | 8 085.7 |
| 保　定 | 742 | 679 | 340 | 8 391.6 | 8 321.1 | 6 972.8 |
| 太　原 | 386 | 376 | 377 | 16 312.0 | 16 304.0 | 16 306.0 |
| 大　同 | 769 | 756 | 727 | 8 461.6 | 8 404.1 | 8 282.1 |
| 阳　泉 | 158 | 155 | 106 | 933.7 | 923.7 | 716.0 |
| 长　治 | 437 | 398 | 385 | 15 472.5 | 15 412.5 | 15 288.0 |
| 临　汾 | 227 | 163 | 158 | 4 542.0 | 3 551.5 | 3 547.5 |
| 呼和浩特 | 419 | 403 | 405 | 21 236.0 | 20 732.0 | 20 768.0 |
| 包　头 | 444 | 426 | 357 | 17 880.5 | 17 807.0 | 17 645.5 |
| 赤　峰 | 277 | 226 | 156 | 10 983.5 | 10 586.3 | 9 901.0 |
| 沈　阳 | 1 654 | 1 427 | 1 277 | 13 882.5 | 12 832.3 | 11 976.6 |
| 大　连 | 489 | 440 | 393 | 6 292.5 | 5 711.8 | 5 199.9 |
| 鞍　山 | 421 | 418 | 397 | 4 763.0 | 4 734.0 | 4 681.0 |
| 抚　顺 | 763 | 543 | 312 | 7 485.6 | 7 174.5 | 6 061.9 |
| 本　溪 | 507 | 445 | 102 | 7 228.6 | 7 063.2 | 1 330.0 |
| 锦　州 | 373 | 370 | 369 | 9 918.0 | 9 915.0 | 9 911.0 |
| 长　春 | 615 | 611 | 615 | 9 440.6 | 9 420.6 | 9 440.6 |
| 吉　林 | 665 | 493 | 484 | 13 330.2 | 12 576.2 | 12 724.0 |
| 哈尔滨 | 586 | 569 | 519 | 9 813.9 | 9 765.9 | 9 503.4 |
| 齐齐哈尔 | 645 | 538 | 348 | 13 205.0 | 12 748.7 | 11 050.0 |
| 大　庆 | 903 | 893 | 893 | 14 460.1 | 14 369.1 | 14 410.1 |
| 牡丹江 | 397 | 397 | 390 | 3 176.5 | 3 176.5 | 3 051.5 |
| 上　海 | 4 863 | 4 823 | 4 791 | 35 233.8 | 35 065.9 | 34 943.4 |
| 南　京 | 475 | 451 | 442 | 17 283.4 | 16 185.4 | 15 754.4 |
| 无　锡 | 982 | 978 | 930 | 29 220.2 | 29 213.2 | 28 931.2 |
| 徐　州 | 339 | 333 | 328 | 19 753.9 | 19 739.2 | 19 710.7 |
| 常　州 | 742 | 741 | 741 | 9 275.8 | 9 269.8 | 9 273.8 |
| 苏　州 | 23 009 | 1 089 | 1 088 | 41 762.5 | 41 744.5 | 41 674.5 |
| 南　通 | 488 | 477 | 477 | 8 065.2 | 8 033.7 | 8 029.7 |
| 连云港 | 167 | 167 | 167 | 5 339.6 | 5 339.6 | 5 339.6 |
| 扬　州 | 247 | 247 | 247 | 11 350.3 | 11 350.3 | 11 350.3 |
| 杭　州 | 922 | 910 | 897 | 12 986.2 | 12 973.2 | 12 947.2 |

# 重点城市汇总工业企业概况（二）（续表）

（2007）

| 城市名称 | 工业锅炉数（台） | 烟尘排放达标的 | 二氧化硫排放达标的 | 工业锅炉蒸吨数（蒸吨） | 烟尘排放达标的 | 二氧化硫排放达标的 |
|---|---|---|---|---|---|---|
| 宁 波 | 587 | 586 | 500 | 29 860.2 | 29 851.5 | 29 569.8 |
| 温 州 | 884 | 881 | 858 | 8 155.3 | 8 145.3 | 8 088.3 |
| 嘉 兴 | 651 | 632 | 624 | 7 862.5 | 7 782.5 | 7 761.5 |
| 湖 州 | 420 | 410 | 371 | 7 845.9 | 7 814.6 | 7 749.0 |
| 绍 兴 | 1 169 | 1 167 | 1 157 | 11 956.9 | 11 532.4 | 11 348.4 |
| 台 州 | 529 | 386 | 247 | 11 673.1 | 11 333.5 | 11 057.8 |
| 合 肥 | 186 | 180 | 110 | 1 851.6 | 1 730.6 | 1 632.1 |
| 芜 湖 | 117 | 88 | 59 | 677.0 | 337.0 | 293.8 |
| 马鞍山 | 78 | 76 | 73 | 5 614.3 | 5 609.3 | 5 606.4 |
| 福 州 | 276 | 272 | 269 | 13 723.2 | 13 717.2 | 13 706.2 |
| 厦 门 | 163 | 163 | 163 | 6 535.8 | 6 535.8 | 6 535.8 |
| 泉 州 | 928 | 920 | 915 | 8 649.0 | 8 638.0 | 8 630.5 |
| 南 昌 | 188 | 177 | 143 | 2 754.7 | 2 639.9 | 2 512.9 |
| 九 江 | 119 | 87 | 44 | 5 734.3 | 5 634.8 | 5 115.8 |
| 济 南 | 289 | 285 | 278 | 11 981.4 | 11 892.2 | 11 861.2 |
| 青 岛 | 520 | 520 | 520 | 9 392.8 | 9 392.8 | 9 392.8 |
| 淄 博 | 386 | 384 | 324 | 24 219.6 | 24 211.6 | 22 974.6 |
| 枣 庄 | 237 | 234 | 225 | 12 251.5 | 12 243.5 | 11 894.5 |
| 烟 台 | 524 | 521 | 510 | 18 482.0 | 18 460.0 | 18 431.0 |
| 潍 坊 | 598 | 598 | 593 | 17 682.4 | 17 682.4 | 17 307.4 |
| 济 宁 | 436 | 435 | 405 | 34 860.2 | 34 856.2 | 34 653.2 |
| 泰 安 | 250 | 249 | 234 | 9 175.5 | 9 175.5 | 8 761.5 |
| 威 海 | 140 | 140 | 140 | 6 348.0 | 6 348.0 | 6 348.0 |
| 日 照 | 114 | 114 | 114 | 4 945.0 | 4 945.0 | 4 945.0 |
| 郑 州 | 523 | 518 | 481 | 14 146.2 | 13 901.2 | 13 183.2 |
| 开 封 | 82 | 79 | 74 | 2 386.5 | 2 380.5 | 2 358.5 |
| 洛 阳 | 203 | 193 | 173 | 8 002.8 | 7 982.8 | 7 948.8 |
| 平顶山 | 236 | 234 | 234 | 11 917.9 | 11 917.9 | 11 917.9 |
| 安 阳 | 327 | 298 | 170 | 2 157.5 | 2 052.5 | 1 024.5 |
| 焦 作 | 323 | 323 | 282 | 7 279.5 | 7 279.5 | 7 184.5 |
| 武 汉 | 247 | 241 | 240 | 16 296.9 | 16 129.9 | 16 125.9 |
| 宜 昌 | 219 | 208 | 210 | 3 015.5 | 2 952.5 | 2 974.5 |
| 荆 州 | 192 | 143 | 102 | 1 650.0 | 1 536.0 | 1 369.0 |
| 长 沙 | 229 | 222 | 205 | 4 689.8 | 4 672.3 | 4 627.3 |
| 株 洲 | 151 | 105 | 94 | 144.5 | 69.2 | 77.7 |
| 湘 潭 | 430 | 417 | 393 | 2 534.5 | 2 518.0 | 2 467.0 |
| 岳 阳 | 163 | 117 | 79 | 1 178.0 | 1 071.5 | 923.5 |
| 常 德 | 104 | 64 | 38 | 4 957.5 | 4 714.1 | 4 502.0 |

## 重点城市汇总工业企业概况（二）（续表）

（2007）

| 城市名称 | 工业锅炉数（台） | 烟尘排放达标的 | 二氧化硫排放达标的 | 工业锅炉蒸吨数（蒸吨） | 烟尘排放达标的 | 二氧化硫排放达标的 |
|---|---|---|---|---|---|---|
| 张家界 | 17 | 7 | 6 | 277.7 | 256.0 | 252.0 |
| 广　州 | 591 | 530 | 495 | 19 394.8 | 15 814.6 | 15 730.1 |
| 韶　关 | 113 | 99 | 96 | 644.2 | 545.3 | 541.9 |
| 深　圳 | 293 | 279 | 279 | 836.1 | 759.5 | 748.0 |
| 珠　海 | 363 | 341 | 302 | 11 020.3 | 10 955.6 | 10 723.1 |
| 汕　头 | 622 | 539 | 547 | 6 880.9 | 6 743.9 | 6 765.9 |
| 佛　山 | 780 | 712 | 686 | 8 129.6 | 7 822.7 | 7 702.9 |
| 湛　江 | 176 | 171 | 91 | 6 825.5 | 6 798.5 | 6 055.0 |
| 中　山 | 369 | 304 | 289 | 4 446.0 | 3 319.1 | 3 243.1 |
| 南　宁 | 228 | 197 | 180 | 2 467.7 | 2 382.7 | 2 239.2 |
| 柳　州 | 171 | 125 | 125 | 2 757.6 | 2 430.1 | 2 461.6 |
| 桂　林 | 173 | 167 | 146 | 3 863.0 | 3 840.0 | 3 799.5 |
| 北　海 | 53 | 47 | 15 | 1 505.2 | 1 499.2 | 1 203.0 |
| 海　口 | 38 | 36 | 35 | 190.7 | 182.7 | 180.7 |
| 三　亚 | 7 | 7 | 7 | 108.0 | 108.0 | 108.0 |
| 重　庆 | 1 205 | 948 | 867 | 11 354.9 | 10 790.2 | 10 468.7 |
| 成　都 | 1 141 | 1 125 | 1 067 | 6 062.8 | 6 060.8 | 4 289.3 |
| 攀枝花 | 86 | 84 | 85 | 3 401.0 | 3 250.0 | 3 380.0 |
| 泸　州 | 145 | 117 | 117 | 1 224.7 | 1 093.5 | 1 121.5 |
| 绵　阳 | 171 | 171 | 171 | 4 817.6 | 4 817.6 | 4 817.6 |
| 宜　宾 | 190 | 168 | 123 | 1 936.4 | 1 890.9 | 1 744.0 |
| 贵　阳 | 177 | 149 | 145 | 4 423.5 | 4 349.0 | 3 365.5 |
| 遵　义 | 158 | 131 | 74 | 2 267.2 | 2 222.1 | 1 532.1 |
| 昆　明 | 223 | 223 | 223 | 5 878.5 | 5 878.5 | 5 878.5 |
| 曲　靖 | 155 | 153 | 151 | 8 587.5 | 8 579.0 | 8 575.0 |
| 拉　萨 | 8 | 1 | 1 | 2.0 | | |
| 西　安 | 560 | 538 | 490 | 10 198.4 | 9 662.4 | 8 308.4 |
| 铜　川 | 100 | 98 | 93 | 4 615.5 | 4 613.5 | 4 607.5 |
| 宝　鸡 | 231 | 230 | 224 | 6 448.0 | 6 444.0 | 6 424.0 |
| 咸　阳 | 180 | 170 | 136 | 5 889.5 | 5 843.0 | 1 641.0 |
| 延　安 | 64 | 54 | 35 | 632.0 | 621.0 | 445.0 |
| 兰　州 | 232 | 216 | 231 | 7 889.0 | 7 795.0 | 7 882.0 |
| 金　昌 | 164 | 163 | 158 | 1 693.0 | 1 663.0 | 1 654.0 |
| 西　宁 | 174 | 148 | 149 | 5 825.0 | 5 705.5 | 5 691.0 |
| 银　川 | 156 | 153 | 155 | 3 237.0 | 3 166.5 | 3 168.5 |
| 石嘴山 | 249 | 244 | 222 | 4 828.3 | 4 771.3 | 4 726.5 |
| 乌鲁木齐 | 203 | 188 | 193 | 8 165.5 | 7 484.5 | 8 128.5 |
| 克拉玛依 | 420 | 420 | 420 | 9 739.2 | 9 739.2 | 9 739.2 |

# 重点城市汇总工业企业概况（三）

（2007）

| 城市名称 | 工业用水总量（万吨） | | | 污水排放口数（个） | | “三废”综合利用产品产值（万元） |
|---|---|---|---|---|---|---|
| | | 新鲜水量 | 重复用水量 | | 直排海的污水排放口数 | |
| **总　　计** | 24 240 442 | 4 283 221 | 19 957 222 | 46 255 | 1 319 | 8 700 450.5 |
| 北　京 | 581 756 | 22 358 | 559 397 | 628 | | 91 801.6 |
| 天　津 | 931 210 | 61 947 | 869 264 | 1 240 | 4 | 110 850.9 |
| 石家庄 | 669 163 | 37 720 | 631 443 | 289 | | 32 657.5 |
| 唐　山 | 950 478 | 58 713 | 891 765 | 189 | 2 | 387 799.6 |
| 秦皇岛 | 71 681 | 8 168 | 63 512 | 151 | 7 | 32 899.6 |
| 邯　郸 | 494 715 | 23 380 | 471 335 | 155 | | 151 543.0 |
| 保　定 | 224 475 | 20 128 | 204 347 | 555 | 2 | 38 368.0 |
| 太　原 | 345 706 | 12 821 | 332 885 | 125 | | 51 914.6 |
| 大　同 | 172 619 | 23 655 | 148 964 | 140 | | 16 584.4 |
| 阳　泉 | 185 015 | 6 473 | 178 542 | 72 | | 5 930.1 |
| 长　治 | 214 650 | 14 578 | 200 072 | 146 | | 41 594.7 |
| 临　汾 | 121 730 | 9 677 | 112 053 | 56 | | 66 863.6 |
| 呼和浩特 | 242 456 | 6 896 | 235 560 | 129 | | 4 392.9 |
| 包　头 | 263 609 | 18 519 | 245 090 | 117 | | 24 218.8 |
| 赤　峰 | 144 313 | 6 229 | 138 083 | 93 | | 72 687.4 |
| 沈　阳 | 78 751 | 11 396 | 67 355 | 1 265 | | 26 025.3 |
| 大　连 | 116 357 | 50 048 | 66 309 | 454 | 96 | 18 957.8 |
| 鞍　山 | 284 345 | 25 835 | 258 510 | 118 | | 158 436.4 |
| 抚　顺 | 340 905 | 14 408 | 326 497 | 208 | | 135 424.4 |
| 本　溪 | 251 826 | 11 158 | 240 668 | 133 | | 16 032.4 |
| 锦　州 | 163 728 | 10 053 | 153 676 | 109 | 6 | 14 015.6 |
| 长　春 | 76 957 | 7 620 | 69 337 | 339 | | 76 031.9 |
| 吉　林 | 286 706 | 61 374 | 225 331 | 148 | | 13 290.4 |
| 哈尔滨 | 234 175 | 9 471 | 224 703 | 327 | 1 | 55 307.7 |
| 齐齐哈尔 | 205 654 | 95 379 | 110 274 | 251 | | 6 731.7 |
| 大　庆 | 293 372 | 29 772 | 263 599 | 99 | | 20 959.7 |
| 牡丹江 | 73 089 | 50 302 | 22 787 | 65 | | 5 882.7 |
| 上　海 | 1 416 425 | 517 327 | 899 098 | 1 673 | 68 | 152 091.3 |
| 南　京 | 896 922 | 115 741 | 781 181 | 643 | 5 | 205 027.1 |
| 无　锡 | 356 362 | 59 996 | 296 365 | 1 171 | | 91 655.1 |
| 徐　州 | 341 179 | 24 559 | 316 620 | 255 | 1 | 216 440.1 |
| 常　州 | 138 221 | 40 991 | 97 230 | 675 | | 269 831.0 |
| 苏　州 | 643 831 | 88 915 | 554 917 | 1 030 | 13 | 712 379.8 |
| 南　通 | 133 610 | 22 889 | 110 721 | 711 | | 68 681.9 |
| 连云港 | 113 352 | 6 904 | 106 447 | 122 | 5 | 26 469.3 |
| 扬　州 | 167 432 | 16 845 | 150 586 | 476 | | 25 975.6 |
| 杭　州 | 357 004 | 107 174 | 249 829 | 912 | 3 | 1 278 210.0 |

# 重点城市汇总工业企业概况（三）（续表）

（2007）

| 城市名称 | 工业用水总量（万吨） | 新鲜水量 | 重复用水量 | 污水排放口数（个） | 直排海的污水排放口数 | “三废”综合利用产品产值（万元） |
|---|---|---|---|---|---|---|
| 宁波 | 820 866 | 329 937 | 490 928 | 761 | 118 | 210 965.5 |
| 温州 | 208 515 | 190 270 | 18 245 | 966 | 52 | 98 216.8 |
| 嘉兴 | 90 850 | 25 703 | 65 147 | 636 | 19 | 101 444.7 |
| 湖州 | 155 467 | 15 345 | 140 122 | 405 | | 38 180.2 |
| 绍兴 | 142 385 | 41 032 | 101 353 | 715 | 6 | 106 348.5 |
| 台州 | 40 922 | 7 402 | 33 520 | 1 348 | 247 | 120 002.0 |
| 合肥 | 147 311 | 9 348 | 137 963 | 155 | | 19 455.7 |
| 芜湖 | 37 785 | 9 381 | 28 405 | 147 | | 50 388.0 |
| 马鞍山 | 235 700 | 14 100 | 221 601 | 68 | | 15 286.6 |
| 福州 | 80 125 | 8 230 | 71 894 | 323 | 14 | 18 251.0 |
| 厦门 | 114 449 | 6 985 | 107 465 | 373 | 41 | 58 610.2 |
| 泉州 | 62 688 | 33 009 | 29 679 | 2 895 | 129 | 41 052.2 |
| 南昌 | 63 687 | 22 443 | 41 243 | 163 | | 42 305.4 |
| 九江 | 138 394 | 64 945 | 73 449 | 167 | | 25 855.2 |
| 济南 | 337 402 | 11 189 | 326 214 | 341 | | 103 470.8 |
| 青岛 | 150 727 | 16 987 | 133 740 | 523 | 53 | 73 669.6 |
| 淄博 | 496 015 | 30 251 | 465 764 | 235 | | 175 365.5 |
| 枣庄 | 130 790 | 16 510 | 114 280 | 147 | | 63 736.3 |
| 烟台 | 99 496 | 13 200 | 86 296 | 445 | 97 | 47 721.4 |
| 潍坊 | 166 900 | 20 931 | 145 969 | 435 | | 89 606.6 |
| 济宁 | 464 279 | 23 309 | 440 970 | 221 | | 72 013.8 |
| 泰安 | 161 392 | 8 169 | 153 223 | 206 | | 147 358.9 |
| 威海 | 34 025 | 4 159 | 29 866 | 164 | 24 | 10 958.6 |
| 日照 | 145 772 | 11 219 | 134 553 | 76 | 21 | 154 313.7 |
| 郑州 | 235 804 | 21 216 | 214 588 | 382 | | 72 390.0 |
| 开封 | 64 453 | 5 640 | 58 813 | 78 | | 2 899.2 |
| 洛阳 | 380 964 | 15 245 | 365 719 | 280 | | 88 986.5 |
| 平顶山 | 270 904 | 11 714 | 259 190 | 160 | | 35 407.1 |
| 安阳 | 224 684 | 18 347 | 206 337 | 222 | | 54 279.2 |
| 焦作 | 253 663 | 33 832 | 219 831 | 168 | | 58 793.2 |
| 武汉 | 528 159 | 116 671 | 411 488 | 345 | | 222 685.8 |
| 宜昌 | 134 995 | 14 511 | 120 484 | 280 | | 42 268.4 |
| 荆州 | 20 428 | 11 819 | 8 608 | 221 | | 9 020.4 |
| 长沙 | 9 505 | 5 509 | 3 996 | 379 | | 28 446.2 |
| 株洲 | 69 958 | 10 403 | 59 555 | 401 | | 18 135.4 |
| 湘潭 | 75 909 | 13 610 | 62 298 | 278 | | 61 020.3 |
| 岳阳 | 194 698 | 13 557 | 181 140 | 177 | | 27 772.0 |
| 常德 | 24 594 | 13 694 | 10 900 | 187 | | 15 206.4 |

## 重点城市汇总工业企业概况（三）（续表）

（2007）

| 城市名称 | 工业用水总量（万吨） | 新鲜水量 | 重复用水量 | 污水排放口数（个） | 直排海的污水排放口数 | “三废”综合利用产品产值（万元） |
|---|---|---|---|---|---|---|
| 张家界 | 273 | 239 | 34 | 54 | | 2 301.5 |
| 广州 | 572 747 | 324 966 | 247 781 | 1 294 | 8 | 43 417.6 |
| 韶关 | 207 066 | 43 452 | 163 614 | 224 | | 32 937.2 |
| 深圳 | 36 147 | 15 877 | 20 270 | 2 110 | 202 | 64 735.5 |
| 珠海 | 176 903 | 125 439 | 51 464 | 511 | 16 | 43 001.9 |
| 汕头 | 103 333 | 93 317 | 10 016 | 1 190 | 26 | 19 582.7 |
| 佛山 | 150 730 | 128 055 | 22 675 | 912 | | 30 274.3 |
| 湛江 | 38 765 | 8 367 | 30 397 | 137 | 12 | 10 523.8 |
| 中山 | 23 967 | 15 121 | 8 846 | 399 | 5 | 13 865.7 |
| 南宁 | 99 186 | 16 480 | 82 706 | 269 | | 63 330.3 |
| 柳州 | 240 629 | 60 792 | 179 837 | 210 | | 62 715.5 |
| 桂林 | 52 280 | 7 159 | 45 121 | 238 | | 15 208.7 |
| 北海 | 8 165 | 2 730 | 5 434 | 68 | 13 | 1 923.0 |
| 海口 | 3 438 | 673 | 2 765 | 29 | | 987.3 |
| 三亚 | 241 | 185 | 56 | 7 | 1 | 723.0 |
| 重庆 | 649 039 | 227 908 | 421 131 | 2 609 | | 165 138.6 |
| 成都 | 168 969 | 33 116 | 135 853 | 2 498 | | 42 616.3 |
| 攀枝花 | 187 335 | 8 412 | 178 923 | 56 | | 134 168.1 |
| 泸州 | 81 553 | 13 256 | 68 297 | 169 | | 6 614.2 |
| 绵阳 | 65 059 | 13 086 | 51 973 | 210 | | 22 741.2 |
| 宜宾 | 95 509 | 26 651 | 68 858 | 186 | | 39 878.1 |
| 贵阳 | 75 733 | 17 570 | 58 164 | 254 | 1 | 41 448.4 |
| 遵义 | 126 212 | 5 117 | 121 095 | 352 | 1 | 25 901.4 |
| 昆明 | 219 054 | 18 951 | 200 103 | 243 | | 199 049.2 |
| 曲靖 | 78 175 | 11 374 | 66 801 | 61 | | 48 285.5 |
| 拉萨 | 929 | 908 | 21 | 7 | | 7.3 |
| 西安 | 103 374 | 25 219 | 78 155 | 386 | | 40 767.1 |
| 铜川 | 3 475 | 990 | 2 485 | 54 | | 3 450.0 |
| 宝鸡 | 75 495 | 10 534 | 64 962 | 232 | | 14 689.5 |
| 咸阳 | 110 528 | 8 879 | 101 649 | 135 | | 8 327.0 |
| 延安 | 5 254 | 2 681 | 2 573 | 24 | | 2 093.1 |
| 兰州 | 147 650 | 15 481 | 132 169 | 101 | | 40 301.9 |
| 金昌 | 39 418 | 5 509 | 33 909 | 24 | | 62 921.4 |
| 西宁 | 108 297 | 15 400 | 92 897 | 62 | | 5 187.0 |
| 银川 | 74 927 | 6 723 | 68 204 | 78 | | 7 049.2 |
| 石嘴山 | 201 045 | 9 735 | 191 309 | 37 | | 19 876.1 |
| 乌鲁木齐 | 251 668 | 8 487 | 243 181 | 49 | | 16 734.5 |
| 克拉玛依 | 59 437 | 5 133 | 54 305 | 34 | | 1 826.2 |

# 重点城市工业污染治理项目建设情况（一）

（2007）

单位：个

| 城市名称 | 汇总工业企业数 | 本年施工项目数 | | | | | |
|---|---|---|---|---|---|---|---|
| | | | 治理废水 | 治理废气 | 治理固体废物 | 治理噪声 | 治理其他 |
| **总　　计** | 5 470 | 7 529 | 3 310 | 2 938 | 403 | 164 | 691 |
| 北　　京 | 107 | 170 | 47 | 86 | 4 | 9 | 24 |
| 天　　津 | 156 | 218 | 82 | 91 | 18 | 4 | 23 |
| 石 家 庄 | 56 | 94 | 37 | 42 | 5 | | 10 |
| 唐　　山 | 39 | 79 | 20 | 56 | 1 | 1 | 1 |
| 秦 皇 岛 | 9 | 16 | 5 | 11 | | | |
| 邯　　郸 | 46 | 77 | 25 | 36 | 2 | | 14 |
| 保　　定 | 69 | 61 | 40 | 15 | 1 | | 5 |
| 太　　原 | 41 | 110 | 25 | 44 | 15 | 2 | 24 |
| 大　　同 | 47 | 31 | 12 | 15 | 1 | | 3 |
| 阳　　泉 | 21 | 44 | 6 | 22 | 6 | 1 | 9 |
| 长　　治 | 81 | 143 | 31 | 79 | 10 | 1 | 22 |
| 临　　汾 | 41 | 118 | 21 | 71 | 8 | 3 | 15 |
| 呼和浩特 | 10 | 14 | 4 | 9 | | 1 | |
| 包　　头 | 4 | 15 | 2 | 9 | 1 | | 3 |
| 赤　　峰 | 3 | 3 | 1 | 1 | 1 | | |
| 沈　　阳 | 25 | 22 | 13 | 6 | 1 | | 2 |
| 大　　连 | 40 | 41 | 22 | 15 | | 1 | 3 |
| 鞍　　山 | 8 | 12 | 6 | 4 | 1 | | 1 |
| 抚　　顺 | 13 | 24 | 8 | 12 | 1 | 1 | 2 |
| 本　　溪 | 5 | 18 | 8 | 9 | 1 | | |
| 锦　　州 | 13 | 23 | 4 | 12 | 2 | 1 | 4 |
| 长　　春 | 23 | 25 | 16 | 7 | | 2 | |
| 吉　　林 | 36 | 56 | 25 | 22 | 2 | 5 | 2 |
| 哈 尔 滨 | 42 | 61 | 26 | 30 | | 4 | 1 |
| 齐齐哈尔 | 19 | 22 | 8 | 12 | 1 | 1 | |
| 大　　庆 | 26 | 43 | 29 | 10 | 3 | | 1 |
| 牡 丹 江 | 10 | 11 | 6 | 5 | | | |
| 上　　海 | 154 | 227 | 81 | 115 | 5 | 14 | 12 |
| 南　　京 | 108 | 138 | 65 | 57 | 1 | 9 | 6 |
| 无　　锡 | 127 | 127 | 105 | 16 | 3 | | 3 |
| 徐　　州 | 28 | 36 | 18 | 12 | 1 | 3 | 2 |
| 常　　州 | 62 | 62 | 53 | 6 | | 1 | 2 |
| 苏　　州 | 90 | 102 | 46 | 41 | 8 | 1 | 6 |
| 南　　通 | 66 | 75 | 31 | 23 | 3 | 1 | 17 |
| 连 云 港 | 32 | 53 | 28 | 13 | 5 | | 7 |
| 扬　　州 | 21 | 9 | 7 | 1 | | | |
| 杭　　州 | 120 | 152 | 88 | 43 | 1 | 3 | 17 |

# 重点城市工业污染治理项目建设情况（一）（续表）

（2007）

单位：个

| 城市名称 | 汇总工业企业数 | 本年施工项目数 | | | | | |
|---|---|---|---|---|---|---|---|
| | | | 治理废水 | 治理废气 | 治理固体废物 | 治理噪声 | 治理其他 |
| 宁波 | 86 | 120 | 54 | 53 | 3 | | 10 |
| 温州 | 101 | 135 | 84 | 49 | | 1 | 1 |
| 嘉兴 | 78 | 92 | 59 | 25 | 3 | 1 | 4 |
| 湖州 | 96 | 115 | 87 | 27 | | 1 | |
| 绍兴 | 166 | 181 | 148 | 28 | 2 | | 3 |
| 台州 | 197 | 193 | 140 | 48 | 2 | | 3 |
| 合肥 | 28 | 34 | 20 | 12 | | | 2 |
| 芜湖 | 8 | 15 | 3 | 7 | 2 | 1 | 2 |
| 马鞍山 | 13 | 24 | 8 | 10 | 4 | | 2 |
| 福州 | 111 | 145 | 56 | 73 | 5 | 5 | 6 |
| 厦门 | 36 | 39 | 27 | 12 | | | |
| 泉州 | 236 | 316 | 96 | 97 | 110 | 1 | 12 |
| 南昌 | 12 | 10 | 5 | 5 | | | |
| 九江 | 9 | 9 | 7 | 2 | | | |
| 济南 | 39 | 57 | 16 | 24 | 4 | | 13 |
| 青岛 | 72 | 95 | 47 | 41 | 3 | | 4 |
| 淄博 | 139 | 195 | 70 | 66 | 4 | 2 | 53 |
| 枣庄 | 57 | 56 | 41 | 13 | | 1 | 1 |
| 烟台 | 79 | 92 | 29 | 23 | 37 | | 3 |
| 潍坊 | 71 | 83 | 36 | 17 | 1 | | 29 |
| 济宁 | 81 | 91 | 71 | 13 | 1 | 1 | 5 |
| 泰安 | 52 | 66 | 46 | 16 | 1 | 1 | 2 |
| 威海 | 31 | 37 | 21 | 14 | | | 2 |
| 日照 | 33 | 39 | 26 | 12 | | | 1 |
| 郑州 | 102 | 149 | 21 | 118 | 1 | 1 | 8 |
| 开封 | 6 | 5 | 4 | 1 | | | |
| 洛阳 | 44 | 77 | 27 | 30 | 4 | 1 | 15 |
| 平顶山 | 38 | 60 | 19 | 23 | 7 | 2 | 9 |
| 安阳 | 13 | 27 | 14 | 10 | 1 | 2 | |
| 焦作 | 31 | 49 | 21 | 21 | 4 | 2 | 1 |
| 武汉 | 11 | 34 | 9 | 12 | 1 | 5 | 7 |
| 宜昌 | 71 | 108 | 50 | 38 | 8 | 4 | 8 |
| 荆州 | 16 | 25 | 17 | 7 | 1 | | |
| 长沙 | 2 | 3 | 1 | 2 | | | |
| 株洲 | 33 | 55 | 31 | 18 | 2 | | 4 |
| 湘潭 | 18 | 29 | 14 | 9 | 2 | 2 | 2 |
| 岳阳 | 49 | 71 | 39 | 23 | 4 | | 5 |
| 常德 | 69 | 120 | 46 | 61 | 3 | 5 | 5 |

# 重点城市工业污染治理项目建设情况（一）（续表）

（2007）

单位：个

| 城市名称 | 汇总工业企业数 | 本年施工项目数 | 治理废水 | 治理废气 | 治理固体废物 | 治理噪声 | 治理其他 |
|---|---|---|---|---|---|---|---|
| 张家界 | 4 | 9 | 2 | 6 | 1 | | |
| 广州 | 22 | 30 | 3 | 5 | | | |
| 韶关 | 66 | 112 | 42 | 52 | 11 | 2 | 5 |
| 深圳 | 104 | 147 | 96 | 27 | 2 | 5 | 17 |
| 珠海 | 62 | 79 | 16 | 13 | 4 | 3 | 43 |
| 汕头 | 26 | 32 | 21 | 9 | | 1 | 1 |
| 佛山 | 66 | 84 | 6 | 56 | | | 22 |
| 湛江 | 82 | 141 | 53 | 46 | 6 | 5 | 31 |
| 中山 | | | | | | | |
| 南宁 | 74 | 111 | 63 | 42 | 4 | | 2 |
| 柳州 | 17 | 10 | 6 | 2 | 1 | | 1 |
| 桂林 | 31 | 37 | 7 | 28 | 1 | | 1 |
| 北海 | 9 | 11 | 9 | 2 | | | |
| 海口 | 9 | 7 | 4 | | 1 | 1 | 1 |
| 三亚 | | | | | | | |
| 重庆 | 221 | 299 | 93 | 163 | 7 | 8 | 28 |
| 成都 | 115 | 143 | 77 | 49 | 2 | 7 | 8 |
| 攀枝花 | 22 | 61 | 6 | 25 | 7 | 4 | 19 |
| 泸州 | 12 | 24 | 7 | 11 | | 1 | 5 |
| 绵阳 | 9 | 12 | 6 | 6 | | | |
| 宜宾 | 31 | 39 | 16 | 18 | 1 | | 4 |
| 贵阳 | 27 | 61 | 20 | 29 | 6 | 3 | 3 |
| 遵义 | | | | | | | |
| 昆明 | 95 | 147 | 43 | 83 | 3 | 7 | 11 |
| 曲靖 | 15 | 27 | 14 | 10 | 1 | | 2 |
| 拉萨 | 2 | 3 | 1 | | | | 2 |
| 西安 | 49 | 61 | 44 | 12 | 1 | 3 | 1 |
| 铜川 | 4 | 4 | 1 | 2 | | | 1 |
| 宝鸡 | 18 | 17 | 12 | 5 | | | |
| 咸阳 | 18 | 18 | 12 | 4 | | 1 | 1 |
| 延安 | 11 | 20 | 10 | 2 | | 1 | 7 |
| 兰州 | 20 | 34 | 13 | 17 | 2 | | 2 |
| 金昌 | 11 | 24 | 4 | 19 | | 1 | |
| 西宁 | 9 | 12 | 5 | 7 | | | |
| 银川 | 21 | 37 | 16 | 17 | 4 | | |
| 石嘴山 | 48 | 63 | 14 | 45 | 1 | | 3 |
| 乌鲁木齐 | 2 | 4 | | 4 | | | |
| 克拉玛依 | 6 | 26 | 7 | 4 | 5 | 3 | 7 |

# 重点城市工业污染治理项目建设情况（二）

（2007）

单位：万元

| 城市名称 | 污染治理项目本年完成投资合计 | 治理废水 | 治理废气 | 治理固体废物 | 治理噪声 | 治理其他 |
|---|---|---|---|---|---|---|
| **总　　计** | 3 343 450.3 | 1 078 626.8 | 1 712 676.5 | 113 941.4 | 11 163.6 | 424 081.0 |
| 北　　京 | 81 206.6 | 22 008.4 | 33 945.5 | 1 151.3 | 395.0 | 23 706.4 |
| 天　　津 | 150 526.6 | 37 117.8 | 67 063.4 | 1 750.0 | 117.0 | 44 478.4 |
| 石 家 庄 | 26 421.8 | 13 124.7 | 9 661.0 | 1 034.7 |  | 2 601.4 |
| 唐　　山 | 32 865.5 | 3 581.0 | 27 644.5 | 6.0 | 1 200.0 | 434.0 |
| 秦 皇 岛 | 20 709.4 | 1 533.4 | 19 176.0 |  |  |  |
| 邯　　郸 | 71 685.7 | 21 464.2 | 41 990.5 | 1 220.0 |  | 7 011.0 |
| 保　　定 | 7 786.5 | 5 918.0 | 1 314.5 | 4.0 |  | 550.0 |
| 太　　原 | 85 647.9 | 6 119.8 | 71 069.8 | 3 575.6 | 178.6 | 4 704.1 |
| 大　　同 | 24 120.0 | 17 923.2 | 5 623.0 | 291.0 |  | 282.8 |
| 阳　　泉 | 10 690.4 | 2 073.4 | 4 951.2 | 1 720.3 | 10.0 | 1 935.5 |
| 长　　治 | 50 223.3 | 12 922.0 | 27 040.9 | 6 102.9 | 100.0 | 4 057.5 |
| 临　　汾 | 46 292.2 | 16 015.5 | 23 949.2 | 366.0 | 122.0 | 5 839.5 |
| 呼和浩特 | 29 348.5 | 4 048.0 | 25 296.5 |  | 4.0 |  |
| 包　　头 | 83 276.1 | 3 757.0 | 73 145.0 | 6 000.0 |  | 374.1 |
| 赤　　峰 | 780.6 | 500.0 | 55.6 | 225.0 |  |  |
| 沈　　阳 | 4 329.1 | 3 218.8 | 976.3 | 26.0 |  | 108.0 |
| 大　　连 | 12 068.6 | 3 080.6 | 8 756.5 | 34.0 |  | 197.5 |
| 鞍　　山 | 31 754.0 | 7 644.0 | 20 760.0 | 1 200.0 |  | 2 150.0 |
| 抚　　顺 | 27 055.7 | 10 134.0 | 16 039.7 | 360.0 | 280.0 | 242.0 |
| 本　　溪 | 11 303.0 | 929.0 | 8 374.0 | 2 000.0 |  |  |
| 锦　　州 | 13 792.8 | 5 733.0 | 3 240.8 | 2 900.0 | 423.0 | 1 496.0 |
| 长　　春 | 13 251.8 | 6 181.8 | 6 620.0 |  | 450.0 |  |
| 吉　　林 | 22 810.2 | 13 530.6 | 7 204.0 | 100.0 | 205.8 | 1 769.8 |
| 哈 尔 滨 | 14 681.9 | 5 896.8 | 8 783.1 |  |  | 2.0 |
| 齐齐哈尔 | 6 419.7 | 2 028.8 | 1 491.9 | 2 891.0 | 8.0 |  |
| 大　　庆 | 35 602.3 | 23 220.8 | 9 706.5 | 2 647.0 |  | 28.0 |
| 牡 丹 江 | 2 904.6 | 2 638.0 | 266.6 |  |  |  |
| 上　　海 | 164 317.6 | 13 117.4 | 148 484.5 | 10.5 | 1 013.3 | 1 691.9 |
| 南　　京 | 35 942.6 | 12 810.3 | 17 912.7 | 550.0 | 215.7 | 4 453.9 |
| 无　　锡 | 90 709.9 | 33 057.3 | 54 954.6 | 220.0 | 3.5 | 2 474.5 |
| 徐　　州 | 33 903.5 | 9 398.9 | 24 018.6 | 215.0 | 146.0 | 125.0 |
| 常　　州 | 22 521.4 | 10 521.4 | 11 790.0 |  | 20.0 | 190.0 |
| 苏　　州 | 240 303.6 | 28 838.6 | 196 415.0 | 9 844.0 | 75.0 | 5 131.0 |
| 南　　通 | 19 240.8 | 6 167.4 | 10 240.5 | 429.3 | 7.5 | 2 396.1 |
| 连 云 港 | 21 887.9 | 10 759.2 | 10 583.7 | 409.0 |  | 136.0 |
| 扬　　州 | 2 578.5 | 1 829.1 | 656.0 | 0.3 |  | 29.1 |
| 杭　　州 | 30 619.8 | 14 966.3 | 4 158.8 | 25.0 | 128.0 | 11 341.7 |

## 重点城市工业污染治理项目建设情况（二）（续表）

（2007）

单位：万元

| 城市名称 | 污染治理项目本年完成投资合计 | 治理废水 | 治理废气 | 治理固体废物 | 治理噪声 | 治理其他 |
|---|---|---|---|---|---|---|
| 宁　波 | 47 661.9 | 11 311.4 | 34 583.7 | 1 339.0 | 10.0 | 417.8 |
| 温　州 | 16 562.5 | 10 976.5 | 5 323.0 | | 113.0 | 150.0 |
| 嘉　兴 | 22 412.9 | 18 446.3 | 2 881.0 | 176.5 | 4.0 | 905.1 |
| 湖　州 | 10 758.1 | 9 313.3 | 1 404.8 | | 20.0 | 20.0 |
| 绍　兴 | 28 148.4 | 24 853.4 | 2 822.5 | 194.5 | 40.0 | 238.0 |
| 台　州 | 22 050.2 | 9 955.5 | 11 817.7 | 52.0 | | 225.0 |
| 合　肥 | 11 527.8 | 8 305.0 | 2 808.2 | | | 414.6 |
| 芜　湖 | 1 410.5 | 557.4 | 487.6 | 257.0 | 20.0 | 88.5 |
| 马鞍山 | 12 566.2 | 6 370.0 | 5 934.2 | 217.0 | | 45.0 |
| 福　州 | 31 789.4 | 6 126.4 | 11 546.6 | 90.5 | 24.1 | 14 001.8 |
| 厦　门 | 14 160.6 | 6 927.0 | 7 233.6 | | | |
| 泉　州 | 58 833.8 | 28 090.9 | 28 844.3 | 1 456.4 | 2.5 | 439.7 |
| 南　昌 | 7 249.7 | 6 804.0 | 445.7 | | | |
| 九　江 | 4 194.0 | 1 659.0 | 2 535.0 | | | |
| 济　南 | 27 250.6 | 3 339.6 | 11 293.0 | 9 513.8 | | 3 104.2 |
| 青　岛 | 13 076.4 | 5 737.8 | 6 838.6 | 406.0 | | 94.0 |
| 淄　博 | 59 343.9 | 30 103.1 | 22 327.0 | 1 977.5 | 5.8 | 4 930.5 |
| 枣　庄 | 30 092.6 | 25 764.0 | 3 733.5 | | 30.0 | 565.1 |
| 烟　台 | 46 230.6 | 7 656.6 | 29 469.0 | 8 827.0 | | 278.0 |
| 潍　坊 | 52 004.9 | 18 022.4 | 3 706.2 | 120.0 | | 30 156.3 |
| 济　宁 | 37 703.9 | 27 696.0 | 989.9 | 30.0 | 29.0 | 8 959.0 |
| 泰　安 | 32 281.2 | 14 499.3 | 17 453.5 | 20.0 | 297.0 | 11.4 |
| 威　海 | 23 345.4 | 8 863.8 | 8 481.6 | | | 6 000.0 |
| 日　照 | 56 221.7 | 18 470.1 | 36 831.6 | | | 920.0 |
| 郑　州 | 34 520.8 | 8 173.8 | 24 847.8 | 500.0 | 30.0 | 969.2 |
| 开　封 | 2 647.8 | 2 633.0 | 14.8 | | | |
| 洛　阳 | 52 129.8 | 12 147.7 | 25 253.7 | 1 586.2 | 72.0 | 13 070.2 |
| 平顶山 | 24 303.4 | 4 514.5 | 18 283.2 | 564.9 | 26.0 | 914.8 |
| 安　阳 | 9 158.8 | 6 388.8 | 2 760.0 | 10.0 | | |
| 焦　作 | 36 418.2 | 10 272.9 | 22 220.8 | 3 405.0 | 339.5 | 180.0 |
| 武　汉 | 58 014.9 | 17 700.0 | 39 036.7 | 50.0 | 594.2 | 634.0 |
| 宜　昌 | 23 398.7 | 12 470.3 | 9 183.1 | 605.3 | 447.0 | 693.0 |
| 荆　州 | 2 155.0 | 1 697.0 | 453.0 | 5.0 | | |
| 长　沙 | 1 495.5 | 2.5 | 1 493.0 | | | |
| 株　洲 | 10 799.7 | 7 840.4 | 1 816.3 | 400.0 | | 743.0 |
| 湘　潭 | 15 387.5 | 13 567.4 | 1 547.8 | 240.0 | 5.0 | 27.3 |
| 岳　阳 | 11 819.0 | 6 100.6 | 4 071.4 | 828.0 | | 819.0 |
| 常　德 | 27 563.2 | 11 425.0 | 15 503.9 | 132.0 | 365.5 | 136.8 |

## 重点城市工业污染治理项目建设情况（二）（续表）

（2007）

单位：万元

| 城市名称 | 污染治理项目本年完成投资合计 | 治理废水 | 治理废气 | 治理固体废物 | 治理噪声 | 治理其他 |
|---|---|---|---|---|---|---|
| 张家界 | 690.4 | 119.6 | 550.8 | 20.0 | | |
| 广州 | 3 582.1 | 242.2 | 442.9 | | | |
| 韶关 | 34 490.0 | 13 036.5 | 8 662.8 | 9 267.8 | 11.5 | 3 511.4 |
| 深圳 | 12 534.2 | 8 038.7 | 3 205.8 | 15.0 | 285.6 | 989.1 |
| 珠海 | 2 519.3 | 384.7 | 1 349.0 | 29.0 | 49.0 | 707.6 |
| 汕头 | 829.6 | 740.5 | 83.0 | | 0.6 | 5.5 |
| 佛山 | 152 458.5 | 240.6 | 12 188.9 | | | 140 029.0 |
| 湛江 | 39 522.5 | 8 601.0 | 27 310.0 | 1 640.0 | 180.5 | 1 791.0 |
| 中山 | | | | | | |
| 南宁 | 21 365.9 | 17 869.7 | 2 418.3 | 522.3 | | 555.6 |
| 柳州 | 30 778.1 | 14 628.3 | 16 044.8 | 100.0 | | 5.0 |
| 桂林 | 12 881.5 | 690.0 | 12 041.5 | 150.0 | | |
| 北海 | 3 847.4 | 1 743.1 | 2 104.3 | | | |
| 海口 | 499.2 | 459.3 | | | 9.9 | 30.0 |
| 三亚 | | | | | | |
| 重庆 | 100 069.8 | 30 203.1 | 58 653.1 | 4 233.2 | 571.2 | 6 409.2 |
| 成都 | 35 280.2 | 21 706.5 | 13 247.5 | 68.0 | 97.0 | 161.2 |
| 攀枝花 | 30 037.9 | 3 380.0 | 22 591.0 | 474.4 | 1 324.6 | 2 267.9 |
| 泸州 | 7 050.4 | 1 778.9 | 2 192.1 | | 130.0 | 2 949.4 |
| 绵阳 | 8 870.1 | 1 452.1 | 7 418.0 | | | |
| 宜宾 | 3 893.2 | 865.2 | 2 768.0 | 2.0 | | 258.0 |
| 贵阳 | 23 852.5 | 6 671.5 | 8 152.7 | 8 815.0 | 127.3 | 86.0 |
| 遵义 | | | | | | |
| 昆明 | 35 719.5 | 6 828.4 | 26 801.7 | 1 546.0 | 276.8 | 266.6 |
| 曲靖 | 15 475.0 | 5 416.5 | 9 653.5 | 250.0 | | 155.0 |
| 拉萨 | 222.6 | 142.6 | | | | 80.0 |
| 西安 | 12 326.1 | 11 500.7 | 458.4 | 260.0 | 27.0 | 80.0 |
| 铜川 | 522.5 | 34.7 | 447.0 | | | 40.8 |
| 宝鸡 | 2 226.7 | 1 943.2 | 283.5 | | | |
| 咸阳 | 4 245.0 | 3 955.4 | 149.0 | | 0.6 | 140.0 |
| 延安 | 40 814.8 | 25 239.8 | 119.0 | | 305.0 | 15 151.0 |
| 兰州 | 83 853.7 | 32 630.8 | 23 404.5 | 2 065.0 | | 25 753.4 |
| 金昌 | 14 961.6 | 6 179.0 | 8 747.6 | | 35.0 | |
| 西宁 | 3 644.6 | 1 056.4 | 2 588.2 | | | |
| 银川 | 11 565.0 | 3 888.0 | 4 307.0 | 3 370.0 | | |
| 石嘴山 | 17 391.9 | 13 541.0 | 3 424.9 | 18.0 | | 408.0 |
| 乌鲁木齐 | 708.0 | | 708.0 | | | |
| 克拉玛依 | 18 450.6 | 14 827.6 | 522.0 | 784.2 | 155.0 | 2 161.8 |

# 重点城市工业污染治理项目建设情况（三）

（2007）

单位：万元

| 城市名称 | 施工项目本年投资来源合计 | 排污费补助 | 政府其他补助 | 企业自筹 | 银行贷款 |
|---|---|---|---|---|---|
| **总　计** | 3 343 450.3 | 69 919.2 | 90 860.7 | 3 182 670.8 | 162 570.3 |
| 北　京 | 81 206.6 | 1 530.0 | 2 550.0 | 77 126.6 | 400.0 |
| 天　津 | 150 526.6 | 555.3 | 3 116.8 | 146 854.4 | 626.6 |
| 石家庄 | 26 421.8 | 2 130.0 | 160.0 | 24 131.8 | |
| 唐　山 | 32 865.5 | 135.0 | 500.0 | 32 230.5 | 340.0 |
| 秦皇岛 | 20 709.4 | 5 500.0 | 350.0 | 14 859.4 | |
| 邯　郸 | 71 685.7 | 7 109.0 | 3 340.0 | 61 236.7 | 17 070.0 |
| 保　定 | 7 786.5 | 250.0 | 50.0 | 7 486.5 | |
| 太　原 | 85 647.9 | 1 758.6 | 2 693.0 | 81 196.3 | 5 000.0 |
| 大　同 | 24 120.0 | 354.7 | 1 272.6 | 22 492.7 | 415.0 |
| 阳　泉 | 10 690.4 | 385.0 | 120.0 | 10 185.4 | 263.4 |
| 长　治 | 50 223.3 | 1 966.0 | 656.0 | 47 601.3 | 1 280.0 |
| 临　汾 | 46 292.2 | 880.0 | 70.0 | 45 342.2 | |
| 呼和浩特 | 29 348.5 | 510.0 | | 28 838.5 | |
| 包　头 | 83 276.1 | | 25.0 | 83 251.0 | |
| 赤　峰 | 780.6 | | 150.0 | 630.6 | |
| 沈　阳 | 4 329.1 | 20.0 | 620.0 | 3 689.1 | 15.0 |
| 大　连 | 12 068.6 | 385.0 | 1 000.0 | 10 683.6 | |
| 鞍　山 | 31 754.0 | | | 31 754.0 | |
| 抚　顺 | 27 055.7 | 1 380.0 | 1 103.0 | 24 572.7 | 1 524.6 |
| 本　溪 | 11 303.0 | 480.0 | | 10 823.0 | 40.0 |
| 锦　州 | 13 792.8 | 80.0 | | 13 712.8 | |
| 长　春 | 13 251.8 | | 300.0 | 12 951.8 | 1 000.0 |
| 吉　林 | 22 810.2 | 15.0 | 30.0 | 22 765.2 | 2 160.4 |
| 哈尔滨 | 14 681.9 | 766.9 | 715.6 | 13 199.4 | 51.0 |
| 齐齐哈尔 | 6 419.7 | 25.0 | 505.0 | 5 889.7 | |
| 大　庆 | 35 602.3 | | 450.0 | 35 152.3 | |
| 牡丹江 | 2 904.6 | 25.6 | | 2 879.0 | |
| 上　海 | 164 317.6 | 1.0 | 16 377.0 | 147 939.5 | 788.0 |
| 南　京 | 35 942.6 | 2 834.0 | 52.0 | 33 056.6 | 38.5 |
| 无　锡 | 90 709.9 | 100.0 | 367.0 | 90 242.9 | 20 313.5 |
| 徐　州 | 33 903.5 | 919.0 | 2 195.0 | 30 789.5 | 12 124.0 |
| 常　州 | 22 521.4 | 115.5 | 170.0 | 22 235.9 | 25.0 |
| 苏　州 | 240 303.6 | | 824.0 | 239 479.6 | 600.0 |
| 南　通 | 19 240.8 | 2 685.0 | | 16 555.8 | 1 765.0 |
| 连云港 | 21 887.9 | 865.0 | 33.0 | 20 989.9 | 1.0 |
| 扬　州 | 2 578.5 | | | 2 578.5 | 421.0 |
| 杭　州 | 30 619.8 | 96.0 | 5 712.0 | 24 811.8 | 62.0 |

# 重点城市工业污染治理项目建设情况（三）（续表）

（2007）

单位：万元

| 城市名称 | 施工项目本年投资来源合计 | | | | |
|---|---|---|---|---|---|
| | | 排污费补助 | 政府其他补助 | 企业自筹 | 银行贷款 |
| 宁　波 | 47 661.9 | 4 663.0 | 103.2 | 42 895.7 | 2 056.0 |
| 温　州 | 16 562.5 | | 116.0 | 16 446.5 | 10.0 |
| 嘉　兴 | 22 412.9 | | 145.9 | 22 267.0 | 165.5 |
| 湖　州 | 10 758.1 | 62.2 | 48.0 | 10 647.9 | 966.5 |
| 绍　兴 | 28 148.4 | | 760.0 | 27 388.4 | 350.0 |
| 台　州 | 22 050.2 | 2 647.0 | | 19 403.2 | 5 655.5 |
| 合　肥 | 11 527.8 | 24.0 | 2 477.0 | 9 026.8 | 20.0 |
| 芜　湖 | 1 410.5 | 602.0 | 40.0 | 768.5 | |
| 马鞍山 | 12 566.2 | 535.0 | | 12 031.2 | 38.0 |
| 福　州 | 31 789.4 | 62.5 | 221.5 | 31 505.4 | 400.0 |
| 厦　门 | 14 160.6 | 550.3 | 698.0 | 12 912.6 | 200.0 |
| 泉　州 | 58 833.8 | 30.0 | 34.0 | 58 769.8 | 302.0 |
| 南　昌 | 7 249.7 | | 90.7 | 7 159.0 | |
| 九　江 | 4 194.0 | 1 385.0 | | 2 809.4 | 1 585.0 |
| 济　南 | 27 250.6 | 480.0 | 3 270.0 | 23 500.6 | 6 790.0 |
| 青　岛 | 13 076.4 | | 210.0 | 12 866.4 | 600.0 |
| 淄　博 | 59 343.9 | 1 000.0 | 1 137.0 | 57 206.9 | 2 713.0 |
| 枣　庄 | 30 092.6 | 183.0 | 1 292.0 | 28 617.6 | 1 510.0 |
| 烟　台 | 46 230.6 | 4.0 | 2 002.0 | 44 224.6 | |
| 潍　坊 | 52 004.9 | 30.0 | 180.0 | 51 794.9 | 2 703.0 |
| 济　宁 | 37 703.9 | 160.0 | 3 525.0 | 34 018.9 | 165.0 |
| 泰　安 | 32 281.2 | 170.0 | 633.0 | 31 478.2 | 480.0 |
| 威　海 | 23 345.4 | | 911.0 | 22 434.4 | 40.0 |
| 日　照 | 56 221.7 | | 2 914.0 | 53 307.7 | 15 260.6 |
| 郑　州 | 34 520.8 | 68.0 | 333.0 | 34 119.8 | |
| 开　封 | 2 647.8 | 80.0 | 290.0 | 2 277.8 | |
| 洛　阳 | 52 129.8 | 57.0 | 385.0 | 51 687.8 | 2 251.0 |
| 平顶山 | 24 303.4 | 2 120.0 | 10.0 | 22 173.4 | 450.0 |
| 安　阳 | 9 158.8 | 240.0 | | 8 918.8 | |
| 焦　作 | 36 418.2 | 155.0 | 4 786.0 | 31 477.2 | 7 550.0 |
| 武　汉 | 58 014.9 | 4 113.0 | | 53 901.9 | |
| 宜　昌 | 23 398.7 | 440.0 | 2 350.0 | 20 608.7 | 870.0 |
| 荆　州 | 2 155.0 | | | 2 155.0 | |
| 长　沙 | 1 495.5 | 5.0 | 10.0 | 1 480.5 | 700.0 |
| 株　洲 | 10 799.7 | 120.0 | 110.0 | 10 569.7 | 800.0 |
| 湘　潭 | 15 387.5 | | 600.0 | 14 787.5 | |
| 岳　阳 | 11 819.0 | 250.0 | 300.0 | 11 269.0 | |
| 常　德 | 27 563.2 | 1 149.0 | 100.0 | 26 314.2 | 7 140.0 |

# 重点城市工业污染治理项目建设情况（三）（续表）

（2007）

单位：万元

| 城市名称 | 施工项目本年投资来源合计 | | | | |
|---|---|---|---|---|---|
| | | 排污费补助 | 政府其他补助 | 企业自筹 | |
| | | | | | 银行贷款 |
| 张家界 | 690.4 | | 100.0 | 590.4 | |
| 广州 | 3 582.1 | 316.1 | | 3 266.0 | |
| 韶关 | 34 490.0 | | 593.5 | 33 896.5 | 320.0 |
| 深圳 | 12 534.2 | 2.0 | 1 502.2 | 11 030.0 | 220.0 |
| 珠海 | 2 519.3 | 0.4 | | 2 518.9 | |
| 汕头 | 829.6 | 17.0 | | 812.6 | |
| 佛山 | 152 458.5 | | 820.0 | 151 638.5 | |
| 湛江 | 39 522.5 | | 5.0 | 39 517.5 | 245.0 |
| 中山 | | | | | |
| 南宁 | 21 365.9 | 220.0 | 516.0 | 20 629.9 | 2 840.0 |
| 柳州 | 30 778.1 | 10.0 | | 30 768.1 | |
| 桂林 | 12 881.5 | | 304.8 | 12 576.7 | 940.0 |
| 北海 | 3 847.4 | | | 3 847.4 | 2 000.0 |
| 海口 | 499.2 | | 3.5 | 495.7 | |
| 三亚 | | | | | |
| 重庆 | 100 069.8 | 691.5 | 8 363.0 | 91 015.3 | 1 500.0 |
| 成都 | 35 280.2 | 1 313.0 | 226.4 | 33 740.8 | 550.0 |
| 攀枝花 | 30 037.9 | 1 970.0 | 140.0 | 27 927.9 | |
| 泸州 | 7 050.4 | 165.0 | 35.0 | 6 850.4 | |
| 绵阳 | 8 870.1 | 270.0 | 90.0 | 8 510.1 | 100.0 |
| 宜宾 | 3 893.2 | | 200.0 | 3 693.2 | 160.0 |
| 贵阳 | 23 852.5 | 163.0 | 980.0 | 22 709.5 | 1 800.0 |
| 遵义 | | | | | |
| 昆明 | 35 719.5 | 317.0 | 627.0 | 34 775.5 | 11 071.0 |
| 曲靖 | 15 475.0 | 90.0 | | 15 385.0 | 5 420.0 |
| 拉萨 | 222.6 | 100.0 | | 122.6 | |
| 西安 | 12 326.1 | 110.0 | 325.0 | 11 891.1 | 200.0 |
| 铜川 | 522.5 | | | 522.5 | |
| 宝鸡 | 2 226.7 | 26.0 | 120.0 | 2 080.7 | |
| 咸阳 | 4 245.0 | 10.0 | 10.0 | 4 225.0 | 220.0 |
| 延安 | 40 814.8 | | | 40 814.8 | 450.0 |
| 兰州 | 83 853.7 | 1 820.0 | 80.0 | 81 953.7 | 159.2 |
| 金昌 | 14 961.6 | 308.0 | | 14 653.6 | |
| 西宁 | 3 644.6 | 196.0 | 190.0 | 3 258.6 | |
| 银川 | 11 565.0 | 20.0 | 40.0 | 11 505.0 | 280.0 |
| 石嘴山 | 17 391.9 | 125.0 | | 17 266.9 | 6 000.0 |
| 乌鲁木齐 | 708.0 | | | 708.0 | |
| 克拉玛依 | 18 450.6 | 6 417.6 | | 12 033.0 | |

# 重点城市工业污染治理项目建设情况（四）

（2007）

| 城市名称 | 本年竣工项目数（个） | | | | | | 本年竣工项目新增设计处理能力 | | |
|---|---|---|---|---|---|---|---|---|---|
| | | 治理废水 | 治理废气 | 治理固废 | 治理噪声 | 治理其他 | 治理废水（吨/日） | 治理废气（标态）（米³/时） | 治理固废（吨/日） |
| **总　　计** | 6 715 | 2 899 | 2 641 | 365 | 153 | 634 | 8 340 781 | 145 703 496 | 504 679 |
| 北　　京 | 160 | 42 | 83 | 3 | 9 | 23 | 13 756 | 2 646 397 | |
| 天　　津 | 188 | 66 | 82 | 16 | 4 | 20 | 66 025 | 5 168 007 | 2 |
| 石 家 庄 | 86 | 34 | 37 | 5 | | 10 | 105 539 | 7 005 562 | 4 540 |
| 唐　　山 | 54 | 15 | 37 | 1 | | 1 | 90 087 | 6 240 747 | 200 |
| 秦 皇 岛 | 14 | 4 | 10 | | | | 6 300 | 907 184 | |
| 邯　　郸 | 59 | 19 | 26 | 2 | | 12 | 44 355 | 2 451 273 | |
| 保　　定 | 60 | 39 | 15 | 1 | | 5 | 71 030 | 234 664 | 500 |
| 太　　原 | 103 | 22 | 40 | 15 | 2 | 24 | 100 704 | 1 730 605 | |
| 大　　同 | 30 | 12 | 14 | 1 | | 3 | 68 159 | 1 630 593 | 20 |
| 阳　　泉 | 37 | 5 | 18 | 5 | 1 | 8 | 1 068 | 444 389 | 275 |
| 长　　治 | 120 | 23 | 67 | 9 | 1 | 20 | 31 413 | 3 886 492 | 4 877 |
| 临　　汾 | 115 | 19 | 70 | 8 | 3 | 15 | 1 830 | 207 000 | |
| 呼和浩特 | 14 | 4 | 9 | | 1 | | 15 000 | 4 066 591 | |
| 包　　头 | 13 | 2 | 8 | 1 | | 2 | 8 430 | 3 342 250 | 2 200 |
| 赤　　峰 | 2 | | 1 | 1 | | | 2 500 | | |
| 沈　　阳 | 18 | 9 | 6 | 1 | | 2 | 1 070 | 90 000 | 5 790 |
| 大　　连 | 36 | 18 | 14 | | 1 | 3 | 5 220 | 1 476 180 | |
| 鞍　　山 | 10 | 5 | 3 | 1 | | 1 | 21 600 | 3 601 000 | 500 |
| 抚　　顺 | 19 | 6 | 9 | 1 | 1 | 2 | 300 | 85 191 | |
| 本　　溪 | 16 | 7 | 8 | 1 | | | 550 | 800 | |
| 锦　　州 | 22 | 4 | 11 | 2 | 1 | 4 | 568 | 50 510 | 32 300 |
| 长　　春 | 25 | 16 | 7 | | 2 | | 19 150 | 444 700 | |
| 吉　　林 | 53 | 24 | 20 | 2 | 5 | 2 | 34 285 | 112 960 | 5 |
| 哈 尔 滨 | 50 | 20 | 26 | | 3 | 1 | 18 708 | 571 352 | |
| 齐齐哈尔 | 20 | 7 | 11 | 1 | 1 | | 10 550 | 314 550 | 1 000 |
| 大　　庆 | 43 | 28 | 11 | 3 | | 1 | 37 670 | 6 | 60 000 |
| 牡 丹 江 | 11 | 6 | 5 | | | | 10 400 | 10 000 | |
| 上　　海 | 203 | 67 | 106 | 5 | 13 | 12 | 32 325 | 1 820 133 | 455 |
| 南　　京 | 132 | 61 | 55 | 1 | 9 | 6 | 36 910 | 338 970 | 2 500 |
| 无　　锡 | 109 | 90 | 14 | 3 | | 2 | 275 211 | 9 970 951 | 1 000 |
| 徐　　州 | 34 | 18 | 10 | 1 | 3 | 2 | 46 720 | 140 032 | 8 000 |
| 常　　州 | 61 | 52 | 6 | | 1 | 2 | 230 712 | 157 800 | |
| 苏　　州 | 90 | 38 | 38 | 7 | 1 | 6 | 81 374 | 3 760 174 | 356 |
| 南　　通 | 74 | 31 | 23 | 3 | 1 | 16 | 16 550 | 2 644 580 | |
| 连 云 港 | 47 | 24 | 11 | 5 | | 7 | 12 877 | 1 720 900 | 136 |
| 扬　　州 | 9 | 7 | 1 | | | | 1 470 | 77 200 | |
| 杭　　州 | 135 | 78 | 36 | 1 | 3 | 17 | 72 835 | 36 175 | |

# 重点城市工业污染治理项目建设情况（四）（续表）

（2007）

| 城市名称 | 本年竣工项目数（个） | 治理废水 | 治理废气 | 治理固废 | 治理噪声 | 治理其他 | 本年竣工项目新增设计处理能力 | | |
|---|---|---|---|---|---|---|---|---|---|
| | | | | | | | 治理废水（吨/日） | 治理废气（标态）（米³/时） | 治理固废（吨/日） |
| 宁　波 | 100 | 47 | 45 | 3 | | 5 | 227 248 | 1 195 900 | 100 |
| 温　州 | 104 | 64 | 38 | | 1 | 1 | 86 640 | 998 120 | |
| 嘉　兴 | 74 | 44 | 22 | 3 | 1 | 4 | 37 300 | 89 520 | |
| 湖　州 | 106 | 79 | 26 | | 1 | | 30 642 | 29 000 | |
| 绍　兴 | 176 | 144 | 27 | 2 | | 3 | 189 792 | 247 001 | 27 |
| 台　州 | 169 | 125 | 40 | 1 | | 3 | 40 727 | 1 672 877 | 2 |
| 合　肥 | 31 | 19 | 10 | | | 2 | 73 253 | 170 460 | |
| 芜　湖 | 13 | 3 | 5 | 2 | 1 | 2 | 6 | 11 306 | 60 000 |
| 马鞍山 | 21 | 7 | 9 | 3 | | 2 | 34 600 | 3 026 904 | 25 |
| 福　州 | 137 | 51 | 70 | 5 | 5 | 6 | 19 379 | 117 760 | 12 |
| 厦　门 | 29 | 19 | 10 | | | | 31 130 | 122 470 | |
| 泉　州 | 248 | 64 | 75 | 96 | 1 | 12 | 90 365 | 3 050 515 | 3 305 |
| 南　昌 | 14 | 7 | 7 | | | | 1 132 346 | 756 000 | |
| 九　江 | 7 | 5 | 2 | | | | 84 950 | 2 352 013 | |
| 济　南 | 52 | 15 | 21 | 3 | | 13 | 33 260 | 1 832 147 | 100 |
| 青　岛 | 93 | 45 | 41 | 3 | | 4 | 19 838 | 1 123 139 | |
| 淄　博 | 186 | 65 | 63 | 4 | 2 | 52 | 124 393 | 5 164 545 | 27 |
| 枣　庄 | 56 | 41 | 13 | | 1 | 1 | 460 426 | 679 126 | |
| 烟　台 | 91 | 28 | 23 | 37 | | 3 | 22 234 | 2 760 021 | 22 605 |
| 潍　坊 | 58 | 24 | 10 | 1 | | 23 | 168 911 | 579 287 | 500 |
| 济　宁 | 83 | 64 | 13 | 1 | 1 | 4 | 82 550 | 146 734 | |
| 泰　安 | 60 | 41 | 15 | 1 | 1 | 2 | 90 040 | 2 788 032 | 120 |
| 威　海 | 32 | 20 | 12 | | | | 33 170 | 247 199 | |
| 日　照 | 35 | 25 | 9 | | | 1 | 161 380 | 3 906 500 | |
| 郑　州 | 136 | 16 | 112 | 1 | 1 | 6 | 21 563 | 2 000 972 | |
| 开　封 | 5 | 4 | 1 | | | | 12 150 | 1 440 020 | |
| 洛　阳 | 66 | 23 | 25 | 4 | | 14 | 494 | 23 000 | 74 |
| 平顶山 | 48 | 15 | 20 | 4 | 2 | 7 | 16 388 | 73 401 | 20 |
| 安　阳 | 19 | 9 | 7 | 1 | 2 | | 14 123 | 336 000 | |
| 焦　作 | 42 | 18 | 18 | 3 | 2 | 1 | 75 100 | 540 000 | 590 |
| 武　汉 | 25 | 7 | 10 | 1 | 4 | 3 | 203 570 | 6 908 050 | |
| 宜　昌 | 99 | 46 | 37 | 7 | 4 | 5 | 118 160 | 819 241 | 10 165 |
| 荆　州 | 22 | 15 | 6 | 1 | | | 6 435 | 1 980 | 100 |
| 长　沙 | 3 | 1 | 2 | | | | | | |
| 株　洲 | 55 | 31 | 18 | 2 | | 4 | 100 138 | 164 930 | 410 |
| 湘　潭 | 24 | 11 | 7 | 2 | 2 | 2 | 17 210 | 15 038 | 20 |
| 岳　阳 | 60 | 35 | 18 | 2 | | 5 | 43 898 | 74 900 | 10 |
| 常　德 | 112 | 43 | 58 | 1 | 5 | 5 | 560 673 | 3 200 144 | 50 000 |

# 重点城市工业污染治理项目建设情况（四）（续表）

（2007）

| 城市名称 | 本年竣工项目数（个） | 治理废水 | 治理废气 | 治理固废 | 治理噪声 | 治理其他 | 本年竣工项目新增设计处理能力 治理废水（吨/日） | 治理废气（标态）（米³/时） | 治理固废（吨/日） |
|---|---|---|---|---|---|---|---|---|---|
| 张家界 | 8 | 2 | 5 | 1 | | | 260 | 631 324 | 10 |
| 广　州 | 30 | 3 | 5 | | | | 983 | 1 000 | |
| 韶　关 | 103 | 41 | 47 | 8 | 2 | 5 | 67 093 | 775 038 | 10 301 |
| 深　圳 | 113 | 75 | 22 | 2 | 4 | 10 | 14 993 | 264 571 | 450 |
| 珠　海 | 79 | 16 | 13 | 4 | 3 | 43 | 1 872 | 172 275 | 22 |
| 汕　头 | 32 | 21 | 9 | | 1 | 1 | 5 426 | 35 580 | |
| 佛　山 | 85 | 6 | 56 | | | 23 | | | |
| 湛　江 | 129 | 50 | 37 | 6 | 5 | 31 | 18 910 | 5 171 074 | |
| 中　山 | | | | | | | | | |
| 南　宁 | 102 | 56 | 40 | 4 | | 2 | 207 375 | 101 200 | 5 300 |
| 柳　州 | 9 | 6 | 2 | | | 1 | 75 | 40 | |
| 桂　林 | 33 | 7 | 25 | 1 | | | 28 160 | 2 195 939 | 300 |
| 北　海 | 10 | 9 | 1 | | | | 13 540 | 832 200 | |
| 海　口 | 3 | 2 | | 1 | | | 4 500 | | |
| 三　亚 | | | | | | | | | |
| 重　庆 | 260 | 77 | 143 | 6 | 8 | 26 | 119 234 | 3 619 270 | 5 900 |
| 成　都 | 135 | 71 | 48 | 2 | 7 | 7 | 1 251 343 | 273 697 | 200 |
| 攀枝花 | 57 | 5 | 24 | 7 | 2 | 19 | 81 000 | 4 866 708 | 8 000 |
| 泸　州 | 21 | 6 | 10 | | 1 | 4 | 48 365 | 301 931 | |
| 绵　阳 | 12 | 6 | 6 | | | | 11 650 | 3 936 340 | |
| 宜　宾 | 35 | 13 | 17 | 1 | | 4 | 27 330 | 341 836 | |
| 贵　阳 | 57 | 19 | 27 | 6 | 2 | 3 | 20 405 | 981 947 | 1 100 |
| 遵　义 | | | | | | | | | |
| 昆　明 | 132 | 37 | 75 | 3 | 7 | 10 | 15 475 | 928 199 | 108 |
| 曲　靖 | 23 | 12 | 8 | 1 | | 2 | 124 900 | 467 133 | 120 |
| 拉　萨 | 3 | 1 | | | | 2 | 250 | | |
| 西　安 | 51 | 37 | 10 | | 3 | 1 | 60 577 | 4 512 | 200 000 |
| 铜　川 | 4 | 1 | 2 | | | 1 | | | |
| 宝　鸡 | 16 | 11 | 5 | | | | 2 145 | 19 620 | |
| 咸　阳 | 13 | 8 | 4 | | | 1 | 44 981 | 40 | |
| 延　安 | 13 | 7 | 2 | | 1 | 3 | 1 490 | 20 | |
| 兰　州 | 28 | 12 | 13 | 2 | | 1 | 20 300 | 1 645 396 | |
| 金　昌 | 21 | 1 | 19 | | 1 | | 3 600 | 16 913 | |
| 西　宁 | 12 | 5 | 7 | | | | 121 | 1 020 300 | |
| 银　川 | 36 | 15 | 17 | 4 | | | 55 820 | 126 000 | |
| 石嘴山 | 60 | 13 | 43 | 1 | | 3 | 30 875 | 493 323 | |
| 乌鲁木齐 | 2 | | 2 | | | | | 429 900 | |
| 克拉玛依 | 25 | 6 | 4 | 5 | 3 | 7 | | | |

# 重点城市工业企业“三废”治理效率

（2007）

单位：%

| 城市名称 | 工业废水排放达标率 | 工业用水重复用水率 | 二氧化硫排放达标率 | 烟尘排放达标率 | 工业粉尘排放达标率 | 工业固体废物 | |
|---|---|---|---|---|---|---|---|
| | | | | | | 综合利用率 | 处置率 |
| **总　计** | 93.4 | 82.3 | 90.8 | 95.2 | 94.0 | 66.9 | 23.0 |
| 北　京 | 97.4 | 96.2 | 99.8 | 99.1 | 100.0 | 74.8 | 42.7 |
| 天　津 | 99.7 | 93.4 | 98.6 | 100.0 | 100.0 | 98.4 | 1.6 |
| 石家庄 | 98.2 | 94.4 | 88.6 | 99.5 | 99.5 | 95.5 | 0.7 |
| 唐　山 | 96.6 | 93.8 | 98.3 | 98.7 | 98.0 | 61.9 | 31.4 |
| 秦皇岛 | 90.7 | 88.6 | 98.4 | 96.5 | 99.5 | 81.7 | 10.2 |
| 邯　郸 | 98.6 | 95.3 | 97.9 | 98.1 | 83.9 | 86.8 | 0.2 |
| 保　定 | 63.5 | 91.0 | 54.1 | 79.9 | 62.0 | 56.5 | 0.7 |
| 太　原 | 93.2 | 96.3 | 91.7 | 99.3 | 98.7 | 42.1 | 49.7 |
| 大　同 | 93.3 | 86.3 | 90.8 | 91.3 | 85.5 | 42.2 | 48.0 |
| 阳　泉 | 94.6 | 96.5 | 85.0 | 99.3 | 92.4 | 21.2 | |
| 长　治 | 98.8 | 93.2 | 98.8 | 98.3 | 97.7 | 63.8 | 26.8 |
| 临　汾 | 99.0 | 92.1 | 98.3 | 99.8 | 99.7 | 82.7 | 2.4 |
| 呼和浩特 | 92.6 | 97.2 | 99.2 | 94.1 | 99.5 | 32.6 | 0.1 |
| 包　头 | 91.9 | 93.0 | 92.2 | 92.8 | 93.4 | 69.1 | 0.2 |
| 赤　峰 | 80.2 | 95.7 | 75.7 | 91.8 | 89.6 | 17.8 | |
| 沈　阳 | 92.2 | 85.5 | 90.0 | 89.8 | 95.6 | 91.2 | 5.0 |
| 大　连 | 98.3 | 57.0 | 94.1 | 99.6 | 96.5 | 91.1 | 2.8 |
| 鞍　山 | 95.1 | 90.9 | 96.9 | 97.0 | 96.1 | 17.6 | |
| 抚　顺 | 95.4 | 95.8 | 94.1 | 97.1 | 91.8 | 61.3 | 7.7 |
| 本　溪 | 98.2 | 95.6 | 89.0 | 78.8 | 89.8 | 37.7 | 8.7 |
| 锦　州 | 86.3 | 93.9 | 98.6 | 99.9 | 97.7 | 46.3 | 54.7 |
| 长　春 | 95.1 | 90.1 | 100.0 | 98.9 | 99.0 | 99.4 | |
| 吉　林 | 97.4 | 78.6 | 80.9 | 92.1 | 99.9 | 61.4 | 2.8 |
| 哈尔滨 | 77.9 | 96.0 | 97.7 | 99.1 | 99.7 | 71.0 | 15.1 |
| 齐齐哈尔 | 83.5 | 53.6 | 94.1 | 85.9 | 72.1 | 72.5 | 4.7 |
| 大　庆 | 94.3 | 89.9 | 97.7 | 97.2 | 100.0 | 80.7 | 10.8 |
| 牡丹江 | 96.2 | 31.2 | 100.0 | 100.0 | 96.8 | 44.5 | 2.1 |
| 上　海 | 97.7 | 63.5 | 92.7 | 98.5 | 95.5 | 94.2 | 4.9 |
| 南　京 | 95.1 | 87.1 | 95.9 | 95.3 | 93.5 | 91.2 | 1.2 |
| 无　锡 | 96.5 | 83.2 | 96.8 | 99.3 | 98.7 | 98.9 | 1.1 |
| 徐　州 | 97.7 | 92.8 | 99.0 | 97.7 | 98.0 | 99.1 | 0.7 |
| 常　州 | 98.8 | 70.3 | 99.7 | 99.8 | 100.0 | 98.3 | 1.8 |
| 苏　州 | 99.5 | 86.2 | 97.8 | 100.0 | 100.0 | 97.9 | 1.8 |
| 南　通 | 97.6 | 82.9 | 98.9 | 95.3 | 100.0 | 98.7 | 1.3 |
| 连云港 | 98.1 | 93.9 | 99.3 | 99.4 | 99.2 | 91.3 | 0.5 |
| 扬　州 | 99.3 | 89.9 | 96.2 | 98.5 | 100.0 | 81.9 | 11.7 |
| 杭　州 | 73.2 | 70.0 | 96.9 | 93.7 | 93.1 | 95.1 | 4.7 |

## 重点城市工业企业“三废”治理效率（续表）

（2007）

单位：%

| 城市名称 | 工业废水排放达标率 | 工业用水重复用水率 | 二氧化硫排放达标率 | 烟尘排放达标率 | 工业粉尘排放达标率 | 工业固体废物 | |
|---|---|---|---|---|---|---|---|
| | | | | | | 综合利用率 | 处置率 |
| 宁　波 | 88.6 | 59.8 | 95.5 | 95.5 | 99.2 | 87.2 | 3.4 |
| 温　州 | 86.8 | 8.8 | 98.3 | 97.5 | 98.4 | 85.0 | 14.1 |
| 嘉　兴 | 98.3 | 71.7 | 97.7 | 97.6 | 90.3 | 98.7 | 1.3 |
| 湖　州 | 95.7 | 90.1 | 97.7 | 98.1 | 99.8 | 98.9 | 0.8 |
| 绍　兴 | 97.8 | 71.2 | 98.5 | 99.7 | 100.0 | 80.8 | 18.3 |
| 台　州 | 88.0 | 81.9 | 95.8 | 93.4 | 93.5 | 95.6 | 2.9 |
| 合　肥 | 94.4 | 93.7 | 93.4 | 93.7 | 93.1 | 99.5 | 0.5 |
| 芜　湖 | 98.0 | 75.2 | 99.3 | 97.6 | 98.8 | 94.4 | 6.0 |
| 马鞍山 | 94.2 | 94.0 | 98.1 | 98.7 | 97.8 | 59.0 | 34.5 |
| 福　州 | 96.1 | 89.7 | 100.0 | 99.1 | 99.9 | 93.6 | 0.7 |
| 厦　门 | 99.8 | 93.9 | 100.0 | 99.9 | 99.9 | 91.3 | 6.3 |
| 泉　州 | 99.9 | 47.3 | 98.5 | 99.6 | 99.9 | 97.2 | 1.6 |
| 南　昌 | 94.4 | 64.8 | 87.8 | 87.9 | 94.8 | 87.6 | 2.3 |
| 九　江 | 95.4 | 53.1 | 86.1 | 95.5 | 91.5 | 45.0 | 46.5 |
| 济　南 | 98.8 | 96.7 | 97.8 | 99.5 | 97.8 | 93.8 | 0.3 |
| 青　岛 | 98.7 | 88.7 | 99.6 | 99.9 | 100.0 | 98.0 | 0.9 |
| 淄　博 | 99.7 | 93.9 | 90.1 | 100.0 | 100.0 | 88.9 | 4.3 |
| 枣　庄 | 100.0 | 87.4 | 100.0 | 100.0 | 100.0 | 98.9 | 0.1 |
| 烟　台 | 99.7 | 86.7 | 99.8 | 99.4 | 99.6 | 92.0 | 4.3 |
| 潍　坊 | 99.3 | 87.5 | 99.2 | 99.7 | 99.9 | 91.8 | 7.9 |
| 济　宁 | 95.6 | 95.0 | 98.5 | 97.1 | 98.8 | 92.1 | 0.2 |
| 泰　安 | 98.5 | 94.9 | 99.5 | 99.1 | 98.9 | 95.4 | 0.1 |
| 威　海 | 100.0 | 87.8 | 100.0 | 100.0 | 100.0 | 94.5 | |
| 日　照 | 100.0 | 92.3 | 100.0 | 100.0 | 100.0 | 100.0 | |
| 郑　州 | 100.0 | 91.0 | 100.0 | 100.0 | 100.0 | 60.8 | 38.0 |
| 开　封 | 95.8 | 91.3 | 98.4 | 100.0 | 100.0 | 100.0 | |
| 洛　阳 | 95.7 | 96.0 | 92.6 | 96.9 | 97.1 | 47.9 | 44.4 |
| 平顶山 | 95.9 | 95.7 | 100.0 | 98.5 | 98.6 | 72.8 | 25.6 |
| 安　阳 | 94.5 | 91.8 | 78.2 | 92.7 | 97.2 | 83.2 | |
| 焦　作 | 97.0 | 86.7 | 99.5 | 99.7 | 95.9 | 62.2 | 35.4 |
| 武　汉 | 98.7 | 77.9 | 98.2 | 87.2 | 99.7 | 88.1 | 5.2 |
| 宜　昌 | 95.7 | 89.3 | 98.3 | 97.9 | 96.7 | 51.1 | 48.4 |
| 荆　州 | 76.9 | 42.1 | 86.1 | 96.7 | 86.2 | 99.9 | |
| 长　沙 | 84.6 | 42.0 | 78.4 | 78.8 | 77.9 | 93.0 | 0.9 |
| 株　洲 | 91.9 | 85.1 | 92.8 | 90.4 | 88.1 | 70.4 | 24.8 |
| 湘　潭 | 91.3 | 82.1 | 94.1 | 90.3 | 93.8 | 95.8 | 3.9 |
| 岳　阳 | 92.0 | 93.0 | 92.7 | 94.5 | 87.8 | 90.4 | 1.9 |
| 常　德 | 77.1 | 44.3 | 77.2 | 92.9 | 94.4 | 74.0 | 17.2 |

## 重点城市工业企业“三废”治理效率（续表）

（2007）

单位：%

| 城市名称 | 工业废水排放达标率 | 工业用水重复用水率 | 二氧化硫排放达标率 | 烟尘排放达标率 | 工业粉尘排放达标率 | 工业固体废物 | |
|---|---|---|---|---|---|---|---|
| | | | | | | 综合利用率 | 处置率 |
| 张家界 | 93.1 | 12.4 | 76.7 | 93.0 | 93.9 | 84.4 | 6.8 |
| 广州 | 95.5 | 43.3 | 85.6 | 74.3 | 97.8 | 91.0 | 6.4 |
| 韶关 | 85.1 | 79.0 | 92.2 | 79.2 | 75.8 | 66.9 | 18.9 |
| 深圳 | 96.3 | 56.1 | 99.8 | 99.8 | 90.8 | 80.7 | 17.9 |
| 珠海 | 83.7 | 29.1 | 97.6 | 99.7 | 99.9 | 97.5 | 2.4 |
| 汕头 | 92.4 | 9.7 | 81.2 | 97.7 | 100.0 | 99.1 | 0.9 |
| 佛山 | 93.8 | 15.0 | 92.1 | 95.0 | 93.3 | 98.3 | 0.6 |
| 湛江 | 73.4 | 78.4 | 75.1 | 80.4 | 72.8 | 92.0 | |
| 中山 | 95.3 | 36.9 | 98.6 | 99.9 | 99.5 | 85.3 | 14.3 |
| 南宁 | 83.0 | 83.4 | 81.6 | 94.1 | 92.1 | 80.7 | 15.4 |
| 柳州 | 81.0 | 74.7 | 92.9 | 91.1 | 92.6 | 87.3 | 7.7 |
| 桂林 | 91.9 | 86.3 | 92.0 | 93.1 | 95.4 | 92.3 | 0.5 |
| 北海 | 89.2 | 66.6 | 92.5 | 88.7 | 90.2 | 57.1 | 43.0 |
| 海口 | 100.0 | 80.4 | 100.0 | 100.0 | 90.9 | 93.0 | 7.0 |
| 三亚 | 97.8 | 23.1 | 99.8 | 100.0 | 100.0 | 99.6 | |
| 重庆 | 92.1 | 64.9 | 73.2 | 88.8 | 90.5 | 76.7 | 7.8 |
| 成都 | 96.4 | 80.4 | 80.3 | 96.5 | 95.8 | 97.9 | 1.1 |
| 攀枝花 | 98.6 | 95.5 | 99.8 | 98.6 | 99.9 | 30.9 | 65.6 |
| 泸州 | 95.5 | 83.8 | 96.7 | 94.7 | 98.8 | 47.9 | |
| 绵阳 | 99.6 | 79.9 | 99.6 | 99.6 | 99.4 | 80.1 | 11.1 |
| 宜宾 | 85.1 | 72.1 | 25.0 | 94.4 | 96.8 | 73.0 | |
| 贵阳 | 88.2 | 76.8 | 78.2 | 88.2 | 86.3 | 53.3 | 42.8 |
| 遵义 | 85.9 | 96.0 | 30.4 | 85.1 | 78.7 | 37.8 | 56.0 |
| 昆明 | 97.0 | 91.4 | 96.1 | 98.0 | 99.1 | 35.4 | 61.5 |
| 曲靖 | 90.7 | 85.5 | 98.9 | 97.2 | 93.6 | 45.8 | 23.0 |
| 拉萨 | 37.3 | 2.2 | | 8.1 | 3.3 | 3.0 | |
| 西安 | 96.2 | 75.6 | 87.9 | 98.3 | 87.6 | 88.5 | 3.0 |
| 铜川 | 81.2 | 71.5 | 58.7 | 98.5 | 93.7 | 46.2 | |
| 宝鸡 | 96.9 | 86.1 | 99.6 | 94.6 | 99.9 | 41.5 | 57.6 |
| 咸阳 | 96.9 | 92.0 | 98.6 | 98.9 | 99.4 | 94.7 | 4.8 |
| 延安 | 137.7 | 49.0 | 95.5 | 86.2 | 100.0 | 81.9 | |
| 兰州 | 90.9 | 89.5 | 99.4 | 89.2 | 82.7 | 81.9 | 5.3 |
| 金昌 | 91.7 | 86.0 | 69.6 | 93.0 | 92.9 | 17.4 | 74.7 |
| 西宁 | 81.9 | 85.8 | 88.3 | 61.4 | 31.8 | 67.7 | |
| 银川 | 95.2 | 91.0 | 97.3 | 97.8 | 99.6 | 96.0 | 1.6 |
| 石嘴山 | 84.3 | 95.2 | 73.2 | 96.1 | 95.6 | 53.7 | |
| 乌鲁木齐 | 94.7 | 96.6 | 96.5 | 89.8 | 71.4 | 55.0 | 14.8 |
| 克拉玛依 | 90.5 | 91.4 | 100.0 | 100.0 | | 70.0 | |

# 重点城市污水处理情况（一）

（2007）

| 城市名称 | 城市污水处理厂数（座） | 污水处理能力（吨/日） | 污水处理量（万吨） | 处理生活污水量 | 污水再用量（万吨） | 本年运行费用（万元） |
|---|---|---|---|---|---|---|
| 总计 | 852 | 58 443 106 | 1 509 118 | 1 212 529 | 66 425 | 1 034 745.0 |
| 北京 | 30 | 3 310 000 | 94 870 | 79 729 | 11 889 | 70 884.7 |
| 天津 | 16 | 1 830 500 | 39 313 | 27 753 | 657 | 5 806.8 |
| 石家庄 | 12 | 1 280 000 | 27 171 | 12 467 | 98 | 10 707.6 |
| 唐山 | 8 | 703 000 | 16 684 | 8 623 | 992 | 10 192.2 |
| 秦皇岛 | 3 | 260 000 | 8 030 | 7 309 | 4 015 | 4 442.7 |
| 邯郸 | 5 | 270 000 | 6 108 | 5 356 | 383 | 3 618.0 |
| 保定 | 9 | 480 000 | 5 764 | 4 610 | 54 | 4 501.4 |
| 太原 | 6 | 299 400 | 9 995 | 9 457 | 422 | 6 433.5 |
| 大同 | 3 | 110 000 | 3 265 | 4 412 | 2 809 | 1 236.0 |
| 阳泉 | 1 | 80 000 | 2 267 | 2 016 | 701 | 1 043.0 |
| 长治 | 4 | 152 000 | 3 117 | 3 062 | | 1 188.0 |
| 临汾 | 1 | 70 000 | 2 242 | 2 242 | 325 | 595.0 |
| 呼和浩特 | 1 | 100 000 | 4 005 | 3 169 | 860 | 1 825.0 |
| 包头 | 5 | 265 000 | 4 583 | 4 312 | 750 | 2 273.0 |
| 赤峰 | 6 | 270 000 | 2 371 | 2 049 | | 1 535.9 |
| 沈阳 | 8 | 1 285 000 | 33 667 | 27 419 | 183 | 13 503.8 |
| 大连 | 12 | 652 000 | 18 967 | 17 736 | 1 303 | 10 693.8 |
| 鞍山 | 2 | 130 000 | 1 442 | 1 442 | | 2 909.7 |
| 抚顺 | 2 | 310 000 | 6 304 | 5 528 | | 1 858.0 |
| 本溪 | 2 | 245 000 | 4 733 | 4 265 | | 1 623.0 |
| 锦州 | 1 | 100 000 | 2 772 | 2 643 | | 1 250.0 |
| 长春 | 4 | 585 000 | 10 584 | 7 729 | | 3 184.0 |
| 吉林 | 3 | 554 000 | 7 259 | 3 492 | 100 | 9 821.0 |
| 哈尔滨 | 3 | 670 000 | 14 532 | 12 291 | 378 | 10 241.3 |
| 齐齐哈尔 | 1 | 100 000 | 4 803 | 3 900 | | 2 295.0 |
| 大庆 | 4 | 172 000 | 3 607 | 3 607 | 702 | 4 839.6 |
| 牡丹江 | 1 | 100 000 | 1 000 | 1 000 | | 628.8 |
| 上海 | 45 | 5 394 100 | 152 886 | 133 921 | 1 424 | 66 361.6 |
| 南京 | 7 | 1 114 600 | 34 956 | 33 009 | 3 752 | 13 794.4 |
| 无锡 | 53 | 1 213 180 | 29 353 | 12 898 | 525 | 31 060.4 |
| 徐州 | 13 | 473 000 | 15 229 | 14 355 | 407 | 15 930.9 |
| 常州 | 16 | 580 000 | 19 262 | 9 784 | 131 | 17 267.8 |
| 苏州 | 78 | 1 824 900 | 46 475 | 32 216 | 227 | 52 525.4 |
| 南通 | 10 | 356 000 | 12 078 | 7 954 | 5 | 5 889.0 |
| 连云港 | 5 | 157 500 | 5 046 | 3 994 | 15 | 3 431.2 |
| 扬州 | 7 | 226 000 | 5 315 | 5 425 | | 4 799.6 |
| 杭州 | 13 | 1 625 000 | 60 895 | 32 007 | 204 | 58 169.2 |

## 重点城市污水处理情况（一）（续表）

（2007）

| 城市名称 | 城市污水处理厂数（座） | 污水处理能力（吨/日） | 污水处理量（万吨） | 处理生活污水量 | 污水再用量（万吨） | 本年运行费用（万元） |
|---|---|---|---|---|---|---|
| 宁波 | 12 | 648 000 | 17 136 | 13 317 | 629 | 16 665.2 |
| 温州 | 4 | 380 000 | 8 221 | 6 560 | | 5 148.6 |
| 嘉兴 | 8 | 580 000 | 16 981 | 7 293 | 75 | 26 483.8 |
| 湖州 | 13 | 391 000 | 8 005 | 4 914 | | 7 392.6 |
| 绍兴 | 4 | 1 025 000 | 30 289 | 6 284 | 8 | 43 052.5 |
| 台州 | 7 | 360 000 | 8 349 | 7 326 | 10 | 10 177.9 |
| 合肥 | 4 | 437 000 | 12 867 | 12 559 | 2 936 | 9 125.1 |
| 芜湖 | 1 | 100 000 | 132 | 115 | | 240.0 |
| 马鞍山 | 3 | 180 000 | 3 209 | 3 040 | | 2 392.7 |
| 福州 | 9 | 441 000 | 14 838 | 13 909 | | 5 989.8 |
| 厦门 | 8 | 851 000 | 16 455 | 13 117 | 60 | 16 484.8 |
| 泉州 | 9 | 342 400 | 16 440 | 8 029 | 1 | 11 616.4 |
| 南昌 | 4 | 810 000 | 11 426 | 11 357 | | 6 660.0 |
| 九江 | 3 | 65 500 | 2 333 | 2 333 | | 2 015.1 |
| 济南 | 5 | 530 000 | 14 936 | 14 497 | 1 636 | 11 435.6 |
| 青岛 | 17 | 935 000 | 22 760 | 17 912 | 798 | 16 522.4 |
| 淄博 | 8 | 525 000 | 17 893 | 8 285 | 666 | 12 252.0 |
| 枣庄 | 3 | 170 000 | 3 525 | 3 149 | | 3 284.0 |
| 烟台 | 10 | 535 000 | 15 882 | 11 200 | 264 | 8 222.6 |
| 潍坊 | 15 | 721 000 | 20 972 | 12 847 | 14 | 16 319.9 |
| 济宁 | 9 | 530 000 | 11 094 | 9 599 | 481 | 9 571.5 |
| 泰安 | 7 | 330 000 | 8 482 | 7 872 | 1 461 | 4 040.6 |
| 威海 | 10 | 281 000 | 6 395 | 4 886 | 20 | 6 268.8 |
| 日照 | 4 | 145 000 | 4 097 | 3 307 | | 4 211.0 |
| 郑州 | 10 | 715 000 | 19 255 | 17 983 | 2 176 | 17 818.9 |
| 开封 | 3 | 130 000 | 1 584 | 1 305 | | 1 602.0 |
| 洛阳 | 3 | 440 000 | 7 874 | 6 453 | 807 | 3 790.0 |
| 平顶山 | 3 | 300 000 | 7 379 | 5 159 | 365 | 4 149.0 |
| 安阳 | 5 | 293 000 | 6 371 | 2 540 | 3 341 | 3 893.0 |
| 焦作 | 4 | 175 000 | 3 839 | 3 839 | 730 | 1 250.0 |
| 武汉 | 10 | 1 590 000 | 44 664 | 42 473 | 62 | 11 934.4 |
| 宜昌 | 10 | 369 000 | 9 169 | 8 902 | 10 | 7 839.5 |
| 荆州 | 2 | 175 000 | 3 191 | 2 766 | | 2 055.0 |
| 长沙 | 5 | 450 000 | 12 366 | 11 926 | 51 | 5 030.7 |
| 株洲 | 3 | 172 000 | 4 898 | 4 649 | 78 | 1 681.3 |
| 湘潭 | 2 | 105 000 | 2 484 | 2 484 | 270 | 776.9 |
| 岳阳 | 2 | 160 000 | 3 240 | 3 192 | | 1 070.0 |
| 常德 | 1 | 150 000 | 2 634 | 2 310 | | 716.3 |

# 重点城市污水处理情况（一）（续表）

（2007）

| 城市名称 | 城市污水处理厂数（座） | 污水处理能力（吨/日） | 污水处理量（万吨） | | 污水再用量（万吨） | 本年运行费用（万元） |
|---|---|---|---|---|---|---|
| | | | | 处理生活污水量 | | |
| 张家界 | 3 | 27 000 | 827 | 753 | 230 | 850.0 |
| 广州 | 14 | 2 187 000 | 55 130 | 57 998 | | 25 907.8 |
| 韶关 | 7 | 141 000 | 1 900 | 1 776 | | 466.0 |
| 深圳 | 16 | 2 501 000 | 70 393 | 59 184 | 131 | 45 374.0 |
| 珠海 | 5 | 336 000 | 8 597 | 7 945 | 2 | 6 366.6 |
| 汕头 | 1 | 140 000 | 4 961 | 4 863 | 35 | 2 190.0 |
| 佛山 | 29 | 1 014 000 | 28 588 | 26 602 | 78 | 19 840.2 |
| 湛江 | 2 | 150 000 | 2 037 | 2 037 | | 614.0 |
| 中山 | 4 | 270 000 | 8 406 | 7 568 | | 16 286.5 |
| 南宁 | 2 | 340 000 | 6 359 | 6 359 | 18 | 3 845.7 |
| 柳州 | 1 | 100 000 | 3 500 | 2 615 | 1 | 3 247.8 |
| 桂林 | 5 | 215 000 | 6 051 | 5 764 | 167 | 4 762.4 |
| 北海 | 1 | 200 000 | 720 | 717 | | 428.0 |
| 海口 | 1 | 300 000 | 10 256 | 7 918 | | 3 656.3 |
| 三亚 | 2 | 95 000 | 2 197 | 2 196 | 150 | 190.0 |
| 重庆 | 41 | 1 870 820 | 32 187 | 31 017 | 230 | 49 269.5 |
| 成都 | 20 | 1 294 500 | 38 796 | 35 826 | 3 279 | 30 049.8 |
| 攀枝花 | 3 | 75 000 | 1 586 | 1 571 | | 998.0 |
| 泸州 | 1 | 50 000 | 1 013 | 1 013 | 15 | 434.0 |
| 绵阳 | 3 | 210 000 | 5 840 | 4 748 | 9 | 6 727.0 |
| 宜宾 | | | | | | |
| 贵阳 | 5 | 187 240 | 5 613 | 2 902 | 1 180 | 2 577.9 |
| 遵义 | 5 | 115 000 | 2 484 | 2 526 | | 802.1 |
| 昆明 | 10 | 645 000 | 17 871 | 17 657 | 8 567 | 5 045.0 |
| 曲靖 | 2 | 110 000 | 1 921 | 1 834 | 76 | 1 507.2 |
| 拉萨 | | | | | | |
| 西安 | 3 | 370 000 | 12 211 | 14 122 | 372 | 5 076.8 |
| 铜川 | 1 | 35 000 | 394 | 313 | | 371.4 |
| 宝鸡 | 1 | 90 000 | 2 792 | 2 130 | | |
| 咸阳 | 2 | 113 000 | 3 116 | 1 775 | 20 | 1 431.0 |
| 延安 | 1 | 50 000 | 820 | 820 | | 656.0 |
| 兰州 | 5 | 269 966 | 6 329 | 5 002 | 375 | 5 819.0 |
| 金昌 | | | 1 485 | | | 30.0 |
| 西宁 | 2 | 127 500 | 3 084 | 3 084 | | 1 351.1 |
| 银川 | 5 | 335 000 | 6 325 | 5 581 | 89 | 3 686.0 |
| 石嘴山 | 2 | 100 000 | 2 298 | 2 268 | 92 | 2 433.0 |
| 乌鲁木齐 | 5 | 365 000 | 8 506 | 9 111 | 742 | 4 475.3 |
| 克拉玛依 | 2 | 130 000 | 1 910 | 2 064 | 307 | 439.4 |

## 重点城市污水处理情况（二）

（2007）

单位：吨

| 城市名称 | 化学需氧量去除量 | 氨氮去除量 | 总磷去除量 | 污泥产生量 | 污泥排放量 |
|---|---|---|---|---|---|
| **总计** | 4 808 883 | 285 450 | 44 504 | 10 683 192 | 517 087 |
| 北京 | 330 571 | 37 194 | 3 771 | 632 105 | |
| 天津 | 147 163 | 9 891 | 1 560 | 213 081 | |
| 石家庄 | 138 863 | 9 045 | 892 | 791 898 | 146 000 |
| 唐山 | 85 890 | 3 631 | 1 037 | 222 984 | |
| 秦皇岛 | 26 714 | 1 947 | 243 | 40 270 | |
| 邯郸 | 22 801 | 1 523 | 240 | 31 426 | |
| 保定 | 19 842 | 1 159 | 375 | 15 504 | |
| 太原 | 51 540 | 1 450 | 474 | 191 075 | |
| 大同 | 17 030 | 569 | 30 | 9 805 | 9 805 |
| 阳泉 | 5 944 | 821 | | 14 803 | |
| 长治 | 7 875 | 580 | 60 | 15 498 | 13 568 |
| 临汾 | 5 883 | 409 | | 15 900 | |
| 呼和浩特 | 13 045 | 556 | 60 | 23 725 | |
| 包头 | 16 695 | 744 | 179 | 5 492 | |
| 赤峰 | 14 209 | 315 | 2 | 3 493 | 221 |
| 沈阳 | 89 519 | 9 369 | 465 | 157 654 | |
| 大连 | 52 001 | 2 699 | 644 | 120 627 | 53 369 |
| 鞍山 | 2 057 | 79 | 19 | 242 | |
| 抚顺 | 15 286 | 683 | 141 | 27 997 | |
| 本溪 | 3 300 | 473 | 58 | 4 732 | |
| 锦州 | 4 346 | 499 | 8 | 13 072 | |
| 长春 | 24 306 | 1 791 | 307 | 17 095 | |
| 吉林 | 32 598 | 1 228 | 1 | 50 257 | |
| 哈尔滨 | 41 090 | 4 235 | 373 | 108 256 | |
| 齐齐哈尔 | 14 186 | 739 | | 2 126 | 2 126 |
| 大庆 | 9 201 | 794 | 63 | 187 014 | 5 700 |
| 牡丹江 | 2 177 | 193 | 34 | 4 837 | |
| 上海 | 304 229 | 11 619 | 1 486 | 1 278 415 | 228 470 |
| 南京 | 57 317 | 6 388 | 563 | 91 209 | |
| 无锡 | 134 867 | 6 915 | 1 123 | 358 588 | |
| 徐州 | 32 933 | 3 472 | 390 | 56 304 | |
| 常州 | 76 053 | 3 881 | 685 | 158 258 | |
| 苏州 | 184 543 | 8 088 | 1 289 | 609 710 | |
| 南通 | 41 034 | 1 555 | 186 | 49 857 | |
| 连云港 | 10 182 | 1 140 | 114 | 5 980 | |
| 扬州 | 7 174 | 1 118 | 150 | 14 687 | |
| 杭州 | 417 700 | 9 325 | 4 971 | 495 008 | |

# 重点城市污水处理情况（二）（续表）

（2007）

单位：吨

| 城市名称 | 化学需氧量去除量 | 氨氮去除量 | 总磷去除量 | 污泥产生量 | 污泥排放量 |
|---|---|---|---|---|---|
| 宁波 | 43 916 | 3 028 | 503 | 87 854 | |
| 温州 | 19 456 | 1 746 | 235 | 13 614 | 249 |
| 嘉兴 | 91 887 | 2 499 | 512 | 171 352 | |
| 湖州 | 30 427 | 1 541 | 161 | 199 834 | |
| 绍兴 | 348 688 | 8 645 | 1 411 | 140 180 | |
| 台州 | 33 079 | 2 183 | 430 | 61 026 | 1 135 |
| 合肥 | 24 365 | 2 617 | 468 | 105 320 | |
| 芜湖 | 55 | 17 | 4 | 82 | |
| 马鞍山 | 5 950 | 610 | 66 | 3 692 | |
| 福州 | 35 765 | 2 558 | 368 | 80 580 | |
| 厦门 | 46 765 | 3 113 | 659 | 107 629 | |
| 泉州 | 81 212 | 1 867 | 127 | 35 052 | 1 339 |
| 南昌 | 10 283 | 577 | 105 | 8 768 | |
| 九江 | 3 053 | 180 | 10 | 1 368 | |
| 济南 | 36 004 | 2 473 | 506 | 64 756 | |
| 青岛 | 130 822 | 6 918 | 1 610 | 158 700 | |
| 淄博 | 57 369 | 4 230 | 236 | 126 410 | |
| 枣庄 | 7 403 | 723 | 130 | 38 624 | |
| 烟台 | 39 610 | 2 199 | 413 | 130 912 | |
| 潍坊 | 75 490 | 3 628 | 683 | 153 409 | |
| 济宁 | 30 658 | 1 559 | 303 | 51 494 | 35 245 |
| 泰安 | 21 916 | 2 044 | 284 | 20 910 | |
| 威海 | 24 239 | 1 708 | 234 | 38 101 | |
| 日照 | 10 323 | 879 | 59 | 4 567 | |
| 郑州 | 62 860 | 2 645 | 332 | 149 374 | |
| 开封 | 5 029 | 445 | 4 | 590 | |
| 洛阳 | 22 342 | 1 803 | 338 | 9 202 | |
| 平顶山 | 18 526 | 2 039 | 202 | 36 982 | |
| 安阳 | 12 815 | 699 | 167 | 77 455 | 2 005 |
| 焦作 | 7 983 | 318 | 92 | 6 677 | 489 |
| 武汉 | 54 950 | 1 963 | 126 | 5 882 | |
| 宜昌 | 13 801 | 1 001 | 102 | 17 180 | |
| 荆州 | 6 569 | 17 | 58 | 5 562 | 50 |
| 长沙 | 44 878 | 1 299 | 404 | 29 211 | |
| 株洲 | 5 584 | 573 | 53 | 6 174 | |
| 湘潭 | 4 026 | 250 | 19 | 300 | |
| 岳阳 | 8 793 | 1 073 | 96 | 3 303 | |
| 常德 | 1 667 | | | 2 569 | |

# 重点城市污水处理情况（二）（续表）

（2007）

单位：吨

| 城市名称 | 化学需氧量去除量 | 氨氮去除量 | 总磷去除量 | 污泥产生量 | 污泥排放量 |
|---|---|---|---|---|---|
| 张家界 | 937 | 60 | 4 | 376 | 23 |
| 广州 | 107 440 | 12 593 | 1 586 | 278 310 | |
| 韶关 | 1 853 | 206 | 19 | 780 | |
| 深圳 | 161 430 | 8 833 | 2 508 | 344 734 | |
| 珠海 | 17 180 | 1 347 | 278 | 11 653 | |
| 汕头 | 5 909 | 878 | 64 | 16 605 | |
| 佛山 | 44 867 | 3 486 | 664 | 59 848 | 2 |
| 湛江 | 3 167 | 309 | 60 | 9 282 | |
| 中山 | 23 487 | 1 381 | 151 | 6 768 | |
| 南宁 | 11 733 | 1 020 | 146 | 11 729 | |
| 柳州 | 4 326 | 529 | 35 | 16 386 | |
| 桂林 | 10 864 | 785 | 246 | 8 901 | |
| 北海 | 353 | | | | |
| 海口 | 16 933 | 82 | 185 | 13 627 | |
| 三亚 | 2 316 | 134 | 13 | 2 642 | |
| 重庆 | 81 854 | 10 372 | 1 358 | 159 096 | |
| 成都 | 82 837 | 9 299 | 571 | 161 330 | 542 |
| 攀枝花 | 5 045 | 357 | 52 | 2 506 | |
| 泸州 | 1 635 | 309 | | 47 450 | |
| 绵阳 | 18 242 | 1 210 | 100 | 44 591 | |
| 宜宾 | | | | | |
| 贵阳 | 5 780 | 573 | 53 | 23 753 | |
| 遵义 | 2 519 | 394 | 73 | 13 199 | |
| 昆明 | 44 035 | 3 308 | 851 | 101 802 | |
| 曲靖 | 1 693 | 210 | 9 | 1 921 | |
| 拉萨 | | | | | |
| 西安 | 65 305 | 3 773 | 689 | 202 105 | |
| 铜川 | 1 078 | 61 | 19 | 704 | |
| 宝鸡 | 6 980 | 754 | 64 | 784 847 | |
| 咸阳 | 11 767 | 412 | 287 | 4 808 | |
| 延安 | 3 531 | 244 | 31 | 7 951 | |
| 兰州 | 23 919 | 789 | 52 | 45 016 | 16 275 |
| 金昌 | 45 | | | 30 | |
| 西宁 | 10 569 | 151 | 24 | 17 607 | 359 |
| 银川 | 18 431 | 1 266 | 258 | 5 687 | |
| 石嘴山 | 8 531 | 1 058 | 106 | 16 183 | |
| 乌鲁木齐 | 42 618 | 1 066 | 435 | 62 478 | |
| 克拉玛依 | 20 959 | 419 | 11 | 4 808 | 115 |

# 重点城市生活及其他污染情况

（2007）

| 城市名称 | 城镇生活污水排放量（万吨） | 城镇生活污水中化学需氧量排放量（吨） | 城镇生活污水中氨氮排放量（吨） | 生活及其他二氧化硫排放量（吨） | 生活及其他烟尘排放量（吨） | 生活及其他氮氧化物排放量（吨） | 城镇生活污水处理率（%） |
|---|---|---|---|---|---|---|---|
| **总计** | 1 931 571 | 4 331 783 | 491 331 | 1 422 987 | 928 256 | 2 164 934 | 62.8 |
| 北京 | 98 682 | 99 878 | 11 720 | 68 752 | 27 949 | 177 521 | 80.8 |
| 天津 | 35 484 | 106 551 | 10 779 | 19 925 | 11 078 | 10 303 | 78.2 |
| 石家庄 | 21 523 | 60 178 | 5 504 | 18 815 | 22 056 | 13 860 | 57.9 |
| 唐山 | 11 280 | 20 950 | 2 121 | 15 283 | 30 683 | 37 631 | 76.4 |
| 秦皇岛 | 8 537 | 13 563 | 1 440 | 10 442 | 6 810 | 20 365 | 85.6 |
| 邯郸 | 14 041 | 35 633 | 4 239 | 11 676 | 13 905 | 16 960 | 38.2 |
| 保定 | 12 322 | 43 638 | 5 148 | 21 621 | 5 871 | 14 371 | 37.4 |
| 太原 | 13 434 | 23 851 | 6 109 | 33 309 | 16 896 | 4 338 | 70.4 |
| 大同 | 7 917 | 24 186 | 3 259 | 31 997 | 32 756 | 23 513 | 55.7 |
| 阳泉 | 3 997 | 9 562 | 1 358 | 14 744 | 7 360 | 14 500 | 50.4 |
| 长治 | 6 215 | 17 343 | 2 724 | 23 443 | 9 309 | 3 847 | 49.3 |
| 临汾 | 7 193 | 26 757 | 3 436 | 27 770 | 37 445 | 21 159 | 31.2 |
| 呼和浩特 | 5 116 | 25 307 | 3 497 | 9 201 | 5 565 | 15 976 | 61.9 |
| 包头 | 6 403 | 22 799 | 4 558 | 24 899 | 35 949 | 9 744 | 67.4 |
| 赤峰 | 4 680 | 12 653 | 2 494 | 19 052 | 11 900 | 12 761 | 43.8 |
| 沈阳 | 41 033 | 62 784 | 9 389 | 24 844 | 19 820 | 9 695 | 66.8 |
| 大连 | 22 099 | 42 818 | 7 617 | 20 284 | 32 939 | 7 914 | 80.3 |
| 鞍山 | 9 042 | 43 152 | 3 150 | 7 721 | 3 462 | 10 513 | 16.0 |
| 抚顺 | 8 103 | 22 924 | 4 731 | 10 152 | 9 177 | 1 631 | 68.2 |
| 本溪 | 5 032 | 25 644 | 3 451 | 8 016 | 4 345 | 781 | 84.8 |
| 锦州 | 4 384 | 21 888 | 4 346 | 7 117 | 9 243 | 3 520 | 60.3 |
| 长春 | 23 772 | 58 189 | 6 967 | 18 442 | 50 711 | 7 263 | 32.5 |
| 吉林 | 7 677 | 36 728 | 3 876 | 3 387 | 9 272 | 3 727 | 45.5 |
| 哈尔滨 | 20 285 | 64 391 | 8 125 | 19 095 | 29 383 | 22 846 | 60.6 |
| 齐齐哈尔 | 6 691 | 30 868 | 4 050 | 5 686 | 6 934 | 9 730 | 58.3 |
| 大庆 | 5 316 | 22 896 | 2 988 | 6 919 | 13 890 | 24 118 | 67.9 |
| 牡丹江 | 5 381 | 30 108 | 3 574 | 2 655 | 2 492 | 2 195 | 18.6 |
| 上海 | 179 045 | 260 571 | 31 272 | 133 402 | 65 653 | 154 787 | 74.8 |
| 南京 | 41 129 | 110 474 | 6 398 | 2 168 | 1 705 | 34 260 | 80.3 |
| 无锡 | 18 571 | 39 794 | 4 061 | 5 337 | 3 049 | 44 155 | 69.5 |
| 徐州 | 20 648 | 45 797 | 5 166 | 8 014 | 1 222 | 31 189 | 69.5 |
| 常州 | 15 322 | 30 256 | 2 518 | 3 280 | 9 900 | 1 772 | 63.9 |
| 苏州 | 43 278 | 57 725 | 5 387 | 652 | 162 | 43 825 | 74.4 |
| 南通 | 17 515 | 69 091 | 7 000 | 1 711 | 924 | 6 510 | 45.4 |
| 连云港 | 9 911 | 30 355 | 3 462 | 5 126 | 594 | 33 063 | 40.3 |
| 扬州 | 9 198 | 40 542 | 3 138 | 5 782 | 3 228 | 19 117 | 59.0 |
| 杭州 | 38 634 | 38 817 | 5 909 | 4 511 | 3 045 | 21 078 | 82.9 |

## 重点城市生活及其他污染情况（续表）

（2007）

| 城市名称 | 城镇生活污水排放量（万吨） | 城镇生活污水中化学需氧量排放量（吨） | 城镇生活污水中氨氮排放量（吨） | 生活及其他二氧化硫排放量（吨） | 生活及其他烟尘排放量（吨） | 生活及其他氮氧化物排放量（吨） | 城镇生活污水处理率（%） |
|---|---|---|---|---|---|---|---|
| 宁　波 | 18 185 | 34 581 | 2 618 | 1 581 | 443 | 17 989 | 73.2 |
| 温　州 | 21 897 | 85 980 | 5 845 | 842 | 164 | 42 203 | 30.0 |
| 嘉　兴 | 9 904 | 17 625 | 2 080 | 2 166 | 533 | 26 039 | 73.6 |
| 湖　州 | 7 585 | 13 892 | 1 649 | 1 810 | 639 | 37 779 | 64.8 |
| 绍　兴 | 8 243 | 21 603 | 2 465 | 5 290 | 1 506 | 16 475 | 76.2 |
| 台　州 | 9 279 | 22 291 | 1 543 | 750 | 924 | 6 090 | 79.0 |
| 合　肥 | 18 559 | 29 032 | 4 156 | 2 313 | 559 | 6 063 | 67.7 |
| 芜　湖 | 6 199 | 37 908 | 2 643 | 1 260 | 1 190 | 2 575 | 1.9 |
| 马鞍山 | 4 127 | 15 757 | 1 581 | 362 | 138 | 2 596 | 73.7 |
| 福　州 | 20 864 | 43 967 | 3 642 | 1 463 | 223 | 27 513 | 66.7 |
| 厦　门 | 17 040 | 46 123 | 4 378 | 922 | 141 | 14 266 | 77.0 |
| 泉　州 | 15 482 | 55 689 | 4 306 | 5 830 | 2 740 | 33 945 | 51.9 |
| 南　昌 | 12 748 | 49 209 | 4 381 | 8 640 | 542 | 34 635 | 89.1 |
| 九　江 | 7 537 | 39 269 | 3 124 | 2 436 | 2 407 | 6 180 | 31.0 |
| 济　南 | 19 157 | 48 826 | 6 201 | 15 131 | 7 335 | 28 681 | 75.7 |
| 青　岛 | 22 319 | 43 183 | 5 479 | 27 236 | 12 532 | 36 895 | 80.3 |
| 淄　博 | 9 668 | 16 340 | 2 983 | 13 662 | 5 260 | 15 349 | 85.7 |
| 枣　庄 | 7 010 | 28 108 | 2 787 | 15 838 | 4 925 | 18 960 | 44.9 |
| 烟　台 | 14 445 | 34 509 | 4 584 | 9 406 | 1 936 | 23 421 | 77.5 |
| 潍　坊 | 15 540 | 20 644 | 5 005 | 22 858 | 8 501 | 45 995 | 82.7 |
| 济　宁 | 12 125 | 29 977 | 4 690 | 15 838 | 7 479 | 8 152 | 79.2 |
| 泰　安 | 9 660 | 21 290 | 2 918 | 14 982 | 10 990 | 10 446 | 81.5 |
| 威　海 | 5 500 | 12 559 | 1 740 | 5 336 | 5 141 | 3 630 | 88.9 |
| 日　照 | 4 704 | 11 861 | 1 573 | 12 684 | 4 001 | 5 360 | 70.3 |
| 郑　州 | 25 768 | 43 529 | 7 580 | 9 365 | 10 680 | 1 624 | 69.8 |
| 开　封 | 6 198 | 19 761 | 2 447 | 6 335 | 4 779 | 3 142 | 21.1 |
| 洛　阳 | 14 142 | 30 362 | 3 039 | 17 629 | 9 364 | 3 038 | 45.6 |
| 平顶山 | 10 118 | 17 362 | 2 175 | 11 491 | 3 190 | 15 162 | 51.0 |
| 安　阳 | 8 656 | 27 684 | 3 044 | 4 544 | 2 491 | 8 881 | 29.3 |
| 焦　作 | 8 275 | 23 130 | 2 990 | 8 331 | 3 819 | 13 061 | 46.4 |
| 武　汉 | 43 472 | 130 095 | 14 228 | 5 637 | 1 069 | 63 536 | 97.7 |
| 宜　昌 | 12 393 | 16 711 | 2 791 | 18 698 | 7 428 | 5 469 | 71.8 |
| 荆　州 | 10 907 | 27 982 | 5 761 | 11 083 | 1 285 | 6 000 | 25.4 |
| 长　沙 | 27 589 | 62 184 | 7 098 | 8 779 | 471 | 20 864 | 43.2 |
| 株　洲 | 12 778 | 47 307 | 4 020 | 10 200 | 6 042 | 9 126 | 36.4 |
| 湘　潭 | 9 946 | 40 734 | 3 213 | 11 633 | 911 | 695 | 25.0 |
| 岳　阳 | 12 677 | 61 454 | 4 473 | 4 070 | 2 311 | 11 247 | 25.2 |
| 常　德 | 7 634 | 37 065 | 3 680 | 4 400 | 14 334 | 1 924 | 30.3 |

# 重点城市生活及其他污染情况（续表）

（2007）

| 城市名称 | 城镇生活污水排放量（万吨） | 城镇生活污水中化学需氧量排放量（吨） | 城镇生活污水中氨氮排放量（吨） | 生活及其他二氧化硫排放量（吨） | 生活及其他烟尘排放量（吨） | 生活及其他氮氧化物排放量（吨） | 城镇生活污水处理率（%） |
|---|---|---|---|---|---|---|---|
| 张家界 | 3 347 | 14 937 | 1 421 | 7 823 | 1 482 | 5 716 | 22.5 |
| 广州 | 90 388 | 88 400 | 8 498 | 4 416 | 1 841 | 93 664 | 64.2 |
| 韶关 | 7 800 | 20 707 | 3 291 | 55 | 219 | 81 | 22.8 |
| 深圳 | 71 069 | 42 973 | 10 062 | 300 | 100 | 98 800 | 83.3 |
| 珠海 | 11 584 | 19 440 | 1 834 | 757 | 142 | 11 460 | 68.6 |
| 汕头 | 15 543 | 47 638 | 5 939 | 826 | 316 | 33 320 | 31.3 |
| 佛山 | 38 785 | 60 947 | 10 370 | 252 | 151 | 39 972 | 68.6 |
| 湛江 | 18 056 | 52 811 | 6 517 | 608 | 180 | 12 720 | 11.3 |
| 中山 | 16 112 | 30 994 | 3 982 | 100 | 89 | 7 426 | 47.0 |
| 南宁 | 21 999 | 64 702 | 4 925 | 5 202 | 642 | 11 733 | 28.9 |
| 柳州 | 14 751 | 49 874 | 3 736 | 7 553 | 863 | 478 | 17.7 |
| 桂林 | 12 837 | 35 767 | 2 835 | 5 020 | 3 188 | 29 828 | 44.9 |
| 北海 | 9 117 | 26 455 | 2 085 | 854 | 1 068 | 259 | 7.9 |
| 海口 | 9 683 | 13 128 | 2 255 | 396 | 660 | 15 714 | 81.8 |
| 三亚 | 3 919 | 6 501 | 552 | 30 | | | 56.0 |
| 重庆 | 65 238 | 146 064 | 15 116 | 143 140 | 81 891 | 67 259 | 47.5 |
| 成都 | 46 084 | 77 044 | 6 954 | 45 973 | 8 132 | 11 666 | 77.7 |
| 攀枝花 | 3 665 | 11 723 | 1 236 | 1 089 | 1 184 | 342 | 42.9 |
| 泸州 | 5 581 | 18 137 | 1 861 | 5 258 | 3 322 | 2 053 | 18.2 |
| 绵阳 | 10 029 | 26 618 | 2 303 | 12 254 | 9 598 | 4 362 | 47.3 |
| 宜宾 | 6 216 | 30 112 | 2 252 | 9 232 | 3 514 | 492 | 2.5 |
| 贵阳 | 11 940 | 49 430 | 3 784 | 48 893 | 7 977 | | 24.3 |
| 遵义 | 7 142 | 36 559 | 2 618 | 70 015 | 10 041 | 8 032 | 35.4 |
| 昆明 | 21 840 | 26 808 | 1 799 | 5 807 | 7 003 | 8 890 | 80.9 |
| 曲靖 | 4 974 | 27 518 | 2 066 | 9 062 | 14 654 | 13 210 | 36.9 |
| 拉萨 | 906 | 5 286 | 529 | 288 | 8 | | |
| 西安 | 23 131 | 55 222 | 6 775 | 5 789 | 8 397 | 24 941 | 61.1 |
| 铜川 | 877 | 7 917 | 975 | 2 966 | 1 711 | 1 010 | 35.7 |
| 宝鸡 | 4 896 | 15 622 | 1 201 | 4 698 | 8 748 | 8 608 | 43.5 |
| 咸阳 | 4 053 | 15 525 | 2 488 | 4 101 | 4 001 | 2 450 | 43.8 |
| 延安 | 2 470 | 9 020 | 1 400 | 8 098 | 5 519 | 2 508 | 33.2 |
| 兰州 | 12 740 | 49 609 | 4 848 | 10 243 | 6 390 | 11 808 | 39.3 |
| 金昌 | 1 261 | 6 074 | 654 | 3 758 | 800 | 2 705 | |
| 西宁 | 7 717 | 17 735 | 3 151 | 2 348 | 8 611 | 9 335 | 40.0 |
| 银川 | 9 317 | 8 908 | 1 304 | 5 792 | 1 509 | 69 522 | 59.9 |
| 石嘴山 | 2 942 | 6 384 | 1 008 | 2 570 | 1 347 | 650 | 77.1 |
| 乌鲁木齐 | 14 436 | 13 551 | 4 291 | 10 912 | 17 153 | 25 645 | 63.1 |
| 克拉玛依 | 1 902 | 1 398 | 545 | 448 | 700 | 2 731 | 93.1 |

# 重点城市主要工业污染物单位工业总产值排放强度

（2007） 单位：吨/万元

| 城市名称 | 废水 | 化学需氧量 | 氨氮 | 二氧化硫 | 氮氧化物 | 烟尘 | 粉尘 | 固体废物 |
|---|---|---|---|---|---|---|---|---|
| **总计** | 10.2437 | 0.0017 | 0.0001 | 0.0082 | 0.0052 | 0.0027 | 0.0023 | 0.0042 |
| 北京 | 2.9698 | 0.0002 | … | 0.0027 | 0.0023 | 0.0007 | 0.0006 | … |
| 天津 | 21.1820 | 0.0064 | 0.0004 | 0.0162 | 0.0127 | 0.0064 | 0.0075 | 0.0002 |
| 石家庄 | 3.3538 | 0.0005 | 0.0001 | 0.0035 | 0.0030 | 0.0010 | 0.0001 | … |
| 唐山 | 10.7852 | 0.0031 | 0.0001 | 0.0117 | 0.0107 | 0.0053 | 0.0083 | 0.0099 |
| 秦皇岛 | 10.1607 | 0.0017 | 0.0001 | 0.0099 | 0.0053 | 0.0018 | 0.0083 | |
| 邯郸 | 9.6943 | 0.0013 | 0.0001 | 0.0151 | 0.0223 | 0.0056 | 0.0049 | 0.0001 |
| 保定 | 16.2445 | 0.0033 | 0.0003 | 0.0082 | 0.0060 | 0.0025 | 0.0026 | … |
| 太原 | 2.1936 | 0.0005 | … | 0.0076 | 0.0043 | 0.0033 | 0.0025 | 0.0321 |
| 大同 | 9.4464 | 0.0063 | 0.0007 | 0.0231 | 0.0141 | 0.0185 | 0.0118 | 0.0468 |
| 阳泉 | 6.9411 | 0.0007 | 0.0001 | 0.0536 | 0.0163 | 0.0301 | 0.0083 | 0.1713 |
| 长治 | 4.7620 | 0.0013 | 0.0001 | 0.0148 | 0.0080 | 0.0111 | 0.0154 | 0.0614 |
| 临汾 | 5.9580 | 0.0016 | 0.0002 | 0.0118 | 0.0042 | 0.0160 | 0.0174 | 0.2275 |
| 呼和浩特 | 2.3420 | 0.0009 | … | 0.0169 | 0.0189 | 0.0031 | 0.0014 | … |
| 包头 | 4.9866 | 0.0006 | 0.0001 | 0.0194 | 0.0143 | 0.0059 | 0.0058 | 0.0013 |
| 赤峰 | 11.4803 | 0.0025 | 0.0001 | 0.1154 | 0.0698 | 0.0174 | 0.0098 | 0.0167 |
| 沈阳 | 4.5276 | 0.0006 | 0.0001 | 0.0049 | 0.0035 | 0.0037 | 0.0005 | |
| 大连 | 18.2759 | 0.0007 | 0.0001 | 0.0054 | 0.0039 | 0.0010 | 0.0010 | 0.0001 |
| 鞍山 | 5.4425 | 0.0009 | … | 0.0099 | 0.0078 | 0.0038 | 0.0061 | |
| 抚顺 | 6.1884 | 0.0005 | … | 0.0090 | 0.0057 | 0.0029 | 0.0012 | |
| 本溪 | 15.7851 | 0.0035 | 0.0004 | 0.0234 | 0.0158 | 0.0083 | 0.0137 | … |
| 锦州 | 10.4986 | 0.0096 | … | 0.0130 | 0.0135 | 0.0099 | 0.0023 | 0.0001 |
| 长春 | 2.1423 | 0.0010 | … | 0.0030 | 0.0025 | 0.0031 | 0.0013 | … |
| 吉林 | 17.9733 | 0.0027 | … | 0.0052 | 0.0060 | 0.0052 | 0.0009 | |
| 哈尔滨 | 3.6065 | 0.0018 | 0.0003 | 0.0063 | 0.0050 | 0.0065 | 0.0037 | |
| 齐齐哈尔 | 27.2578 | 0.0056 | 0.0002 | 0.0167 | 0.0148 | 0.0188 | 0.0022 | 0.0001 |
| 大庆 | 3.2947 | 0.0006 | 0.0001 | 0.0024 | 0.0025 | 0.0014 | 0.0001 | |
| 牡丹江 | 27.7660 | 0.0155 | 0.0001 | 0.0450 | 0.0317 | 0.0464 | 0.0273 | |
| 上海 | 3.1552 | 0.0002 | … | 0.0024 | 0.0021 | 0.0003 | 0.0001 | … |
| 南京 | 10.5884 | 0.0008 | … | 0.0038 | 0.0026 | 0.0010 | 0.0013 | |
| 无锡 | 11.2069 | 0.0009 | 0.0001 | 0.0032 | 0.0056 | 0.0015 | 0.0011 | |
| 徐州 | 12.8429 | 0.0024 | … | 0.0205 | 0.0092 | 0.0039 | 0.0039 | |
| 常州 | 24.8297 | 0.0024 | 0.0001 | 0.0061 | 0.0040 | 0.0023 | 0.0040 | |
| 苏州 | 13.0356 | 0.0012 | 0.0001 | 0.0043 | 0.0055 | 0.0009 | 0.0005 | |
| 南通 | 14.6670 | 0.0019 | 0.0002 | 0.0083 | 0.0033 | 0.0038 | 0.0008 | |
| 连云港 | 11.4023 | 0.0016 | 0.0001 | 0.0109 | 0.0065 | 0.0039 | 0.0003 | |
| 扬州 | 9.7783 | 0.0021 | 0.0001 | 0.0098 | 0.0059 | 0.0016 | 0.0004 | 0.0003 |
| 杭州 | 32.3286 | 0.0042 | 0.0002 | 0.0051 | 0.0034 | 0.0013 | 0.0014 | 0.0001 |

## 重点城市主要工业污染物单位工业总产值排放强度（续表）

（2007）

单位：吨/万元

| 城市名称 | 废水 | 化学需氧量 | 氨氮 | 二氧化硫 | 氮氧化物 | 烟尘 | 粉尘 | 固体废物 |
|---|---|---|---|---|---|---|---|---|
| 宁波 | 5.398 6 | 0.000 5 | … | 0.004 9 | 0.005 6 | 0.000 6 | 0.000 3 | … |
| 温州 | 15.573 1 | 0.004 3 | 0.001 1 | 0.008 1 | 0.005 0 | 0.001 1 | … | 0.001 0 |
| 嘉兴 | 15.943 2 | 0.001 7 | 0.000 2 | 0.011 6 | 0.006 9 | 0.002 3 | 0.002 7 | … |
| 湖州 | 21.134 0 | 0.001 5 | 0.000 3 | 0.010 1 | 0.013 6 | 0.002 7 | 0.008 7 | 0.000 1 |
| 绍兴 | 18.801 7 | 0.002 8 | 0.000 2 | 0.004 5 | 0.003 4 | 0.001 1 | 0.000 5 | |
| 台州 | 1.691 1 | 0.000 3 | … | 0.003 0 | 0.001 2 | 0.000 3 | … | 0.000 1 |
| 合肥 | 5.932 7 | 0.000 5 | 0.000 1 | 0.002 9 | 0.001 3 | 0.001 3 | 0.000 6 | |
| 芜湖 | 11.865 3 | 0.002 2 | … | 0.007 7 | 0.003 8 | 0.001 6 | 0.006 4 | … |
| 马鞍山 | 14.944 7 | 0.001 2 | … | 0.007 9 | 0.005 0 | 0.001 4 | 0.002 7 | |
| 福州 | 5.255 3 | 0.000 5 | … | 0.008 8 | 0.002 1 | 0.000 7 | 0.000 2 | … |
| 厦门 | 2.383 4 | 0.000 2 | … | 0.002 9 | 0.000 7 | 0.000 2 | … | … |
| 泉州 | 29.799 8 | 0.002 9 | 0.000 2 | 0.005 5 | 0.002 2 | 0.002 5 | 0.001 2 | 0.000 4 |
| 南昌 | 19.699 1 | 0.003 4 | 0.000 5 | 0.005 1 | 0.003 6 | 0.003 6 | 0.001 2 | 0.000 7 |
| 九江 | 18.368 7 | 0.001 7 | 0.000 1 | 0.026 9 | 0.008 1 | 0.006 5 | 0.002 6 | 0.000 1 |
| 济南 | 3.304 6 | 0.000 4 | … | 0.004 9 | 0.002 8 | 0.001 3 | 0.002 0 | |
| 青岛 | 3.979 6 | 0.000 4 | … | 0.004 0 | 0.002 2 | 0.000 9 | 0.000 2 | … |
| 淄博 | 14.475 4 | 0.001 9 | 0.000 2 | 0.014 9 | 0.007 7 | 0.004 8 | 0.001 9 | … |
| 枣庄 | 41.499 2 | 0.004 6 | 0.000 4 | 0.026 8 | 0.013 1 | 0.004 7 | 0.023 6 | |
| 烟台 | 5.925 0 | 0.001 2 | 0.000 1 | 0.007 1 | 0.004 5 | 0.001 1 | 0.003 0 | |
| 潍坊 | 8.912 6 | 0.001 7 | 0.000 1 | 0.006 9 | 0.005 4 | 0.001 5 | 0.001 8 | |
| 济宁 | 11.384 2 | 0.001 2 | 0.000 1 | 0.010 4 | 0.007 0 | 0.002 5 | 0.001 3 | |
| 泰安 | 8.138 5 | 0.001 2 | 0.000 1 | 0.014 2 | 0.013 3 | 0.003 9 | 0.001 1 | |
| 威海 | 4.795 1 | 0.000 7 | … | 0.008 2 | 0.005 8 | 0.001 2 | 0.000 6 | |
| 日照 | 12.847 4 | 0.002 7 | 0.000 1 | 0.009 9 | 0.004 3 | 0.001 1 | 0.001 4 | |
| 郑州 | 14.383 8 | 0.001 3 | … | 0.016 9 | 0.017 9 | 0.010 2 | 0.006 5 | |
| 开封 | 62.310 4 | 0.012 8 | 0.004 6 | 0.028 8 | 0.010 3 | 0.026 8 | 0.000 7 | |
| 洛阳 | 5.379 5 | 0.000 7 | … | 0.024 1 | 0.004 5 | 0.006 9 | 0.005 4 | 0.000 5 |
| 平顶山 | 11.807 7 | 0.002 0 | 0.000 3 | 0.022 7 | 0.010 3 | 0.008 7 | 0.004 6 | |
| 安阳 | 16.323 5 | 0.005 6 | 0.000 1 | 0.015 6 | 0.006 4 | 0.007 6 | 0.010 5 | |
| 焦作 | 33.049 3 | 0.008 0 | 0.000 8 | 0.024 1 | 0.017 5 | 0.009 2 | 0.003 7 | 0.000 2 |
| 武汉 | 12.262 5 | 0.001 4 | 0.000 1 | 0.006 6 | 0.006 7 | 0.002 2 | 0.000 5 | |
| 宜昌 | 18.013 4 | 0.002 0 | 0.000 4 | 0.006 6 | 0.003 3 | 0.003 4 | 0.003 8 | |
| 荆州 | 29.140 1 | 0.013 6 | 0.000 2 | 0.017 9 | 0.007 0 | 0.007 4 | 0.006 3 | 0.000 5 |
| 长沙 | 6.370 4 | 0.000 7 | … | 0.007 2 | 0.002 2 | 0.004 9 | 0.015 0 | 0.005 4 |
| 株洲 | 17.119 5 | 0.003 9 | 0.001 5 | 0.015 2 | 0.006 3 | 0.008 6 | 0.007 2 | 0.004 4 |
| 湘潭 | 28.010 3 | 0.005 9 | 0.000 9 | 0.018 2 | 0.005 4 | 0.005 8 | 0.012 4 | 0.002 5 |
| 岳阳 | 23.444 4 | 0.006 9 | 0.001 3 | 0.014 9 | 0.005 5 | 0.003 7 | 0.002 0 | 0.000 1 |
| 常德 | 38.363 6 | 0.014 9 | 0.000 2 | 0.020 1 | 0.007 4 | 0.004 7 | 0.017 6 | |

# 重点城市主要工业污染物单位工业总产值排放强度（续表）

（2007）

单位：吨/万元

| 城市名称 | 废水 | 化学需氧量 | 氨氮 | 二氧化硫 | 氮氧化物 | 烟尘 | 粉尘 | 固体废物 |
|---|---|---|---|---|---|---|---|---|
| 张家界 | 38.494 7 | 0.009 5 | 0.000 3 | 0.053 6 | 0.007 0 | 0.034 6 | 0.069 5 | 0.033 4 |
| 广州 | 10.399 9 | 0.002 3 | … | 0.005 0 | 0.009 6 | 0.000 8 | 0.000 1 | 0.000 1 |
| 韶关 | 22.132 9 | 0.001 9 | 0.000 1 | 0.013 4 | 0.005 5 | 0.002 3 | 0.001 5 | 0.004 9 |
| 深圳 | 3.593 3 | 0.000 2 | … | 0.001 5 | 0.002 8 | 0.000 1 | … | … |
| 珠海 | 5.632 9 | 0.000 8 | … | 0.003 3 | 0.005 7 | 0.000 8 | 0.000 2 | 0.000 2 |
| 汕头 | 11.707 8 | 0.001 0 | … | 0.007 6 | 0.003 6 | 0.001 5 | … | … |
| 佛山 | 18.291 7 | 0.001 4 | 0.000 1 | 0.008 5 | 0.007 4 | 0.001 9 | 0.000 5 | 0.001 9 |
| 湛江 | 15.684 8 | 0.003 2 | 0.000 1 | 0.012 6 | 0.012 9 | 0.004 0 | 0.002 9 | 0.003 4 |
| 中山 | 18.704 5 | 0.001 7 | 0.000 1 | 0.005 0 | 0.001 6 | 0.001 6 | … | 0.000 7 |
| 南宁 | 56.743 9 | 0.029 0 | 0.000 7 | 0.024 1 | 0.009 6 | 0.014 5 | 0.004 9 | 0.001 3 |
| 柳州 | 19.573 2 | 0.005 2 | 0.000 3 | 0.007 3 | 0.001 8 | 0.002 6 | 0.001 2 | 0.000 2 |
| 桂林 | 22.550 8 | 0.002 9 | 0.000 1 | 0.024 4 | 0.007 9 | 0.006 6 | 0.007 8 | 0.004 9 |
| 北海 | 26.224 9 | 0.023 8 | 0.000 9 | 0.056 9 | 0.027 7 | 0.015 1 | 0.020 1 | 0.001 5 |
| 海口 | 3.076 3 | 0.000 2 | … | 0.000 1 | 0.000 1 | 0.000 2 | … | |
| 三亚 | 0.697 5 | 0.000 2 | … | 0.000 9 | 0.000 6 | 0.000 4 | 0.000 9 | |
| 重庆 | 27.698 9 | 0.004 2 | 0.000 4 | 0.027 4 | 0.006 9 | 0.004 7 | 0.007 3 | 0.055 4 |
| 成都 | 19.399 6 | 0.005 8 | 0.000 7 | 0.009 5 | 0.003 0 | 0.003 0 | 0.001 6 | |
| 攀枝花 | 4.697 4 | 0.001 6 | … | 0.032 2 | 0.002 7 | 0.002 5 | 0.003 1 | 0.001 5 |
| 泸州 | 56.208 3 | 0.011 4 | 0.000 8 | 0.022 9 | 0.008 0 | 0.006 8 | 0.004 2 | 0.013 1 |
| 绵阳 | 18.678 8 | 0.001 9 | 0.000 1 | 0.009 8 | 0.004 4 | 0.003 5 | 0.001 7 | 0.000 1 |
| 宜宾 | 31.149 9 | 0.009 3 | 0.000 1 | 0.030 8 | 0.003 5 | 0.003 8 | 0.000 6 | 0.022 3 |
| 贵阳 | 9.716 0 | 0.000 9 | 0.000 1 | 0.029 4 | 0.003 9 | 0.004 7 | 0.004 7 | 0.001 2 |
| 遵义 | 3.924 4 | 0.000 6 | 0.000 1 | 0.025 5 | 0.005 6 | 0.007 1 | 0.003 5 | 0.005 4 |
| 昆明 | 3.915 5 | 0.000 4 | … | 0.008 3 | 0.003 0 | 0.001 1 | 0.000 8 | 0.034 8 |
| 曲靖 | 7.035 9 | 0.001 1 | 0.000 3 | 0.018 7 | 0.015 9 | 0.014 7 | 0.003 5 | 0.000 5 |
| 拉萨 | 59.581 1 | 0.005 3 | 0.000 1 | 0.003 7 | 0.000 1 | 0.005 6 | 0.006 9 | 0.127 6 |
| 西安 | 19.090 2 | 0.006 3 | 0.000 2 | 0.009 8 | 0.003 7 | 0.002 4 | 0.001 0 | 0.000 5 |
| 铜川 | 4.536 7 | 0.000 7 | … | 0.021 4 | 0.012 2 | 0.003 1 | 0.080 0 | 0.002 9 |
| 宝鸡 | 16.417 4 | 0.006 6 | 0.000 1 | 0.017 9 | 0.007 4 | 0.003 2 | 0.015 2 | 0.003 5 |
| 咸阳 | 14.290 8 | 0.005 7 | 0.000 1 | 0.025 7 | 0.003 9 | 0.003 7 | 0.001 9 | 0.001 4 |
| 延安 | 1.289 2 | 0.001 1 | … | 0.002 2 | 0.000 9 | 0.001 3 | … | 0.000 4 |
| 兰州 | 3.346 5 | 0.000 2 | … | 0.006 1 | 0.003 4 | 0.001 3 | 0.001 1 | |
| 金昌 | 3.577 2 | 0.001 4 | 0.001 5 | 0.020 0 | 0.003 1 | 0.004 0 | 0.001 5 | 0.000 6 |
| 西宁 | 13.549 3 | 0.003 8 | 0.000 3 | 0.021 6 | 0.010 9 | 0.006 9 | 0.010 0 | 0.001 1 |
| 银川 | 23.596 2 | 0.007 9 | 0.000 6 | 0.007 1 | 0.003 2 | 0.002 4 | 0.001 0 | 0.003 8 |
| 石嘴山 | 15.224 4 | 0.004 6 | 0.000 3 | 0.072 7 | 0.020 2 | 0.018 3 | 0.014 1 | 0.001 7 |
| 乌鲁木齐 | 9.248 0 | 0.001 7 | 0.000 3 | 0.023 6 | 0.013 2 | 0.008 6 | 0.001 8 | 0.007 1 |
| 克拉玛依 | 2.429 5 | 0.000 3 | … | 0.003 6 | 0.002 9 | 0.000 6 | | |

# 4

# 各工业行业环境统计

GE GONGYE HANGYE HUANJING TONGJI

ANNUAL STATISTIC REPORT ON ENVIRONMENT IN CHINA

2007

# 按行业分重点调查工业废水排放及处理情况（一）

（2007）

| 行业名称 | 汇总工业企业数（个） | 工业废水排放量（万吨） | 直接排入海的 | 工业废水排放达标量（万吨） | 废水治理设施数（套） | 废水治理设施处理能力（万吨/日） | 本年运行费用（万元） |
|---|---|---|---|---|---|---|---|
| **行业总计** | **106 457** | **2 207 566** | **157 007** | **2 047 110** | **78 210** | **22 076** | **4 280 385.3** |
| 煤炭开采和洗选业 | 3 610 | 73 040 | 132 | 67 680 | 2 972 | 523 | 77 161.2 |
| 石油和天然气开采业 | 224 | 9 988 | 430 | 9 321 | 624 | 390 | 202 425.8 |
| 黑色金属矿采选业 | 1 077 | 16 032 | 786 | 14 970 | 1 139 | 340 | 79 011.3 |
| 有色金属矿采选业 | 1 604 | 43 374 | 540 | 38 360 | 1 908 | 468 | 75 584.1 |
| 非金属矿采选业 | 710 | 8 663 | 93 | 8 129 | 521 | 91 | 10 664.7 |
| 其他采矿业 | 103 | 1 339 | | 1 121 | 44 | 4 | 995.7 |
| 农副食品加工业 | 5 701 | 148 589 | 2 889 | 133 128 | 4 040 | 804 | 93 396.4 |
| 食品制造业 | 3 331 | 42 824 | 648 | 37 696 | 3 292 | 187 | 81 103.1 |
| 饮料制造业 | 2 640 | 63 156 | 1 268 | 54 849 | 1 799 | 270 | 232 315.8 |
| 烟草制品业 | 157 | 2 873 | | 2 761 | 139 | 11 | 2 930.5 |
| 纺织业 | 7 644 | 225 169 | 11 818 | 204 731 | 6 003 | 870 | 334 835.7 |
| 纺织服装、鞋、帽制造业 | 1 438 | 14 494 | 2 539 | 13 939 | 1 025 | 57 | 30 150.1 |
| 皮革毛皮羽毛（绒）及其制品业 | 1 547 | 23 574 | 372 | 20 059 | 1 105 | 98 | 50 132.4 |
| 木材加工及木竹藤棕草制品业 | 1 360 | 4 825 | 57 | 4 214 | 578 | 20 | 5 967.1 |
| 家具制造业 | 335 | 1 848 | 11 | 1 726 | 112 | 4 | 2 015.4 |
| 造纸及纸制品业 | 5 818 | 424 597 | 7 726 | 382 974 | 5 649 | 2 170 | 433 756.8 |
| 印刷业和记录媒介的复制 | 625 | 1 964 | 55 | 1 880 | 185 | 4 | 3 286.5 |
| 文教体育用品制造业 | 248 | 929 | 128 | 802 | 101 | 2 | 1 611.9 |
| 石油加工、炼焦及核燃料加工业 | 1 439 | 73 126 | 27 413 | 71 837 | 2 321 | 310 | 327 907.2 |
| 化学原料及化学制品制造业 | 9 326 | 324 026 | 10 139 | 303 982 | 10 000 | 3 774 | 584 806.8 |
| 医药制造业 | 2 605 | 42 893 | 335 | 40 399 | 2 232 | 120 | 107 730.5 |
| 化学纤维制造业 | 319 | 48 957 | 12 207 | 47 604 | 366 | 139 | 93 164.2 |
| 橡胶制品业 | 975 | 6 435 | 238 | 6 091 | 364 | 28 | 6 719.3 |
| 塑料制品业 | 1 434 | 4 148 | 147 | 3 236 | 482 | 17 | 9 147.4 |
| 非金属矿物制品业 | 21 402 | 40 265 | 508 | 36 705 | 5 490 | 328 | 52 529.0 |
| 黑色金属冶炼及压延加工业 | 3 678 | 156 862 | 1 085 | 152 605 | 4 149 | 8 254 | 575 949.5 |
| 有色金属冶炼及压延加工业 | 2 408 | 31 807 | 96 | 29 875 | 2 203 | 369 | 106 765.6 |
| 金属制品业 | 5 995 | 33 335 | 1 603 | 31 643 | 6 152 | 248 | 204 475.2 |
| 通用设备制造业 | 3 287 | 12 182 | 130 | 11 412 | 1 243 | 35 | 16 882.8 |
| 专用设备制造业 | 1 280 | 9 439 | 74 | 9 074 | 1 006 | 73 | 13 905.1 |
| 交通运输设备制造业 | 2 419 | 22 048 | 1 756 | 21 052 | 1 946 | 65 | 54 406.1 |
| 电气机械及器材制造业 | 1 445 | 8 660 | 230 | 8 105 | 925 | 44 | 24 888.4 |
| 通信计算机及其他电子设备制造业 | 1 547 | 29 621 | 1 307 | 28 803 | 1 571 | 126 | 141 298.3 |
| 仪器仪表及文化办公用机械制造业 | 575 | 7 195 | 689 | 6 664 | 582 | 30 | 29 924.1 |
| 工艺品及其他制造业 | 999 | 3 767 | 120 | 3 608 | 476 | 142 | 4 921.7 |
| 废弃资源和废旧材料回收加工业 | 226 | 961 | 25 | 860 | 145 | 3 | 1 558.2 |
| 电力、热力的生产和供应业 | 3 373 | 174 796 | 67 207 | 171 209 | 3 169 | 1 360 | 145 570.0 |
| 燃气生产和供应业 | 89 | 2 837 | 17 | 2 413 | 70 | 7 | 6 843.4 |
| 水的生产和供应业 | 226 | 15 932 | 1 654 | 15 733 | 125 | 63 | 13 988.1 |
| 其他行业 | 3 238 | 50 997 | 534 | 45 860 | 1 957 | 228 | 39 659.9 |

# 按行业分重点调查工业废水排放及处理情况（二）

（2007）　　　　单位：吨

| 行业名称 | 工业废水中污染物排放量 | | | | | |
|---|---|---|---|---|---|---|
| | 汞 | 镉 | 六价铬 | 铅 | 砷 | 挥发酚 |
| **行业总计** | **1.210** | **39.320** | **68.996** | **319.748** | **187.427** | **2 926.285** |
| 煤炭开采和洗选业 | 0.001 | 0.330 | 0.156 | 0.947 | 0.475 | 319.210 |
| 石油和天然气开采业 | 0.003 | | 0.135 | | 0.013 | 11.408 |
| 黑色金属矿采选业 | 0.041 | 0.253 | 0.323 | 7.465 | 0.941 | 1.145 |
| 有色金属矿采选业 | 0.230 | 18.497 | 2.023 | 213.047 | 85.418 | 30.989 |
| 非金属矿采选业 | … | 0.002 | 0.134 | 0.015 | 0.253 | 2.837 |
| 其他采矿业 | | 0.002 | 0.004 | 0.780 | 0.010 | |
| 农副食品加工业 | 0.016 | 0.015 | 0.167 | 0.070 | 0.026 | 9.524 |
| 食品制造业 | | | 0.002 | | 0.010 | 2.018 |
| 饮料制造业 | | 0.001 | 0.001 | 0.007 | 0.014 | 6.091 |
| 烟草制品业 | | | | | | 0.057 |
| 纺织业 | | 0.057 | 7.365 | 0.008 | … | 8.213 |
| 纺织服装、鞋、帽制造业 | | … | 0.104 | … | 0.001 | 1.105 |
| 皮革毛皮羽毛（绒）及其制品业 | | 0.107 | 7.680 | 0.002 | | 0.064 |
| 木材加工及木竹藤棕草制品业 | | 0.005 | 0.524 | 0.013 | | 6.000 |
| 家具制造业 | | | 0.011 | 0.002 | | 0.001 |
| 造纸及纸制品业 | … | 0.018 | 0.557 | 0.262 | 0.563 | 231.896 |
| 印刷业和记录媒介的复制 | | | 0.097 | 0.001 | | 0.022 |
| 文教体育用品制造业 | | | 0.259 | … | | 0.008 |
| 石油加工、炼焦及核燃料加工业 | 0.001 | 0.325 | 0.614 | 1.497 | 2.311 | 1 591.412 |
| 化学原料及化学制品制造业 | 0.612 | 1.612 | 3.492 | 12.431 | 70.631 | 219.191 |
| 医药制造业 | 0.001 | … | 0.273 | 0.022 | 0.120 | 38.303 |
| 化学纤维制造业 | | | 0.010 | | 0.050 | 7.607 |
| 橡胶制品业 | | 0.008 | 0.028 | 0.004 | | 0.110 |
| 塑料制品业 | | … | 0.144 | 0.001 | | 0.050 |
| 非金属矿物制品业 | | 0.171 | 0.110 | 1.117 | 0.144 | 3.061 |
| 黑色金属冶炼及压延加工业 | 0.010 | 1.003 | 6.354 | 34.307 | 1.316 | 102.384 |
| 有色金属冶炼及压延加工业 | 0.217 | 16.184 | 5.144 | 35.253 | 23.915 | 4.200 |
| 金属制品业 | 0.008 | 0.279 | 21.049 | 2.260 | 0.539 | 0.453 |
| 通用设备制造业 | | 0.011 | 3.106 | 0.216 | 0.103 | 0.602 |
| 专用设备制造业 | 0.004 | 0.011 | 1.851 | 1.446 | 0.005 | 0.843 |
| 交通运输设备制造业 | | 0.014 | 1.508 | 0.342 | 0.010 | 0.927 |
| 电气机械及器材制造业 | 0.058 | 0.092 | 0.331 | 4.495 | 0.478 | 2.940 |
| 通信计算机及其他电子设备制造业 | 0.010 | 0.111 | 3.648 | 2.798 | 0.071 | 0.098 |
| 仪器仪表及文化办公用机械制造业 | | 0.191 | 1.074 | 0.610 | | 0.498 |
| 工艺品及其他制造业 | | 0.006 | 0.102 | 0.061 | | 0.109 |
| 废弃资源和废旧材料回收加工业 | | | 0.005 | 0.014 | | |
| 电力、热力的生产和供应业 | … | | 0.001 | 0.006 | | 5.836 |
| 燃气生产和供应业 | | | | | | 312.923 |
| 水的生产和供应业 | | | 0.546 | 0.246 | | 1.686 |
| 其他行业 | | 0.017 | 0.067 | 0.003 | 0.012 | 2.465 |

## 按行业分重点调查工业废水排放及处理情况（三）

（2007）

单位：吨

| 行业名称 | 工业废水中污染物排放量 | | | |
|---|---|---|---|---|
| | 氰化物 | 化学需氧量 | 石油类 | 氨氮 |
| **行业总计** | **381.483** | **4 530 738.464** | **16 899.800** | **306 275.200** |
| 煤炭开采和洗选业 | 1.884 | 81 685.428 | 246.330 | 3 335.064 |
| 石油和天然气开采业 | 0.109 | 21 364.117 | 1 096.624 | 1 480.860 |
| 黑色金属矿采选业 | 0.087 | 10 549.823 | 36.016 | 393.200 |
| 有色金属矿采选业 | 33.623 | 47 512.004 | 65.712 | 969.907 |
| 非金属矿采选业 | 0.030 | 9 060.439 | 10.255 | 176.021 |
| 其他采矿业 | | 1 361.307 | 0.075 | 91.464 |
| 农副食品加工业 | 9.462 | 578 404.010 | 201.739 | 21 742.720 |
| 食品制造业 | 0.022 | 119 823.526 | 1 710.938 | 9 859.375 |
| 饮料制造业 | 0.162 | 227 702.146 | 44.722 | 7 417.805 |
| 烟草制品业 | | 3 907.652 | 16.951 | 141.979 |
| 纺织业 | 0.638 | 344 902.995 | 250.258 | 16 512.608 |
| 纺织服装、鞋、帽制造业 | 0.022 | 18 007.574 | 13.861 | 880.678 |
| 皮革毛皮羽毛（绒）及其制品业 | 0.014 | 70 862.754 | 15.153 | 8 183.198 |
| 木材加工及木竹藤棕草制品业 | 0.023 | 15 912.645 | 13.353 | 567.613 |
| 家具制造业 | … | 4 425.534 | 13.571 | 280.300 |
| 造纸及纸制品业 | 0.162 | 1 573 656.167 | 161.658 | 29 818.357 |
| 印刷业和记录媒介的复制 | 0.002 | 2 221.373 | 12.239 | 91.747 |
| 文教体育用品制造业 | 0.129 | 1 226.950 | 11.525 | 54.752 |
| 石油加工、炼焦及核燃料加工业 | 52.112 | 82 145.653 | 3 379.578 | 10 414.773 |
| 化学原料及化学制品制造业 | 166.542 | 467 825.129 | 2 655.157 | 130 042.878 |
| 医药制造业 | 8.737 | 124 459.292 | 237.738 | 6 966.706 |
| 化学纤维制造业 | 7.041 | 98 339.533 | 186.913 | 3 464.285 |
| 橡胶制品业 | | 7 194.329 | 52.741 | 712.646 |
| 塑料制品业 | 0.019 | 11 860.517 | 10.287 | 525.388 |
| 非金属矿物制品业 | 1.156 | 45 028.660 | 217.844 | 2 692.160 |
| 黑色金属冶炼及压延加工业 | 60.043 | 133 905.986 | 3 191.235 | 12 935.907 |
| 有色金属冶炼及压延加工业 | 1.925 | 31 520.405 | 406.821 | 4 650.193 |
| 金属制品业 | 24.382 | 28 036.911 | 179.050 | 1 084.467 |
| 通用设备制造业 | 0.159 | 15 898.010 | 410.106 | 1 105.955 |
| 专用设备制造业 | 0.393 | 8 925.351 | 291.508 | 1 193.165 |
| 交通运输设备制造业 | 0.304 | 26 969.764 | 696.524 | 1 670.638 |
| 电气机械及器材制造业 | 3.950 | 10 607.969 | 143.371 | 520.119 |
| 通信计算机及其他电子设备制造业 | 1.529 | 26 596.561 | 100.650 | 2 097.788 |
| 仪器仪表及文化办公用机械制造业 | 0.784 | 6 703.506 | 40.592 | 381.942 |
| 工艺品及其他制造业 | 0.352 | 5 420.697 | 8.207 | 273.126 |
| 废弃资源和废旧材料回收加工业 | 0.005 | 2 045.057 | 1.415 | 38.054 |
| 电力、热力的生产和供应业 | 1.112 | 60 662.778 | 570.689 | 1 800.898 |
| 燃气生产和供应业 | 1.928 | 15 369.782 | 32.223 | 3 278.648 |
| 水的生产和供应业 | 1.113 | 15 343.805 | 12.256 | 782.940 |
| 其他行业 | 1.529 | 173 292.325 | 153.917 | 17 644.876 |

# 按行业分重点调查工业废水排放及处理情况（四）

（2007）

单位：吨

| 行业名称 | 工业废水中污染物去除量 | | | | |
|---|---|---|---|---|---|
| | 挥发酚 | 氰化物 | 化学需氧量 | 石油类 | 氨氮 |
| **行业总计** | **84 221.8** | **14 788.6** | **12 653 704.4** | **315 446.8** | **518 184.4** |
| 煤炭开采和洗选业 | 251.8 | 1.8 | 327 991.4 | 418.4 | 999.4 |
| 石油和天然气开采业 | 203.2 | 0.2 | 93 159.3 | 65 473.7 | 2 782.7 |
| 黑色金属矿采选业 | 0.5 | | 12 394.6 | 19.0 | 20.8 |
| 有色金属矿采选业 | 54.7 | 484.6 | 39 618.6 | 193.8 | 156.1 |
| 非金属矿采选业 | 0.1 | | 7 814.9 | 15.9 | 37.5 |
| 其他采矿业 | | | 3 226.9 | 0.2 | 103.4 |
| 农副食品加工业 | 23.6 | 2.6 | 1 069 053.8 | 255.2 | 13 469.4 |
| 食品制造业 | … | 0.4 | 532 484.8 | 46.7 | 28 019.6 |
| 饮料制造业 | 2.1 | | 1 085 943.6 | 66.9 | 10 476.5 |
| 烟草制品业 | … | | 8 766.2 | 13.2 | 592.5 |
| 纺织业 | 175.0 | 1.4 | 1 172 560.9 | 292.6 | 23 379.2 |
| 纺织服装、鞋、帽制造业 | 2.2 | … | 47 607.8 | 3.7 | 1 289.6 |
| 皮革毛皮羽毛（绒）及其制品业 | 1.9 | … | 188 557.6 | 65.1 | 9 194.3 |
| 木材加工及木竹藤棕草制品业 | 1.6 | | 16 279.5 | 11.0 | 642.4 |
| 家具制造业 | … | … | 4 700.0 | 0.5 | 13.8 |
| 造纸及纸制品业 | 122.2 | 3.0 | 4 118 534.2 | 400.8 | 19 982.6 |
| 印刷业和记录媒介的复制 | 0.1 | … | 6 960.2 | 233.5 | 368.9 |
| 文教体育用品制造业 | … | 6.9 | 750.8 | 6.6 | 28.0 |
| 石油加工、炼焦及核燃料加工业 | 17 846.1 | 1 921.6 | 353 215.5 | 155 917.2 | 105 580.1 |
| 化学原料及化学制品制造业 | 9 009.7 | 3 696.6 | 1 037 901.9 | 28 214.1 | 229 894.3 |
| 医药制造业 | 2 142.4 | 16.5 | 535 141.2 | 636.1 | 11 807.5 |
| 化学纤维制造业 | 218.1 | 67.2 | 288 862.6 | 2 345.6 | 3 888.8 |
| 橡胶制品业 | | … | 9 616.4 | 32.6 | 228.4 |
| 塑料制品业 | 2.2 | 0.9 | 7 527.1 | 26.2 | 281.3 |
| 非金属矿物制品业 | 26.6 | 0.2 | 40 032.6 | 363.6 | 1 846.2 |
| 黑色金属冶炼及压延加工业 | 51 668.3 | 7 062.1 | 275 702.9 | 46 352.8 | 24 325.7 |
| 有色金属冶炼及压延加工业 | 2.4 | 124.2 | 25 137.8 | 882.6 | 8 901.0 |
| 金属制品业 | 243.9 | 1 043.6 | 34 972.2 | 6 057.5 | 2 639.3 |
| 通用设备制造业 | 1.2 | 1.7 | 27 993.5 | 1 047.6 | 330.7 |
| 专用设备制造业 | … | 7.0 | 9 865.6 | 150.8 | 365.8 |
| 交通运输设备制造业 | 0.9 | 17.5 | 34 345.4 | 2 308.6 | 633.5 |
| 电气机械及器材制造业 | 6.6 | 11.7 | 15 329.0 | 98.9 | 214.7 |
| 通信计算机及其他电子设备制造业 | 4.3 | 141.8 | 61 367.9 | 303.8 | 1 238.6 |
| 仪器仪表及文化办公用机械制造业 | 10.2 | 50.2 | 10 405.1 | 44.0 | 357.9 |
| 工艺品及其他制造业 | 0.3 | 15.6 | 5 079.6 | 35.5 | 147.1 |
| 废弃资源和废旧材料回收加工业 | | 1.9 | 2 590.1 | 8.7 | 138.7 |
| 电力、热力的生产和供应业 | 441.0 | | 59 103.2 | 664.8 | 7 260.6 |
| 燃气生产和供应业 | 1 357.2 | 71.3 | 33 297.3 | 188.1 | 1 024.6 |
| 水的生产和供应业 | 229.2 | 24.3 | 47 723.0 | 1 328.8 | 2 506.8 |
| 其他行业 | 172.1 | 11.9 | 1 002 089.4 | 922.0 | 3 016.4 |

## 按行业分重点调查工业废气排放及处理情况（一）

（2007）

| 行业名称 | 工业废气排放总量（标态）（亿米³） | 燃料燃烧废气排放量 | 生产工艺废气排放量 | 燃料煤消费量（万吨） | 原料煤消费量（万吨） | 燃料油消费量（万吨） |
|---|---|---|---|---|---|---|
| **行业总计** | **388 169** | **209 922** | **178 247** | **175 685** | **74 012** | **3 207** |
| 煤炭开采和洗选业 | 2 361 | 2 157 | 204 | 2 037 | 7 696 | 6 |
| 石油和天然气开采业 | 981 | 859 | 123 | 155 | 2 | 125 |
| 黑色金属矿采选业 | 1 387 | 887 | 500 | 182 | 160 | 9 |
| 有色金属矿采选业 | 659 | 319 | 340 | 148 | 55 | 4 |
| 非金属矿采选业 | 1 085 | 387 | 698 | 375 | 103 | 1 |
| 其他采矿业 | 76 | 14 | 62 | 13 | 9 | 7 |
| 农副食品加工业 | 3 025 | 2 607 | 418 | 1 300 | 11 | 12 |
| 食品制造业 | 1 441 | 1 309 | 132 | 940 | 16 | 16 |
| 饮料制造业 | 2 192 | 2 161 | 31 | 1 015 | 8 | 13 |
| 烟草制品业 | 480 | 231 | 249 | 97 | … | 80 |
| 纺织业 | 3 576 | 3 369 | 207 | 2 292 | 5 | 42 |
| 纺织服装、鞋、帽制造业 | 163 | 147 | 16 | 111 | … | 5 |
| 皮革毛皮羽毛（绒）及其制品业 | 261 | 164 | 98 | 112 |  | 7 |
| 木材加工及木竹藤棕草制品业 | 2 063 | 601 | 1 462 | 248 | 11 | … |
| 家具制造业 | 344 | 90 | 254 | 30 | … | … |
| 造纸及纸制品业 | 6 405 | 6 101 | 305 | 4 385 | 7 | 17 |
| 印刷业和记录媒介的复制 | 74 | 28 | 46 | 19 | 1 | 2 |
| 文教体育用品制造业 | 32 | 11 | 21 | 6 |  | 1 |
| 石油加工炼焦及核燃料加工业 | 12 188 | 5 528 | 6 660 | 3 304 | 26 157 | 297 |
| 化学原料及化学制品制造业 | 30 592 | 12 720 | 17 871 | 8 349 | 6 910 | 168 |
| 医药制造业 | 1 140 | 1 016 | 123 | 664 | 4 | 7 |
| 化学纤维制造业 | 3 081 | 1 484 | 1 597 | 960 | 5 | 107 |
| 橡胶制品业 | 785 | 554 | 232 | 416 | … | 7 |
| 塑料制品业 | 1 012 | 277 | 735 | 187 | … | 7 |
| 非金属矿物制品业 | 67 784 | 16 186 | 51 597 | 6 612 | 12 358 | 560 |
| 黑色金属冶炼及压延加工业 | 86 921 | 17 032 | 69 890 | 6 349 | 18 195 | 108 |
| 有色金属冶炼及压延加工业 | 18 626 | 3 547 | 15 079 | 2 933 | 790 | 86 |
| 金属制品业 | 2 289 | 625 | 1 664 | 321 | 173 | 22 |
| 通用设备制造业 | 1 257 | 486 | 772 | 314 | 74 | 10 |
| 专用设备制造业 | 602 | 304 | 298 | 253 | 88 | 23 |
| 交通运输设备制造业 | 3 990 | 1 209 | 2 781 | 456 | 14 | 20 |
| 电气机械及器材制造业 | 773 | 251 | 523 | 107 | 1 | 9 |
| 通信计算机及其他电子设备制造业 | 2 350 | 241 | 2 109 | 226 | 31 | 22 |
| 仪器仪表及文化办公用机械制造业 | 747 | 35 | 712 | 13 |  | 4 |
| 工艺品及其他制造业 | 118 | 26 | 92 | 23 | 37 | 1 |
| 废弃资源和废旧材料回收加工业 | 16 | 9 | 6 | 6 | 1 | … |
| 电力、热力的生产和供应业 | 125 480 | 125 420 | 60 | 129 883 | 138 | 629 |
| 燃气生产和供应业 | 363 | 254 | 109 | 199 | 898 | 106 |
| 水的生产和供应业 | 7 | 7 | … | 3 |  | 25 |
| 其他行业 | 1 441 | 1 272 | 169 | 641 | 54 | 645 |

# 按行业分重点调查工业废气排放及处理情况（二）

（2007）

单位：吨

| 行业名称 | 二氧化硫去除量 | 燃料燃烧过程中去除的 | 生产工艺过程中去除的 | 二氧化硫排放量 | 燃料燃烧过程中排放的 | 生产工艺过程中排放的 |
|---|---|---|---|---|---|---|
| **行业总计** | **19 426 461** | **10 373 063** | **9 053 397** | **19 722 278** | **16 590 812** | **3 131 455** |
| 煤炭开采和洗选业 | 102 217 | 97 923 | 4 294 | 175 278 | 165 071 | 10 208 |
| 石油和天然气开采业 | 96 685 | 49 561 | 47 124 | 30 393 | 24 619 | 5 774 |
| 黑色金属矿采选业 | 10 180 | 9 167 | 1 013 | 53 670 | 29 261 | 24 409 |
| 有色金属矿采选业 | 165 753 | 10 322 | 155 430 | 182 469 | 21 932 | 160 537 |
| 非金属矿采选业 | 30 853 | 28 270 | 2 583 | 65 776 | 53 132 | 12 645 |
| 其他采矿业 | 249 | 163 | 87 | 2 726 | 1 976 | 750 |
| 农副食品加工业 | 55 647 | 54 949 | 698 | 170 253 | 169 769 | 485 |
| 食品制造业 | 36 113 | 33 968 | 2 146 | 117 165 | 115 269 | 1 896 |
| 饮料制造业 | 50 293 | 49 939 | 353 | 123 623 | 123 057 | 567 |
| 烟草制品业 | 6 273 | 5 858 | 416 | 13 626 | 12 786 | 839 |
| 纺织业 | 82 574 | 82 314 | 260 | 275 866 | 274 976 | 890 |
| 纺织服装、鞋、帽制造业 | 7 351 | 7 351 | | 12 360 | 12 360 | |
| 皮革毛皮羽毛（绒）及其制品业 | 1 843 | 1 842 | … | 17 471 | 17 465 | 6 |
| 木材加工及木竹藤棕草制品业 | 3 866 | 3 758 | 108 | 42 448 | 39 862 | 2 586 |
| 家具制造业 | 292 | 292 | | 3 449 | 3 414 | 35 |
| 造纸及纸制品业 | 201 750 | 200 571 | 1 179 | 491 609 | 487 024 | 4 585 |
| 印刷业和记录媒介的复制 | 397 | 397 | … | 2 433 | 2 353 | 80 |
| 文教体育用品制造业 | 156 | 151 | 4 | 1 023 | 1 007 | 16 |
| 石油加工炼焦及核燃料加工业 | 1 794 125 | 135 627 | 1 658 498 | 654 350 | 261 059 | 393 291 |
| 化学原料及化学制品制造业 | 845 266 | 500 600 | 344 666 | 1 116 174 | 884 743 | 231 431 |
| 医药制造业 | 24 199 | 24 092 | 107 | 78 207 | 77 893 | 314 |
| 化学纤维制造业 | 62 597 | 55 402 | 7 195 | 121 795 | 121 113 | 682 |
| 橡胶制品业 | 31 903 | 31 883 | 20 | 44 885 | 44 680 | 205 |
| 塑料制品业 | 3 861 | 3 861 | 1 | 24 755 | 21 300 | 3 455 |
| 非金属矿物制品业 | 438 985 | 151 178 | 287 807 | 1 826 157 | 1 014 983 | 811 178 |
| 黑色金属冶炼及压延加工业 | 497 515 | 167 261 | 330 254 | 1 624 699 | 612 029 | 1 012 670 |
| 有色金属冶炼及压延加工业 | 6 115 199 | 207 543 | 5 907 656 | 683 648 | 268 863 | 414 785 |
| 金属制品业 | 301 681 | 7 965 | 293 716 | 51 868 | 37 406 | 14 461 |
| 通用设备制造业 | 13 119 | 12 467 | 652 | 40 210 | 35 663 | 4 547 |
| 专用设备制造业 | 13 131 | 12 855 | 276 | 25 049 | 23 319 | 1 730 |
| 交通运输设备制造业 | 14 676 | 14 525 | 151 | 41 045 | 40 085 | 961 |
| 电气机械及器材制造业 | 2 620 | 2 477 | 144 | 12 311 | 12 265 | 45 |
| 通信计算机及其他电子设备制造业 | 4 924 | 4 185 | 739 | 16 082 | 12 499 | 3 584 |
| 仪器仪表及文化办公用机械制造业 | 416 | 360 | 56 | 1 816 | 1 762 | 53 |
| 工艺品及其他制造业 | 542 | 318 | 224 | 3 720 | 3 422 | 298 |
| 废弃资源和废旧材料回收加工业 | 129 | 129 | | 1 256 | 1 009 | 247 |
| 电力、热力的生产和供应业 | 8 382 927 | 8 381 185 | 1 742 | 11 471 195 | 11 469 020 | 2 175 |
| 燃气生产和供应业 | 7 235 | 5 510 | 1 725 | 25 933 | 18 989 | 6 944 |
| 水的生产和供应业 | 103 | 103 | | 307 | 307 | |
| 其他行业 | 18 817 | 16 742 | 2 074 | 75 178 | 73 069 | 2 095 |

# 按行业分重点调查工业废气排放及处理情况（三）

（2007）

单位：吨

| 行业名称 | 氮氧化物去除量 | 氮氧化物排放量 | 烟尘去除量 | 烟尘排放量 | 粉尘去除量 | 粉尘排放量 |
|---|---|---|---|---|---|---|
| **行业总计** | **1 146 856** | **11 631 362** | **251 663 943** | **6 972 352** | **76 695 820** | **6 355 490** |
| 煤炭开采和洗选业 | 7 742 | 125 578 | 1 849 397 | 92 040 | 175 877 | 139 056 |
| 石油和天然气开采业 | 629 | 32 168 | 32 141 | 10 257 | 5 625 | 3 013 |
| 黑色金属矿采选业 | 86 | 9 395 | 233 403 | 19 806 | 310 343 | 35 197 |
| 有色金属矿采选业 | 2 061 | 42 931 | 75 662 | 26 182 | 137 811 | 13 364 |
| 非金属矿采选业 | 984 | 24 911 | 257 667 | 37 611 | 128 411 | 72 854 |
| 其他采矿业 | 7 | 1 093 | 3 677 | 2 295 | 45 725 | 3 314 |
| 农副食品加工业 | 4 464 | 92 926 | 940 890 | 127 472 | 135 800 | 5 926 |
| 食品制造业 | 1 610 | 62 997 | 572 575 | 54 784 | 42 050 | 1 486 |
| 饮料制造业 | 13 229 | 56 320 | 549 921 | 80 961 | 3 525 | 1 637 |
| 烟草制品业 | 153 | 11 284 | 25 422 | 6 189 | 17 040 | 1 069 |
| 纺织业 | 5 661 | 136 197 | 1 045 428 | 127 265 | 2 706 | 1 487 |
| 纺织服装、鞋、帽制造业 | 1 022 | 6 974 | 54 760 | 4 756 | 56 | 93 |
| 皮革毛皮羽毛（绒）及其制品业 | 134 | 7 812 | 37 348 | 11 014 | 368 | 280 |
| 木材加工及木竹藤棕草制品业 | 367 | 18 572 | 96 941 | 31 658 | 138 833 | 9 325 |
| 家具制造业 | 52 | 2 278 | 9 568 | 5 057 | 19 851 | 20 557 |
| 造纸及纸制品业 | 228 874 | 270 261 | 3 093 105 | 236 023 | 24 124 | 7 697 |
| 印刷业和记录媒介的复制 | 70 | 1 732 | 6 303 | 1 150 | 5 | 12 |
| 文教体育用品制造业 | 2 | 402 | 1 851 | 515 | 1 084 | 324 |
| 石油加工炼焦及核燃料加工业 | 36 402 | 264 685 | 2 647 837 | 410 230 | 440 670 | 208 263 |
| 化学原料及化学制品制造业 | 68 035 | 747 705 | 6 923 216 | 478 481 | 1 262 895 | 137 290 |
| 医药制造业 | 2 880 | 40 398 | 344 320 | 48 650 | 9 835 | 731 |
| 化学纤维制造业 | 8 669 | 84 386 | 889 679 | 35 295 | 18 140 | 607 |
| 橡胶制品业 | 1 099 | 25 283 | 206 981 | 16 548 | 4 599 | 1 299 |
| 塑料制品业 | 310 | 13 271 | 40 393 | 19 561 | 426 | 344 |
| 非金属矿物制品业 | 60 762 | 974 154 | 4 628 991 | 1 093 144 | 44 667 626 | 4 450 232 |
| 黑色金属冶炼及压延加工业 | 5 505 | 759 404 | 9 674 446 | 679 867 | 22 875 459 | 1 018 296 |
| 有色金属冶炼及压延加工业 | 12 770 | 162 813 | 3 014 951 | 153 879 | 4 971 512 | 106 865 |
| 金属制品业 | 544 | 20 737 | 125 363 | 26 277 | 362 091 | 13 033 |
| 通用设备制造业 | 2 398 | 23 351 | 90 364 | 28 571 | 104 726 | 21 727 |
| 专用设备制造业 | 220 | 18 121 | 61 705 | 12 525 | 32 891 | 2 789 |
| 交通运输设备制造业 | 2 153 | 36 549 | 395 497 | 34 356 | 128 448 | 33 018 |
| 电气机械及器材制造业 | 230 | 8 301 | 57 203 | 7 869 | 2 390 | 514 |
| 通信计算机及其他电子设备制造业 | 7 683 | 11 170 | 53 495 | 4 915 | 54 893 | 2 429 |
| 仪器仪表及文化办公用机械制造业 | 158 | 1 718 | 4 057 | 684 | 677 | 138 |
| 工艺品及其他制造业 | 41 | 1 260 | 4 929 | 1 483 | 6 156 | 9 693 |
| 废弃资源和废旧材料回收加工业 |  | 1 319 | 2 946 | 440 | 1 051 | 1 650 |
| 电力、热力的生产和供应业 | 666 698 | 7 475 986 | 213 047 352 | 2 973 875 | 28 874 | 11 853 |
| 燃气生产和供应业 | 146 | 9 464 | 299 561 | 14 073 | 10 834 | 4 558 |
| 水的生产和供应业 | 11 | 333 | 1 521 | 478 |  | 1 |
| 其他行业 | 2 999 | 47 123 | 263 077 | 56 117 | 522 395 | 13 472 |

# 按行业分重点调查工业废气排放及处理情况（四）

（2007）

| 行业名称 | 废气治理设施数（套） | 脱硫设施数 | 废气治理设施处理能力（标态）（万米³/时） | 脱硫设施脱硫能力（吨/时） | 废气治理设施运行费用（万元） | 脱硫设施运行费用 |
|---|---|---|---|---|---|---|
| **行业总计** | **162 325** | **24 867** | **769 863** | **24 410** | **5 549 659.8** | **1 946 889.6** |
| 煤炭开采和洗选业 | 3 965 | 1 044 | 9 340 | 278 | 36 753.0 | 17 360.5 |
| 石油和天然气开采业 | 457 | 173 | 489 | 12 | 8 818.7 | 2 533.9 |
| 黑色金属矿采选业 | 664 | 69 | 2 569 | 4 | 14 255.8 | 1 225.9 |
| 有色金属矿采选业 | 711 | 107 | 6 101 | 67 | 10 019.2 | 3 468.2 |
| 非金属矿采选业 | 610 | 106 | 797 | 36 | 6 827.6 | 1 640.9 |
| 其他采矿业 | 61 | 8 | 132 | … | 152.8 | 18.0 |
| 农副食品加工业 | 3 737 | 636 | 24 581 | 371 | 47 184.3 | 5 055.2 |
| 食品制造业 | 2 566 | 547 | 2 774 | 123 | 17 444.4 | 6 534.8 |
| 饮料制造业 | 2 183 | 778 | 2 834 | 294 | 25 317.1 | 10 892.4 |
| 烟草制品业 | 783 | 87 | 941 | 7 | 8 791.9 | 909.9 |
| 纺织业 | 7 745 | 2 037 | 8 289 | 767 | 57 179.5 | 16 630.4 |
| 纺织服装、鞋、帽制造业 | 621 | 134 | 718 | 12 | 12 348.7 | 396.0 |
| 皮革毛皮羽毛（绒）及其制品业 | 1 153 | 122 | 515 | 168 | 4 305.2 | 725.8 |
| 木材加工及木竹藤棕草制品业 | 1 537 | 164 | 2 075 | 98 | 8 253.6 | 610.5 |
| 家具制造业 | 988 | 34 | 1 291 | 3 | 3 208.8 | 259.3 |
| 造纸及纸制品业 | 5 531 | 997 | 8 591 | 971 | 87 828.2 | 33 794.4 |
| 印刷业和记录媒介的复制 | 203 | 43 | 184 | 15 | 1 456.8 | 323.6 |
| 文教体育用品制造业 | 179 | 20 | 106 | … | 716.7 | 23.2 |
| 石油加工炼焦及核燃料加工业 | 2 121 | 642 | 11 397 | 775 | 298 853.9 | 99 477.3 |
| 化学原料及化学制品制造业 | 14 728 | 3 232 | 30 893 | 1 907 | 386 785.4 | 86 475.2 |
| 医药制造业 | 2 868 | 563 | 3 378 | 272 | 28 162.4 | 5 347.9 |
| 化学纤维制造业 | 690 | 179 | 2 380 | 15 | 34 882.2 | 12 033.4 |
| 橡胶制品业 | 1 281 | 244 | 1 259 | 49 | 11 510.4 | 3 683.6 |
| 塑料制品业 | 993 | 155 | 1 693 | 6 | 9 860.7 | 2 315.6 |
| 非金属矿物制品业 | 49 165 | 1 933 | 99 019 | 532 | 544 010.3 | 31 054.7 |
| 黑色金属冶炼及压延加工业 | 13 540 | 921 | 146 598 | 4 580 | 1 164 468.3 | 91 401.8 |
| 有色金属冶炼及压延加工业 | 5 904 | 1 102 | 27 342 | 1 871 | 487 346.5 | 199 569.3 |
| 金属制品业 | 3 360 | 314 | 3 331 | 37 | 23 107.2 | 1 800.7 |
| 通用设备制造业 | 2 984 | 616 | 10 382 | 195 | 23 140.1 | 2 547.9 |
| 专用设备制造业 | 1 945 | 336 | 2 618 | 53 | 10 666.6 | 1 645.4 |
| 交通运输设备制造业 | 6 317 | 638 | 7 947 | 415 | 33 909.6 | 3 237.3 |
| 电气机械及器材制造业 | 2 306 | 157 | 8 338 | 23 | 9 201.8 | 979.0 |
| 通信计算机及其他电子设备制造业 | 2 799 | 141 | 5 344 | 153 | 73 860.1 | 1 016.7 |
| 仪器仪表及文化办公用机械制造业 | 839 | 38 | 1 028 | … | 7 560.1 | 240.1 |
| 工艺品及其他制造业 | 397 | 66 | 179 | 3 | 988.1 | 145.4 |
| 废弃资源和废旧材料回收加工业 | 94 | 6 | 55 | 8 | 446.4 | 38.4 |
| 电力、热力的生产和供应业 | 12 718 | 5 455 | 330 782 | 9 825 | 1 965 492.5 | 1 296 127.3 |
| 燃气生产和供应业 | 359 | 119 | 520 | 20 | 3 162.1 | 373.2 |
| 水的生产和供应业 | 36 | 15 | 14 | 1 | 197.9 | 63.8 |
| 其他行业 | 3 187 | 889 | 3 040 | 441 | 81 184.9 | 4 912.7 |

# 按行业分重点调查工业固体废物产生及处置利用情况（一）

（2007）

单位：万吨

| 行业名称 | 工业固体废物产生量 | 危险废物 | 冶炼废渣 | 粉煤灰 | 炉渣 | 煤矸石 | 尾矿 | 放射性废物 | 脱硫石膏 | 其他废物 |
|---|---|---|---|---|---|---|---|---|---|---|
| **行业总计** | **164 239** | **818.92** | **23 710** | **32 672** | **17 797** | **17 337** | **51 251** | **18** | **2 049** | **18 314** |
| 煤炭开采和洗选业 | 18 752 | 1.56 | 12 | 371 | 388 | 16 086 | 1 540 | | 1 | 353 |
| 石油和天然气开采业 | 184 | 11.16 | | 8 | 24 | | | | | 141 |
| 黑色金属矿采选业 | 21 571 | 0.01 | 45 | 16 | 58 | 9 | 20 813 | 1 | | 629 |
| 有色金属矿采选业 | 21 044 | 78.31 | 142 | 39 | 29 | 30 | 19 463 | 11 | 17 | 1 224 |
| 非金属矿采选业 | 1 572 | 11.34 | 6 | 41 | 53 | … | 1 303 | | 3 | 93 |
| 其他采矿业 | 140 | 0.26 | … | 1 | 3 | 1 | 126 | | | 9 |
| 农副食品加工业 | 1 732 | 0.06 | | 111 | 277 | … | … | | 2 | 1 341 |
| 食品制造业 | 461 | 0.46 | … | 57 | 196 | … | … | | … | 206 |
| 饮料制造业 | 808 | 0.01 | | 45 | 249 | … | | | 1 | 513 |
| 烟草制品业 | 47 | … | … | 2 | 25 | | | | … | 21 |
| 纺织业 | 660 | 21.03 | 1 | 72 | 476 | 9 | | | 4 | 78 |
| 纺织服装、鞋、帽制造业 | 51 | 2.88 | | 1 | 25 | … | | | | 22 |
| 皮革毛皮羽毛（绒）及其制品业 | 62 | 4.06 | … | 1 | 25 | … | | … | … | 31 |
| 木材加工及木竹藤棕草制品业 | 160 | 0.01 | … | 7 | 60 | 1 | | | | 92 |
| 家具制造业 | 21 | 0.10 | | … | 12 | | | | | 9 |
| 造纸及纸制品业 | 1 797 | 9.56 | 1 | 494 | 627 | 1 | … | | 11 | 653 |
| 印刷业和记录媒介的复制 | 10 | 0.69 | 1 | … | 5 | | | | … | 4 |
| 文教体育用品制造业 | 4 | 0.32 | … | … | 1 | | | | … | 2 |
| 石油加工炼焦及核燃料加工业 | 2 407 | 87.47 | 37 | 339 | 225 | 819 | 170 | … | 3 | 716 |
| 化学原料及化学制品制造业 | 11 785 | 254.59 | 589 | 1 008 | 2 644 | 23 | 731 | 1 | 222 | 6 153 |
| 医药制造业 | 317 | 36.33 | … | 26 | 145 | 1 | 5 | … | … | 104 |
| 化学纤维制造业 | 355 | 12.41 | | 151 | 117 | | 6 | | 2 | 46 |
| 橡胶制品业 | 112 | 0.53 | | 21 | 77 | … | | | 2 | 11 |
| 塑料制品业 | 74 | 1.41 | … | 2 | 39 | | | | … | 31 |
| 非金属矿物制品业 | 4 164 | 2.64 | 299 | 818 | 1 147 | 165 | 306 | 1 | 66 | 1 359 |
| 黑色金属冶炼及压延加工业 | 29 797 | 46.55 | 20 210 | 808 | 1 792 | 34 | 3 888 | … | 5 | 3 003 |
| 有色金属冶炼及压延加工业 | 6 309 | 83.10 | 1 830 | 484 | 408 | 16 | 2 893 | 4 | 21 | 569 |
| 金属制品业 | 403 | 24.76 | 260 | 5 | 65 | … | … | … | … | 49 |
| 通用设备制造业 | 217 | 7.09 | 55 | 6 | 72 | 3 | 3 | … | … | 66 |
| 专用设备制造业 | 130 | 2.63 | 10 | 16 | 59 | … | | | … | 43 |
| 交通运输设备制造业 | 390 | 10.84 | 7 | 38 | 110 | … | | | … | 225 |
| 电气机械及器材制造业 | 58 | 7.57 | 1 | 4 | 21 | … | | | … | 24 |
| 通信计算机及其他电子设备制造业 | 122 | 46.52 | … | 1 | 14 | … | 6 | | … | 55 |
| 仪器仪表及文化办公用机械制造业 | 33 | 17.64 | … | 1 | 3 | | | … | | 11 |
| 工艺品及其他制造业 | 16 | 0.50 | … | … | 5 | … | | | … | 10 |
| 废弃资源和废旧材料回收加工业 | 21 | 0.09 | 14 | … | 1 | | | | | 6 |
| 电力、热力的生产和供应业 | 37 585 | 21.60 | 1 | 27 626 | 8 134 | 104 | | | 1 687 | 19 |
| 燃气生产和供应业 | 133 | 0.17 | … | 34 | 59 | 34 | 1 | | | 5 |
| 水的生产和供应业 | 8 | 0.33 | | … | 1 | | | | | 7 |
| 其他行业 | 725 | 12.32 | 188 | 18 | 125 | … | … | … | | 382 |

# 按行业分重点调查工业固体废物产生及处置利用情况（二）

（2007）

单位：万吨

| 行业名称 | 工业固体废物综合利用量 | | | | | | | | |
|---|---|---|---|---|---|---|---|---|---|
| | | 危险废物 | 冶炼废渣 | 粉煤灰 | 炉渣 | 煤矸石 | 尾矿 | 脱硫石膏 | 其他废物 |
| **行业总计** | **102 537** | **650.39** | **12 811** | **23 650** | **16 137** | **11 831** | **11 637** | **1 627** | **14 217** |
| 煤炭开采和洗选业 | 12 386 | 1.57 | 13 | 185 | 337 | 10 853 | 718 | … | 278 |
| 石油和天然气开采业 | 90 | 5.56 | … | 8 | 23 | | | | 54 |
| 黑色金属矿采选业 | 3 926 | | 54 | 16 | 42 | 9 | 3 405 | | 400 |
| 有色金属矿采选业 | 5 554 | 23.10 | 102 | 35 | 31 | 1 | 5 025 | 2 | 336 |
| 非金属矿采选业 | 1 066 | 0.01 | … | 36 | 51 | 7 | 854 | 3 | 116 |
| 其他采矿业 | 47 | 0.26 | … | 1 | 3 | 1 | 35 | | 7 |
| 农副食品加工业 | 1 677 | 0.01 | … | 109 | 270 | … | … | 2 | 1 295 |
| 食品制造业 | 424 | 2.47 | 2 | 54 | 191 | … | … | … | 175 |
| 饮料制造业 | 792 | 0.01 | … | 44 | 243 | … | | 1 | 504 |
| 烟草制品业 | 42 | … | … | 1 | 22 | | | … | 18 |
| 纺织业 | 619 | 16.30 | 1 | 69 | 467 | 9 | | … | 57 |
| 纺织服装、鞋、帽制造业 | 48 | 1.98 | | 1 | 24 | … | | … | 20 |
| 皮革毛皮羽毛（绒）及其制品业 | 48 | 1.42 | … | 1 | 25 | … | | … | 20 |
| 木材加工及木竹藤棕草制品业 | 158 | 0.01 | … | 8 | 59 | 1 | | | 90 |
| 家具制造业 | 21 | 0.02 | | … | 12 | | | | 9 |
| 造纸及纸制品业 | 1 634 | 8.80 | 4 | 465 | 621 | … | … | 8 | 526 |
| 印刷业和记录媒介的复制 | 9 | 0.02 | … | … | 5 | | | | 4 |
| 文教体育用品制造业 | 3 | 0.23 | … | … | 1 | | | | 1 |
| 石油加工炼焦及核燃料加工业 | 2 208 | 70.03 | 37 | 331 | 194 | 771 | 117 | 3 | 685 |
| 化学原料及化学制品制造业 | 8 291 | 298.59 | 451 | 934 | 2 483 | 22 | 369 | 70 | 3 663 |
| 医药制造业 | 293 | 31.19 | … | 26 | 141 | … | … | … | 94 |
| 化学纤维制造业 | 341 | 24.43 | | 152 | 115 | | 6 | 2 | 42 |
| 橡胶制品业 | 110 | 0.22 | | 21 | 76 | … | | 2 | 11 |
| 塑料制品业 | 70 | 0.18 | … | 2 | 39 | … | | … | 29 |
| 非金属矿物制品业 | 4 461 | 2.34 | 310 | 846 | 1 140 | … | 292 | 70 | 1 502 |
| 黑色金属冶炼及压延加工业 | 24 843 | 48.23 | 10 447 | 418 | 1 801 | 34 | 389 | 5 | 3 500 |
| 有色金属冶炼及压延加工业 | 2 411 | 42.26 | 1 073 | 344 | 315 | 11 | 418 | 7 | 201 |
| 金属制品业 | 382 | 12.34 | 159 | 5 | 63 | … | … | … | 43 |
| 通用设备制造业 | 177 | 3.19 | 42 | 6 | 66 | 3 | 3 | … | 54 |
| 专用设备制造业 | 108 | 0.99 | 8 | 16 | 56 | 1 | | … | 28 |
| 交通运输设备制造业 | 342 | 2.06 | 5 | 39 | 106 | … | | … | 189 |
| 电气机械及器材制造业 | 48 | 3.34 | 1 | 5 | 19 | … | | … | 20 |
| 通信计算机及其他电子设备制造业 | 91 | 26.27 | … | 1 | 14 | | 6 | … | 45 |
| 仪器仪表及文化办公用机械制造业 | 24 | 11.43 | … | 1 | 3 | | | | 9 |
| 工艺品及其他制造业 | 15 | 0.15 | … | … | 5 | … | | … | 9 |
| 废弃资源和废旧材料回收加工业 | 20 | 0.01 | 14 | … | 1 | | | | 5 |
| 电力、热力的生产和供应业 | 29 212 | 2.52 | 1 | 19 440 | 6 921 | 78 | | 1 451 | 48 |
| 燃气生产和供应业 | 99 | 0.09 | … | 14 | 51 | 31 | 1 | | 3 |
| 水的生产和供应业 | 5 | … | | … | 1 | | | | 4 |
| 其他行业 | 440 | 8.79 | 88 | 16 | 102 | … | | | 124 |

# 按行业分重点调查工业固体废物产生及处置利用情况（三）

（2007）

单位：万吨

| 行业名称 | 工业固体废物贮存量 | 危险废物贮存量 | 工业固体废物处置量 | 危险废物处置量 | 工业固体废物排放量 | 危险废物排放量 |
|---|---|---|---|---|---|---|
| **行业总计** | **22 181** | **83.94** | **32 472** | **274** | **1 073** | |
| 煤炭开采和洗选业 | 1 267 | 1.60 | 5 449 | … | 362 | |
| 石油和天然气开采业 | 7 | 1.55 | 90 | 5 | … | |
| 黑色金属矿采选业 | 6 400 | | 7 016 | … | 230 | |
| 有色金属矿采选业 | 5 184 | 32.90 | 6 391 | 32 | 115 | … |
| 非金属矿采选业 | 367 | 11.33 | 155 | … | 13 | |
| 其他采矿业 | 70 | | 22 | … | … | |
| 农副食品加工业 | 22 | … | 29 | … | 5 | |
| 食品制造业 | 24 | … | 10 | … | 2 | |
| 饮料制造业 | 1 | … | 10 | … | 6 | |
| 烟草制品业 | … | … | 5 | … | … | |
| 纺织业 | … | 0.01 | 38 | 5 | 4 | |
| 纺织服装、鞋、帽制造业 | … | … | 3 | 1 | | |
| 皮革毛皮羽毛（绒）及其制品业 | 1 | 0.87 | 13 | 2 | … | |
| 木材加工及木竹藤棕草制品业 | … | … | 2 | … | 1 | |
| 家具制造业 | … | | … | … | … | |
| 造纸及纸制品业 | 39 | 0.06 | 116 | 1 | 10 | |
| 印刷业和记录媒介的复制 | … | … | 2 | 1 | … | |
| 文教体育用品制造业 | … | … | … | … | … | |
| 石油加工炼焦及核燃料加工业 | 53 | 1.08 | 144 | 26 | 53 | |
| 化学原料及化学制品制造业 | 1 510 | 19.14 | 2 102 | 57 | 34 | … |
| 医药制造业 | 2 | 0.03 | 20 | 5 | 2 | |
| 化学纤维制造业 | 3 | 0.07 | 16 | 10 | 1 | |
| 橡胶制品业 | … | … | 1 | … | … | |
| 塑料制品业 | … | … | 4 | 1 | … | |
| 非金属矿物制品业 | 25 | 0.19 | 143 | 1 | 61 | |
| 黑色金属冶炼及压延加工业 | 1 299 | 0.39 | 2 649 | 9 | 60 | |
| 有色金属冶炼及压延加工业 | 882 | 14.37 | 3 276 | 34 | 33 | |
| 金属制品业 | 1 | 0.21 | 19 | 12 | 1 | … |
| 通用设备制造业 | 1 | 0.01 | 34 | 4 | 4 | |
| 专用设备制造业 | 3 | 0.01 | 18 | 2 | 1 | … |
| 交通运输设备制造业 | 2 | 0.04 | 45 | 9 | 1 | |
| 电气机械及器材制造业 | … | 0.01 | 10 | 4 | … | |
| 通信计算机及其他电子设备制造业 | 2 | 0.03 | 30 | 20 | … | |
| 仪器仪表及文化办公用机械制造业 | … | … | 9 | 6 | … | |
| 工艺品及其他制造业 | … | 0.01 | 1 | … | … | |
| 废弃资源和废旧材料回收加工业 | … | 0.01 | 1 | … | … | |
| 电力、热力的生产和供应业 | 4 987 | | 4 303 | 20 | 72 | |
| 燃气生产和供应业 | 27 | … | 6 | … | 1 | |
| 水的生产和供应业 | … | | 3 | … | … | |
| 其他行业 | 1 | 0.01 | 285 | 4 | 1 | |

# 按行业分重点调查工业汇总情况（一）

（2007）

| 行业名称 | 工业用水总量（万吨） | 新鲜水量 | 重复用水量 | 工业总产值（现价）（万元） | 专职环保人员数（人） |
|---|---|---|---|---|---|
| **行业总计** | **35 487 668** | **6 215 398** | **29 272 269** | **1 833 178 647.4** | **311 624** |
| 煤炭开采和洗选业 | 218 034 | 74 058 | 143 975 | 47 701 440.6 | 11 743 |
| 石油和天然气开采业 | 163 249 | 32 041 | 131 207 | 52 143 860.5 | 2 723 |
| 黑色金属矿采选业 | 180 544 | 37 241 | 143 302 | 9 102 695.8 | 2 677 |
| 有色金属矿采选业 | 141 887 | 59 441 | 82 446 | 13 126 851.8 | 5 222 |
| 非金属矿采选业 | 39 812 | 11 385 | 28 426 | 2 257 704.2 | 991 |
| 其他采矿业 | 3 281 | 1 698 | 1 583 | 847 713.8 | 127 |
| 农副食品加工业 | 344 844 | 172 180 | 172 664 | 69 234 230.4 | 11 957 |
| 食品制造业 | 152 880 | 55 938 | 96 943 | 30 044 503.5 | 6 995 |
| 饮料制造业 | 256 380 | 86 938 | 169 441 | 29 545 270.5 | 7 231 |
| 烟草制品业 | 39 121 | 4 582 | 34 540 | 34 282 512.8 | 304 |
| 纺织业 | 356 473 | 260 043 | 96 430 | 61 790 353.3 | 20 531 |
| 纺织服装、鞋、帽制造业 | 21 669 | 16 662 | 5 007 | 8 011 947.4 | 2 372 |
| 皮革毛皮羽毛（绒）及其制品业 | 32 685 | 28 147 | 4 538 | 10 672 847.3 | 3 981 |
| 木材加工及木竹藤棕草制品业 | 11 963 | 6 368 | 5 595 | 6 349 177.9 | 2 115 |
| 家具制造业 | 4 117 | 2 334 | 1 783 | 2 045 839.8 | 443 |
| 造纸及纸制品业 | 1 003 747 | 488 216 | 515 531 | 39 340 154.3 | 24 342 |
| 印刷业和记录媒介的复制 | 4 832 | 2 459 | 2 373 | 3 801 010.3 | 3 253 |
| 文教体育用品制造业 | 1 276 | 1 115 | 161 | 2 047 386.3 | 399 |
| 石油加工、炼焦及核燃料加工业 | 2 302 170 | 138 271 | 2 163 899 | 141 781 234.3 | 6 222 |
| 化学原料及化学制品制造业 | 4 662 665 | 464 156 | 4 198 509 | 168 101 390.7 | 37 364 |
| 医药制造业 | 289 828 | 56 919 | 232 908 | 32 499 141.0 | 9 591 |
| 化学纤维制造业 | 565 091 | 61 512 | 503 578 | 26 038 792.4 | 2 576 |
| 橡胶制品业 | 58 032 | 9 021 | 49 011 | 32 513 465.6 | 1 427 |
| 塑料制品业 | 19 321 | 5 935 | 13 386 | 13 341 344.3 | 1 903 |
| 非金属矿物制品业 | 285 212 | 82 704 | 202 507 | 60 844 514.0 | 55 142 |
| 黑色金属冶炼及压延加工业 | 5 787 585 | 403 950 | 5 383 633 | 245 015 937.4 | 12 154 |
| 有色金属冶炼及压延加工业 | 543 938 | 64 620 | 479 319 | 101 858 761.6 | 8 081 |
| 金属制品业 | 165 333 | 40 158 | 125 175 | 46 405 276.8 | 14 562 |
| 通用设备制造业 | 38 703 | 16 097 | 22 606 | 54 424 314.1 | 4 706 |
| 专用设备制造业 | 46 529 | 12 483 | 34 047 | 32 177 887.7 | 2 339 |
| 交通运输设备制造业 | 163 426 | 30 132 | 133 294 | 133 916 348.7 | 4 415 |
| 电气机械及器材制造业 | 46 527 | 11 836 | 34 691 | 39 515 471.9 | 2 873 |
| 通信计算机及其他电子设备制造业 | 156 575 | 37 466 | 119 109 | 86 049 939.9 | 4 832 |
| 仪器仪表及文化办公用机械制造业 | 51 761 | 9 409 | 42 353 | 50 139 125.9 | 9 264 |
| 工艺品及其他制造业 | 5 774 | 4 488 | 1 286 | 5 661 197.0 | 1 237 |
| 废弃资源和废旧材料回收加工业 | 1 538 | 1 148 | 390 | 2 177 708.2 | 552 |
| 电力、热力的生产和供应业 | 17 124 325 | 3 316 846 | 13 807 479 | 109 435 483.3 | 8 007 |
| 燃气生产和供应业 | 74 642 | 6 210 | 68 432 | 1 154 948.1 | 342 |
| 水的生产和供应业 | 50 132 | 45 197 | 4 935 | 1 324 267.5 | 9 771 |
| 其他行业 | 71 770 | 55 993 | 15 776 | 26 456 596.5 | 6 858 |

# 按行业分重点调查工业汇总情况（二）

（2007）

| 行业名称 | “三废”综合利用产品产值（万元） | 工业锅炉 | | 锅炉烟尘排放达标的 | | 工业炉窑数（座） | |
|---|---|---|---|---|---|---|---|
| | | 台数 | 蒸吨数 | 台数 | 蒸吨数 | | 烟尘排放达标的 |
| **行业总计** | **13 512 691.9** | **108 492** | **1 814 625.0** | **78 793** | **1 729 757.0** | **82 576** | **64 188** |
| 煤炭开采和洗选业 | 205 304.4 | 4 428 | 30 242.0 | 3 688 | 28 319.3 | 380 | 211 |
| 石油和天然气开采业 | 86 735.6 | 2 794 | 20 360.6 | 2 292 | 19 410.1 | 2 957 | 2 948 |
| 黑色金属矿采选业 | 41 288.7 | 313 | 1 596.5 | 263 | 1 424.0 | 275 | 230 |
| 有色金属矿采选业 | 70 606.1 | 461 | 2 396.7 | 329 | 1 444.5 | 224 | 131 |
| 非金属矿采选业 | 26 272.0 | 258 | 3 440.4 | 233 | 3 290.4 | 486 | 290 |
| 其他采矿业 | 8 133.7 | 24 | 101.2 | 24 | 98.2 | 101 | 45 |
| 农副食品加工业 | 441 357.3 | 4 618 | 37 193.3 | 4 016 | 34 575.4 | 859 | 176 |
| 食品制造业 | 168 278.7 | 3 369 | 18 749.6 | 2 987 | 17 372.8 | 342 | 150 |
| 饮料制造业 | 160 463.8 | 2 791 | 20 012.2 | 2 460 | 18 817.3 | 351 | 129 |
| 烟草制品业 | 3 316.2 | 328 | 3 239.5 | 313 | 3 131.5 | 9 | 8 |
| 纺织业 | 241 126.1 | 9 064 | 47 753.5 | 8 518 | 45 078.0 | 501 | 475 |
| 纺织服装、鞋、帽制造业 | 8 285.8 | 787 | 3 384.6 | 729 | 3 125.6 | 55 | 48 |
| 皮革毛皮羽毛（绒）及其制品业 | 14 832.6 | 1 320 | 3 015.8 | 1 229 | 2 786.0 | 26 | 22 |
| 木材加工及木竹藤棕草制品业 | 68 351.4 | 2 579 | 8 021.8 | 2 390 | 5 933.4 | 157 | 123 |
| 家具制造业 | 4 813.3 | 180 | 579.7 | 157 | 492.5 | 18 | 10 |
| 造纸及纸制品业 | 1 593 539.6 | 6 070 | 48 515.5 | 5 459 | 45 986.8 | 170 | 138 |
| 印刷业和记录媒介的复制 | 17 913.2 | 256 | 830.6 | 238 | 808.1 | 23 | 21 |
| 文教体育用品制造业 | 1 716.3 | 105 | 289.3 | 104 | 288.3 | 11 | 10 |
| 石油加工炼焦及核燃料加工业 | 831 880.9 | 1 040 | 28 890.8 | 986 | 27 876.9 | 4 122 | 2 687 |
| 化学原料及化学制品制造业 | 1 110 478.5 | 8 883 | 96 634.8 | 8 162 | 88 010.0 | 6 346 | 5 610 |
| 医药制造业 | 94 902.1 | 5 752 | 13 410.1 | 5 533 | 12 242.8 | 120 | 100 |
| 化学纤维制造业 | 105 381.3 | 485 | 7 185.8 | 476 | 6 824.8 | 250 | 241 |
| 橡胶制品业 | 18 022.7 | 859 | 8 368.9 | 779 | 6 896.3 | 68 | 60 |
| 塑料制品业 | 134 837.6 | 831 | 3 314.8 | 797 | 3 153.8 | 119 | 101 |
| 非金属矿物制品业 | 3 254 996.7 | 2 885 | 11 374.4 | 2 565 | 10 176.7 | 33 138 | 22 305 |
| 黑色金属冶炼及压延加工业 | 2 280 113.3 | 1 814 | 38 529.7 | 1 720 | 37 741.8 | 10 667 | 9 364 |
| 有色金属冶炼及压延加工业 | 1 092 180.1 | 1 212 | 22 641.6 | 1 123 | 21 932.9 | 11 545 | 10 344 |
| 金属制品业 | 129 657.5 | 1 644 | 3 443.9 | 1 543 | 3 272.2 | 1 869 | 1 596 |
| 通用设备制造业 | 62 303.5 | 1 206 | 5 972.4 | 1 122 | 5 761.7 | 3 169 | 2 784 |
| 专用设备制造业 | 35 553.8 | 893 | 5 858.2 | 855 | 5 731.7 | 1 149 | 1 066 |
| 交通运输设备制造业 | 208 235.6 | 1 742 | 13 067.5 | 1 675 | 12 920.6 | 1 668 | 1 553 |
| 电气机械及器材制造业 | 69 112.2 | 679 | 2 718.9 | 643 | 2 632.4 | 332 | 293 |
| 通信计算机及其他电子设备制造业 | 134 484.5 | 22 474 | 2 637.0 | 528 | 2 550.5 | 385 | 364 |
| 仪器仪表及文化办公用机械制造业 | 42 620.7 | 248 | 879.2 | 236 | 848.7 | 48 | 42 |
| 工艺品及其他制造业 | 5 078.8 | 212 | 568.6 | 200 | 553.1 | 97 | 78 |
| 废弃资源和废旧材料回收加工业 | 96 690.1 | 35 | 92.2 | 32 | 92.2 | 53 | 39 |
| 电力、热力的生产和供应业 | 568 076.2 | 11 658 | 1 258 250.0 | 10 753 | 1 224 750.9 | 90 | 83 |
| 燃气生产和供应业 | 8 710.9 | 210 | 2 726.5 | 194 | 2 635.5 | 123 | 113 |
| 水的生产和供应业 | 31 674.1 | 95 | 269.9 | 92 | 261.9 | 2 | 2 |
| 其他行业 | 35 366.0 | 3 890 | 38 067.0 | 3 350 | 20 507.4 | 271 | 198 |

# 按行业分重点调查工业“三废”治理效率

（2007）

单位：%

| 行业名称 | 工业废水排放达标率 | 工业用水重复用水率 | 二氧化硫排放达标率 | 氮氧化物排放达标率 | 烟尘排放达标率 | 工业粉尘排放达标率 | 工业固体废物 | |
|---|---|---|---|---|---|---|---|---|
| | | | | | | | 综合利用率 | 处置率 |
| **行业总计** | **92.7** | **82.5** | **74.4** | **77.8** | **88.9** | **88.9** | **61.6** | **23.9** |
| 煤炭开采和洗选业 | 92.7 | 66.0 | 88.2 | 57.7 | 85.1 | 86.2 | 65.0 | 28.5 |
| 石油和天然气开采业 | 93.3 | 80.4 | 78.9 | 94.5 | 91.8 | 90.7 | 48.8 | 48.4 |
| 黑色金属矿采选业 | 93.4 | 79.4 | 89.0 | 72.7 | 89.7 | 81.1 | 18.2 | 32.5 |
| 有色金属矿采选业 | 88.4 | 58.1 | 11.7 | 80.7 | 55.5 | 64.8 | 26.4 | 30.1 |
| 非金属矿采选业 | 93.8 | 71.4 | 81.0 | 82.4 | 87.5 | 81.1 | 66.6 | 9.9 |
| 其他采矿业 | 83.7 | 48.2 | 61.4 | 73.0 | 70.0 | 96.4 | 33.7 | 15.7 |
| 农副食品加工业 | 89.6 | 50.1 | 80.6 | 72.6 | 88.5 | 36.6 | 96.8 | 1.7 |
| 食品制造业 | 88.0 | 63.4 | 81.3 | 68.5 | 82.3 | 82.7 | 92.1 | 2.1 |
| 饮料制造业 | 86.9 | 66.1 | 71.8 | 61.7 | 64.1 | 45.6 | 98.0 | 1.2 |
| 烟草制品业 | 96.1 | 88.3 | 75.4 | 34.8 | 91.9 | 80.1 | 87.6 | 11.1 |
| 纺织业 | 90.9 | 27.1 | 89.0 | 85.9 | 94.7 | 51.1 | 93.7 | 5.7 |
| 纺织服装、鞋、帽制造业 | 96.2 | 23.1 | 87.0 | 79.3 | 96.0 | 78.2 | 94.4 | 5.6 |
| 皮革毛皮羽毛（绒）及其制品业 | 85.1 | 13.9 | 83.1 | 70.1 | 77.9 | 99.3 | 77.0 | 20.4 |
| 木材加工及木竹藤棕草制品业 | 87.3 | 46.8 | 69.8 | 50.5 | 86.2 | 88.7 | 98.3 | 1.2 |
| 家具制造业 | 93.4 | 43.3 | 90.9 | 54.5 | 98.6 | 100.0 | 98.1 | 1.8 |
| 造纸及纸制品业 | 90.2 | 51.4 | 87.8 | 82.5 | 89.9 | 71.0 | 90.8 | 6.5 |
| 印刷业和记录媒介的复制 | 95.7 | 49.1 | 89.1 | 89.4 | 96.5 | 100.0 | 84.2 | 15.1 |
| 文教体育用品制造业 | 86.3 | 12.7 | 70.1 | 81.2 | 80.4 | 99.6 | 86.3 | 12.1 |
| 石油加工、炼焦及核燃料加工业 | 98.2 | 94.0 | 84.1 | 82.7 | 90.7 | 88.2 | 89.9 | 6.0 |
| 化学原料及化学制品制造业 | 93.8 | 90.1 | 83.6 | 53.4 | 89.5 | 82.5 | 69.5 | 17.8 |
| 医药制造业 | 94.2 | 80.4 | 85.6 | 70.0 | 90.3 | 76.8 | 92.2 | 6.4 |
| 化学纤维制造业 | 97.2 | 89.1 | 97.1 | 95.4 | 98.8 | 100.0 | 94.7 | 4.4 |
| 橡胶制品业 | 94.7 | 84.5 | 88.0 | 87.0 | 96.3 | 95.9 | 98.4 | 1.3 |
| 塑料制品业 | 78.0 | 69.3 | 93.2 | 77.4 | 96.9 | 84.0 | 94.9 | 4.8 |
| 非金属矿物制品业 | 91.2 | 71.0 | 81.5 | 78.2 | 78.0 | 89.3 | 95.2 | 3.4 |
| 黑色金属冶炼及压延加工业 | 97.3 | 93.0 | 93.4 | 84.5 | 92.9 | 90.2 | 83.2 | 8.9 |
| 有色金属冶炼及压延加工业 | 93.9 | 88.1 | 81.5 | 80.8 | 91.3 | 86.8 | 37.9 | 50.1 |
| 金属制品业 | 94.9 | 75.7 | 85.6 | 74.6 | 93.6 | 95.1 | 94.7 | 4.8 |
| 通用设备制造业 | 93.7 | 58.4 | 82.9 | 62.4 | 91.1 | 85.2 | 81.6 | 15.8 |
| 专用设备制造业 | 96.1 | 73.2 | 93.0 | 77.6 | 79.9 | 95.6 | 83.1 | 13.9 |
| 交通运输设备制造业 | 95.5 | 81.6 | 89.9 | 87.5 | 89.4 | 99.0 | 87.7 | 11.5 |
| 电气机械及器材制造业 | 93.6 | 74.6 | 84.5 | 71.0 | 86.8 | 94.8 | 82.6 | 16.7 |
| 通信计算机及其他电子设备制造业 | 97.2 | 76.1 | 81.6 | 49.1 | 88.2 | 98.6 | 73.4 | 25.0 |
| 仪器仪表及文化办公用机械制造业 | 92.6 | 81.8 | 90.8 | 73.5 | 91.0 | 99.7 | 73.0 | 26.9 |
| 工艺品及其他制造业 | 95.8 | 22.3 | 93.2 | 65.7 | 86.3 | 95.8 | 94.5 | 4.1 |
| 废弃资源和废旧材料回收加工业 | 89.4 | 25.4 | 77.9 | 98.4 | 66.8 | 99.9 | 92.1 | 5.8 |
| 电力、热力的生产和供应业 | 98.0 | 80.6 | 89.9 | 79.5 | 92.3 | 72.5 | 75.8 | 11.4 |
| 燃气生产和供应业 | 85.1 | 91.7 | 96.5 | 59.8 | 97.0 | 95.6 | 74.6 | 4.9 |
| 水的生产和供应业 | 98.8 | 9.8 | 85.5 | 78.8 | 98.8 | 100.0 | 64.1 | 35.9 |
| 其他行业 | 89.9 | 22.0 | 86.1 | 81.5 | 90.3 | 96.2 | 60.6 | 39.3 |

# 各地区火电行业工业废气排放及处理情况（一）

（2007）

| 地区名称 | 汇总工业企业数（个） | 燃料煤消费量（万吨） | 燃料油消费量（万吨） | 废气治理设施数（套） | | 废气治理设施运行费用（万元） | |
|---|---|---|---|---|---|---|---|
| | | | | | 脱硫设施数 | | 脱硫设施运行费用 |
| **全　国** | **1 715** | **124 940** | **624.6** | **6 144** | **2 618** | **1 927 971.3** | **1 283 268.7** |
| 北　京 | 8 | 1 032 | 15.8 | 57 | 17 | 18 001.0 | 10 401.5 |
| 天　津 | 11 | 1 562 | 0.6 | 59 | 21 | 13 258.0 | 9 807.0 |
| 河　北 | 78 | 7 553 | 2.9 | 328 | 129 | 87 508.6 | 55 464.1 |
| 山　西 | 87 | 7 540 | 12.5 | 334 | 193 | 81 618.2 | 66 186.4 |
| 内蒙古 | 50 | 9 821 | 4.2 | 196 | 63 | 82 165.5 | 58 800.0 |
| 辽　宁 | 59 | 5 574 | 2.2 | 271 | 102 | 89 706.5 | 17 542.4 |
| 吉　林 | 23 | 3 013 | 0.6 | 106 | 18 | 16 866.9 | 5 999.5 |
| 黑龙江 | 60 | 4 232 | 1.8 | 244 | 28 | 19 754.8 | 5 190.0 |
| 上　海 | 15 | 2 463 | 25.7 | 55 | 11 | 17 762.0 | 3 550.0 |
| 江　苏 | 215 | 11 835 | 7.1 | 789 | 423 | 266 769.6 | 176 142.9 |
| 浙　江 | 137 | 8 001 | 53.2 | 583 | 401 | 134 294.5 | 100 445.0 |
| 安　徽 | 40 | 3 581 | 3.9 | 143 | 39 | 22 750.6 | 14 000.8 |
| 福　建 | 28 | 2 968 | 2.7 | 100 | 39 | 65 697.8 | 53 046.1 |
| 江　西 | 17 | 2 039 | 0.9 | 59 | 23 | 30 373.9 | 23 725.2 |
| 山　东 | 276 | 11 012 | 9.6 | 1 001 | 489 | 225 966.1 | 127 665.8 |
| 河　南 | 131 | 8 746 | 5.9 | 421 | 145 | 126 973.3 | 90 595.5 |
| 湖　北 | 34 | 2 696 | 1.6 | 112 | 26 | 93 074.3 | 67 854.0 |
| 湖　南 | 24 | 2 375 | 1.6 | 118 | 44 | 50 208.0 | 41 265.6 |
| 广　东 | 155 | 7 537 | 457.1 | 280 | 117 | 193 646.1 | 150 737.4 |
| 广　西 | 16 | 1 584 | 1.6 | 56 | 17 | 14 022.7 | 11 086.9 |
| 海　南 | 4 | 310 | 0.2 | 12 | 2 | 5 202.0 | 4 005.0 |
| 重　庆 | 30 | 1 501 | 3.3 | 76 | 51 | 59 371.8 | 53 754.3 |
| 四　川 | 54 | 2 541 | 1.1 | 162 | 60 | 57 301.9 | 41 856.2 |
| 贵　州 | 21 | 4 114 | 2.2 | 89 | 28 | 45 785.7 | 29 672.6 |
| 云　南 | 16 | 2 870 | 2.6 | 67 | 20 | 31 692.4 | 19 499.6 |
| 西　藏 | | | | | | | |
| 陕　西 | 58 | 2 912 | 1.2 | 170 | 68 | 24 914.8 | 10 066.8 |
| 甘　肃 | 15 | 1 762 | 0.8 | 55 | 14 | 15 673.6 | 9 414.1 |
| 青　海 | 4 | 488 | 0.6 | 10 | 2 | 6 963.5 | 4 000.0 |
| 宁　夏 | 12 | 1 745 | 0.5 | 56 | 18 | 26 509.0 | 21 479.0 |
| 新　疆 | 37 | 1 532 | 0.5 | 135 | 10 | 4 138.2 | 15.0 |

# 各地区火电行业工业废气排放及处理情况（二）

（2007）

单位：吨

| 地区名称 | 工业二氧化硫排放量 | 工业二氧化硫去除量 | 工业氮氧化物排放量 | 工业氮氧化物去除量 | 工业烟尘排放量 | 工业烟尘去除量 |
|---|---|---|---|---|---|---|
| **全国** | **10 989 425** | **8 191 296** | **7 141 832** | **650 667** | **2 665 716** | **209 400 283** |
| 北京 | 47 423 | 90 888 | 34 293 | 10 485 | 4 270 | 2 001 712 |
| 天津 | 93 248 | 82 176 | 62 773 | 19 200 | 16 481 | 5 759 877 |
| 河北 | 640 658 | 802 104 | 451 623 | 38 764 | 120 655 | 16 158 935 |
| 山西 | 527 444 | 606 633 | 262 770 | 66 957 | 218 050 | 14 112 734 |
| 内蒙古 | 772 575 | 525 427 | 473 642 | 30 027 | 169 098 | 15 720 531 |
| 辽宁 | 405 162 | 87 475 | 325 345 | 7 810 | 157 237 | 9 517 942 |
| 吉林 | 174 752 | 20 771 | 163 376 | | 144 298 | 6 244 905 |
| 黑龙江 | 288 910 | 16 052 | 230 452 | 7 175 | 229 042 | 7 414 249 |
| 上海 | 233 846 | 14 846 | 236 414 | | 22 004 | 3 212 915 |
| 江苏 | 586 254 | 899 853 | 562 551 | 270 797 | 132 831 | 15 514 717 |
| 浙江 | 464 839 | 563 420 | 391 945 | 21 479 | 76 658 | 8 197 443 |
| 安徽 | 275 071 | 97 523 | 257 543 | 41 536 | 94 459 | 7 641 725 |
| 福建 | 180 309 | 222 869 | 80 055 | 23 566 | 19 268 | 3 688 480 |
| 江西 | 293 632 | 127 437 | 109 178 | 276 | 51 016 | 6 227 951 |
| 山东 | 906 574 | 828 201 | 547 150 | 640 | 140 188 | 16 097 305 |
| 河南 | 863 167 | 312 000 | 529 013 | 5 513 | 318 024 | 18 560 589 |
| 湖北 | 274 366 | 115 644 | 177 993 | 7 775 | 71 721 | 5 032 566 |
| 湖南 | 268 593 | 126 595 | 139 069 | 4 952 | 111 703 | 6 237 037 |
| 广东 | 569 698 | 541 789 | 537 517 | 3 073 | 64 132 | 7 484 498 |
| 广西 | 336 533 | 359 412 | 52 808 | 20 750 | 39 913 | 3 598 013 |
| 海南 | 16 117 | 10 663 | 12 210 | | 4 699 | 606 038 |
| 重庆 | 320 543 | 500 111 | 114 142 | 4 358 | 41 188 | 1 898 985 |
| 四川 | 419 036 | 332 861 | 90 393 | 12 931 | 114 905 | 5 153 291 |
| 贵州 | 719 525 | 496 764 | 798 466 | 29 053 | 44 800 | 6 600 481 |
| 云南 | 211 520 | 167 520 | 79 429 | 18 845 | 61 120 | 4 276 825 |
| 西藏 | | | | | | |
| 陕西 | 532 465 | 95 125 | 142 943 | 771 | 61 833 | 4 233 600 |
| 甘肃 | 136 573 | 78 866 | 82 592 | 3 934 | 29 491 | 2 238 484 |
| 青海 | 48 272 | 11 442 | 31 937 | | 9 930 | 516 666 |
| 宁夏 | 229 928 | 56 828 | 56 768 | | 55 532 | 3 366 209 |
| 新疆 | 152 390 | | 107 442 | | 41 170 | 2 085 583 |

# 各地区自备电厂工业废气排放及处理情况（一）

（2007）

| 地区名称 | 汇总工业企业数（个） | 燃料煤消费量（万吨） | 燃料油消费量（吨） | 废气治理设施数（套） | 脱硫设施数 | 废气治理设施运行费用（万元） | 脱硫设施运行费用 |
|---|---|---|---|---|---|---|---|
| **全　国** | **712** | **—** | **696 299** | **2 858** | **985** | **303 365.6** | **140 554.6** |
| 北　京 | 1 | 15 | 16 416 | 3 | 3 | 730.0 | 730.0 |
| 天　津 | 6 | 273 | 2 911 | 70 | 29 | 4 460.2 | 1 485.1 |
| 河　北 | 24 | 271 | 160 | 87 | 29 | 1 203.3 | 490.6 |
| 山　西 | 39 | — | 3 420 | 109 | 56 | 17 193.3 | 12 309.2 |
| 内蒙古 | 22 | 790 | 2 095 | 92 | 28 | 4 178.5 | 1 864.0 |
| 辽　宁 | 22 | 994 | 110 454 | 216 | 88 | 20 709.8 | 13 306.5 |
| 吉　林 | 12 | 357 | 658 | 64 | 20 | 2 026.8 | 87.0 |
| 黑龙江 | 21 | 351 | 1 624 | 102 | 6 | 1 632.5 | 52.0 |
| 上　海 | 3 | 535 | 205 325 | 15 | 1 | 13 655.1 | 9 208.9 |
| 江　苏 | 72 | 1 676 | 28 084 | 234 | 101 | 24 610.6 | 10 443.2 |
| 浙　江 | 38 | 459 | 4 717 | 95 | 62 | 6 607.8 | 3 669.4 |
| 安　徽 | 20 | 401 | 519 | 141 | 16 | 5 709.9 | 2 517.8 |
| 福　建 | 20 | — | 1 558 | 93 | 25 | 3 851.7 | 1 143.7 |
| 江　西 | 16 | 253 | 13 073 | 44 | 30 | 3 834.1 | 2 149.0 |
| 山　东 | 134 | 2 771 | 17 579 | 515 | 260 | 70 633.2 | 34 667.5 |
| 河　南 | 43 | 1 088 | 3 051 | 156 | 32 | 9 153.8 | 1 676.9 |
| 湖　北 | 16 | — | 2 751 | 185 | 10 | 40 187.8 | 5 237.1 |
| 湖　南 | 7 | 226 | 2 192 | 43 | 21 | 2 978.3 | 2 192.9 |
| 广　东 | 51 | 395 | 268 715 | 77 | 45 | 31 721.0 | 23 598.5 |
| 广　西 | 16 | 252 | 4 149 | 82 | 33 | 9 592.8 | 3 891.9 |
| 海　南 | | | | | | | |
| 重　庆 | 6 | 113 | | 14 | 5 | 4 848.0 | 3 437.0 |
| 四　川 | 49 | — | 166 | 125 | 36 | 9 211.3 | 4 354.0 |
| 贵　州 | 7 | — | 1 964 | 23 | 22 | 2 204.8 | 969.8 |
| 云　南 | 20 | 192 | 41 | 116 | 6 | 8 359.1 | 804.3 |
| 西　藏 | | | | | | | |
| 陕　西 | 10 | 158 | 239 | 38 | 10 | 716.5 | 135.3 |
| 甘　肃 | 6 | 190 | 280 | 35 | 1 | 1 064.8 | |
| 青　海 | 5 | — | | 11 | | 364.3 | |
| 宁　夏 | 9 | 279 | 2 910 | 23 | 10 | 686.8 | 133.0 |
| 新　疆 | 17 | 353 | 1 248 | 50 | | 1 239.5 | |

注：表中各地区中单个指标项划“—”的为异常值剔除（原则为大于火电数据）。

# 各地区自备电厂工业废气排放及处理情况（二）

（2007）

单位：吨

| 地　区<br>名　称 | 工业二氧化硫<br>排放量 | 工业二氧化硫<br>去除量 | 工业氮氧化物<br>排放量 | 工业氮氧化物<br>去除量 | 工业烟尘<br>排放量 | 工业烟尘<br>去除量 |
|---|---|---|---|---|---|---|
| **全　国** | **3 938 671** | **2 658 377** | **—** | **153 688** | **925 090** | **31 859 769** |
| 北　京 | 1 548 | 11 056 | — |  | 442 | 20 681 |
| 天　津 | 31 178 | 11 426 | 15 277 | 1 868 | 9 627 | 351 741 |
| 河　北 | 17 127 | 20 499 | 31 739 | 227 | 6 893 | 376 220 |
| 山　西 | 47 729 | 102 033 | 37 254 | 353 | 73 939 | 2 303 909 |
| 内蒙古 | 74 139 | 30 177 | 46 966 |  | 22 169 | 752 540 |
| 辽　宁 | 104 809 | 46 956 | 72 528 | 9 077 | 59 063 | 1 298 876 |
| 吉　林 | 597 703 | 1 476 | — |  | 21 481 | 9 991 939 |
| 黑龙江 | 19 523 | 761 | 19 343 | 76 | 16 764 | 357 052 |
| 上　海 | 50 359 | 6 361 | 44 360 |  | 8 135 | 863 140 |
| 江　苏 | 109 688 | 87 798 | 96 564 | 4 660 | 39 377 | 2 159 059 |
| 浙　江 | 27 009 | 217 832 | 291 984 | 1 192 | 47 557 | 662 233 |
| 安　徽 | 28 793 | 4 925 | 215 596 | 1 303 | 114 024 | 1 228 689 |
| 福　建 | 42 516 | 6 254 | 10 398 | 83 | 5 388 | 626 667 |
| 江　西 | 27 511 | 20 320 | 10 102 | 453 | 12 131 | 466 630 |
| 山　东 | 233 430 | 229 229 | 189 039 |  | 56 001 | 2 141 104 |
| 河　南 | 89 837 | 23 089 | 47 934 | 627 | 39 287 | 839 171 |
| 湖　北 | 23 642 | 61 882 | 9 279 | 293 | 16 722 | 439 916 |
| 湖　南 | 18 761 | 27 910 | 8 226 | 7 959 | 8 036 | 540 109 |
| 广　东 | 75 083 | 20 599 | 20 583 | 1 202 | 15 127 | 1 127 184 |
| 广　西 | 44 023 | 31 521 | — | 1 830 | 6 368 | 684 741 |
| 海　南 |  |  |  |  |  |  |
| 重　庆 | 1 988 742 | 1 569 328 | 37 365 | 113 500 | 129 661 | 877 506 |
| 四　川 | 100 025 | 55 855 | — | 6 703 | 167 407 | 2 137 657 |
| 贵　州 | 37 236 | 56 131 | — |  | 4 003 | 162 826 |
| 云　南 | 25 668 | 6 552 | 59 680 |  | 3 877 | 235 880 |
| 西　藏 |  |  |  |  |  |  |
| 陕　西 | 16 168 | 3 906 | 10 141 |  | 9 406 | 118 243 |
| 甘　肃 | 15 818 | 4 501 | 12 358 | 1 753 | 5 013 | 265 029 |
| 青　海 | 8 081 |  | — |  | 2 335 | 96 612 |
| 宁　夏 | 44 045 |  | 21 301 | 265 | 13 276 | 514 744 |
| 新　疆 | 38 478 |  | 25 957 | 265 | 11 585 | 219 671 |

注：表中各地区中单个指标项划“—”的为异常值剔除（原则为大于火电数据）。

# 5

# 流域及入海陆源废水排放统计

LIUYU JI RUHAI LUYUAN FEISHUI PAIFANG TONGJI

ANNUAL STATISTIC REPORT ON ENVIRONMENT IN CHINA

2007

# 流域接纳工业废水及处理情况（一）

（2007）

| 流域 | 地区名称 | 汇总工业企业数（个） | 工业废水排放量（万吨） | 工业废水排放达标量（万吨） | 工业废水处理量（万吨） | 废水治理设施数（套） | 本年运行费用（万元） |
|---|---|---|---|---|---|---|---|
| **总计** | | **81 820** | **1 910 045** | **1 769 866** | **4 056 172** | **60 879** | **3 362 333.7** |
| 辽河 | 内蒙古 | 271 | 3 481 | 2 752 | 4 272 | 122 | 5 860.4 |
| | 辽宁 | 4 405 | 52 200 | 47 245 | 143 983 | 1 476 | 219 129.9 |
| | 吉林 | 169 | 1 488 | 754 | 2 742 | 176 | 1 935.0 |
| | **合计** | **4 845** | **57 168** | **50 751** | **150 996** | **1 774** | **226 925.3** |
| 海河 | 北京 | 858 | 9 134 | 8 898 | 75 343 | 549 | 46 783.2 |
| | 天津 | 1 621 | 21 444 | 21 382 | 103 589 | 1 816 | 64 188.5 |
| | 河北 | 4 644 | 111 883 | 103 799 | 389 462 | 4 235 | 257 504.9 |
| | 山西 | 1 194 | 12 844 | 11 142 | 37 612 | 955 | 35 997.9 |
| | 内蒙古 | 52 | 650 | 573 | 763 | 32 | 2 656.3 |
| | 山东 | 1 119 | 40 865 | 39 118 | 37 003 | 517 | 66 755.8 |
| | 河南 | 1 316 | 50 100 | 46 576 | 65 786 | 921 | 53 666.2 |
| | **合计** | **10 804** | **246 921** | **231 487** | **709 559** | **9 025** | **527 552.8** |
| 淮河 | 江苏 | 2 515 | 46 819 | 45 389 | 75 768 | 1 474 | 58 393.8 |
| | 安徽 | 1 187 | 28 450 | 27 267 | 87 871 | 694 | 52 601.3 |
| | 山东 | 1 622 | 44 454 | 43 795 | 79 065 | 1 190 | 92 677.6 |
| | 河南 | 2 003 | 48 460 | 45 772 | 98 514 | 1 218 | 39 962.9 |
| | **合计** | **7 327** | **168 182** | **162 223** | **341 219** | **4 576** | **243 635.6** |
| 松花江 | 内蒙古 | 101 | 4 722 | 1 724 | 1 562 | 47 | 3 916.4 |
| | 吉林 | 692 | 27 252 | 24 902 | 31 478 | 428 | 32 826.1 |
| | 黑龙江 | 1 246 | 34 282 | 29 602 | 91 919 | 984 | 259 758.6 |
| | **合计** | **2 039** | **66 256** | **56 228** | **124 958** | **1 459** | **296 501.1** |
| 珠江 | 江西 | 64 | 693 | 648 | 320 | 30 | 443.0 |
| | 湖南 | 123 | 1 395 | 1 037 | 2 092 | 158 | 1 837.4 |
| | 广东 | 9 264 | 198 254 | 183 760 | 218 627 | 7 628 | 360 138.4 |
| | 广西 | 3 213 | 170 592 | 158 134 | 343 074 | 1 948 | 88 030.5 |
| | 贵州 | 1 236 | 3 915 | 2 329 | 24 284 | 909 | 20 119.9 |
| | 云南 | 593 | 7 020 | 6 637 | 44 933 | 698 | 24 079.8 |
| | **合计** | **14 493** | **381 869** | **352 546** | **633 330** | **11 371** | **494 649.0** |

## 流域接纳工业废水及处理情况（一）（续表）

（2007）

| 流域 | 地区名称 | 汇总工业企业数（个） | 工业废水排放量（万吨） | 工业废水排放达标量（万吨） | 工业废水处理量（万吨） | 废水治理设施数（套） | 本年运行费用（万元） |
|---|---|---|---|---|---|---|---|
| 长江 | 上　海 | 245 | 1 694 | 1 634 | 1 504 | 172 | 4 767.5 |
| | 江　苏 | 6 021 | 221 715 | 215 883 | 273 800 | 4 707 | 314 393.4 |
| | 浙　江 | 1 888 | 45 113 | 41 875 | 94 429 | 1 703 | 93 482.8 |
| | 安　徽 | 1 777 | 47 547 | 44 879 | 150 099 | 1 043 | 69 010.1 |
| | 福　建 | 89 | 1 506 | 1 445 | 1 354 | 80 | 902.9 |
| | 江　西 | 2 455 | 71 217 | 66 884 | 128 990 | 1 666 | 55 397.4 |
| | 河　南 | 458 | 16 848 | 16 214 | 18 823 | 534 | 19 181.0 |
| | 湖　北 | 2 347 | 81 433 | 76 095 | 230 263 | 1 979 | 88 923.9 |
| | 湖　南 | 3 334 | 100 113 | 89 934 | 187 261 | 3 125 | 89 894.8 |
| | 广　东 | 47 | 1 215 | 937 | 810 | 29 | 1 057.0 |
| | 广　西 | 140 | 1 187 | 1 170 | 8 183 | 117 | 1 551.8 |
| | 重　庆 | 2 261 | 65 503 | 60 303 | 59 353 | 1 276 | 34 109.4 |
| | 四　川 | 6 198 | 112 433 | 102 578 | 206 504 | 5 144 | 199 614.3 |
| | 贵　州 | 2 309 | 9 704 | 7 375 | 30 045 | 1 703 | 41 320.1 |
| | 云　南 | 800 | 10 661 | 9 423 | 71 376 | 964 | 32 463.6 |
| | 西　藏 | 4 | 22 | | | 1 | 20.0 |
| | 陕　西 | 796 | 5 888 | 5 355 | 20 195 | 495 | 8 722.8 |
| | 甘　肃 | 203 | 1 128 | 564 | 2 493 | 191 | 5 058.6 |
| | 青　海 | 13 | 214 | 97 | 17 | 2 | 502.8 |
| | **合　计** | **31 385** | **795 142** | **742 647** | **1 485 499** | **24 931** | **1 060 374.2** |
| 黄河 | 山　西 | 2 876 | 27 286 | 23 118 | 185 445 | 1 855 | 158 852.8 |
| | 内蒙古 | 1 008 | 11 946 | 10 235 | 59 508 | 499 | 37 466.6 |
| | 山　东 | 1 970 | 48 970 | 48 108 | 148 567 | 1 507 | 134 361.0 |
| | 河　南 | 1 577 | 30 250 | 27 437 | 70 985 | 1 192 | 50 169.1 |
| | 四　川 | 6 | 93 | 60 | 49 | 3 | 19.0 |
| | 陕　西 | 2 043 | 42 947 | 41 455 | 84 407 | 1 854 | 80 746.8 |
| | 甘　肃 | 763 | 6 956 | 5 496 | 10 323 | 415 | 30 415.5 |
| | 青　海 | 283 | 5 181 | 3 570 | 6 605 | 134 | 2 833.2 |
| | 宁　夏 | 401 | 20 876 | 14 505 | 44 723 | 284 | 17 831.7 |
| | **合　计** | **10 927** | **194 506** | **173 985** | **610 610** | **7 743** | **512 695.7** |

# 流域接纳工业废水及处理情况（二）

（2007）

单位：吨

| 流域 | 地区名称 | 工业废水中污染物排放量 | | | | | |
|---|---|---|---|---|---|---|---|
| | | 汞 | 镉 | 六价铬 | 铅 | 砷 | 挥发酚 |
| **总计** | | **1.174** | **37.542** | **48.364** | **245.438** | **187.211** | **2 630.811** |
| 辽河 | 内蒙古 | | | 0.144 | 0.027 | 0.062 | 3.926 |
| | 辽宁 | | 0.114 | 1.283 | 0.750 | 0.192 | 42.396 |
| | 吉林 | | | 0.004 | | | 0.003 |
| | **合计** | | **0.114** | **1.431** | **0.777** | **0.254** | **46.325** |
| 海河 | 北京 | | | 0.165 | 0.022 | 2.410 | 0.342 |
| | 天津 | | | 0.409 | 0.026 | … | 2.888 |
| | 河北 | 0.021 | … | 2.925 | 1.962 | 1.723 | 11.289 |
| | 山西 | 0.013 | 0.001 | 0.071 | 0.080 | 0.072 | 179.856 |
| | 内蒙古 | | | | | … | 0.530 |
| | 山东 | | | 0.198 | 0.012 | 0.041 | 9.041 |
| | 河南 | 0.047 | 0.025 | 0.324 | 0.069 | | 11.449 |
| | **合计** | **0.082** | **0.027** | **4.091** | **2.170** | **4.246** | **215.394** |
| 淮河 | 江苏 | 0.003 | 0.013 | 0.568 | 0.762 | 0.999 | 69.638 |
| | 安徽 | | | 0.330 | 0.060 | 0.003 | 6.966 |
| | 山东 | | | 0.037 | | 0.098 | 5.994 |
| | 河南 | | 0.028 | 0.169 | 0.065 | 0.067 | 4.026 |
| | **合计** | **0.003** | **0.041** | **1.103** | **0.887** | **1.167** | **86.623** |
| 松花江 | 内蒙古 | 0.001 | 0.046 | 0.004 | 0.476 | 0.503 | 0.009 |
| | 吉林 | | 0.001 | 0.335 | 2.051 | | 35.679 |
| | 黑龙江 | | 0.001 | 0.049 | 0.048 | 0.005 | 1 855.417 |
| | **合计** | **0.001** | **0.048** | **0.388** | **2.574** | **0.508** | **1 891.105** |
| 珠江 | 江西 | | 0.002 | | 0.025 | 0.031 | … |
| | 湖南 | | 0.537 | 0.004 | 1.926 | 2.197 | 0.961 |
| | 广东 | 0.109 | 1.738 | 11.208 | 12.399 | 2.298 | 8.856 |
| | 广西 | 0.090 | 5.211 | 1.330 | 66.611 | 33.743 | 22.962 |
| | 贵州 | 0.001 | 0.038 | 0.064 | 1.155 | 0.101 | 0.044 |
| | 云南 | | 0.060 | 0.068 | 0.365 | 1.960 | 1.220 |
| | **合计** | **0.200** | **7.586** | **12.673** | **82.481** | **40.330** | **34.042** |

# 流域接纳工业废水及处理情况（二）（续表）

（2007）

单位：吨

| 流域 | 地区名称 | 工业废水中污染物排放量 | | | | | |
|---|---|---|---|---|---|---|---|
| | | 汞 | 镉 | 六价铬 | 铅 | 砷 | 挥发酚 |
| 长江 | 上海 | | | 0.024 | | | 0.037 |
| | 江苏 | 0.005 | 0.109 | 6.201 | 6.683 | 0.281 | 41.672 |
| | 浙江 | | | 1.194 | 0.146 | | 11.667 |
| | 安徽 | 0.002 | 0.103 | 0.060 | 2.067 | 4.401 | 15.184 |
| | 福建 | | 0.005 | 0.001 | | | 0.014 |
| | 江西 | 0.011 | 3.101 | 1.928 | 8.047 | 10.101 | 23.593 |
| | 河南 | 0.005 | 0.024 | 0.095 | 0.317 | 0.659 | 5.669 |
| | 湖北 | | 0.173 | 3.018 | 1.409 | 2.259 | 34.469 |
| | 湖南 | 0.672 | 16.397 | 7.561 | 49.859 | 70.402 | 74.723 |
| | 广东 | | 0.013 | 0.002 | 0.017 | 0.106 | 0.395 |
| | 广西 | | | | 0.334 | | |
| | 重庆 | … | 0.004 | 2.561 | 1.698 | 0.021 | 1.992 |
| | 四川 | 0.004 | 0.166 | 2.003 | 1.176 | 0.818 | 8.934 |
| | 贵州 | 0.006 | 0.140 | 0.300 | 1.421 | 0.001 | 1.717 |
| | 云南 | 0.006 | 1.799 | 0.035 | 24.914 | 1.752 | 2.100 |
| | 西藏 | | | | | | |
| | 陕西 | 0.002 | 0.070 | 0.265 | 1.352 | 3.536 | 4.233 |
| | 甘肃 | 0.013 | 0.182 | 0.044 | 25.014 | 0.161 | 1.139 |
| | 青海 | | | | | | 0.340 |
| | **合计** | **0.726** | **22.284** | **25.289** | **124.454** | **94.498** | **227.876** |
| 黄河 | 山西 | | 0.016 | 0.182 | 0.104 | 0.148 | 61.574 |
| | 内蒙古 | | 0.001 | 0.261 | 4.113 | 0.014 | 5.925 |
| | 山东 | | | 0.620 | 0.003 | 0.106 | 6.701 |
| | 河南 | 0.002 | 0.362 | 0.369 | 4.049 | 1.412 | 3.158 |
| | 四川 | | | | | | |
| | 陕西 | | 0.209 | 0.952 | 0.706 | 0.179 | 11.104 |
| | 甘肃 | 0.160 | 6.852 | 0.834 | 22.526 | 44.133 | 3.408 |
| | 青海 | | 0.001 | 0.131 | 0.583 | | 0.072 |
| | 宁夏 | | 0.001 | 0.038 | 0.012 | 0.216 | 37.505 |
| | **合计** | **0.162** | **7.443** | **3.388** | **32.095** | **46.208** | **129.447** |

# 流域接纳工业废水及处理情况（三）

（2007）

单位：吨

| 流域 | 地区名称 | 工业废水中污染物排放量 | | | |
|---|---|---|---|---|---|
| | | 氰化物 | 化学需氧量 | 石油类 | 氨氮 |
| **总计** | | **341.476** | **4 104 855.160** | **14 149.216** | **289 471.812** |
| 辽河 | 内蒙古 | 0.019 | 9 481.882 | 10.097 | 423.598 |
| | 辽宁 | 24.184 | 215 160.459 | 2 490.977 | 7 017.065 |
| | 吉林 | 0.005 | 11 825.972 | 0.045 | 304.534 |
| | **合计** | **24.208** | **236 468.312** | **2 501.120** | **7 745.197** |
| 海河 | 北京 | 0.122 | 6 621.724 | 59.759 | 689.696 |
| | 天津 | 1.518 | 30 749.204 | 225.930 | 4 115.884 |
| | 河北 | 11.802 | 296 507.615 | 1 418.378 | 20 248.163 |
| | 山西 | 12.863 | 62 085.972 | 180.020 | 5 815.012 |
| | 内蒙古 | | 4 849.664 | 2.330 | 19.869 |
| | 山东 | 2.451 | 112 215.173 | 68.216 | 6 860.423 |
| | 河南 | 11.313 | 128 041.643 | 360.859 | 8 973.213 |
| | **合计** | **40.070** | **641 070.995** | **2 315.491** | **46 722.260** |
| 淮河 | 江苏 | 5.031 | 69 876.393 | 466.135 | 3 827.276 |
| | 安徽 | 6.390 | 45 088.668 | 86.759 | 11 843.020 |
| | 山东 | 2.289 | 53 946.409 | 76.626 | 4 128.605 |
| | 河南 | 11.887 | 85 754.125 | 127.905 | 12 118.389 |
| | **合计** | **25.597** | **254 665.595** | **757.425** | **31 917.291** |
| 松花江 | 内蒙古 | 0.005 | 32 629.241 | 1.024 | 148.748 |
| | 吉林 | 9.747 | 93 016.088 | 496.362 | 1 972.238 |
| | 黑龙江 | 16.941 | 125 832.935 | 1 189.490 | 8 236.677 |
| | **合计** | **26.694** | **251 478.264** | **1 686.876** | **10 357.663** |
| 珠江 | 江西 | | 3 396.957 | 0.225 | 319.262 |
| | 湖南 | 9.369 | 2 511.296 | 7.239 | 442.778 |
| | 广东 | 10.251 | 203 480.089 | 256.790 | 8 200.032 |
| | 广西 | 24.775 | 496 714.273 | 416.501 | 23 517.888 |
| | 贵州 | 0.136 | 8 276.341 | 2.860 | 491.528 |
| | 云南 | 7.162 | 11 256.585 | 70.660 | 2 446.258 |
| | **合计** | **51.693** | **725 635.540** | **754.275** | **35 417.745** |

## 流域接纳工业废水及处理情况（三）（续表）

（2007）

单位：吨

| 流域 | 地区名称 | 工业废水中污染物排放量 | | | |
|---|---|---|---|---|---|
| | | 氰化物 | 化学需氧量 | 石油类 | 氨氮 |
| 长江 | 上海 | 0.019 | 784.459 | 16.449 | 52.350 |
| | 江苏 | 10.717 | 205 097.176 | 1 305.605 | 13 238.291 |
| | 浙江 | 2.464 | 47 261.147 | 62.682 | 5 228.964 |
| | 安徽 | 6.386 | 104 038.906 | 451.596 | 9 625.326 |
| | 福建 | | 1 695.900 | 1.996 | 136.179 |
| | 江西 | 20.457 | 111 156.418 | 316.174 | 8 347.744 |
| | 河南 | 13.972 | 49 006.534 | 42.976 | 6 134.437 |
| | 湖北 | 23.161 | 134 989.888 | 625.653 | 17 588.522 |
| | 湖南 | 44.704 | 257 188.874 | 858.298 | 31 368.287 |
| | 广东 | 0.002 | 2 954.766 | … | 10.644 |
| | 广西 | 0.201 | 1 304.797 | 2.554 | 176.801 |
| | 重庆 | 1.253 | 100 581.289 | 148.257 | 9 720.432 |
| | 四川 | 0.980 | 277 178.938 | 438.142 | 17 724.065 |
| | 贵州 | 1.880 | 12 155.138 | 27.757 | 1 431.882 |
| | 云南 | 3.166 | 17 801.077 | 95.636 | 2 656.686 |
| | 西藏 | | 136.032 | | 0.180 |
| | 陕西 | 4.135 | 13 106.459 | 15.118 | 1 696.062 |
| | 甘肃 | 0.008 | 1 781.325 | 7.946 | 10.424 |
| | 青海 | | 129.699 | 6.630 | 18.348 |
| | **合计** | **133.506** | **1 338 348.821** | **4 423.468** | **125 165.623** |
| 黄河 | 山西 | 10.841 | 94 713.705 | 328.735 | 7 346.818 |
| | 内蒙古 | 6.256 | 64 584.834 | 183.519 | 2 025.293 |
| | 山东 | 2.847 | 104 688.332 | 306.466 | 6 749.659 |
| | 河南 | 17.213 | 76 085.761 | 313.134 | 7 093.507 |
| | 四川 | | 130.703 | | 6.030 |
| | 陕西 | 2.137 | 163 343.023 | 368.082 | 3 291.236 |
| | 甘肃 | 0.237 | 20 278.689 | 114.806 | 570.223 |
| | 青海 | | 25 284.617 | 70.500 | 1 128.944 |
| | 宁夏 | 0.178 | 108 077.970 | 25.319 | 3 934.324 |
| | **合计** | **39.709** | **657 187.634** | **1 710.562** | **32 146.034** |

# 流域接纳工业废水及处理情况（四）

（2007）

单位：吨

| 流域 | 地区名称 | 工业废水中污染物去除量 | | | | |
|---|---|---|---|---|---|---|
| | | 氰化物 | 化学需氧量 | 石油类 | 氨氮 | 挥发酚 |
| **总计** | | **13 412.5** | **9 841 316.2** | **232 409.5** | **391 748.0** | **75 431.2** |
| 辽河 | 内蒙古 | | 12 501.2 | 8.9 | 86.4 | |
| | 辽宁 | 144.3 | 320 073.8 | 4 572.5 | 9 619.9 | 3 966.1 |
| | 吉林 | 1.8 | 14 460.1 | 25.4 | 24.5 | … |
| | **合计** | **146.1** | **347 035.1** | **4 606.7** | **9 730.7** | **3 966.2** |
| 海河 | 北京 | 47.4 | 37 715.5 | 2 333.5 | 1 305.1 | 688.5 |
| | 天津 | 0.3 | 87 595.6 | 2 044.8 | 763.8 | 294.6 |
| | 河北 | 704.9 | 518 353.4 | 7 455.0 | 24 996.9 | 5 642.2 |
| | 山西 | 10.3 | 27 022.5 | 854.0 | 3 433.3 | 178.4 |
| | 内蒙古 | | 1 087.2 | | | |
| | 山东 | 19.1 | 498 523.8 | 638.0 | 13 617.6 | 28.6 |
| | 河南 | 87.6 | 396 419.2 | 1 093.1 | 5 959.9 | 958.9 |
| | **合计** | **869.5** | **1 566 717.2** | **14 418.5** | **50 076.6** | **7 791.2** |
| 淮河 | 江苏 | 21.7 | 222 091.4 | 798.4 | 6 089.6 | 131.0 |
| | 安徽 | 187.1 | 274 699.5 | 343.6 | 60 547.6 | 214.3 |
| | 山东 | 22.8 | 495 425.2 | 2 898.3 | 26 687.4 | 471.2 |
| | 河南 | 848.6 | 289 327.8 | 448.8 | 14 766.1 | 727.3 |
| | **合计** | **1 080.3** | **1 281 543.8** | **4 489.1** | **108 090.7** | **1 543.9** |
| 松花江 | 内蒙古 | | 216 634.8 | 1.2 | 76.0 | |
| | 吉林 | 13.9 | 146 184.8 | 3 824.7 | 2 227.7 | 542.7 |
| | 黑龙江 | 69.9 | 186 735.6 | 44 644.2 | 3 814.6 | 1 286.2 |
| | **合计** | **83.8** | **549 555.2** | **48 470.0** | **6 118.3** | **1 828.9** |
| 珠江 | 江西 | | 598.8 | 0.1 | 171.9 | |
| | 湖南 | | 3 807.2 | 1.5 | 226.7 | |
| | 广东 | 680.1 | 465 056.7 | 1 950.8 | 12 135.9 | 231.8 |
| | 广西 | 21.5 | 638 180.4 | 441.7 | 7 280.3 | 386.7 |
| | 贵州 | 0.4 | 4 300.7 | 30.4 | 668.8 | 25.1 |
| | 云南 | 12.9 | 30 513.6 | 18 636.1 | 113.5 | 6 804.9 |
| | **合计** | **715.0** | **1 142 457.6** | **21 060.7** | **20 597.2** | **7 448.6** |

# 流域接纳工业废水及处理情况（四）（续表）

（2007） 单位：吨

| 流域 | 地区名称 | 工业废水中污染物去除量 | | | | |
|---|---|---|---|---|---|---|
| | | 氰化物 | 化学需氧量 | 石油类 | 氨氮 | 挥发酚 |
| 长江 | 上海 | … | 5 259.7 | 32.2 | 192.5 | … |
| | 江苏 | 215.4 | 796 954.8 | 46 500.5 | 28 747.1 | 4 354.1 |
| | 浙江 | 8.3 | 245 013.5 | 592.3 | 4 384.9 | 130.2 |
| | 安徽 | 6 068.2 | 130 021.1 | 26 377.7 | 11 956.5 | 25 597.9 |
| | 福建 | | 942 854.9 | 5.9 | 1 437.7 | … |
| | 江西 | 363.4 | 122 259.2 | 5 656.4 | 10 950.1 | 1 799.3 |
| | 河南 | 56.1 | 270 663.4 | 3 979.7 | 5 576.7 | 48.1 |
| | 湖北 | 118.3 | 198 078.1 | 2 590.4 | 7 075.5 | 1 375.2 |
| | 湖南 | 329.0 | 301 106.5 | 3 069.1 | 19 235.5 | 796.9 |
| | 广东 | | 3 616.0 | | 14.2 | 3.3 |
| | 广西 | | 1 974.8 | 0.2 | 48.0 | |
| | 重庆 | 3.9 | 90 767.0 | 459.8 | 3 997.4 | 1 613.3 |
| | 四川 | 119.1 | 532 568.9 | 1 650.7 | 10 981.3 | 857.7 |
| | 贵州 | 451.9 | 18 552.8 | 155.5 | 1 378.7 | 153.8 |
| | 云南 | 25.4 | 38 153.0 | 532.9 | 21 860.9 | 531.2 |
| | 西藏 | | | | | |
| | 陕西 | 82.6 | 18 458.0 | 31.2 | 51.7 | |
| | 甘肃 | | 831.9 | 4.1 | 1.1 | … |
| | 青海 | | 743.1 | | 60.8 | |
| | **合计** | **7 841.8** | **3 717 876.6** | **91 638.7** | **127 950.5** | **37 261.1** |
| 黄河 | 山西 | 1 348.8 | 93 042.6 | 1 524.0 | 16 935.8 | 9 386.6 |
| | 内蒙古 | 1 074.2 | 152 905.4 | 549.9 | 6 085.4 | 2 616.2 |
| | 山东 | 52.2 | 480 381.5 | 21 356.5 | 15 160.0 | 2 335.9 |
| | 河南 | 130.7 | 144 942.1 | 15 473.6 | 7 016.4 | 344.8 |
| | 四川 | | | | | |
| | 陕西 | 68.6 | 224 379.6 | 4 290.3 | 17 143.9 | 730.9 |
| | 甘肃 | 0.3 | 18 441.1 | 2 601.4 | 425.9 | 105.1 |
| | 青海 | | 2 797.1 | 13.8 | 284.1 | |
| | 宁夏 | 1.3 | 119 241.4 | 1 916.3 | 6 132.3 | 71.9 |
| | **合计** | **2 676.0** | **1 236 130.8** | **47 725.8** | **69 184.0** | **15 591.4** |

# 流域工业污染治理情况

（2007）

| 流域 | 地区名称 | 工业废水治理施工项目数（个） | 工业废水治理竣工项目数（个） | 工业废水治理项目完成投资（万元） | 废水治理竣工项目新增处理能力（万吨/日） |
| --- | --- | --- | --- | --- | --- |
| **总计** | | **4 526** | **3 979** | **1 676 357.2** | **2 854.1** |
| 辽河 | 内蒙古 | 1 | | 500.0 | 0.3 |
| | 辽宁 | 66 | 48 | 62 292.5 | 7.1 |
| | 吉林 | 12 | 10 | 7 638.3 | 3.0 |
| | **合计** | **79** | **58** | **70 430.8** | **10.3** |
| 海河 | 北京 | 47 | 42 | 22 008.4 | 1.4 |
| | 天津 | 82 | 66 | 37 117.8 | 6.6 |
| | 河北 | 188 | 172 | 55 445.0 | 35.9 |
| | 山西 | 54 | 48 | 31 009.0 | 26.5 |
| | 山东 | 122 | 104 | 58 795.6 | 19.9 |
| | 河南 | 49 | 44 | 19 266.7 | 9.9 |
| | **合计** | **542** | **476** | **223 642.5** | **100.2** |
| 淮河 | 江苏 | 100 | 84 | 51 561.5 | 15.1 |
| | 安徽 | 62 | 53 | 34 915.4 | 33.6 |
| | 山东 | 236 | 222 | 116 902.6 | 78.3 |
| | 河南 | 98 | 82 | 48 119.4 | 28.4 |
| | **合计** | **496** | **441** | **251 498.9** | **155.4** |
| 松花江 | 内蒙古 | 1 | 1 | 3 600.0 | |
| | 吉林 | 70 | 63 | 34 993.4 | 11.8 |
| | 黑龙江 | 115 | 103 | 68 638.4 | 24.7 |
| | **合计** | **186** | **167** | **107 231.8** | **36.5** |
| 珠江 | 江西 | 1 | 1 | 1 118.0 | 0.2 |
| | 湖南 | 8 | 7 | 340.8 | … |
| | 广东 | 357 | 323 | 40 902.7 | 21.7 |
| | 广西 | 191 | 158 | 55 638.6 | 510.6 |
| | 贵州 | 35 | 31 | 4 392.5 | 394.2 |
| | 云南 | 28 | 23 | 7 758.0 | 15.7 |
| | **合计** | **620** | **543** | **110 150.6** | **942.4** |

## 流域工业污染治理情况（续表）

（2007）

| 流域 | 地区名称 | 工业废水治理施工项目数（个） | 工业废水治理竣工项目数（个） | 工业废水治理项目完成投资（万元） | 废水治理竣工项目新增处理能力（万吨/日） |
|---|---|---|---|---|---|
| 长江 | 上 海 | 4 | 4 | 206.0 | 0.2 |
| | 江 苏 | 366 | 334 | 111 068.8 | 70.1 |
| | 浙 江 | 195 | 162 | 33 925.8 | 8.4 |
| | 安 徽 | 89 | 72 | 27 475.9 | 62.0 |
| | 福 建 | 10 | 9 | 654.9 | 2.7 |
| | 江 西 | 115 | 95 | 24 208.0 | 229.2 |
| | 河 南 | 53 | 48 | 30 086.5 | 3.3 |
| | 湖 北 | 215 | 189 | 75 388.1 | 67.3 |
| | 湖 南 | 265 | 244 | 72 607.8 | 95.6 |
| | 广 东 | 6 | 5 | 1 048.5 | 0.6 |
| | 广 西 | 3 | 3 | 206.0 | 0.2 |
| | 重 庆 | 84 | 68 | 27 162.1 | 11.0 |
| | 四 川 | 255 | 224 | 99 731.9 | 173.0 |
| | 贵 州 | 59 | 56 | 11 097.1 | 396.6 |
| | 云 南 | 64 | 56 | 12 735.5 | 8.0 |
| | 西 藏 | | | | |
| | 陕 西 | 41 | 35 | 3 903.8 | 341.2 |
| | 甘 肃 | 71 | 65 | 7 354.9 | 0.7 |
| | 青 海 | | | | |
| | **合 计** | **1 895** | **1 669** | **538 861.6** | **1 470.2** |
| 黄河 | 山 西 | 139 | 124 | 107 677.4 | 15.2 |
| | 内蒙古 | 37 | 36 | 31 522.2 | 10.4 |
| | 山 东 | 258 | 233 | 88 100.4 | 38.8 |
| | 河 南 | 83 | 68 | 36 507.2 | 37.1 |
| | 四 川 | 1 | 1 | 120.0 | 0.1 |
| | 陕 西 | 97 | 79 | 46 163.6 | 8.9 |
| | 甘 肃 | 44 | 39 | 41 515.6 | 19.2 |
| | 青 海 | 5 | 5 | 1 056.4 | … |
| | 宁 夏 | 44 | 40 | 21 878.2 | 9.4 |
| | **合 计** | **708** | **625** | **374 541.0** | **139.1** |

# 流域生活及其他污染情况

（2007）

| 流域 | 地区名称 | 污水处理厂数（座） | 污水处理厂处理能力（万吨/日） | 城镇生活污水排放量（万吨） | 处理生活污水量（万吨） | 城镇生活污水中化学需氧量排放量（吨） | 城镇生活污水中氨氮排放量（吨） |
|---|---|---|---|---|---|---|---|
| **总计** | | **1 029** | **5 852** | **2 426 058** | **1 157 577** | **7 035 611** | **782 154** |
| 辽河 | 内蒙古 | 9 | 44 | 7 013 | 3 421 | 24 511 | 4 548 |
| | 辽宁 | 20 | 260 | 92 470 | 48 370 | 281 250 | 43 337 |
| | 吉林 | 3 | 22 | 6 275 | 1 824 | 33 501 | 3 825 |
| | **合计** | **32** | **325** | **105 758** | **53 615** | **339 261** | **51 710** |
| 海河 | 北京 | 30 | 331 | 98 682 | 79 729 | 99 878 | 11 720 |
| | 天津 | 16 | 183 | 35 484 | 27 753 | 106 551 | 10 779 |
| | 河北 | 50 | 363 | 95 206 | 44 770 | 314 932 | 34 240 |
| | 山西 | 16 | 54 | 24 294 | 11 055 | 77 046 | 10 196 |
| | 内蒙古 | | | 846 | | 7 150 | 1 082 |
| | 山东 | 21 | 83 | 19 874 | 10 659 | 65 597 | 7 406 |
| | 河南 | 17 | 113 | 33 050 | 15 035 | 83 974 | 10 754 |
| | **合计** | **150** | **1 128** | **307 435** | **189 003** | **755 127** | **86 176** |
| 淮河 | 江苏 | 47 | 155 | 89 689 | 36 432 | 268 753 | 29 501 |
| | 安徽 | 14 | 94 | 41 210 | 17 464 | 112 835 | 15 033 |
| | 山东 | 29 | 153 | 44 643 | 28 538 | 130 821 | 17 458 |
| | 河南 | 42 | 171 | 71 257 | 26 925 | 182 866 | 26 488 |
| | **合计** | 132 | 572 | 246 800 | 109 359 | 695 275 | 88 480 |
| 松花江 | 内蒙古 | 4 | 16 | 3 786 | 1 331 | 12 984 | 4 688 |
| | 吉林 | 8 | 119 | 43 148 | 11 668 | 163 266 | 18 812 |
| | 黑龙江 | 10 | 110 | 58 939 | 23 135 | 273 581 | 32 926 |
| | **合计** | **22** | **245** | **105 873** | **36 134** | **449 831** | **56 426** |
| 珠江 | 江西 | | | 1 517 | | 8 534 | 664 |
| | 湖南 | 1 | 8 | 4 101 | 1 530 | 20 103 | 1 738 |
| | 广东 | 115 | 808 | 352 418 | 208 430 | 497 900 | 70 397 |
| | 广西 | 9 | 67 | 104 946 | 14 818 | 343 658 | 27 195 |
| | 贵州 | 3 | 8 | 12 461 | 902 | 63 633 | 5 002 |
| | 云南 | 14 | 29 | 9 897 | 5 547 | 53 985 | 4 456 |
| | **合计** | **142** | **920** | **485 340** | **231 228** | **987 813** | **109 451** |

## 流域生活及其他污染情况（续表）

（2007）

| 流域 | 地区名称 | 污水处理厂数（座） | 污水处理厂处理能力（万吨/日） | 城镇生活污水排放量（万吨） | 处理生活污水量（万吨） | 城镇生活污水中化学需氧量排放量（吨） | 城镇生活污水中氨氮排放量（吨） |
|---|---|---|---|---|---|---|---|
| 长江 | 上海 | 11 | 16 | 7 945 | 4 541 | 15 081 | 1 066 |
| | 江苏 | 169 | 519 | 147 375 | 99 273 | 355 731 | 29 639 |
| | 浙江 | 28 | 228 | 50 580 | 39 461 | 64 640 | 9 215 |
| | 安徽 | 13 | 101 | 61 740 | 21 470 | 200 445 | 20 449 |
| | 福建 | | | 2 389 | | 12 174 | 947 |
| | 江西 | 12 | 118 | 69 490 | 18 176 | 356 084 | 28 526 |
| | 河南 | 10 | 36 | 18 673 | 5 754 | 50 307 | 6 478 |
| | 湖北 | 31 | 260 | 151 961 | 66 492 | 438 002 | 51 163 |
| | 湖南 | 22 | 138 | 124 371 | 18 377 | 584 543 | 52 989 |
| | 广东 | 2 | 3 | 1 135 | 196 | 3 023 | 429 |
| | 广西 | | | 2 762 | | 11 084 | 862 |
| | 重庆 | 35 | 177 | 60 422 | 28 432 | 132 338 | 14 035 |
| | 四川 | 54 | 234 | 137 185 | 63 975 | 485 149 | 41 420 |
| | 贵州 | 11 | 38 | 37 781 | 7 514 | 184 441 | 14 157 |
| | 云南 | 16 | 82 | 29 259 | 20 803 | 74 757 | 5 765 |
| | 西藏 | | | | | | |
| | 陕西 | 2 | 13 | 8 319 | 1 566 | 35 103 | 3 912 |
| | 甘肃 | 3 | 9 | 2 893 | 1 085 | 15 441 | 1 950 |
| | 青海 | 1 | 5 | 926 | 322 | 3 053 | 432 |
| | **合计** | **420** | **1 976** | **915 209** | **397 436** | **3 021 394** | **283 436** |
| 黄河 | 山西 | 20 | 78 | 41 881 | 17 023 | 152 279 | 21 649 |
| | 内蒙古 | 12 | 51 | 15 740 | 9 992 | 75 710 | 12 863 |
| | 山东 | 43 | 212 | 55 650 | 40 166 | 152 811 | 19 354 |
| | 河南 | 22 | 160 | 57 674 | 32 676 | 117 800 | 16 703 |
| | 四川 | 2 | 2 | 358 | 48 | 2 349 | 191 |
| | 陕西 | 9 | 72 | 41 877 | 20 839 | 136 388 | 17 002 |
| | 甘肃 | 11 | 45 | 20 028 | 7 179 | 90 498 | 10 084 |
| | 青海 | 2 | 13 | 10 973 | 3 084 | 31 657 | 4 775 |
| | 宁夏 | 10 | 55 | 15 464 | 9 796 | 27 419 | 3 855 |
| | **合计** | **131** | **687** | **259 644** | **140 802** | **786 910** | **106 476** |

## 湖泊接纳工业废水及处理情况（一）

（2007）

| 流 域 | 地 区 名 称 | 汇总工业企业数（个） | 工业废水排放量（万吨） | 工业废水排放达标量（万吨） | 工业废水处理量（万吨） | 废水治理设施数（套） | 本年运行费用（万元） |
|---|---|---|---|---|---|---|---|
| **总 计** | | **5 901** | **214 929** | **208 211** | **249 842** | **5 118** | **328 625.7** |
| 滇 池 | 云 南 | 234 | 1 746 | 1 716 | 3 306 | 269 | 8 057.3 |
| 巢 湖 | 安 徽 | 330 | 6 841 | 6 408 | 22 239 | 221 | 7 595.1 |
| 洞庭湖 | 湖 南 | 132 | 14 014 | 13 355 | 12 196 | 223 | 20 099.1 |
| 鄱阳湖 | 江 西 | 92 | 1 653 | 1 535 | 1 244 | 25 | 2 272.9 |
| 太 湖 | 上 海 | 98 | 928 | 918 | 747 | 88 | 3 768.1 |
| | 江 苏 | 3 268 | 145 847 | 143 532 | 126 546 | 2 724 | 198 075.5 |
| | 浙 江 | 1 747 | 43 900 | 40 746 | 83 564 | 1 568 | 88 757.7 |
| | **合 计** | **5 113** | **190 675** | **185 197** | **210 857** | **4 380** | **290 601.3** |

## 湖泊接纳工业废水及处理情况（二）

（2007）

单位：吨

| 流 域 | 地 区 名 称 | 工业废水中污染物排放量 | | | | | |
|---|---|---|---|---|---|---|---|
| | | 汞 | 镉 | 六价铬 | 铅 | 砷 | 挥发酚 |
| **总 计** | | **0.001** | **0.118** | **4.629** | **2.649** | **1.353** | **57.436** |
| 滇 池 | 云 南 | | 0.110 | 0.034 | 0.980 | 0.637 | 0.191 |
| 巢 湖 | 安 徽 | | | 0.006 | 0.135 | 0.590 | 8.341 |
| 洞庭湖 | 湖 南 | | | | | | 25.156 |
| 鄱阳湖 | 江 西 | | 0.006 | 0.021 | 0.117 | 0.016 | 0.173 |
| 太 湖 | 上 海 | | | 0.016 | | | … |
| | 江 苏 | 0.001 | 0.002 | 3.577 | 1.271 | 0.110 | 11.908 |
| | 浙 江 | | | 0.976 | 0.146 | | 11.667 |
| | **合 计** | **0.001** | **0.002** | **4.568** | **1.417** | **0.110** | **23.574** |

## 湖泊接纳工业废水及处理情况（三）

（2007）

单位：吨

| 流 域 | 地 区 名 称 | 工业废水中污染物排放量 | | | |
|---|---|---|---|---|---|
| | | 氰化物 | 化学需氧量 | 石油类 | 氨氮 |
| **总 计** | | **12.1** | **255 563.3** | **863.3** | **20 946.7** |
| 滇 池 | 云 南 | 0.1 | 1 903.4 | 3.6 | 181.4 |
| 巢 湖 | 安 徽 | 3.7 | 7 798.4 | 147.9 | 895.5 |
| 洞庭湖 | 湖 南 | 0.8 | 68 466.2 | 108.5 | 5 385.6 |
| 鄱阳湖 | 江 西 | … | 1 328.1 | 4.0 | 36.2 |
| 太 湖 | 上 海 | … | 469.9 | 6.2 | 25.9 |
| | 江 苏 | 5.0 | 129 940.7 | 530.6 | 9 362.6 |
| | 浙 江 | 2.5 | 45 656.5 | 62.5 | 5 059.5 |
| | **合 计** | **7.5** | **176 067.1** | **599.3** | **14 447.9** |

## 湖泊接纳工业废水及处理情况（四）

（2007） 单位：吨

| 流 域 | 地 区 名 称 | 工业废水中污染物去除量 | | | | |
|---|---|---|---|---|---|---|
| | | 氰化物 | 化学需氧量 | 石油类 | 氨氮 | 挥发酚 |
| **总 计** | | **52.1** | **921 839.7** | **4 355.0** | **27 119.3** | **1 307.9** |
| 滇 池 | 云 南 | 2.5 | 3 675.9 | 169.5 | 141.3 | 120.3 |
| 巢 湖 | 安 徽 | 17.1 | 17 926.3 | 201.0 | 1 845.5 | 118.7 |
| 洞庭湖 | 湖 南 | | 86 410.8 | 1 921.8 | 2 470.9 | 282.1 |
| 鄱阳湖 | 江 西 | | 7 297.7 | 250.5 | 62.2 | |
| 太 湖 | 上 海 | … | 4 609.5 | 29.1 | 170.2 | … |
| | 江 苏 | 24.1 | 561 748.4 | 1 190.9 | 18 281.8 | 656.6 |
| | 浙 江 | 8.3 | 240 171.2 | 592.1 | 4 147.4 | 130.2 |
| | **合 计** | **32.5** | **806 529.0** | **1 812.0** | **22 599.4** | **786.8** |

## 湖泊工业污染治理投资情况

（2007）

| 流 域 | 地 区 名 称 | 工业废水治理施工项目数（个） | 工业废水治理竣工项目数（个） | 工业废水治理项目完成投资（万元） | 废水治理竣工项目新增处理能力（万吨/日） |
|---|---|---|---|---|---|
| **总 计** | | **501** | **434** | **142 841.0** | **97.1** |
| 滇 池 | 云 南 | 24 | 23 | 1 425.6 | 0.6 |
| 巢 湖 | 安 徽 | 32 | 26 | 9 202.2 | 7.8 |
| 洞庭湖 | 湖 南 | 45 | 38 | 22 118.6 | 12.5 |
| 鄱阳湖 | 江 西 | 1 | 1 | 670.0 | 8.0 |
| 太 湖 | 上 海 | 1 | 1 | 1.0 | … |
| | 江 苏 | 226 | 200 | 77 658.5 | 61.3 |
| | 浙 江 | 172 | 145 | 31 765.1 | 6.9 |
| | **合 计** | **399** | **346** | **109 424.6** | **68.2** |

## 湖泊生活及其他污染情况

（2007）

| 流 域 | 地 区 名 称 | 污水处理厂数（座） | 污水处理厂处理能力（万吨/日） | 城镇生活污水排放量（万吨） | 处理生活污水量（万吨） | 城镇生活污水中化学需氧量排放量（吨） | 城镇生活污水中氨氮排放量（吨） |
|---|---|---|---|---|---|---|---|
| **总 计** | | **202** | **724** | **195 516** | **133 754** | **349 144** | **35 534** |
| 滇 池 | 云 南 | 8 | 59 | 20 250 | 17 123 | 18 986 | 1 343 |
| 巢 湖 | 安 徽 | 6 | 52 | 25 980 | 14 467 | 55 848 | 6 772 |
| 洞庭湖 | 湖 南 | 1 | 10 | 12 649 | 2 569 | 57 377 | 4 584 |
| 鄱阳湖 | 江 西 | 2 | 1 | 2 881 | 143 | 15 035 | 1 219 |
| 太 湖 | 上 海 | 10 | 13 | 6 109 | 4 169 | 9 608 | 644 |
| | 江 苏 | 148 | 366 | 78 565 | 55 966 | 133 694 | 12 236 |
| | 浙 江 | 27 | 224 | 49 081 | 39 317 | 58 595 | 8 736 |
| | **合 计** | **185** | **603** | **133 755** | **99 452** | **201 898** | **21 616** |

## 三峡地区接纳工业废水及处理情况（一）

（2007）

| 地　区 | | 汇总企业数（个） | 工业废水排放量（万吨） | 工业废水处理量（万吨） | 工业废水排放达标量（万吨） | 工业废水排放达标率（%） |
|---|---|---|---|---|---|---|
| **总　计** | | **11 112** | **203 544** | **359 965** | **185 261** | **91.0** |
| 库　区 | 湖　北 | 30 | 1 656 | 1 420 | 1 647 | 99.4 |
| | 重　庆 | 1 456 | 45 752 | 42 498 | 43 089 | 94.2 |
| | **合　计** | **1 486** | **47 408** | **43 918** | **44 736** | **94.4** |
| 影响区 | 湖　北 | 85 | 3 446 | 4 826 | 3 144 | 91.2 |
| | 重　庆 | 850 | 21 313 | 20 470 | 18 645 | 87.5 |
| | 四　川 | 983 | 29 190 | 23 404 | 26 235 | 89.9 |
| | 贵　州 | 98 | 537 | 596 | 454 | 84.5 |
| | **合　计** | **2 016** | **54 486** | **49 297** | **48 479** | **89.0** |
| 上游区 | 重　庆 | 70 | 1 345 | 455 | 1 212 | 90.1 |
| | 四　川 | 5 292 | 85 427 | 185 289 | 78 476 | 91.9 |
| | 贵　州 | 1 599 | 6 650 | 20 696 | 5 206 | 78.3 |
| | 云　南 | 649 | 8 227 | 60 310 | 7 152 | 86.9 |
| | **合　计** | **7 610** | **101 650** | **266 750** | **92 046** | **90.6** |

## 三峡地区接纳工业废水及处理情况（二）

（2007）

单位：吨

| 地　区 | | 工业废水中污染物排放量 | | | | | |
|---|---|---|---|---|---|---|---|
| | | 汞 | 镉 | 六价铬 | 铅 | 砷 | 挥发酚 |
| **总　计** | | **0.017** | **1.970** | **5.043** | **29.056** | **2.522** | **14.739** |
| 库　区 | 湖　北 | … | … | … | … | … | … |
| | 重　庆 | … | … | 1.791 | 1.666 | 0.018 | 1.443 |
| | **合　计** | … | … | **1.791** | **1.666** | **0.018** | **1.443** |
| 影响区 | 湖　北 | … | … | … | … | … | 0.002 |
| | 重　庆 | … | 0.003 | 1.084 | 1.293 | 0.003 | 0.548 |
| | 四　川 | … | 0.003 | 0.325 | 0.009 | 0.254 | 4.775 |
| | 贵　州 | | | … | | | 0.439 |
| | **合　计** | … | **0.006** | **1.409** | **1.302** | **0.257** | **5.764** |
| 上游区 | 重　庆 | … | … | … | … | … | … |
| | 四　川 | 0.004 | 0.163 | 1.678 | 1.167 | 0.563 | 4.235 |
| | 贵　州 | 0.006 | 0.001 | 0.141 | 0.008 | … | 1.277 |
| | 云　南 | 0.006 | 1.799 | 0.025 | 24.914 | 1.684 | 2.020 |
| | **合　计** | **0.016** | **1.963** | **1.844** | **26.088** | **2.247** | **7.531** |

## 三峡地区接纳工业废水及处理情况（三）

（2007） 单位：吨

| 地区 | | 工业废水中污染物排放量 | | | |
|---|---|---|---|---|---|
| | | 氰化物 | 化学需氧量 | 石油类 | 氨氮 |
| **总 计** | | **5.9** | **415 445.7** | **687.3** | **30 651.1** |
| 库 区 | 湖 北 | … | 987.5 | … | 0.5 |
| | 重 庆 | 0.6 | 73 836.1 | 74.5 | 6 689.8 |
| | **合 计** | **0.6** | **74 823.6** | **74.5** | **6 690.3** |
| 影响区 | 湖 北 | … | 4 171.9 | 4.1 | 565.0 |
| | 重 庆 | 0.7 | 30 548.4 | 75.6 | 3 061.5 |
| | 四 川 | … | 71 004.0 | 95.6 | 3 189.9 |
| | 贵 州 | | 1 378.9 | | 110.8 |
| | **合 计** | **0.7** | **107 103.2** | **175.3** | **6 927.2** |
| 上游区 | 重 庆 | … | 407.2 | … | … |
| | 四 川 | 1.0 | 211 184.4 | 345.0 | 14 654.7 |
| | 贵 州 | 1.9 | 7 813.6 | 24.7 | 1 055.6 |
| | 云 南 | 1.8 | 14 113.7 | 67.7 | 1 323.3 |
| | **合 计** | **4.6** | **233 518.9** | **437.4** | **17 033.6** |

## 三峡地区工业废水治理投资情况

（2007）

| 地区 | | 工业废水治理施工项目数（个） | 工业废水治理竣工项目数（个） | 工业废水治理项目完成投资（万元） | 废水治理竣工项目新增处理能力（万吨/日） |
|---|---|---|---|---|---|
| **总 计** | | **450** | **397** | **155 706.5** | **199.5** |
| 库 区 | 湖 北 | 4 | 5 | 6 631.0 | 8.7 |
| | 重 庆 | 51 | 46 | 22 214.0 | 9.4 |
| | **合 计** | **55** | **51** | **28 845.0** | **18.1** |
| 影响区 | 湖 北 | 9 | 9 | 4 129.0 | 0.7 |
| | 重 庆 | 39 | 28 | 7 865.1 | 2.6 |
| | 四 川 | 25 | 24 | 5 735.0 | 8.8 |
| | 贵 州 | | | | |
| | **合 计** | **73** | **61** | **17 729.1** | **12.0** |
| 上游区 | 重 庆 | 3 | 3 | 124.0 | … |
| | 四 川 | 231 | 200 | 94 021.9 | 164.2 |
| | 贵 州 | 31 | 31 | 7 174.0 | 2.7 |
| | 云 南 | 57 | 51 | 7 812.5 | 2.5 |
| | **合 计** | **322** | **285** | **109 132.4** | **169.4** |

## 三峡地区接纳生活及其他污染情况

（2007）

| 地区 | | 污水处理厂数（座） | 污水处理厂处理能力（万吨/日） | 城镇生活污水排放量（万吨） | 处理生活污水量（万吨） | 城镇生活污水中化学需氧量排放量（吨） | 城镇生活污水中氨氮排放量（吨） |
|---|---|---|---|---|---|---|---|
| **总计** | | **126** | **595** | **266 038** | **126 533** | **839 454** | **73 875** |
| 库区 | 湖北 | 4 | 5 | 1 466 | 1 048 | 1 564 | 248 |
| | 重庆 | 29 | 165 | 46 323 | 24 371 | 91 010 | 9 030 |
| | **合计** | **33** | **170** | **47 789** | **25 419** | **92 575** | **9 278** |
| 影响区 | 湖北 | 4 | 26 | 7 854 | 5 837 | 9 697 | 1 700 |
| | 重庆 | 12 | 23 | 16 087 | 5 667 | 45 638 | 5 412 |
| | 四川 | 5 | 22 | 18 512 | 4 862 | 85 131 | 8 302 |
| | 贵州 | 2 | 3 | 1 192 | 596 | 7 380 | 560 |
| | **合计** | **23** | **73** | **43 644** | **16 962** | **147 847** | **15 974** |
| 上游区 | 重庆 | | | 954 | | 3 923 | 383 |
| | 四川 | 50 | 243 | 119 509 | 59 113 | 403 262 | 33 442 |
| | 贵州 | 9 | 35 | 27 373 | 5 269 | 129 404 | 9 835 |
| | 云南 | 11 | 74 | 26 769 | 19 770 | 62 444 | 4 963 |
| | **合计** | **70** | **352** | **174 605** | **84 152** | **599 033** | **48 623** |

## “南水北调”东线工程沿线接纳工业废水及处理情况（一）

（2007）

| 地区名称 | 汇总企业数（个） | 工业废水排放量（万吨） | 工业废水处理量（万吨） | 工业废水排放达标量（万吨） | 工业废水排放达标率（%） |
|---|---|---|---|---|---|
| **总计** | **7 983** | **190 235** | **438 149** | **184 283** | **96.9** |
| 天津 | 1 539 | 20 182 | 100 944 | 20 119 | 99.7 |
| 河北 | 958 | 9 158 | 9 344 | 7 996 | 87.3 |
| 江苏 | 1 144 | 24 355 | 46 039 | 23 861 | 98.0 |
| 安徽 | 314 | 16 723 | 31 825 | 15 897 | 95.1 |
| 山东 | 2 939 | 72 030 | 188 843 | 70 851 | 98.4 |
| 河南 | 1 089 | 47 786 | 61 153 | 45 560 | 95.3 |

## “南水北调”东线工程沿线接纳工业废水及处理情况（二）

（2007）

单位：吨

| 地区名称 | 工业废水中污染物排放量 | | | | | |
|---|---|---|---|---|---|---|
| | 汞 | 镉 | 六价铬 | 铅 | 砷 | 挥发酚 |
| **总　计** | **0.070** | **0.045** | **2.063** | **0.726** | **2.204** | **61.065** |
| 天　津 | | | 0.407 | 0.026 | … | 2.888 |
| 河　北 | 0.020 | | 0.083 | 0.119 | 1.700 | 0.243 |
| 江　苏 | | | 0.269 | 0.385 | 0.390 | 28.939 |
| 安　徽 | | | 0.301 | 0.045 | | 3.565 |
| 山　东 | | | 0.672 | 0.042 | 0.107 | 12.328 |
| 河　南 | 0.050 | 0.045 | 0.331 | 0.110 | 0.007 | 13.102 |

## “南水北调”东线工程沿线接纳工业废水及处理情况（三）

（2007）

单位：吨

| 地区名称 | 工业废水中污染物排放量 | | | |
|---|---|---|---|---|
| | 氰化物 | 化学需氧量 | 石油类 | 氨氮 |
| **总　计** | **27.5** | **372 925.6** | **1 306.1** | **35 382.9** |
| 天　津 | 1.5 | 28 021.3 | 224.6 | 3 919.2 |
| 河　北 | 0.5 | 40 947.7 | 163.2 | 5 752.6 |
| 江　苏 | 2.3 | 41 621.5 | 188.6 | 2 120.3 |
| 安　徽 | 2.9 | 21 812.8 | 70.2 | 5 095.7 |
| 山　东 | 4.3 | 99 721.3 | 290.6 | 8 204.2 |
| 河　南 | 16.0 | 140 801.1 | 368.9 | 10 290.9 |

## “南水北调”东线工程沿线工业废水治理投资情况

（2007）

| 地 区 名 称 | 工业废水治理施工项目数（个） | 工业废水治理竣工项目数（个） | 工业废水治理项目完成投资（万元） | 废水治理竣工项目新增处理能力（万吨/日） |
|---|---|---|---|---|
| **总 计** | **609** | **556** | **243 489.1** | **138.1** |
| 天 津 | 76 | 64 | 32 371.8 | 6.5 |
| 河 北 | 29 | 28 | 3 225.8 | 3.3 |
| 江 苏 | 37 | 33 | 13 699.6 | 6.1 |
| 安 徽 | 31 | 29 | 13 298.9 | 19.7 |
| 山 东 | 378 | 349 | 146 416.1 | 93.3 |
| 河 南 | 58 | 53 | 34 476.9 | 9.2 |

## “南水北调”东线工程沿线生活及其他污染情况

（2007）

| 地 区 名 称 | 污水处理厂数（座） | 污水处理厂处理能力（万吨/日） | 城镇生活污水排放量（万吨） | 处理生活污水量（万吨） | 城镇生活污水中化学需氧量排放量（吨） | 城镇生活污水中氨氮排放量（吨） |
|---|---|---|---|---|---|---|
| **总 计** | **121** | **774** | **232 904** | **141 488** | **658 008** | **79 227** |
| 天 津 | 15 | 180 | 34 732 | 27 493 | 101 515 | 10 247 |
| 河 北 | 2 | 20 | 8 018 | 1 273 | 48 225 | 4 833 |
| 江 苏 | 32 | 109 | 47 715 | 26 570 | 137 469 | 14 393 |
| 安 徽 | 6 | 52 | 19 549 | 10 851 | 43 334 | 6 861 |
| 山 东 | 45 | 297 | 83 628 | 60 375 | 223 016 | 29 517 |
| 河 南 | 21 | 116 | 39 262 | 14 924 | 104 449 | 13 375 |

# 入海陆源工业废水排放及处理情况（一）

（2007）

| 海域 | 地区名称 | 汇总工业企业数（个） | 工业废水排放量（万吨） | | 工业废水排放达标量（万吨） | 工业废水处理量（万吨） | 废水治理设施数（套） | 本年运行费用（万元） |
|---|---|---|---|---|---|---|---|---|
| | | | | 直接排入海的 | | | | |
| **总计** | | **21 192** | **426 356** | **150 681** | **395 541** | **562 367** | **16 022** | **867 634.2** |
| 渤海 | 天津 | 197 | 8 819 | 531 | 8 800 | 7 178 | 128 | 17 063.4 |
| | 河北 | 273 | 17 571 | 602 | 16 879 | 57 747 | 310 | 18 160.5 |
| | 辽宁 | 636 | 9 679 | 1 743 | 8 162 | 16 632 | 413 | 127 594.5 |
| | 山东 | 591 | 22 722 | 1 645 | 22 209 | 50 262 | 556 | 51 773.1 |
| | **合计** | **1 697** | **58 790** | **4 520** | **56 050** | **131 818** | **1 407** | **214 591.5** |
| 黄海 | 辽宁 | 358 | 34 236 | 31 305 | 33 377 | 22 445 | 249 | 8 990.3 |
| | 江苏 | 973 | 15 956 | 586 | 15 402 | 23 575 | 695 | 23 971.2 |
| | 山东 | 973 | 18 336 | 7 296 | 18 205 | 23 077 | 789 | 39 752.9 |
| | **合计** | **2 304** | **68 528** | **39 187** | **66 984** | **69 098** | **1 733** | **72 714.4** |
| 东海 | 上海 | 872 | 31 993 | 13 002 | 31 054 | 94 458 | 1 943 | 154 940.7 |
| | 浙江 | 5 331 | 85 197 | 12 476 | 69 298 | 79 237 | 3 526 | 167 948.0 |
| | 福建 | 3 515 | 97 769 | 63 497 | 97 037 | 118 631 | 2 327 | 45 979.5 |
| | **合计** | **9 718** | **214 960** | **88 975** | **197 389** | **292 326** | **7 796** | **368 868.2** |
| 南海 | 广东 | 6 910 | 74 485 | 14 762 | 66 357 | 57 283 | 4 720 | 203 412.9 |
| | 广西 | 289 | 5 655 | 1 623 | 5 104 | 7 494 | 120 | 4 923.2 |
| | 海南 | 274 | 3 939 | 1 615 | 3 658 | 4 348 | 246 | 3 124.0 |
| | **合计** | **7 473** | **84 078** | **17 999** | **75 118** | **69 125** | **5 086** | **211 460.1** |

# 入海陆源工业废水排放及处理情况（二）

（2007）

单位：吨

| 海域 | 地区名称 | 工业废水中污染物排放量 | | | | | | | | | |
|---|---|---|---|---|---|---|---|---|---|---|---|
| | | 汞 | 镉 | 六价铬 | 铅 | 砷 | 挥发酚 | 氰化物 | COD | 石油类 | 氨氮 |
| **总计** | | **0.031** | **0.527** | **15.351** | **4.717** | **0.637** | **56.5** | **26.6** | **627 121.7** | **1 967.8** | **36 353.8** |
| 渤海 | 天津 | | | … | | | 2.5 | 1.3 | 9 668.6 | 59.4 | 2 685.3 |
| | 河北 | | | 0.050 | | 0.014 | 0.8 | … | 55 465.3 | 571.7 | 1 491.0 |
| | 辽宁 | | … | 0.009 | | | 1.8 | 0.9 | 78 601.1 | 147.7 | 1 903.7 |
| | 山东 | | | 0.002 | | 0.003 | 1.8 | 0.2 | 51 817.9 | 192.4 | 2 858.5 |
| | **合计** | | … | **0.061** | | **0.017** | **6.9** | **2.5** | **195 552.9** | **971.2** | **8 938.5** |
| 黄海 | 辽宁 | 0.001 | 0.001 | 0.031 | | | 25.1 | 0.4 | 24 355.1 | 293.3 | 1 834.2 |
| | 江苏 | | 0.013 | 0.549 | | | 2.5 | 0.8 | 20 257.0 | 19.7 | 1 373.2 |
| | 山东 | | 0.014 | 0.359 | 0.086 | 0.148 | 0.5 | 0.3 | 29 525.6 | 37.0 | 1 422.8 |
| | **合计** | **0.001** | **0.028** | **0.938** | **0.086** | **0.148** | **28.2** | **1.5** | **74 137.8** | **350.0** | **4 630.2** |
| 东海 | 上海 | | 0.005 | 0.177 | 0.029 | 0.002 | 4.3 | 4.3 | 20 053.9 | 297.3 | 1 672.2 |
| | 浙江 | 0.004 | 0.002 | 7.999 | 0.632 | 0.006 | 12.5 | 11.1 | 133 535.2 | 101.3 | 14 239.8 |
| | 福建 | | | 1.640 | 0.038 | 0.009 | … | 0.3 | 39 973.5 | 39.6 | 2 396.0 |
| | **合计** | **0.004** | **0.007** | **9.816** | **0.700** | **0.016** | **16.9** | **15.6** | **193 562.5** | **438.3** | **18 308.0** |
| 南海 | 广东 | 0.026 | 0.488 | 4.381 | 3.916 | 0.416 | 3.5 | 6.8 | 114 777.1 | 198.2 | 3 196.8 |
| | 广西 | | | 0.153 | | 0.040 | 1.0 | 0.2 | 41 203.2 | 8.8 | 1 020.6 |
| | 海南 | | 0.004 | 0.002 | 0.015 | | … | … | 7 888.1 | 1.4 | 259.9 |
| | **合计** | **0.026** | **0.491** | **4.536** | **3.931** | **0.456** | **4.6** | **7.0** | **163 868.5** | **208.3** | **4 477.2** |

# 入海陆源工业废水排放及处理情况（三）

（2007）

单位：吨

| 海域 | 地区名称 | 工业废水中污染物去除量 | | | | |
|---|---|---|---|---|---|---|
| | | 挥发酚 | 氰化物 | 化学需氧量 | 石油类 | 氨氮 |
| **总计** | | **2 190.1** | **1 252.8** | **1 972 056.7** | **63 017.3** | **93 789.2** |
| 渤海 | 天津 | 248.7 | | 23 610.2 | 1 935.5 | 361.6 |
| | 河北 | 89.9 | 3.1 | 72 569.2 | 5 401.4 | 125.1 |
| | 辽宁 | 240.2 | 16.4 | 57 398.6 | 4 950.4 | 3 791.1 |
| | 山东 | 190.2 | 240.0 | 245 175.2 | 15 922.9 | 5 997.8 |
| | **合计** | **768.9** | **259.6** | **398 753.2** | **28 210.3** | **10 275.7** |
| 黄海 | 辽宁 | 73.4 | 68.1 | 17 299.0 | 327.2 | 2 159.5 |
| | 江苏 | 6.9 | 9.4 | 83 206.2 | 79.9 | 2 907.8 |
| | 山东 | 69.1 | 25.2 | 145 963.8 | 278.3 | 1 445.0 |
| | **合计** | **149.5** | **102.6** | **246 469.1** | **685.4** | **6 512.2** |
| 东海 | 上海 | 756.5 | 73.6 | 160 905.8 | 4 654.8 | 4 073.8 |
| | 浙江 | 81.3 | 273.1 | 682 733.9 | 23 317.8 | 59 129.9 |
| | 福建 | 55.0 | 27.1 | 223 971.7 | 1 688.1 | 3 931.0 |
| | **合计** | **892.8** | **373.8** | **1 067 611.5** | **29 660.7** | **67 134.8** |
| 南海 | 广东 | 317.1 | 516.8 | 213 618.6 | 4 283.5 | 8 811.4 |
| | 广西 | 61.9 | 0.1 | 25 635.3 | 174.5 | 775.4 |
| | 海南 | | | 19 969.1 | 2.8 | 279.7 |
| | **合计** | **378.9** | **516.9** | **259 223.0** | **4 460.9** | **9 866.5** |

# 入海陆源环境污染治理投资情况

（2007）

| 流域 | 地区名称 | 工业废水治理施工项目数（个） | 工业废水治理竣工项目数（个） | 工业废水治理项目完成投资（万元） | 废水治理竣工项目新增处理能力（万吨/日） |
|---|---|---|---|---|---|
| **总计** | | **1 210** | **1 024** | **258 383.4** | **135.1** |
| 渤海 | 天津 | 22 | 20 | 13 721.5 | 0.8 |
| | 河北 | 9 | 8 | 3 081.0 | 3.9 |
| | 辽宁 | 20 | 18 | 6 843.0 | 5.2 |
| | 山东 | 47 | 40 | 35 510.0 | 21.5 |
| | **合计** | **98** | **86** | **59 155.5** | **31.3** |
| 黄海 | 辽宁 | 16 | 12 | 1 949.1 | 1.4 |
| | 江苏 | 57 | 48 | 22 032.6 | 5.7 |
| | 山东 | 80 | 76 | 28 656.0 | 19.9 |
| | **合计** | **153** | **136** | **52 637.7** | **27.0** |
| 东海 | 上海 | 68 | 58 | 9 164.1 | 2.3 |
| | 浙江 | 374 | 323 | 62 637.5 | 52.3 |
| | 福建 | 171 | 124 | 42 052.7 | 13.2 |
| | **合计** | **613** | **505** | **113 854.3** | **67.7** |
| 南海 | 广东 | 317 | 271 | 28 314.2 | 5.8 |
| | 广西 | 9 | 9 | 1 743.1 | 1.4 |
| | 海南 | 20 | 17 | 2 678.6 | 1.9 |
| | **合计** | **346** | **297** | **32 735.9** | **9.1** |

# 入海陆源生活及其他污染情况

（2007）

| 流域 | 地区名称 | 污水处理厂数（座） | 污水处理厂处理能力（万吨/日） | 城镇生活污水排放量（万吨） | 处理生活污水量（万吨） | 城镇生活污水中化学需氧量排放量（吨） | 城镇生活污水中氨氮排放量（吨） |
|---|---|---|---|---|---|---|---|
| **总计** | | **204** | **1 780.9** | **546 076** | **300 450** | **1 177 637** | **133 976** |
| 渤海 | 天津 | 2 | 8.0 | 4 558 | 2 727 | 14 722 | 1 226 |
| | 河北 | 5 | 33.5 | 10 542 | 8 949 | 19 924 | 2 309 |
| | 辽宁 | 5 | 29.0 | 12 841 | 5 916 | 43 915 | 7 795 |
| | 山东 | 15 | 51.9 | 12 022 | 7 981 | 35 311 | 4 749 |
| | **合计** | **27** | **122.4** | **39 964** | **25 573** | **113 872** | **16 079** |
| 黄海 | 辽宁 | 10 | 56.2 | 17 963 | 14 993 | 33 025 | 5 527 |
| | 江苏 | 13 | 35.3 | 29 303 | 8 648 | 105 434 | 10 874 |
| | 山东 | 28 | 148.6 | 36 203 | 29 648 | 78 098 | 10 350 |
| | **合计** | **51** | **240.1** | **83 468** | **53 289** | **216 557** | **26 751** |
| 东海 | 上海 | 17 | 439.8 | 24 303 | 11 500 | 35 584 | 2 560 |
| | 浙江 | 30 | 181.0 | 56 616 | 33 506 | 155 979 | 12 022 |
| | 福建 | 22 | 133.4 | 46 484 | 23 412 | 153 490 | 12 864 |
| | **合计** | **69** | **754.1** | **127 403** | **68 418** | **345 053** | **27 446** |
| 南海 | 广东 | 51 | 596.2 | 251 936 | 140 907 | 369 036 | 52 385 |
| | 广西 | 2 | 28.0 | 14 107 | 1 617 | 44 626 | 3 493 |
| | 海南 | 4 | 40.1 | 29 199 | 10 645 | 88 494 | 7 823 |
| | **合计** | **57** | **664.3** | **295 241** | **153 169** | **502 156** | **63 701** |

# 6

# 医院环境统计

YIYUAN HUANJING TONGJI

ANNUAL STATISTIC REPORT ON ENVIRONMENT IN CHINA

2007

# 医院废水排放及处理情况（一）

（2007）

| 地　区<br>名　称 | 汇总医院数<br>（家） | 总床位数<br>（张） | 废水处理<br>设施数（套） | 废水处理<br>设施能力（万吨/日） | 废水处理<br>设施运行费用（万元） |
|---|---|---|---|---|---|
| **合　计** | **10 314** | **1 964 561** | **9 946** | **210** | **1 482 921. 6** |
| 北　京 | 349 | 69 025 | 322 | 8 | 88 477. 8 |
| 天　津 | 170 | 33 097 | 196 | 3 | 9 752. 8 |
| 河　北 | 406 | 100 978 | 338 | 7 | 132 329. 0 |
| 山　西 | 315 | 43 905 | 247 | 3 | 1 245. 8 |
| 内蒙古 | 229 | 38 972 | 164 | 2 | 58 663. 6 |
| 辽　宁 | 544 | 99 564 | 427 | 43 | 49 256. 0 |
| 吉　林 | 256 | 47 909 | 172 | 5 | 140 531. 6 |
| 黑龙江 | 331 | 64 686 | 247 | 4 | 83 343. 5 |
| 上　海 | 380 | 96 330 | 1 378 | 8 | 97 509. 9 |
| 江　苏 | 419 | 99 526 | 418 | 16 | 43 790. 0 |
| 浙　江 | 356 | 82 138 | 346 | 8 | 23 977. 7 |
| 安　徽 | 231 | 52 704 | 193 | 5 | 1 642. 2 |
| 福　建 | 287 | 53 180 | 282 | 5 | 170 877. 7 |
| 江　西 | 306 | 48 966 | 296 | 5 | 91 037. 5 |
| 山　东 | 719 | 144 541 | 599 | 12 | 23 438. 8 |
| 河　南 | 476 | 112 785 | 372 | 8 | 1 708. 7 |
| 湖　北 | 315 | 56 035 | 245 | 5 | 1 251. 7 |
| 湖　南 | 388 | 91 774 | 375 | 10 | 12 010. 8 |
| 广　东 | 714 | 123 214 | 615 | 16 | 5 352. 9 |
| 广　西 | 312 | 55 886 | 288 | 5 | 22 904. 1 |
| 海　南 | 62 | 10 851 | 46 | 1 | 88 991. 1 |
| 重　庆 | 272 | 44 098 | 293 | 4 | 1 761. 2 |
| 四　川 | 814 | 130 077 | 771 | 8 | 49 208. 5 |
| 贵　州 | 237 | 36 543 | 197 | 3 | 52 920. 7 |
| 云　南 | 345 | 59 132 | 248 | 3 | 16 198. 0 |
| 西　藏 | | | | | |
| 陕　西 | 303 | 57 688 | 267 | 4 | 91 893. 2 |
| 甘　肃 | 236 | 39 817 | 210 | 3 | 78 084. 5 |
| 青　海 | 74 | 9 704 | 41 | … | 130. 1 |
| 宁　夏 | 95 | 13 320 | 73 | 1 | 263. 3 |
| 新　疆 | 373 | 48 116 | 280 | 3 | 44 368. 9 |

# 医院废水排放及处理情况（二）

（2007）

| 地区<br>名称 | 废水排放量<br>（万吨） | 达标排放量 | 化学需氧量<br>排放量（吨） | 氨氮排放量<br>（吨） | 废水处理量<br>（万吨） |
|---|---|---|---|---|---|
| **合计** | **38 138** | **31 926** | **53 227** | **5 920** | **36 380** |
| 北京 | 1 679 | 1 421 | 2 812 | 209 | 1 647 |
| 天津 | 674 | 674 | 2 021 | 105 | 659 |
| 河北 | 1 326 | 1 172 | 1 358 | 239 | 1 250 |
| 山西 | 575 | 457 | 570 | 173 | 550 |
| 内蒙古 | 415 | 271 | 910 | 180 | 352 |
| 辽宁 | 1 557 | 1 282 | 2 700 | 439 | 1 478 |
| 吉林 | 459 | 365 | 2 918 | 298 | 443 |
| 黑龙江 | 808 | 586 | 1 448 | 112 | 786 |
| 上海 | 2 561 | 2 252 | 2 229 | 359 | 2 418 |
| 江苏 | 2 801 | 2 629 | 6 064 | 312 | 2 733 |
| 浙江 | 1 977 | 1 890 | 1 627 | 258 | 1 928 |
| 安徽 | 1 451 | 1 223 | 1 309 | 160 | 1 340 |
| 福建 | 1 225 | 1 115 | 1 010 | 168 | 1 222 |
| 江西 | 1 228 | 1 101 | 1 672 | 270 | 1 116 |
| 山东 | 2 290 | 2 185 | 2 924 | 263 | 2 186 |
| 河南 | 1 905 | 1 671 | 2 033 | 182 | 1 723 |
| 湖北 | 1 486 | 1 075 | 2 014 | 281 | 1 282 |
| 湖南 | 2 103 | 1 809 | 2 103 | 234 | 1 991 |
| 广东 | 3 397 | 2 287 | 4 285 | 295 | 3 529 |
| 广西 | 1 236 | 938 | 1 780 | 275 | 1 174 |
| 海南 | 189 | 164 | 161 | 17 | 168 |
| 重庆 | 898 | 862 | 735 | 76 | 905 |
| 四川 | 1 975 | 1 705 | 2 530 | 313 | 1 938 |
| 贵州 | 575 | 462 | 617 | 130 | 540 |
| 云南 | 746 | 535 | 1 446 | 193 | 713 |
| 西藏 | | | | | |
| 陕西 | 1 122 | 797 | 1 471 | 143 | 970 |
| 甘肃 | 490 | 342 | 769 | 118 | 480 |
| 青海 | 181 | 36 | 619 | 36 | 116 |
| 宁夏 | 227 | 179 | 386 | 20 | 199 |
| 新疆 | 581 | 439 | 706 | 62 | 546 |

# 医院医疗废物排放及处理情况

（2007）

| 地 区<br>名 称 | 医疗废物<br>产生量（吨） | 医疗废物<br>处置量（吨） | 送往集中处置厂<br>处置量 | 医疗废物<br>处理设施数<br>（套） | 医疗废物处理<br>设施运行费用<br>（万元） |
|---|---|---|---|---|---|
| **合 计** | **242 438** | **236 418** | **158 872** | **7 021** | **1 021 193.6** |
| 北 京 | 9 465 | 9 465 | 9 364 | 95 | 4 215.1 |
| 天 津 | 3 745 | 3 745 | 3 732 | 28 | 826.9 |
| 河 北 | 7 769 | 7 229 | 5 177 | 285 | 132 943.6 |
| 山 西 | 3 070 | 2 891 | 2 115 | 157 | 654.8 |
| 内蒙古 | 3 905 | 3 827 | 1 753 | 134 | 358.5 |
| 辽 宁 | 8 363 | 8 347 | 6 986 | 272 | 40 406.8 |
| 吉 林 | 3 802 | 3 697 | 899 | 196 | 402.7 |
| 黑龙江 | 8 080 | 7 912 | 2 803 | 196 | 20 981.1 |
| 上 海 | 7 998 | 7 998 | 7 713 | 97 | 102 699.0 |
| 江 苏 | 11 033 | 11 026 | 9 743 | 174 | 99 535.7 |
| 浙 江 | 13 769 | 13 692 | 13 031 | 934 | 1 931.7 |
| 安 徽 | 6 182 | 6 143 | 2 963 | 115 | 606.5 |
| 福 建 | 6 748 | 6 572 | 5 256 | 99 | 26 366.5 |
| 江 西 | 4 153 | 4 072 | 3 140 | 156 | 4 374.3 |
| 山 东 | 15 755 | 15 461 | 14 640 | 219 | 2 612.0 |
| 河 南 | 7 280 | 7 240 | 4 993 | 246 | 20 113.4 |
| 湖 北 | 8 692 | 8 661 | 6 174 | 253 | 656.2 |
| 湖 南 | 7 877 | 6 181 | 3 038 | 206 | 5 738.2 |
| 广 东 | 25 797 | 24 985 | 24 366 | 462 | 5 033.4 |
| 广 西 | 11 789 | 11 374 | 6 578 | 185 | 24 337.4 |
| 海 南 | 1 123 | 1 123 | 1 025 | 13 | 67 466.2 |
| 重 庆 | 5 164 | 5 164 | 3 491 | 97 | 441.1 |
| 四 川 | 9 878 | 9 848 | 7 287 | 643 | 87 250.9 |
| 贵 州 | 4 724 | 4 693 | 3 472 | 956 | 28 980.8 |
| 云 南 | 4 642 | 4 462 | 2 769 | 209 | 12 345.7 |
| 西 藏 | | | | | |
| 陕 西 | 3 864 | 3 479 | 2 469 | 238 | 132 677.6 |
| 甘 肃 | 3 829 | 3 561 | 597 | 148 | 141 460.5 |
| 青 海 | 874 | 847 | 663 | 10 | 10.4 |
| 宁 夏 | 783 | 719 | 512 | 29 | 88.1 |
| 新 疆 | 32 283 | 32 006 | 2 121 | 169 | 55 678.5 |

# 医院医疗放射源管理情况

（2007）

| 地区名称 | 放射源数（枚） | 集中管理的 | 退役放射源数（枚） |
|---|---|---|---|
| **合　计** | **24 941** | **13 471** | **5 138** |
| 北　京 | 330 | 330 | 24 |
| 天　津 | 76 | 76 | 3 |
| 河　北 | 853 | 816 | 9 |
| 山　西 | 264 | 241 | 23 |
| 内蒙古 | 174 | 162 | 8 |
| 辽　宁 | 7 925 | 4 064 | 3 614 |
| 吉　林 | 186 | 167 | 9 |
| 黑龙江 | 6 838 | 283 | 4 |
| 上　海 | 317 | 313 | 5 |
| 江　苏 | 518 | 471 | 64 |
| 浙　江 | 282 | 213 | 15 |
| 安　徽 | 199 | 186 | 8 |
| 福　建 | 247 | 231 | 12 |
| 江　西 | 230 | 201 | 25 |
| 山　东 | 805 | 767 | 92 |
| 河　南 | 292 | 235 | 12 |
| 湖　北 | 267 | 237 | 18 |
| 湖　南 | 577 | 536 | 439 |
| 广　东 | 982 | 593 | 38 |
| 广　西 | 202 | 177 | 30 |
| 海　南 | 189 | 183 | 135 |
| 重　庆 | 539 | 507 | 8 |
| 四　川 | 1 273 | 1 228 | 451 |
| 贵　州 | 158 | 142 | 12 |
| 云　南 | 32 | 31 | 3 |
| 西　藏 | | | |
| 陕　西 | 275 | 240 | 11 |
| 甘　肃 | 427 | 396 | 39 |
| 青　海 | 36 | 36 | 3 |
| 宁　夏 | 74 | 72 | 2 |
| 新　疆 | 374 | 337 | 22 |

# 7

# 核安全与辐射环境管理

HE ANQUAN YU FUSHE HUANJING GUANLI

ANNUAL STATISTIC REPORT ON ENVIRONMENT IN CHINA

2007

## 秦山核电厂2007年“三废”排放统计

| 废物类别 | | 单位 | 国家批准<br>年 限 值 | 年度排放<br>管理目标值 | 年度实际<br>排放值或产生量 |
|---|---|---|---|---|---|
| 气 态<br>流出物 | 气溶胶 | 贝可 | 2.86E+10 | 1.11E+08 | 4.35E+06 |
| | 惰性气体 | | 3.57E+14 | 3.85E+12 | 3.50E+12 |
| | 卤素 | | 1.07E+10 | 1.07E+08 | 4.31E+06 |
| 液 态<br>流出物 | 氚 | | 2.14E+13 | 5.70E+12 | 3.64E+12 |
| | 其余核素 | | 1.07E+11 | 1.11E+10 | 5.66E+08 |
| 固 体<br>废 物 | 可压缩废物 | 米³ | 无 | 20 | 19.00 |
| | 不可压缩废物 | | | | 15.26 |
| | 其他 | | | | 4.00 |
| | 水泥固化 | | | 30 | 19.20 |
| | 打包后总体积 | | | | 57.46 |

## 秦山第二核电厂2007年“三废”排放统计

| 废物类别 | | 单位 | 国家批准<br>年 限 值 | 年度排放<br>管理目标值 | 年度实际<br>排放值或产生量 |
|---|---|---|---|---|---|
| 气态流出物 | 气溶胶 | 贝可 | 5.71E+10 | 5.42E+08 | 1.15E+6 |
| | 惰性气体 | | 7.14E+14 | 6.78E+12 | 4.69E+12 |
| | 卤素 | | 2.14E+10 | 2.03E+09 | 4.02E+6 |
| 液态流出物 | 氚 | | 4.29E+13 | 4.00E+13 | 2.37E+13 |
| | 其余核素 | | 2.14E+11 | 2.03E+10 | 2.96E+9 |
| 固体废物 | 可压缩废物 | 米³ | 无 | 240 | 38.94 |
| | 不可压缩废物 | | | | 22.22 |
| | 其他 | | | | 159.38 |
| | 打包后总体积 | | | | 220.54 |

## 秦山第三核电厂2007年“三废”排放统计

| 废物类别 | | 单位 | 国家批准<br>年 限 值 | 年度排放<br>管理目标值 | 年度实际<br>排放值或产生量 |
|---|---|---|---|---|---|
| 气态流出物 | 气溶胶 | 贝可 | 5.71E+10 | 6.09E+09 | 2.06E+06 |
| | 惰性气体 | | 7.14E+14 | 1.85E+14 | 1.50E+12 |
| | 卤素 | | 2.14E+10 | 6.60E+08 | 3.56E+05 |
| 液态流出物 | 氚 | | 7.00E+14 | 7.00E+14 | 5.69E+13 |
| | 其余核素 | | 2.14E+11 | 2.75E+10 | 1.59E+09 |
| 固体废物 | 可压缩废物 | 米³ | 无 | 45 | 33.00 |
| | 不可压缩废物 | | | 5 | 1.20 |
| | 其他 | | | 16 | 11.00 |
| | 打包后总体积 | | | | 45.20 |

## 大亚湾核电厂2007年“三废”排放统计

<table>
<tr><th colspan="2">废物类别</th><th>单位</th><th>国家批准<br>年 限 值</th><th>年度排放管理目标值</th><th>年度实际<br>排放值或产生量</th></tr>
<tr><td rowspan="3">气态流出物</td><td>气溶胶</td><td rowspan="5">贝可</td><td>3.80E+09</td><td>—</td><td>3.94E+06</td></tr>
<tr><td>惰性气体</td><td>1.14E+15</td><td>1.14E+13</td><td>1.55E+12</td></tr>
<tr><td>卤素</td><td>3.42E+10</td><td>—</td><td>6.98E+06</td></tr>
<tr><td rowspan="2">液态流出物</td><td>氚</td><td>1.45E+14</td><td>—</td><td>7.11E+13</td></tr>
<tr><td>其余核素</td><td>7.00E+11</td><td>5.60E+09</td><td>1.08E+09</td></tr>
<tr><td rowspan="3">固体废物</td><td>金属桶废物</td><td rowspan="3">米 $^3$</td><td>—</td><td>—</td><td>40</td></tr>
<tr><td>混凝土桶废物</td><td>—</td><td>—</td><td>97.6</td></tr>
<tr><td>打包后总体积</td><td>—</td><td>140</td><td>137.6</td></tr>
</table>

## 岭澳核电厂2007年“三废”排放统计

<table>
<tr><th colspan="2">废物类别</th><th>单位</th><th>国家批准<br>年 限 值</th><th>年度排放管理目标值</th><th>年度实际<br>排放值或产生量</th></tr>
<tr><td rowspan="3">气态流出物</td><td>气溶胶</td><td rowspan="5">贝可</td><td>3.80E+09</td><td>—</td><td>5.97E+06</td></tr>
<tr><td>惰性气体</td><td>1.14E+15</td><td>1.14E+13</td><td>1.38E+12</td></tr>
<tr><td>卤素</td><td>3.42E+10</td><td>—</td><td>5.65E+06</td></tr>
<tr><td rowspan="2">液态流出物</td><td>氚</td><td>1.45E+14</td><td>—</td><td>4.72E+13</td></tr>
<tr><td>其余核素</td><td>7.00E+11</td><td>5.60E+09</td><td>2.53E+08</td></tr>
<tr><td rowspan="3">固体废物</td><td>金属桶废物</td><td rowspan="3">米 $^3$</td><td>—</td><td>—</td><td>46</td></tr>
<tr><td>混凝土桶废物</td><td>—</td><td>—</td><td>87.6</td></tr>
<tr><td>打包后总体积</td><td>—</td><td>140</td><td>133.6</td></tr>
</table>

## 田湾核电厂2007年“三废”排放统计

<table>
<tr><th colspan="2">废物类别</th><th>单位</th><th>国家批准<br>年 限 值</th><th>年度排放管理目标值</th><th>年度实际<br>排放值或产生量</th></tr>
<tr><td rowspan="3">气态流出物</td><td>气溶胶</td><td rowspan="5">贝可</td><td>1.5E+10</td><td>1.5E+10</td><td>8.08E+06</td></tr>
<tr><td>惰性气体</td><td>8.3E+14</td><td>8.3E+14</td><td>7.51E+12</td></tr>
<tr><td>卤素</td><td>2.5E+10</td><td>2.5E+10</td><td>2.44E+07</td></tr>
<tr><td rowspan="2">液态流出物</td><td>氚</td><td>5.0E+13</td><td>5.0E+13</td><td>1.12E+13</td></tr>
<tr><td>其余核素</td><td>2.5E+11</td><td>2.5E+11</td><td>4.18E+09</td></tr>
<tr><td rowspan="4">固体废物</td><td>可压缩废物</td><td rowspan="4">米 $^3$</td><td rowspan="4">100</td><td rowspan="4">100</td><td>27.60</td></tr>
<tr><td>不可压缩废物</td><td>9.40</td></tr>
<tr><td>其他</td><td></td></tr>
<tr><td>打包后总体积</td><td>37.00</td></tr>
</table>

# 8

# 环境管理统计

HUANJING GUANLI TONGJI

ANNUAL STATISTIC REPORT ON ENVIRONMENT IN CHINA

2007

# 各地区环境信访工作情况（一）

（2007）

单位：件

| 地　区<br>名　称 | 来信总数<br>（封） | 环境污染与生态破坏类 | | | | | |
|---|---|---|---|---|---|---|---|
| | | 水污染 | 大气<br>污染 | 固体废物<br>污染 | 噪声<br>污染 | 危险化学品 | 放射性污染 |
| **总　计** | **123 357** | **23 788** | **45 986** | **3 762** | **40 638** | **160** | **106** |
| 国家级 | 4 659 | 1 419 | 1 384 | 106 | 435 | 11 | 20 |
| 北　京 | 1 342 | 110 | 554 | 12 | 488 | 2 | 3 |
| 天　津 | 605 | 92 | 231 | 12 | 181 | | |
| 河　北 | 1 856 | 702 | 925 | 36 | 409 | 1 | |
| 山　西 | 348 | 76 | 168 | 28 | 48 | 10 | |
| 内蒙古 | 3 263 | 410 | 1 191 | 90 | 1 042 | 4 | |
| 辽　宁 | 3 155 | 464 | 1 156 | 89 | 886 | 7 | 2 |
| 吉　林 | 1 215 | 157 | 467 | 85 | 417 | 4 | |
| 黑龙江 | 11 564 | 667 | 4 571 | 456 | 5 375 | 1 | |
| 上　海 | 3 249 | 475 | 1 141 | 108 | 762 | 16 | 4 |
| 江　苏 | 5 486 | 1 675 | 1 892 | 137 | 957 | 12 | 16 |
| 浙　江 | 9 663 | 2 379 | 3 900 | 180 | 2 096 | 13 | 10 |
| 安　徽 | 1 725 | 357 | 524 | 3 | 417 | 4 | 1 |
| 福　建 | 9 934 | 1 724 | 3 492 | 173 | 3 738 | 25 | 11 |
| 江　西 | 5 104 | 1 357 | 1 993 | 46 | 1 077 | 4 | |
| 山　东 | 4 317 | 1 571 | 2 021 | 86 | 704 | 1 | |
| 河　南 | 2 593 | 783 | 1 022 | 64 | 349 | 11 | 14 |
| 湖　北 | 4 817 | 1 185 | 2 112 | 112 | 1 322 | 9 | |
| 湖　南 | 3 831 | 1 307 | 1 619 | 122 | 925 | 1 | 1 |
| 广　东 | 3 725 | 830 | 1 174 | 138 | 765 | 6 | 4 |
| 广　西 | 21 222 | 3 527 | 8 998 | 302 | 8 886 | 5 | 4 |
| 海　南 | 197 | 37 | 78 | 12 | 50 | | |
| 重　庆 | 970 | 170 | 292 | 21 | 361 | | |
| 四　川 | 5 633 | 1 272 | 1 493 | 200 | 1 417 | 6 | 7 |
| 贵　州 | 62 | 21 | 31 | 3 | 4 | | |
| 云　南 | 587 | 112 | 225 | 27 | 141 | 1 | 1 |
| 西　藏 | 233 | 7 | 21 | 12 | 157 | | |
| 陕　西 | 7 969 | 398 | 1 719 | 1 025 | 5 694 | 6 | 7 |
| 甘　肃 | 3 568 | 446 | 1 466 | 71 | 1 365 | | |
| 青　海 | 181 | 15 | 40 | 3 | 79 | | 1 |
| 宁　夏 | 234 | 30 | 57 | 3 | 83 | | |
| 新　疆 | 50 | 13 | 29 | | 8 | | |

# 各地区环境信访工作情况（二）

（2007）　　单位：件

| 地区名称 | 环境污染与生态破坏类 | | | | |
|---|---|---|---|---|---|
| | 电磁辐射 | 三产污染 | 生态破坏 | 畜养、农药化肥污染 | 其他 |
| **总　计** | **547** | **4 684** | **356** | **630** | **2 391** |
| 国家级 | 79 | | 98 | | 13 |
| 北　京 | 27 | | 7 | 5 | 9 |
| 天　津 | 4 | 21 | | | 21 |
| 河　北 | 3 | | 3 | 1 | 30 |
| 山　西 | 5 | | | | |
| 内蒙古 | 7 | 287 | 4 | 3 | 179 |
| 辽　宁 | 10 | 308 | 9 | 36 | 31 |
| 吉　林 | 6 | 95 | | 7 | 7 |
| 黑龙江 | 17 | | 36 | | |
| 上　海 | 27 | 208 | | 19 | 196 |
| 江　苏 | 80 | 163 | 4 | 30 | 175 |
| 浙　江 | 46 | 514 | 27 | 40 | 529 |
| 安　徽 | 5 | 299 | 12 | 2 | 46 |
| 福　建 | 31 | 71 | | 112 | 356 |
| 江　西 | 12 | 378 | 9 | 39 | 71 |
| 山　东 | 20 | 31 | 3 | 22 | 83 |
| 河　南 | 10 | 69 | 10 | 31 | 92 |
| 湖　北 | 25 | 173 | 24 | 35 | 68 |
| 湖　南 | 21 | 85 | 32 | 7 | 23 |
| 广　东 | 19 | 509 | 21 | 71 | 84 |
| 广　西 | 36 | 109 | 6 | 33 | 155 |
| 海　南 | | | 3 | | |
| 重　庆 | 29 | 36 | | | 1 |
| 四　川 | 20 | 1 059 | 12 | 132 | 153 |
| 贵　州 | | | | | 3 |
| 云　南 | | 9 | 22 | 1 | 23 |
| 西　藏 | | | | | 9 |
| 陕　西 | 3 | 1 | 13 | 4 | 8 |
| 甘　肃 | 2 | 181 | | | 11 |
| 青　海 | 2 | 30 | 1 | | 7 |
| 宁　夏 | 1 | 48 | | | 8 |
| 新　疆 | | | | | |

# 各地区环境信访工作情况（三）

（2007）

单位：件

| 地区名称 | 建设项目类 | 行业作风类 | 发明建议类 | 环境监测类 | 咨询类 | 其他 | 已办结数量 |
|---|---|---|---|---|---|---|---|
| **总 计** | **1 213** | **502** | **1 024** | **91** | **570** | **2 133** | **116 149** |
| 国家级 | | 237 | 627 | | | 913 | 926 |
| 北 京 | 26 | 28 | 67 | | | 115 | 1 327 |
| 天 津 | 8 | 6 | 1 | 10 | | 23 | 604 |
| 河 北 | 35 | 3 | 2 | | | | 1 856 |
| 山 西 | | 5 | | | | 8 | 342 |
| 内蒙古 | 29 | | 1 | | | 16 | 3 183 |
| 辽 宁 | 122 | 32 | 11 | 5 | 44 | 25 | 3 127 |
| 吉 林 | 2 | | | 5 | 2 | | 1 118 |
| 黑龙江 | | 10 | | | 251 | | 11 535 |
| 上 海 | 245 | 4 | 73 | 6 | 15 | 160 | 2 208 |
| 江 苏 | 224 | 32 | 58 | | 21 | 104 | 5 473 |
| 浙 江 | 132 | 7 | 10 | 2 | 14 | 41 | 9 537 |
| 安 徽 | 15 | | | | | 16 | 1 710 |
| 福 建 | 44 | 3 | 5 | 7 | 36 | 106 | 9 617 |
| 江 西 | 44 | 10 | 2 | 38 | 15 | 9 | 5 083 |
| 山 东 | 36 | 17 | 9 | | 5 | 42 | 4 309 |
| 河 南 | 39 | 11 | 5 | 7 | 9 | 67 | 2 522 |
| 湖 北 | 45 | 1 | 11 | 3 | 15 | 36 | 4 634 |
| 湖 南 | 32 | 16 | 7 | 3 | 23 | 58 | 3 819 |
| 广 东 | 31 | 20 | 2 | 1 | 21 | 29 | 3 465 |
| 广 西 | 20 | 35 | 22 | 1 | 6 | 220 | 20 335 |
| 海 南 | | | 3 | 1 | 3 | 10 | 157 |
| 重 庆 | 3 | | 78 | | 23 | 7 | 966 |
| 四 川 | 71 | 17 | 17 | 1 | 53 | 71 | 5 538 |
| 贵 州 | | | | | | | 62 |
| 云 南 | 4 | 2 | 9 | | 1 | 11 | 491 |
| 西 藏 | 1 | | | | | 21 | 225 |
| 陕 西 | 3 | 6 | 4 | | | 10 | 7 960 |
| 甘 肃 | 1 | | | | 13 | 12 | 3 566 |
| 青 海 | 1 | | | | | | 174 |
| 宁 夏 | | | | 1 | | 3 | 233 |
| 新 疆 | | | | | | | 47 |

# 各地区环境信访工作情况（四）

（2007）　　单位：件

| 地区名称 | 来访批次（批） | 来访人次（人） | 环境污染与生态破坏类 | | | | | |
|---|---|---|---|---|---|---|---|---|
| | | | 水污染 | 大气污染 | 固体废物污染 | 噪声污染 | 危险化学品 | 放射性污染 |
| **总　计** | **43 909** | **77 399** | **10 228** | **16 630** | **1 409** | **11 862** | **79** | **59** |
| 国家级 | 548 | 1 270 | 261 | 295 | 65 | 109 | 2 | 2 |
| 北　京 | 382 | 613 | 34 | 145 | 14 | 135 | 13 | 3 |
| 天　津 | 556 | 1 076 | 63 | 212 | 4 | 192 | | |
| 河　北 | 1 553 | 2 289 | 534 | 700 | 48 | 458 | | 6 |
| 山　西 | 52 | 123 | 17 | 25 | | 8 | 2 | |
| 内蒙古 | 1 114 | 1 697 | 178 | 416 | 33 | 349 | 6 | 1 |
| 辽　宁 | 2 750 | 7 688 | 437 | 1 087 | 53 | 876 | 9 | 1 |
| 吉　林 | 1 837 | 3 321 | 390 | 866 | 68 | 634 | | |
| 黑龙江 | 1 204 | 1 546 | 152 | 516 | 60 | 408 | | |
| 上　海 | 776 | 1 709 | 92 | 256 | 10 | 265 | 1 | |
| 江　苏 | 2 572 | 4 811 | 495 | 981 | 120 | 743 | 5 | 7 |
| 浙　江 | 4 114 | 7 884 | 1 012 | 1 474 | 110 | 1 010 | 7 | 3 |
| 安　徽 | 1 318 | 2 251 | 277 | 516 | 159 | 186 | | |
| 福　建 | 743 | 1 190 | 157 | 269 | 20 | 225 | | 4 |
| 江　西 | 3 041 | 3 671 | 898 | 1 024 | 54 | 654 | | |
| 山　东 | 1 451 | 3 055 | 489 | 588 | 61 | 226 | 12 | 2 |
| 河　南 | 1 786 | 3 405 | 411 | 619 | 57 | 454 | 7 | 15 |
| 湖　北 | 1 717 | 3 660 | 417 | 695 | 81 | 539 | | 1 |
| 湖　南 | 3 513 | 6 868 | 1 322 | 1 317 | 82 | 674 | 8 | 4 |
| 广　东 | 4 069 | 4 802 | 890 | 1 219 | 95 | 965 | 6 | 4 |
| 广　西 | 2 310 | 4 370 | 439 | 1 218 | 41 | 664 | | 5 |
| 海　南 | 236 | 989 | 31 | 155 | 2 | 48 | | |
| 重　庆 | 88 | 190 | 11 | 50 | 2 | 20 | | |
| 四　川 | 3 041 | 4 810 | 814 | 790 | 84 | 700 | 1 | |
| 贵　州 | 13 | 20 | 8 | 4 | | 1 | | |
| 云　南 | 740 | 1 328 | 126 | 347 | 24 | 199 | | |
| 西　藏 | 46 | 76 | 4 | 1 | | 10 | | |
| 陕　西 | 1 767 | 1 866 | 199 | 663 | 24 | 842 | | 1 |
| 甘　肃 | 309 | 325 | 40 | 100 | 26 | 154 | | |
| 青　海 | 13 | 96 | 1 | 7 | | 3 | | |
| 宁　夏 | 248 | 398 | 29 | 73 | 12 | 111 | | |
| 新　疆 | 2 | 2 | | 2 | | | | |

## 各地区环境信访工作情况（五）

（2007）

单位：件

| 地　区<br>名　称 | 环境污染与生态破坏类 | | | | |
|---|---|---|---|---|---|
| | 电磁辐射 | 三产污染 | 生态破坏 | 畜养、农药化肥污染 | 其他 |
| **总　计** | **288** | **2 940** | **124** | **391** | **620** |
| 国家级 | 18 | | 24 | | 8 |
| 北　京 | 14 | | 2 | | 5 |
| 天　津 | 7 | 50 | | | 24 |
| 河　北 | 9 | | 6 | | 12 |
| 山　西 | | | | | |
| 内蒙古 | 1 | 55 | 2 | 14 | |
| 辽　宁 | 9 | 413 | | 35 | |
| 吉　林 | 2 | 44 | | 8 | 24 |
| 黑龙江 | 19 | | | | |
| 上　海 | 27 | 21 | | 21 | 55 |
| 江　苏 | 35 | 149 | 1 | 5 | 81 |
| 浙　江 | 32 | 343 | 10 | 41 | 143 |
| 安　徽 | 3 | 150 | 1 | 8 | 11 |
| 福　建 | 3 | 4 | | 10 | 24 |
| 江　西 | 9 | 206 | 15 | 41 | 8 |
| 山　东 | 10 | 13 | 1 | 9 | 22 |
| 河　南 | 14 | 20 | 12 | 20 | 34 |
| 湖　北 | 16 | 70 | 4 | 2 | 12 |
| 湖　南 | 29 | 232 | 15 | 23 | 16 |
| 广　东 | 6 | 641 | 14 | 72 | 50 |
| 广　西 | 7 | 13 | | 4 | 29 |
| 海　南 | | | | | |
| 重　庆 | 5 | 2 | | | |
| 四　川 | 6 | 488 | 5 | 61 | 31 |
| 贵　州 | | | | | |
| 云　南 | 4 | 5 | 6 | 10 | 9 |
| 西　藏 | | 2 | | 3 | 1 |
| 陕　西 | 3 | | 6 | 4 | 18 |
| 甘　肃 | | | | | |
| 青　海 | | 1 | | | |
| 宁　夏 | | 18 | | | 3 |
| 新　疆 | | | | | |

# 各地区环境信访工作情况（六）

（2007）

单位：件

| 地区名称 | 建设项目类 | 行业作风类 | 发明建议类 | 环境监测类 | 咨询类 | 其他 | 已办结数量 |
|---|---|---|---|---|---|---|---|
| **总　计** | **607** | **26** | **52** | **39** | **427** | **625** | **42 832** |
| 国家级 | | | 24 | | | 149 | 415 |
| 北　京 | 12 | 1 | 6 | | 28 | 4 | 365 |
| 天　津 | 8 | | | | 20 | 10 | 502 |
| 河　北 | 44 | | 1 | | 8 | 7 | 1 553 |
| 山　西 | | | | | | | 52 |
| 内蒙古 | 40 | | | | 19 | | 1 106 |
| 辽　宁 | 24 | 1 | | 4 | 37 | 18 | 2 712 |
| 吉　林 | 6 | | | | 6 | 38 | 1 752 |
| 黑龙江 | | | | | | 49 | 1 195 |
| 上　海 | 41 | | 4 | | 21 | 19 | 663 |
| 江　苏 | 81 | 1 | 3 | 2 | 18 | 8 | 2 558 |
| 浙　江 | 70 | 2 | | 8 | 43 | 36 | 4 083 |
| 安　徽 | 9 | | | | | 2 | 1 313 |
| 福　建 | 8 | | | 15 | | 4 | 743 |
| 江　西 | 23 | 5 | | 4 | 15 | 85 | 2 940 |
| 山　东 | 10 | 2 | 1 | 2 | 12 | 25 | 1 440 |
| 河　南 | 64 | 5 | 8 | 4 | 27 | 15 | 1 701 |
| 湖　北 | 19 | | | | 24 | 6 | 1 646 |
| 湖　南 | 48 | 1 | | | 21 | 46 | 3 419 |
| 广　东 | 22 | 1 | 2 | | 54 | 28 | 4 069 |
| 广　西 | 18 | 4 | 2 | | | 27 | 2 258 |
| 海　南 | | | | | | | 212 |
| 重　庆 | | | 1 | | | | 88 |
| 四　川 | 48 | | | | 55 | 30 | 3 026 |
| 贵　州 | | | | | | | 13 |
| 云　南 | 2 | 1 | | | 3 | 8 | 715 |
| 西　藏 | 9 | | | | 16 | | 45 |
| 陕　西 | | 2 | | | | 5 | 1 676 |
| 甘　肃 | | | | | | 4 | 309 |
| 青　海 | 1 | | | | | | 13 |
| 宁　夏 | | | | | | 2 | 248 |
| 新　疆 | | | | | | | 2 |

# 各地区人大建议、政协提案情况

（2007）

单位：件

| 地区名称 | 人大建议 | | | 政协提案 | | |
|---|---|---|---|---|---|---|
| | 人大建议数 | 已办理数 | 已办理完毕数 | 政协提案数 | 已办理数 | 已办理完毕数 |
| **总　计** | **5 204** | **5 094** | **5 072** | **6 788** | **6 632** | **6 611** |
| 国家级 | 236 | 236 | 236 | 153 | 153 | 153 |
| 北　京 | 114 | 114 | 114 | 84 | 84 | 84 |
| 天　津 | 64 | 64 | 64 | 60 | 60 | 60 |
| 河　北 | 13 | 13 | 13 | 18 | 18 | 18 |
| 山　西 | 16 | 16 | 16 | 8 | 8 | 8 |
| 内蒙古 | 122 | 108 | 104 | 240 | 219 | 209 |
| 辽　宁 | 275 | 275 | 274 | 372 | 372 | 371 |
| 吉　林 | 32 | 32 | 32 | 29 | 29 | 29 |
| 黑龙江 | 12 | 12 | 12 | 4 | 4 | 4 |
| 上　海 | 78 | 69 | 68 | 70 | 69 | 66 |
| 江　苏 | 263 | 262 | 262 | 463 | 459 | 458 |
| 浙　江 | 616 | 616 | 616 | 647 | 647 | 647 |
| 安　徽 | 159 | 148 | 146 | 299 | 269 | 270 |
| 福　建 | 269 | 269 | 269 | 311 | 311 | 310 |
| 江　西 | 231 | 231 | 230 | 382 | 380 | 376 |
| 山　东 | 272 | 256 | 250 | 439 | 401 | 399 |
| 河　南 | 348 | 348 | 348 | 544 | 544 | 544 |
| 湖　北 | 215 | 215 | 215 | 258 | 258 | 258 |
| 湖　南 | 130 | 130 | 130 | 178 | 178 | 178 |
| 广　东 | 78 | 74 | 75 | 132 | 124 | 127 |
| 广　西 | 409 | 385 | 385 | 412 | 396 | 396 |
| 海　南 | 62 | 62 | 62 | 42 | 42 | 42 |
| 重　庆 | 258 | 258 | 258 | 295 | 295 | 295 |
| 四　川 | 459 | 442 | 442 | 590 | 573 | 573 |
| 贵　州 | 18 | 18 | 18 | 18 | 18 | 18 |
| 云　南 | 211 | 197 | 191 | 362 | 343 | 343 |
| 西　藏 | | | | | | |
| 陕　西 | 8 | 8 | 8 | 14 | 14 | 14 |
| 甘　肃 | 136 | 136 | 134 | 239 | 239 | 236 |
| 青　海 | 50 | 50 | 50 | 29 | 29 | 29 |
| 宁　夏 | 13 | 13 | 13 | 56 | 56 | 56 |
| 新　疆 | 37 | 37 | 37 | 40 | 40 | 40 |

## 各地区环境保护档案工作情况（一）

（2007）

| 地　区<br>名　称 | 档案机构<br>（个） | 现存档案资料 | | 档案库房<br>实用面积<br>（米²） | 现有专职<br>档案人员<br>（人） | 兼职<br>档案人员<br>（人） |
|---|---|---|---|---|---|---|
| | | 全宗（个） | 案卷（卷） | | | |
| **总　计** | **2 624** | **4 388** | **2 129 151** | **60 744** | **1 895** | **4 868** |
| 国家级 | 13 | 38 | 87 614 | 803 | 12 | 160 |
| 北　京 | 24 | 25 | 135 308 | 787 | 19 | 152 |
| 天　津 | 20 | 23 | 45 375 | 698 | 13 | 91 |
| 河　北 | 196 | 286 | 129 303 | 2 956 | 183 | 344 |
| 山　西 | 100 | 110 | 60 950 | 2 065 | 121 | 103 |
| 内蒙古 | 107 | 116 | 94 245 | 2 249 | 92 | 227 |
| 辽　宁 | 120 | 132 | 116 868 | 3 587 | 76 | 189 |
| 吉　林 | 67 | 84 | 84 253 | 1 326 | 56 | 73 |
| 黑龙江 | 135 | 138 | 57 660 | 2 367 | 1 | 137 |
| 上　海 | 27 | 56 | 133 390 | 859 | 15 | 76 |
| 江　苏 | 128 | 111 | 118 685 | 3 822 | 73 | 215 |
| 浙　江 | 116 | 120 | 160 455 | 3 175 | 60 | 190 |
| 安　徽 | 78 | 220 | 62 327 | 2 000 | 52 | 157 |
| 福　建 | 25 | 94 | 59 013 | 1 485 | 29 | 86 |
| 江　西 | 75 | 133 | 16 586 | 1 500 | 26 | 111 |
| 山　东 | 184 | 186 | 175 464 | 5 245 | 186 | 559 |
| 河　南 | 196 | 178 | 30 010 | 3 426 | 146 | 157 |
| 湖　北 | 110 | 107 | 52 313 | 2 789 | 73 | 183 |
| 湖　南 | | | | | | |
| 广　东 | 186 | 307 | 280 575 | 4 991 | 140 | 414 |
| 广　西 | 68 | 237 | 18 935 | 1 381 | 23 | 115 |
| 海　南 | | | | | | |
| 重　庆 | 44 | 52 | 63 102 | 1 445 | 17 | 105 |
| 四　川 | 127 | 460 | 40 935 | 3 225 | 73 | 218 |
| 贵　州 | 39 | 71 | 18 906 | 1 340 | 15 | 84 |
| 云　南 | 75 | 112 | 19 636 | 2 052 | 42 | 172 |
| 西　藏 | 6 | 7 | 623 | 118 | 6 | 7 |
| 陕　西 | 172 | 140 | 17 623 | 1 709 | 232 | 289 |
| 甘　肃 | 113 | 117 | 25 871 | 1 438 | 52 | 117 |
| 青　海 | 3 | 17 | 3 605 | 253 | 1 | 23 |
| 宁　夏 | 26 | 27 | 6 757 | 405 | 7 | 25 |
| 新　疆 | 44 | 684 | 12 764 | 1 248 | 54 | 89 |

# 各地区环境保护档案工作情况（二）

（2007）

| 地区名称 | 本年接收档案（卷） | 本年借阅档案人次 | 本年借阅档案（卷） | 本年编研资料（册） | 档案管理达标升级情况 | | | |
|---|---|---|---|---|---|---|---|---|
| | | | | | 国家级 | 省一级 | 省二级 | 省三级 |
| **总 计** | **166 863** | **178 096** | **356 772** | **4 891** | **51** | **530** | **444** | **250** |
| 国家级 | 4 522 | 4 890 | 5 637 | 11 | 5 | 6 | | |
| 北 京 | 17 110 | 2 150 | 67 840 | 85 | | 8 | 12 | 2 |
| 天 津 | 1 760 | 1 678 | 1 971 | 82 | | 9 | 5 | 1 |
| 河 北 | 11 144 | 8 559 | 11 822 | 406 | 10 | 31 | 25 | 64 |
| 山 西 | 3 927 | 4 918 | 7 747 | 179 | 1 | 5 | 19 | 19 |
| 内蒙古 | 8 404 | 5 967 | 7 600 | 205 | 8 | 65 | 32 | 2 |
| 辽 宁 | 5 380 | 7 953 | 21 824 | 262 | 2 | 23 | 34 | 13 |
| 吉 林 | 5 101 | 2 831 | 4 781 | 88 | | 10 | 33 | 15 |
| 黑龙江 | 1 727 | 3 669 | 3 585 | 101 | 2 | 50 | 2 | 7 |
| 上 海 | 11 120 | 2 527 | 6 337 | 30 | 2 | 5 | 5 | 1 |
| 江 苏 | 7 009 | 11 716 | 19 718 | 259 | 2 | 39 | 31 | 19 |
| 浙 江 | 21 243 | 15 975 | 23 026 | 371 | | 19 | 30 | 4 |
| 安 徽 | 4 244 | 5 527 | 7 245 | 258 | 3 | 11 | 5 | |
| 福 建 | 7 457 | 5 308 | 6 260 | 126 | | 15 | | |
| 江 西 | 1 231 | 4 570 | 5 529 | 172 | | 2 | 10 | 6 |
| 山 东 | 10 396 | 13 826 | 26 051 | 441 | 1 | 74 | 55 | 21 |
| 河 南 | 2 819 | 8 025 | 9 107 | 185 | 7 | 33 | 12 | 2 |
| 湖 北 | 2 508 | 9 250 | 9 274 | 130 | 1 | 19 | 66 | 1 |
| 湖 南 | | | | | | | | |
| 广 东 | 19 329 | 17 432 | 54 632 | 347 | 5 | 47 | 19 | 1 |
| 广 西 | 1 427 | 5 739 | 8 193 | 157 | | 1 | | |
| 海 南 | | | | | | | | |
| 重 庆 | 4 443 | 2 267 | 4 125 | 99 | | 3 | 5 | 12 |
| 四 川 | 5 370 | 8 979 | 15 098 | 130 | | 7 | 20 | 38 |
| 贵 州 | 2 323 | 3 182 | 4 542 | 344 | | | | 1 |
| 云 南 | 2 178 | 6 148 | 7 557 | 37 | 1 | 9 | 7 | 15 |
| 西 藏 | 12 | 213 | 267 | | | | 2 | |
| 陕 西 | 898 | 6 229 | 5 928 | 78 | | 2 | 4 | 4 |
| 甘 肃 | 963 | 4 722 | 5 438 | 131 | | 28 | 6 | |
| 青 海 | 123 | 175 | 256 | 8 | | 2 | 2 | 2 |
| 宁 夏 | 186 | 885 | 1 517 | 37 | 1 | 3 | | |
| 新 疆 | 2 509 | 2 831 | 3 865 | 132 | | 4 | 3 | |

# 各地区环境法制工作情况（一）

（2007）

| 地区名称 | 颁布地方性法规 | | 当年受理环境行政处罚案件数（起） | 当年受理环境行政复议案件数（起） | 当年受理环境行政诉讼案件数（起） | 当年受理环境犯罪案件数（起） |
|---|---|---|---|---|---|---|
| | 法规（件） | 行政规章（件） | | | | |
| **总　计** | **20** | **32** | **109 074** | **521** | **242** | **6** |
| 国家级 | | | 4 | 17 | 1 | |
| 北　京 | | | 2 586 | 2 | 2 | |
| 天　津 | | | 1 091 | 6 | 1 | |
| 河　北 | | 1 | 5 437 | 2 | | |
| 山　西 | 1 | | 2 316 | 1 | | |
| 内蒙古 | 1 | | 1 137 | | 68 | |
| 辽　宁 | 1 | 2 | 21 450 | 4 | 5 | |
| 吉　林 | | | 517 | 1 | 1 | |
| 黑龙江 | | 6 | 3 403 | 4 | | |
| 上　海 | 1 | 1 | 1 514 | 25 | 23 | 1 |
| 江　苏 | 2 | 2 | 13 733 | 41 | 24 | 1 |
| 浙　江 | 1 | 1 | 11 441 | 105 | 25 | |
| 安　徽 | | | 1 587 | 13 | 2 | |
| 福　建 | | | 4 088 | 35 | 14 | 1 |
| 江　西 | | | 1 663 | 2 | 1 | |
| 山　东 | 1 | 2 | 5 621 | 20 | 8 | |
| 河　南 | | | 4 579 | 7 | 13 | 1 |
| 湖　北 | | 6 | 1 262 | 10 | 2 | |
| 湖　南 | | 1 | 828 | 17 | 6 | |
| 广　东 | 2 | 2 | 7 727 | 142 | 22 | 2 |
| 广　西 | | | 1 613 | 6 | 1 | |
| 海　南 | 3 | 1 | 81 | 11 | 1 | |
| 重　庆 | 1 | 4 | 1 678 | 21 | 10 | |
| 四　川 | 1 | | 5 235 | 8 | 1 | |
| 贵　州 | | | 878 | | | |
| 云　南 | 2 | 2 | 2 378 | 5 | 1 | |
| 西　藏 | | | | 1 | | |
| 陕　西 | 2 | | 1 567 | 1 | 1 | |
| 甘　肃 | | | 419 | 2 | 1 | |
| 青　海 | | | 59 | 3 | | |
| 宁　夏 | 1 | 1 | 527 | 1 | 8 | |
| 新　疆 | | | 2 655 | 8 | | |

# 各地区环境法制工作情况（二）

（2007）

单位：起

| 地区名称 | 当年做出环境行政处罚决定的案件数 | 当年做出环境行政复议决定的案件数 | 当年做出判决的环境行政诉讼案件数 | 当年做出判决的环境犯罪案件数 |
|---|---|---|---|---|
| **总 计** | **101 325** | **435** | **199** | **3** |
| 国家级 | 1 | 22 | | |
| 北 京 | 2 583 | 2 | 1 | |
| 天 津 | 925 | 6 | 1 | |
| 河 北 | 5 437 | 2 | | |
| 山 西 | 2 316 | 1 | | |
| 内蒙古 | 1 053 | | 68 | |
| 辽 宁 | 18 958 | 2 | 4 | |
| 吉 林 | 400 | 1 | 1 | |
| 黑龙江 | 3 256 | 1 | | |
| 上 海 | 1 401 | 20 | 6 | 1 |
| 江 苏 | 13 268 | 39 | 18 | |
| 浙 江 | 11 140 | 67 | 16 | |
| 安 徽 | 1 048 | 33 | 14 | |
| 福 建 | 4 051 | 33 | 14 | |
| 江 西 | 1 663 | 4 | 2 | |
| 山 东 | 5 578 | 19 | 2 | |
| 河 南 | 3 990 | 6 | 13 | 1 |
| 湖 北 | 898 | 9 | 1 | |
| 湖 南 | 721 | 17 | 5 | |
| 广 东 | 7 820 | 88 | 12 | 1 |
| 广 西 | 1 360 | 5 | | |
| 海 南 | 75 | 10 | 1 | |
| 重 庆 | 1 661 | 21 | 10 | |
| 四 川 | 5 235 | 8 | 1 | |
| 贵 州 | 878 | | | |
| 云 南 | 884 | 5 | | |
| 西 藏 | | 1 | | |
| 陕 西 | 1 553 | 2 | 1 | |
| 甘 肃 | 413 | 2 | 1 | |
| 青 海 | 59 | 1 | | |
| 宁 夏 | 467 | | 7 | |
| 新 疆 | 2 233 | 8 | | |

# 各地区环境保护系统年末机构总数（一）

（2007）

单位：个

| 地区名称 | 总计 | 国家、省级合计 | 环保局 | 监察机构 | 监测站 | 科研所 | 宣教中心 | 信息中心 | 其他 |
|---|---|---|---|---|---|---|---|---|---|
| **总　计** | **11 932** | **387** | **32** | **34** | **40** | **31** | **30** | **27** | **193** |
| 国家级 | 42 | 42 | 1 | 1 | 1 | 3 | 1 | 1 | 34 |
| 北　京 | 84 | 12 | 1 | 1 | 1 | 1 | 1 | 1 | 6 |
| 天　津 | 86 | 14 | 1 | 1 | 1 | 1 | 1 | 1 | 8 |
| 河　北 | 674 | 11 | 1 | 1 | 1 | 1 | 1 | 1 | 5 |
| 山　西 | 555 | 13 | 1 | 1 | 1 | 1 | 1 | 1 | 7 |
| 内蒙古 | 328 | 10 | 1 | 3 | 2 | 1 | 1 |  | 2 |
| 辽　宁 | 448 | 17 | 1 | 1 | 1 | 1 | 1 | 1 | 11 |
| 吉　林 | 283 | 12 | 1 | 1 | 1 | 1 | 1 | 1 | 6 |
| 黑龙江 | 430 | 17 | 1 | 1 | 1 | 1 | 1 | 1 | 11 |
| 上　海 | 82 | 9 | 1 | 1 | 1 | 1 | 1 | 1 | 3 |
| 江　苏 | 627 | 17 | 1 | 1 | 1 | 1 | 1 | 1 | 11 |
| 浙　江 | 499 | 10 | 1 | 1 | 3 | 1 | 1 | 1 | 2 |
| 安　徽 | 410 | 11 | 1 | 1 | 1 | 1 | 1 | 1 | 5 |
| 福　建 | 343 | 12 | 1 | 1 | 3 | 1 | 1 | 1 | 4 |
| 江　西 | 349 | 10 | 1 | 1 | 1 | 1 | 1 | 1 | 4 |
| 山　东 | 729 | 11 | 1 | 1 | 1 | 1 | 1 | 1 | 5 |
| 河　南 | 617 | 8 | 1 | 1 | 1 | 1 | 1 | 1 | 2 |
| 湖　北 | 439 | 9 | 1 | 1 | 1 | 1 | 1 | 1 | 3 |
| 湖　南 | 469 | 6 | 1 | 1 | 2 | 1 | 1 |  |  |
| 广　东 | 988 | 11 | 1 | 1 | 1 | 1 | 1 | 1 | 5 |
| 广　西 | 311 | 12 | 1 | 1 | 3 | 1 | 1 |  | 5 |
| 海　南 | 91 | 6 | 1 | 1 | 1 |  |  | 1 | 2 |
| 重　庆 | 373 | 11 | 1 | 1 | 1 |  | 1 | 1 | 6 |
| 四　川 | 695 | 12 | 1 | 1 | 1 | 1 | 1 | 1 | 6 |
| 贵　州 | 294 | 12 | 1 | 1 | 1 | 1 | 1 | 1 | 6 |
| 云　南 | 444 | 12 | 1 | 1 | 1 | 1 | 1 | 1 | 6 |
| 西　藏 | 101 | 7 | 1 | 1 | 1 | 1 |  |  | 3 |
| 陕　西 | 345 | 14 | 1 | 1 | 1 | 1 | 1 | 1 | 8 |
| 甘　肃 | 272 | 10 | 1 | 1 | 1 | 1 | 1 | 1 | 4 |
| 青　海 | 139 | 9 | 1 | 1 | 1 | 1 | 1 | 1 | 3 |
| 宁　夏 | 46 | 8 | 1 | 1 | 1 |  | 1 |  | 4 |
| 新　疆 | 339 | 12 | 1 | 1 | 1 | 1 | 1 | 1 | 6 |

# 各地区环境保护系统年末机构总数（二）

（2007）

单位：个

| 地区名称 | 地市级合计 | 环保局 | 监察机构 | 监测站 | 科研所 | 宣教中心 | 信息中心 | 其他 |
|---|---|---|---|---|---|---|---|---|
| **总　计** | **1 818** | **333** | **357** | **347** | **212** | **102** | **106** | **361** |
| 北　京 | | | | | | | | |
| 天　津 | | | | | | | | |
| 河　北 | 76 | 11 | 12 | 11 | 10 | 6 | 5 | 21 |
| 山　西 | 85 | 11 | 11 | 11 | 10 | 3 | 9 | 30 |
| 内蒙古 | 58 | 12 | 12 | 12 | 5 | 5 | 1 | 11 |
| 辽　宁 | 120 | 14 | 14 | 14 | 14 | 13 | 8 | 43 |
| 吉　林 | 63 | 9 | 9 | 9 | 7 | 8 | 4 | 17 |
| 黑龙江 | 86 | 13 | 17 | 24 | 9 | 3 | 2 | 18 |
| 上　海 | | | | | | | | |
| 江　苏 | 95 | 13 | 15 | 13 | 12 | 11 | 6 | 25 |
| 浙　江 | 59 | 11 | 11 | 11 | 8 | 4 | 3 | 11 |
| 安　徽 | 89 | 17 | 17 | 17 | 14 | 4 | 10 | 10 |
| 福　建 | 52 | 9 | 9 | 9 | 9 | 5 | 7 | 4 |
| 江　西 | 56 | 11 | 12 | 14 | 10 | 4 | 2 | 3 |
| 山　东 | 103 | 17 | 17 | 17 | 10 | 6 | 6 | 30 |
| 河　南 | 90 | 17 | 18 | 17 | 11 | 2 | 4 | 21 |
| 湖　北 | 79 | 13 | 21 | 13 | 11 | 3 | 4 | 14 |
| 湖　南 | 74 | 14 | 15 | 14 | 11 | 2 | 1 | 17 |
| 广　东 | 144 | 21 | 24 | 21 | 19 | 10 | 13 | 36 |
| 广　西 | 56 | 14 | 14 | 14 | 8 | 1 | 4 | 1 |
| 海　南 | 9 | 2 | 2 | 2 | 2 | 1 | | |
| 重　庆 | | | | | | | | |
| 四　川 | 81 | 21 | 21 | 23 | 8 | 1 | 4 | 3 |
| 贵　州 | 38 | 9 | 9 | 9 | 2 | 2 | 2 | 5 |
| 云　南 | 70 | 16 | 16 | 16 | 7 | 3 | 3 | 9 |
| 西　藏 | 20 | 7 | 5 | 7 | | | | 1 |
| 陕　西 | 51 | 10 | 12 | 11 | 3 | 2 | 2 | 11 |
| 甘　肃 | 61 | 14 | 15 | 15 | 5 | | 3 | 9 |
| 青　海 | 26 | 8 | 8 | 5 | 3 | 1 | 1 | |
| 宁　夏 | 17 | 5 | 7 | 5 | | | | |
| 新　疆 | 60 | 14 | 14 | 13 | 4 | 2 | 2 | 11 |

# 各地区环境保护系统年末机构总数（三）

（2007）

单位：个

| 地区名称 | 县级合计 | 环保局 | 监察机构 | 监测站 | 其他 | 全省乡镇环保机构 |
|---|---|---|---|---|---|---|
| **总　计** | **8 154** | **2 795** | **2 563** | **2 012** | **784** | **1 573** |
| 北　京 | 72 | 18 | 16 | 19 | 19 | |
| 天　津 | 72 | 18 | 21 | 20 | 13 | |
| 河　北 | 497 | 169 | 138 | 127 | 63 | 90 |
| 山　西 | 421 | 119 | 142 | 110 | 50 | 36 |
| 内蒙古 | 256 | 101 | 74 | 71 | 10 | 4 |
| 辽　宁 | 310 | 100 | 90 | 82 | 38 | 1 |
| 吉　林 | 199 | 57 | 65 | 55 | 22 | 9 |
| 黑龙江 | 326 | 115 | 99 | 88 | 24 | 1 |
| 上　海 | 72 | 19 | 19 | 20 | 14 | 1 |
| 江　苏 | 368 | 106 | 131 | 89 | 42 | 147 |
| 浙　江 | 277 | 90 | 75 | 69 | 43 | 153 |
| 安　徽 | 260 | 96 | 86 | 61 | 17 | 50 |
| 福　建 | 274 | 85 | 95 | 75 | 19 | 5 |
| 江　西 | 283 | 99 | 84 | 88 | 12 | |
| 山　东 | 481 | 139 | 133 | 124 | 85 | 134 |
| 河　南 | 482 | 153 | 165 | 119 | 45 | 37 |
| 湖　北 | 349 | 97 | 106 | 89 | 57 | 2 |
| 湖　南 | 374 | 120 | 118 | 109 | 27 | 15 |
| 广　东 | 396 | 111 | 101 | 97 | 87 | 437 |
| 广　西 | 234 | 102 | 75 | 54 | 3 | 9 |
| 海　南 | 55 | 20 | 15 | 15 | 5 | 21 |
| 重　庆 | 125 | 40 | 40 | 40 | 5 | 237 |
| 四　川 | 470 | 181 | 162 | 117 | 10 | 132 |
| 贵　州 | 240 | 88 | 90 | 52 | 10 | 4 |
| 云　南 | 329 | 129 | 108 | 83 | 9 | 33 |
| 西　藏 | 74 | 73 | | | 1 | |
| 陕　西 | 280 | 106 | 106 | 68 | | |
| 甘　肃 | 190 | 86 | 77 | 24 | 3 | 11 |
| 青　海 | 100 | 43 | 42 | 12 | 3 | 4 |
| 宁　夏 | 21 | 16 | 2 | 2 | 1 | |
| 新　疆 | 267 | 99 | 88 | 33 | 47 | |

# 各地区环境保护系统年末实有人数

（2007）

单位：人

| 地区名称 | 年末实有人数 | 高级职称 | 中级职称 | 初级职称 | 环保局 | 监察机构 | 监测站 | 乡镇环保机构 |
|---|---|---|---|---|---|---|---|---|
| **总　计** | **176 988** | **9 545** | **25 767** | **34 035** | **43 626** | **57 427** | **49 335** | **4 970** |
| 国家级 | 2 266 | 592 | 506 | 406 | 249 | 41 | 104 | |
| 北　京 | 1 838 | 185 | 452 | 584 | 510 | 264 | 539 | |
| 天　津 | 1 895 | 189 | 306 | 341 | 434 | 221 | 760 | |
| 河　北 | 14 253 | 535 | 1 188 | 2 187 | 4 454 | 4 381 | 3 098 | 677 |
| 山　西 | 10 590 | 231 | 1 190 | 2 112 | 1 855 | 3 791 | 3 314 | 344 |
| 内蒙古 | 4 430 | 322 | 806 | 721 | 1 728 | 1 145 | 1 168 | 14 |
| 辽　宁 | 7 902 | 675 | 1 510 | 1 374 | 1 424 | 2 418 | 2 239 | |
| 吉　林 | 5 264 | 371 | 963 | 1 476 | 763 | 2 300 | 1 504 | 14 |
| 黑龙江 | 4 779 | 408 | 868 | 670 | 1 163 | 1 551 | 1 349 | |
| 上　海 | 2 148 | 159 | 569 | 433 | 374 | 451 | 825 | |
| 江　苏 | 9 294 | 615 | 2 491 | 2 504 | 2 205 | 2 832 | 3 157 | 269 |
| 浙　江 | 5 796 | 523 | 1 145 | 1 094 | 1 304 | 1 355 | 1 918 | 697 |
| 安　徽 | 5 607 | 294 | 763 | 1 399 | 1 252 | 2 060 | 1 616 | 127 |
| 福　建 | 3 435 | 331 | 726 | 664 | 813 | 1 031 | 1 136 | 25 |
| 江　西 | 4 398 | 247 | 522 | 802 | 1 419 | 1 373 | 1 219 | |
| 山　东 | 13 049 | 860 | 2 027 | 3 065 | 2 742 | 4 146 | 3 829 | 487 |
| 河　南 | 20 279 | 363 | 1 577 | 3 805 | 3 972 | 9 912 | 4 914 | 328 |
| 湖　北 | 7 493 | 260 | 1 255 | 1 522 | 1 833 | 2 913 | 1 938 | 21 |
| 湖　南 | 8 130 | 238 | 1 071 | 1 592 | 2 237 | 2 610 | 2 482 | 72 |
| 广　东 | 9 752 | 560 | 1 380 | 1 905 | 2 321 | 2 096 | 2 441 | 1 284 |
| 广　西 | 3 201 | 250 | 749 | 764 | 1 047 | 761 | 1 168 | 16 |
| 海　南 | 1 206 | 35 | 106 | 136 | 345 | 363 | 333 | 41 |
| 重　庆 | 2 381 | 148 | 324 | 261 | 583 | 606 | 687 | 396 |
| 四　川 | 6 791 | 296 | 880 | 1 241 | 1 962 | 2 153 | 2 145 | 49 |
| 贵　州 | 2 455 | 94 | 242 | 382 | 853 | 727 | 618 | 13 |
| 云　南 | 4 117 | 250 | 731 | 760 | 1 608 | 805 | 1 192 | 69 |
| 西　藏 | 508 | 8 | 22 | 50 | 370 | 37 | 65 | |
| 陕　西 | 5 529 | 153 | 348 | 575 | 1 187 | 2 416 | 1 603 | |
| 甘　肃 | 3 440 | 82 | 265 | 444 | 1 268 | 1 250 | 731 | 12 |
| 青　海 | 804 | 40 | 135 | 156 | 180 | 282 | 235 | 15 |
| 宁　夏 | 812 | 78 | 134 | 164 | 348 | 166 | 222 | |
| 新　疆 | 3 146 | 153 | 516 | 446 | 823 | 970 | 786 | |

# 各地区环境保护系统各级机构人员数（一）

（2007）

单位：人

| 地区名称 | 年末实有人数合计 | 省级、国家级合计 | 环保局 | 监察机构 | 监测站 | 科研所 | 宣教中心 | 信息中心 | 其他 |
|---|---|---|---|---|---|---|---|---|---|
| **总　计** | **176 988** | **13 113** | **2 201** | **861** | **2 975** | **3 095** | **520** | **297** | **3 164** |
| 国家级 | 2 266 | 2 266 | 249 | 41 | 104 | 742 | 32 | 29 | 1 069 |
| 北　京 | 1 838 | 700 | 88 | 49 | 143 | 222 | 49 | 10 | 139 |
| 天　津 | 1 895 | 691 | 103 | 57 | 194 | 177 | 24 | 21 | 115 |
| 河　北 | 14 253 | 342 | 70 | 48 | 64 | 52 | 15 | 14 | 79 |
| 山　西 | 10 590 | 313 | 77 | 26 | 75 | 45 | 8 | 12 | 70 |
| 内蒙古 | 4 430 | 208 | 50 | 15 | 82 | 29 | 20 |  | 12 |
| 辽　宁 | 7 902 | 350 | 48 | 14 | 78 | 101 | 12 | 6 | 91 |
| 吉　林 | 5 264 | 347 | 57 | 19 | 87 | 73 | 22 | 15 | 74 |
| 黑龙江 | 4 779 | 393 | 59 | 19 | 87 | 75 | 13 | 8 | 132 |
| 上　海 | 2 148 | 642 | 88 | 48 | 150 | 237 | 23 | 15 | 81 |
| 江　苏 | 9 294 | 417 | 105 | 12 | 71 | 69 | 14 | 20 | 126 |
| 浙　江 | 5 796 | 367 | 58 | 19 | 173 | 83 | 7 | 7 | 20 |
| 安　徽 | 5 607 | 313 | 52 | 24 | 87 | 72 | 12 | 12 | 54 |
| 福　建 | 3 435 | 320 | 66 | 17 | 82 | 49 | 10 | 6 | 90 |
| 江　西 | 4 398 | 274 | 45 | 26 | 74 | 72 | 10 | 9 | 38 |
| 山　东 | 13 049 | 443 | 61 | 24 | 78 | 100 | 22 | 14 | 144 |
| 河　南 | 20 279 | 282 | 82 | 28 | 70 | 39 | 17 | 7 | 39 |
| 湖　北 | 7 493 | 231 | 44 | 19 | 59 | 59 | 17 | 5 | 28 |
| 湖　南 | 8 130 | 370 | 46 | 22 | 156 | 107 | 39 |  |  |
| 广　东 | 9 752 | 387 | 85 | 37 | 96 |  | 15 | 10 | 144 |
| 广　西 | 3 201 | 269 | 40 | 19 | 114 | 43 | 17 |  | 36 |
| 海　南 | 1 206 | 188 | 43 | 24 | 91 |  | 6 | 6 | 18 |
| 重　庆 | 2 381 | 414 | 93 | 65 | 164 |  | 15 | 10 | 67 |
| 四　川 | 6 791 | 436 | 74 | 26 | 45 | 220 | 13 | 13 | 45 |
| 贵　州 | 2 455 | 336 | 71 | 22 | 80 | 94 | 9 | 8 | 52 |
| 云　南 | 4 117 | 436 | 64 | 19 | 88 | 135 | 17 | 10 | 103 |
| 西　藏 | 508 | 92 | 30 | 9 | 31 |  |  |  | 22 |
| 陕　西 | 5 529 | 347 | 70 | 38 | 81 | 43 | 12 | 13 | 90 |
| 甘　肃 | 3 440 | 248 | 56 | 13 | 74 | 66 | 14 | 6 | 19 |
| 青　海 | 804 | 195 | 29 | 24 | 68 | 23 | 8 | 5 | 38 |
| 宁　夏 | 812 | 155 | 43 | 14 | 45 |  | 16 |  | 37 |
| 新　疆 | 3 146 | 341 | 55 | 24 | 84 | 68 | 12 | 6 | 92 |

# 各地区环境保护系统各级机构人员数（二）

（2007）

单位：人

| 地 区<br>名 称 | 地市级<br>合 计 | 环保局 | 监察机构 | 监测站 | 科研所 | 宣教中心 | 信息中心 | 其他 |
|---|---|---|---|---|---|---|---|---|
| **总 计** | **40 154** | **8 112** | **8 610** | **14 944** | **3 285** | **703** | **592** | **3 908** |
| 北 京 | | | | | | | | |
| 天 津 | | | | | | | | |
| 河 北 | 2 422 | 483 | 436 | 747 | 240 | 80 | 26 | 410 |
| 山 西 | 1 722 | 326 | 320 | 551 | 153 | 21 | 60 | 291 |
| 内蒙古 | 1 237 | 251 | 230 | 500 | 107 | 32 | 6 | 111 |
| 辽 宁 | 3 372 | 453 | 591 | 961 | 529 | 104 | 74 | 660 |
| 吉 林 | 980 | 192 | 267 | 297 | 70 | 40 | 7 | 107 |
| 黑龙江 | 1 440 | 314 | 305 | 490 | 107 | 39 | 9 | 176 |
| 上 海 | | | | | | | | |
| 江 苏 | 2 402 | 481 | 575 | 959 | 166 | 44 | 14 | 163 |
| 浙 江 | 1 306 | 259 | 284 | 548 | 123 | 21 | 17 | 54 |
| 安 徽 | 1 595 | 332 | 367 | 633 | 134 | 10 | 58 | 61 |
| 福 建 | 938 | 162 | 245 | 330 | 132 | 20 | 33 | 16 |
| 江 西 | 1 143 | 243 | 292 | 428 | 124 | 27 | 10 | 19 |
| 山 东 | 2 945 | 660 | 514 | 999 | 183 | 58 | 59 | 472 |
| 河 南 | 3 161 | 580 | 788 | 1 257 | 192 | 26 | 38 | 280 |
| 湖 北 | 1 838 | 288 | 618 | 575 | 206 | 24 | 20 | 107 |
| 湖 南 | 1 839 | 389 | 347 | 778 | 207 | 16 | 3 | 99 |
| 广 东 | 3 029 | 580 | 551 | 979 | 279 | 54 | 54 | 532 |
| 广 西 | 1 115 | 276 | 199 | 538 | 73 | 9 | 18 | 2 |
| 海 南 | 269 | 47 | 95 | 82 | 16 | 29 | | |
| 重 庆 | | | | | | | | |
| 四 川 | 1 781 | 428 | 405 | 826 | 92 | 16 | 14 | |
| 贵 州 | 579 | 150 | 105 | 284 | 14 | 4 | 5 | 17 |
| 云 南 | 1 055 | 316 | 159 | 448 | 45 | 9 | 17 | 61 |
| 西 藏 | 153 | 78 | 28 | 34 | | | | 13 |
| 陕 西 | 1 212 | 247 | 231 | 569 | 51 | 11 | 12 | 91 |
| 甘 肃 | 1 040 | 250 | 251 | 473 | 12 | | 21 | 33 |
| 青 海 | 162 | 48 | 44 | 58 | 6 | | 6 | |
| 宁 夏 | 366 | 83 | 128 | 155 | | | | |
| 新 疆 | 1 053 | 196 | 235 | 445 | 24 | 9 | 11 | 133 |

# 各地区环境保护系统各级机构人员数（三）

（2007）

单位：人

| 地区名称 | 县级合计 | 环保局 | 监察机构 | 监测站 | 其他 | 全省乡镇环保机构 |
|---|---|---|---|---|---|---|
| **总　计** | **118 751** | **33 313** | **47 956** | **31 416** | **6 066** | **4 970** |
| 北　京 | 1 138 | 422 | 215 | 396 | 105 | |
| 天　津 | 1 204 | 331 | 164 | 566 | 143 | |
| 河　北 | 10 812 | 3 901 | 3 897 | 2 287 | 727 | 677 |
| 山　西 | 8 211 | 1 452 | 3 445 | 2 688 | 626 | 344 |
| 内蒙古 | 2 971 | 1 427 | 900 | 586 | 58 | 14 |
| 辽　宁 | 4 180 | 923 | 1 813 | 1 200 | 244 | |
| 吉　林 | 3 923 | 514 | 2 014 | 1 120 | 275 | 14 |
| 黑龙江 | 2 946 | 790 | 1 227 | 772 | 157 | |
| 上　海 | 1 506 | 286 | 403 | 675 | 142 | |
| 江　苏 | 6 206 | 1 619 | 2 245 | 2 127 | 215 | 269 |
| 浙　江 | 3 426 | 987 | 1 052 | 1 197 | 190 | 697 |
| 安　徽 | 3 572 | 868 | 1 669 | 896 | 139 | 127 |
| 福　建 | 2 152 | 585 | 769 | 724 | 74 | 25 |
| 江　西 | 2 981 | 1 131 | 1 055 | 717 | 78 | |
| 山　东 | 9 174 | 2 021 | 3 608 | 2 752 | 793 | 487 |
| 河　南 | 16 508 | 3 310 | 9 096 | 3 587 | 515 | 328 |
| 湖　北 | 5 403 | 1 501 | 2 276 | 1 304 | 322 | 21 |
| 湖　南 | 5 849 | 1 802 | 2 241 | 1 548 | 258 | 72 |
| 广　东 | 5 052 | 1 656 | 1 508 | 1 366 | 522 | 1 284 |
| 广　西 | 1 801 | 731 | 543 | 516 | 11 | 16 |
| 海　南 | 708 | 255 | 244 | 160 | 49 | 41 |
| 重　庆 | 1 571 | 490 | 541 | 523 | 17 | 396 |
| 四　川 | 4 525 | 1 460 | 1 722 | 1 274 | 69 | 49 |
| 贵　州 | 1 527 | 632 | 600 | 254 | 41 | 13 |
| 云　南 | 2 557 | 1 228 | 627 | 656 | 46 | 69 |
| 西　藏 | 263 | 262 | | | 1 | |
| 陕　西 | 3 970 | 870 | 2 147 | 953 | | |
| 甘　肃 | 2 140 | 962 | 986 | 184 | 8 | 12 |
| 青　海 | 432 | 103 | 214 | 109 | 6 | 15 |
| 宁　夏 | 291 | 222 | 24 | 22 | 23 | |
| 新　疆 | 1 752 | 572 | 711 | 257 | 212 | |

# 各地区环境科技工作情况（一）

（2007）

| 地　区<br>名　称 | 科研课题<br>项目数<br>（项） | 科研课题<br>经费数<br>（万元） | 授权<br>专利数<br>（项） | 授权发明<br>专利数 | 获科学技<br>术奖励数<br>（项） | 国家级 | 省（部）级<br>一等 | 省（部）级<br>二等 | 省（部）级<br>三等 |
|---|---|---|---|---|---|---|---|---|---|
| **总　计** | **1 822** | **43 475.2** | **69** | **39** | **99** | **7** | **9** | **13** | **70** |
| 北　京 | 79 | 244.7 | 1 | 1 | 7 | 1 | 2 | 1 | 3 |
| 天　津 | 44 | 432.2 | 2 | | 1 | | | 1 | |
| 河　北 | 12 | 60.0 | | | 3 | | | | 3 |
| 山　西 | 10 | 67.5 | | | 3 | 1 | | | 2 |
| 内蒙古 | 16 | 229.0 | | | | | | | |
| 辽　宁 | 138 | 1 716.6 | 5 | 2 | 9 | | | 4 | 5 |
| 吉　林 | 16 | 125.5 | 1 | 1 | 1 | | 1 | | |
| 黑龙江 | 63 | 4 182.0 | 4 | 4 | | | | | |
| 上　海 | 75 | 2 214.1 | 1 | | 2 | | | | 2 |
| 江　苏 | 325 | 8 166.4 | 5 | 4 | 9 | 2 | | 1 | 6 |
| 浙　江 | 114 | 4 546.0 | 2 | 1 | 6 | 1 | 1 | | 4 |
| 安　徽 | 116 | 928.5 | | | 3 | | | 1 | 2 |
| 福　建 | 82 | 1 072.7 | 1 | 1 | 3 | | | | 3 |
| 江　西 | 11 | 113.0 | | | 1 | | | | 1 |
| 山　东 | 117 | 5 201.2 | 34 | 14 | 19 | 1 | 3 | 1 | 14 |
| 河　南 | 39 | 583.0 | 3 | 1 | 9 | | 1 | 1 | 7 |
| 湖　北 | 56 | 281.6 | | | 1 | | | | 1 |
| 湖　南 | 33 | 1 159.8 | | | 1 | | | | 1 |
| 广　东 | 135 | 5 541.8 | 8 | 8 | 3 | | | 1 | 2 |
| 广　西 | 14 | 962.0 | | | | | | | |
| 海　南 | 6 | 202.0 | 2 | 2 | 1 | | | | 1 |
| 重　庆 | 56 | 1 482.1 | | | 2 | | | | 2 |
| 四　川 | 36 | 632.9 | | | | | | | |
| 贵　州 | 12 | 96.5 | | | 1 | | 1 | | |
| 云　南 | 52 | 1 301.6 | | | 2 | | | | 2 |
| 西　藏 | | | | | | | | | |
| 陕　西 | 109 | 1 075.5 | | | 8 | 1 | | 1 | 6 |
| 甘　肃 | 7 | 60.0 | | | 3 | | | 1 | 2 |
| 青　海 | 3 | 15.4 | | | | | | | |
| 宁　夏 | 21 | 261.0 | | | | | | | |
| 新　疆 | 25 | 520.6 | | | 1 | | | | 1 |

# 各地区环境科技工作情况（二）

（2007）

| 地区名称 | 颁布地方环境标准数（项） | 累积颁布地方环境标准总数（项） | 环保产业单位数（个） | 环保产业从业人数（人） | 获得环境标志产品认证的产品数（个） | 环保产业年收入（万元） | 环保产品年销售产值（万元） |
|---|---|---|---|---|---|---|---|
| **总　计** | **26** | **98** | **17 152** | **1 163 918** | **2 036** | **23 327 782.5** | **17 742 479.3** |
| 北　京 | 5 | 5 | 264 | 10 071 | 2 | 411 289.8 | 12 072.0 |
| 天　津 | | | 550 | | | | |
| 河　北 | 2 | 4 | 247 | 82 566 | | 559 732.0 | 544 940.0 |
| 山　西 | | | 2 780 | 57 541 | 17 | 886 227.2 | 881 265.9 |
| 内蒙古 | | | 20 | 2 914 | 5 | 23 188.5 | 6 148.5 |
| 辽　宁 | | | 1 268 | 68 579 | 61 | 4 128 584.6 | 1 964 539.0 |
| 吉　林 | | | 322 | 24 554 | 42 | 284 263.3 | 265 376.7 |
| 黑龙江 | 3 | 3 | 486 | 77 702 | 3 | 685 515.1 | 975 859.0 |
| 上　海 | 2 | 11 | 66 | 3 670 | 1 | 4 866.4 | 4 800.0 |
| 江　苏 | 2 | 24 | 2 251 | 152 982 | 386 | 5 331 944.0 | 3 264 634.0 |
| 浙　江 | | 5 | 1 735 | 141 610 | 131 | 2 554 619.0 | 2 374 711.0 |
| 安　徽 | | | 185 | 11 353 | | 188 880.0 | 124 550.0 |
| 福　建 | | 6 | 794 | 36 795 | 34 | 1 025 627.0 | 413 230.0 |
| 江　西 | | | 300 | 20 754 | 3 | 135 468.3 | 124 492.9 |
| 山　东 | 5 | 14 | 588 | 67 820 | 89 | 1 206 713.8 | 1 138 998.2 |
| 河　南 | | | 680 | 60 597 | 20 | 705 874.3 | 555 061.4 |
| 湖　北 | | | 309 | 61 798 | 1 109 | 215 519.5 | 1 761 485.1 |
| 湖　南 | | | 596 | 34 336 | 17 | 449 886.8 | 360 618.2 |
| 广　东 | | | 1 040 | 76 303 | 49 | 2 309 591.0 | 1 973 576.0 |
| 广　西 | | | 174 | 16 965 | 2 | 261 090.9 | 259 487.7 |
| 海　南 | | | 31 | 1 329 | | 9 927.3 | 9 233.5 |
| 重　庆 | 3 | 3 | 700 | 50 000 | | 420 000.0 | 120 000.0 |
| 四　川 | | | 724 | 61 753 | 34 | 815 880.8 | 428 833.2 |
| 贵　州 | | | 75 | 1 600 | | 5 040.0 | 580.0 |
| 云　南 | | | 58 | 3 437 | 11 | 41 751.0 | 34 346.0 |
| 西　藏 | | | | | | | |
| 陕　西 | 4 | 16 | 617 | 15 912 | 12 | 421 964.0 | 32 800.0 |
| 甘　肃 | | | 175 | 16 200 | | 170 000.0 | 40 000.0 |
| 青　海 | | | 14 | 1 418 | 1 | 53 263.0 | 51 736.0 |
| 宁　夏 | | | 19 | 1 109 | | | |
| 新　疆 | | 7 | 84 | 2 250 | 7 | 21 075.0 | 19 105.0 |

# 各地区环境科技工作情况（三）

（2007）

| 地区名称 | 从事科技活动人员数（人） | 科技管理人员 | 科技人员 | 科技辅助人员 | 外聘流动研究人员 | 科研业务费支出（万元） |
|---|---|---|---|---|---|---|
| **总　计** | **18 541** | **3 338** | **12 521** | **2 210** | **472** | **54 944.8** |
| 北　京 | 422 | 64 | 314 | 44 | | 7 119.0 |
| 天　津 | 165 | 30 | 125 | 10 | | 2 601.8 |
| 河　北 | 363 | 78 | 163 | 102 | 20 | 330.0 |
| 山　西 | 221 | 27 | 194 | | | 1 175.9 |
| 内蒙古 | 310 | 26 | 150 | 29 | 105 | 527.2 |
| 辽　宁 | 1 097 | 181 | 827 | 74 | 15 | 2 562.7 |
| 吉　林 | 322 | 49 | 225 | 39 | 9 | 312.9 |
| 黑龙江 | 907 | 152 | 640 | 102 | 13 | 947.0 |
| 上　海 | 279 | 44 | 156 | 79 | | 1 728.7 |
| 江　苏 | 2 274 | 339 | 1 211 | 670 | 54 | 18 637.3 |
| 浙　江 | 1 850 | 346 | 1 307 | 168 | 29 | 2 197.9 |
| 安　徽 | 241 | 37 | 198 | 6 | | 893.7 |
| 福　建 | 475 | 57 | 327 | 57 | 34 | 2 140.6 |
| 江　西 | 322 | 61 | 210 | 41 | 10 | 350.3 |
| 山　东 | 2 710 | 389 | 2 118 | 182 | 21 | 3 616.7 |
| 河　南 | 743 | 122 | 567 | 43 | 11 | 423.2 |
| 湖　北 | 342 | 58 | 254 | 27 | 3 | 695.0 |
| 湖　南 | 841 | 124 | 631 | 79 | 7 | 1 514.8 |
| 广　东 | 1 401 | 316 | 873 | 144 | 68 | 4 734.8 |
| 广　西 | 205 | 26 | 170 | 9 | | 313.5 |
| 海　南 | 132 | 28 | 86 | 18 | | 192.5 |
| 重　庆 | 346 | 42 | 255 | 49 | | 518.0 |
| 四　川 | 413 | 61 | 307 | 37 | 8 | 59.0 |
| 贵　州 | 114 | 16 | 73 | 14 | 11 | 239.1 |
| 云　南 | 768 | 139 | 556 | 51 | 22 | 497.5 |
| 西　藏 | 21 | 4 | 17 | | | |
| 陕　西 | 517 | 423 | 52 | 13 | 29 | |
| 甘　肃 | 225 | 10 | 180 | 35 | | 60.0 |
| 青　海 | 38 | 10 | 24 | 3 | 1 | 116.1 |
| 宁　夏 | 250 | 53 | 170 | 27 | | 262.0 |
| 新　疆 | 227 | 26 | 141 | 58 | 2 | 177.6 |

# 各地区环境监测工作情况（一）

（2007）

| 地区名称 | 监测用房总面积（米$^2$） | 环境监测经费（万元） | 环境监测仪器数量（台或套） | 环境空气监测点位 | | 酸雨监测点位（个） | 开展酸雨监测的监测站数（个） |
|---|---|---|---|---|---|---|---|
| | | | | | 国控监测点位 | | |
| **总　计** | **1 287 688** | **326 800.2** | **97 998** | **3 033** | **632** | **1 301** | **883** |
| 国家级 | 4 092 | 11 150 | 1 400 | | 632 | 960 | 500 |
| 北　京 | 8 274 | 8 230.2 | 253 | 27 | 12 | 3 | 3 |
| 天　津 | 26 947 | 8 534.4 | 3 408 | 22 | 13 | 9 | 9 |
| 河　北 | | | | | 38 | | |
| 山　西 | | | | | 31 | | |
| 内蒙古 | 37 768 | 9 447.6 | 3 745 | 111 | 11 | 40 | 27 |
| 辽　宁 | 63 436 | 14 546.9 | 6 333 | 143 | 44 | 86 | 52 |
| 吉　林 | 49 621 | 8 958.9 | 2 591 | 137 | 13 | 39 | 23 |
| 黑龙江 | 30 703 | 3 552.9 | 1 692 | 49 | 18 | 28 | 10 |
| 上　海 | 37 980 | 14 918.1 | 2 780 | 47 | 10 | 22 | 20 |
| 江　苏 | 137 130 | 41 887.7 | 8 374 | 212 | 44 | 117 | 84 |
| 浙　江 | 76 554 | 34 534.0 | 7 469 | 168 | 24 | 82 | 68 |
| 安　徽 | 40 361 | 11 598.2 | 3 357 | 82 | 14 | 51 | 32 |
| 福　建 | 46 307 | 9 944.2 | 5 135 | 148 | 11 | 67 | 44 |
| 江　西 | 827 | 844.1 | 100 | | 17 | | |
| 山　东 | 83 473 | 13 870.2 | 6 267 | 175 | 47 | 92 | 52 |
| 河　南 | 78 542 | 12 455.6 | 4 844 | 160 | 35 | 66 | 38 |
| 湖　北 | 28 378 | 5 357.3 | 1 426 | 80 | 17 | 44 | 28 |
| 湖　南 | 57 079 | 14 883.6 | 3 512 | 196 | 34 | 80 | 53 |
| 广　东 | 102 330 | 37 519.2 | 11 049 | 302 | 40 | 85 | 70 |
| 广　西 | 15 158 | 5 746.5 | 1 064 | 69 | 18 | 29 | 13 |
| 海　南 | 8 631 | 3 021.2 | 761 | 117 | 4 | 47 | 22 |
| 重　庆 | 38 653 | 11 067.0 | 5 391 | 87 | 8 | 44 | 39 |
| 四　川 | 84 285 | 18 412.4 | 7 352 | 313 | 25 | 137 | 69 |
| 贵　州 | 17 981 | 5 748.1 | 420 | 51 | 10 | 12 | 12 |
| 云　南 | 48 927 | 5 974.6 | 4 567 | 150 | 43 | 56 | 74 |
| 西　藏 | 5 437 | | 448 | 10 | 7 | 1 | 1 |
| 陕　西 | 23 591 | 8 131.3 | 1 421 | 55 | 9 | 24 | 14 |
| 甘　肃 | 28 278 | 3 498.7 | 1 678 | 39 | 11 | 16 | 13 |
| 青　海 | 94 444 | 1 075.7 | 776 | 65 | 5 | 13 | 8 |
| 宁　夏 | 12 501 | 1 891.6 | 385 | 18 | 4 | 11 | 5 |
| 新　疆 | | | | | 38 | | |

# 各地区环境监测工作情况（二）

（2007）

| 地　区<br>名　称 | 沙尘暴监测点位数（个） | 开展沙尘暴监测的监测站数（个） | 地表水水质监测断面（个） | 其中：国控断面 | 开展饮用水源地水质监测的城市数（个） | 近岸海域监测点位（个） | 开展近岸海域监测的监测站数（个） |
|---|---|---|---|---|---|---|---|
| **总　计** | **101** | **79** | **8 348** | **759** | **312** | **622** | **257** |
| 国家级 | 80 | 79 | | 759 | 113 | 299 | 74 |
| 北　京 | | | 228 | 8 | 1 | | |
| 天　津 | 13 | 13 | 174 | 16 | 1 | 17 | 1 |
| 河　北 | | | | 44 | | | |
| 山　西 | | | | 8 | | | |
| 内蒙古 | 19 | 17 | 180 | 25 | 9 | | |
| 辽　宁 | 28 | 19 | 372 | 27 | 14 | 53 | 16 |
| 吉　林 | 3 | 3 | 185 | 27 | 9 | | |
| 黑龙江 | | | 116 | 26 | 9 | | |
| 上　海 | | | 344 | 3 | 1 | 16 | 3 |
| 江　苏 | | | 1 380 | 124 | 13 | 24 | 3 |
| 浙　江 | 7 | 2 | 929 | 37 | 27 | 48 | 29 |
| 安　徽 | | | 305 | 68 | 16 | | |
| 福　建 | | | 348 | 18 | 9 | 92 | 16 |
| 江　西 | | | 6 | 17 | | | |
| 山　东 | 2 | 2 | 457 | 43 | 17 | 179 | 93 |
| 河　南 | | | 537 | 36 | 15 | | |
| 湖　北 | | | 317 | 19 | 15 | | |
| 湖　南 | | | 324 | 26 | 14 | | |
| 广　东 | | | 504 | 9 | 21 | 103 | 13 |
| 广　西 | | | 64 | 14 | 17 | 8 | 2 |
| 海　南 | | | 192 | 4 | 4 | 82 | 81 |
| 重　庆 | | | 231 | 8 | 1 | | |
| 四　川 | | | 435 | 25 | 21 | | |
| 贵　州 | | | 74 | 10 | 9 | | |
| 云　南 | | | 387 | 43 | 16 | | |
| 西　藏 | | | 23 | 7 | 2 | | |
| 陕　西 | 9 | 2 | 63 | 9 | 10 | | |
| 甘　肃 | 7 | 12 | 64 | 11 | 16 | | |
| 青　海 | 4 | 4 | 61 | 5 | 2 | | |
| 宁　夏 | 9 | 5 | 48 | 4 | 23 | | |
| 新　疆 | | | | 38 | | | |

# 各地区环境监测工作情况（三）

（2007）

| 地区名称 | 开展环境噪声监测的监测站数（个） | 环境噪声自动监测系统（套） | 开展污染源监督性监测的重点企业数量（个） | 开展生态监测的监测站数（个） | 开展土壤监测的监测站数（个） |
|---|---|---|---|---|---|
| **总　计** | **14 942** | **148** | **36 873** | **129** | **728** |
| 国家级 | 353 | 2 | 4 375 | | |
| 北　京 | 19 | 16 | 323 | 1 | 1 |
| 天　津 | 21 | | 723 | 1 | |
| 河　北 | | | | | |
| 山　西 | | | | | |
| 内蒙古 | 1 189 | | 785 | 6 | 179 |
| 辽　宁 | 84 | | 1 124 | 4 | 14 |
| 吉　林 | 186 | | 759 | | 3 |
| 黑龙江 | 135 | | 305 | 4 | 4 |
| 上　海 | 14 | 14 | 1 276 | 1 | 12 |
| 江　苏 | 1 894 | 25 | 3 418 | 27 | 50 |
| 浙　江 | 2 737 | 33 | 3 798 | 4 | 26 |
| 安　徽 | 45 | 15 | 990 | | 11 |
| 福　建 | 72 | 3 | 2 099 | 1 | 9 |
| 江　西 | | | | | |
| 山　东 | 481 | | 2 196 | 61 | 334 |
| 河　南 | 1 117 | | 2 030 | 3 | 15 |
| 湖　北 | 1 122 | 13 | 774 | | |
| 湖　南 | 1 400 | 3 | 1 437 | 2 | 9 |
| 广　东 | 110 | 13 | 3 669 | 1 | 14 |
| 广　西 | 378 | | 348 | | 3 |
| 海　南 | 389 | | 416 | 1 | 1 |
| 重　庆 | 41 | 5 | 6 387 | 1 | 4 |
| 四　川 | 3 063 | | 1 997 | | 10 |
| 贵　州 | 19 | | 230 | | |
| 云　南 | 352 | 4 | 669 | 2 | 5 |
| 西　藏 | 11 | | 35 | | |
| 陕　西 | 37 | | 397 | 4 | 7 |
| 甘　肃 | 15 | | 227 | 3 | 14 |
| 青　海 | 6 | 4 | 201 | | |
| 宁　夏 | 5 | | 260 | 2 | 3 |
| 新　疆 | | | | | |

# 各地区环境污染控制与管理情况

（2007）

| 地区名称 | 强制性清洁生产审核当年完成数（个） | 当年完成限期治理项目数（项） | 当年完成限期治理项目投资额（万元） | 关停并转迁企业数（个） | 已发放排污许可证数（个） | 机动车环保检测车辆数（万辆） | 环保模范城市数（个） | 参加“城考”城市数（个） |
|---|---|---|---|---|---|---|---|---|
| **总　计** | **1 430** | **24 113** | **3 264 007** | **25 733** | **148 320** | **3 868** | **67** | **617** |
| 北　京 | | 2 341 | 106 994 | 41 | | 247 | | 1 |
| 天　津 | 27 | 53 | 24 747 | 183 | 214 | | 1 | 1 |
| 河　北 | 371 | 2 236 | 257 129 | 1 811 | 6 461 | 136 | 1 | 33 |
| 山　西 | 79 | 2 208 | 602 687 | 2 690 | 2 572 | 23 | | 22 |
| 内蒙古 | 10 | 676 | 209 067 | 1 015 | 4 498 | 146 | | 21 |
| 辽　宁 | | 664 | 40 514 | 882 | 3 386 | 63 | 2 | 31 |
| 吉　林 | 28 | 609 | 65 272 | 140 | 435 | 25 | 1 | 28 |
| 黑龙江 | 13 | 1 271 | 97 683 | 232 | 3 303 | 53 | 1 | 30 |
| 上　海 | 11 | 104 | 5 666 | 217 | 2 263 | 169 | | 1 |
| 江　苏 | 117 | 1 820 | 121 621 | 2 710 | 16 988 | 616 | 18 | 40 |
| 浙　江 | 264 | 1 828 | 91 733 | 2 481 | 15 234 | 372 | 6 | 34 |
| 安　徽 | 12 | 265 | 23 141 | 146 | 862 | 89 | 1 | 22 |
| 福　建 | 23 | 351 | 21 198 | 1 031 | 6 578 | | 3 | 23 |
| 江　西 | 20 | 335 | 27 356 | 408 | 1 258 | 46 | | 20 |
| 山　东 | 134 | 1 547 | 591 346 | 1 382 | 2 096 | 391 | 18 | 48 |
| 河　南 | 104 | 1 276 | 275 555 | 2 552 | 470 | 99 | | 38 |
| 湖　北 | 6 | 372 | 53 976 | 507 | 3 213 | 110 | | 15 |
| 湖　南 | 5 | 514 | 124 959 | 640 | 6 682 | 70 | | 14 |
| 广　东 | 60 | 326 | 13 851 | 602 | 38 595 | 792 | 8 | 44 |
| 广　西 | 1 | 199 | 27 854 | 1 103 | 10 559 | 83 | 1 | 21 |
| 海　南 | | 43 | 1 897 | 5 | 390 | 20 | 1 | 8 |
| 重　庆 | 36 | 317 | 25 095 | 205 | 3 208 | 5 | | 1 |
| 四　川 | | 200 | 90 000 | 3 331 | 300 | 123 | 2 | 32 |
| 贵　州 | 3 | 28 | 2 000 | 237 | 5 933 | 15 | | 13 |
| 云　南 | 39 | 3 531 | 47 739 | 195 | 2 619 | 70 | | 17 |
| 西　藏 | | | | | 592 | | | 1 |
| 陕　西 | 49 | 242 | 65 743 | 458 | 2 991 | 76 | 1 | 14 |
| 甘　肃 | 12 | 342 | 194 355 | 268 | 2 794 | 3 | | 16 |
| 青　海 | | 101 | 6 663 | 19 | 56 | 5 | | 1 |
| 宁　夏 | | 126 | 29 356 | 107 | 1 969 | 15 | | 8 |
| 新　疆 | 6 | 188 | 18 812 | 135 | 1 801 | 7 | 2 | 19 |

# 各地区自然生态保护情况（一）

（2007）

| 地区名称 | 自然保护区数（个） | 国家级 | 省级 | 地市级 | 县级 | 保护区面积（公顷） | 国家级 |
|---|---|---|---|---|---|---|---|
| **总计** | **2 531** | **303** | **780** | **462** | **986** | **151 881 822** | **93 655 782** |
| 北京 | 20 | 2 | 12 | 6 | | 133 966 | 26 403 |
| 天津 | 8 | 3 | 5 | | | 162 770 | 100 949 |
| 河北 | 34 | 11 | 18 | 2 | 3 | 565 865 | 216 507 |
| 山西 | 46 | 5 | 41 | | | 1 139 562 | 82 936 |
| 内蒙古 | 192 | 23 | 52 | 33 | 84 | 13 570 777 | 3 843 784 |
| 辽宁 | 96 | 12 | 27 | 35 | 22 | 2 658 685 | 936 404 |
| 吉林 | 34 | 11 | 14 | 3 | 6 | 2 258 317 | 783 705 |
| 黑龙江 | 186 | 20 | 59 | 35 | 72 | 5 933 306 | 2 058 352 |
| 上海 | 4 | 2 | 2 | | | 93 821 | 66 175 |
| 江苏 | 31 | 3 | 10 | 10 | 8 | 611 533 | 336 211 |
| 浙江 | 53 | 9 | 10 | | 34 | 262 080 | 96 724 |
| 安徽 | 103 | 6 | 27 | 6 | 64 | 532 406 | 164 282 |
| 福建 | 92 | 12 | 25 | 9 | 46 | 512 349 | 205 821 |
| 江西 | 138 | 8 | 22 | 2 | 106 | 986 512 | 140 204 |
| 山东 | 75 | 7 | 23 | 24 | 21 | 1 097 341 | 256 766 |
| 河南 | 35 | 11 | 21 | 1 | 2 | 768 722 | 442 968 |
| 湖北 | 63 | 9 | 15 | 21 | 18 | 993 329 | 217 577 |
| 湖南 | 95 | 14 | 28 | | 53 | 1 110 829 | 451 932 |
| 广东 | 347 | 11 | 52 | 119 | 165 | 3 470 587 | 236 437 |
| 广西 | 73 | 15 | 44 | 3 | 11 | 1 399 112 | 286 193 |
| 海南 | 68 | 9 | 24 | 22 | 13 | 2 811 472 | 102 026 |
| 重庆 | 50 | 3 | 20 | | 27 | 897 479 | 195 512 |
| 四川 | 163 | 22 | 62 | 31 | 48 | 9 063 231 | 2 100 476 |
| 贵州 | 129 | 8 | 4 | 22 | 95 | 956 196 | 243 539 |
| 云南 | 198 | 16 | 52 | 71 | 59 | 4 227 339 | 1 431 715 |
| 西藏 | 40 | 9 | 6 | 3 | 22 | 40 975 583 | 37 153 065 |
| 陕西 | 50 | 9 | 34 | 4 | 3 | 1 045 944 | 320 040 |
| 甘肃 | 57 | 13 | 40 | | 4 | 9 876 760 | 6 861 230 |
| 青海 | 11 | 5 | 6 | | | 21 822 201 | 20 252 490 |
| 宁夏 | 13 | 6 | 7 | | | 506 783 | 439 208 |
| 新疆 | 27 | 9 | 18 | | | 21 436 965 | 13 606 151 |

# 各地区自然生态保护情况（二）

（2007）

| 地区名称 | 保护区面积（公顷） | | | 保护区面积占辖区面积比（%） | 全国环境优美乡镇（个） |
|---|---|---|---|---|---|
| | 省级 | 地市级 | 县级 | | |
| **总计** | **42 601 067** | **5 375 923** | **10 249 050** | **15.2** | **425** |
| 北京 | 71 413 | 36 150 | | 8.0 | 16 |
| 天津 | 61 821 | | | 14.4 | 7 |
| 河北 | 330 226 | 8 806 | 10 326 | 3.0 | 3 |
| 山西 | 1 056 626 | | | 7.3 | 3 |
| 内蒙古 | 7 162 614 | 436 311 | 2 128 068 | 11.5 | 2 |
| 辽宁 | 825 984 | 794 093 | 102 204 | 10.4 | 2 |
| 吉林 | 1 431 067 | 20 564 | 22 981 | 12.5 | 13 |
| 黑龙江 | 2 601 895 | 419 367 | 853 692 | 13.1 | |
| 上海 | 27 646 | | | 14.8 | 18 |
| 江苏 | 85 448 | 167 937 | 21 937 | 6.0 | 64 |
| 浙江 | 127 783 | | 37 573 | 2.6 | 86 |
| 安徽 | 281 796 | 5 622 | 80 706 | 4.1 | 16 |
| 福建 | 138 542 | 75 147 | 92 839 | 3.1 | 7 |
| 江西 | 288 081 | 3 609 | 554 618 | 5.9 | 2 |
| 山东 | 454 603 | 252 850 | 133 122 | 6.6 | 124 |
| 河南 | 324 191 | 163 | 1 400 | 4.6 | 7 |
| 湖北 | 319 728 | 312 260 | 143 764 | 5.3 | 2 |
| 湖南 | 402 458 | | 256 439 | 5.2 | 6 |
| 广东 | 549 290 | 375 227 | 2 309 633 | 4.7 | 16 |
| 广西 | 846 062 | 118 947 | 147 910 | 5.8 | |
| 海南 | 2 617 122 | 52 257 | 40 067 | 5.3 | 2 |
| 重庆 | 373 445 | | 328 522 | 10.9 | 2 |
| 四川 | 3 461 751 | 1 453 108 | 2 047 896 | 18.6 | 11 |
| 贵州 | 58 362 | 219 794 | 434 501 | 5.4 | 1 |
| 云南 | 1 888 471 | 557 307 | 349 846 | 10.7 | 7 |
| 西藏 | 3 816 144 | 4 870 | 1 504 | 34.2 | |
| 陕西 | 629 768 | 61 534 | 34 602 | 5.1 | 1 |
| 甘肃 | 2 900 630 | | 114 900 | 21.7 | |
| 青海 | 1 569 711 | | | 30.3 | |
| 宁夏 | 67 575 | | | 9.8 | |
| 新疆 | 7 830 814 | | | 13.4 | 7 |

# 各地区建设项目环境影响评价执行情况（一）

（2007）

| 地区名称 | 设立的建设项目数（个） | 执行环境影响评价的项目数（个） | | | | 环评制度执行率（%） |
|---|---|---|---|---|---|---|
| | | | 编制报告书 | 填报报告表 | 填报登记 | |
| **总　计** | **280 500** | **277 927** | **15 223** | **118 824** | **143 880** | **99.1** |
| 国家项目 | 467 | 467 | 435 | 24 | 8 | 100.0 |
| 北　京 | 8 526 | 8 526 | 186 | 3 438 | 4 902 | 100.0 |
| 天　津 | 2 410 | 2 410 | 154 | 1 609 | 647 | 100.0 |
| 河　北 | 11 805 | 11 715 | 669 | 5 252 | 5 794 | 99.2 |
| 山　西 | 2 814 | 2 812 | 505 | 1 387 | 920 | 99.9 |
| 内蒙古 | 3 432 | 3 432 | 599 | 1 885 | 948 | 100.0 |
| 辽　宁 | 12 384 | 12 384 | 668 | 5 366 | 6 350 | 100.0 |
| 吉　林 | 5 147 | 5 147 | 627 | 2 543 | 1 977 | 100.0 |
| 黑龙江 | 3 271 | 3 238 | 240 | 1 311 | 1 687 | 99.0 |
| 上　海 | 9 878 | 9 878 | 305 | 6 868 | 2 705 | 100.0 |
| 江　苏 | 59 593 | 57 591 | 1 256 | 22 584 | 33 751 | 96.6 |
| 浙　江 | 31 773 | 31 763 | 1 258 | 15 434 | 15 071 | 100.0 |
| 安　徽 | 6 561 | 6 528 | 611 | 3 612 | 2 305 | 99.5 |
| 福　建 | 17 093 | 17 093 | 603 | 9 866 | 6 624 | 100.0 |
| 江　西 | 3 916 | 3 762 | 473 | 1 709 | 1 580 | 96.1 |
| 山　东 | 18 744 | 18 722 | 1 046 | 7 979 | 9 697 | 99.9 |
| 河　南 | 10 049 | 10 049 | 303 | 3 053 | 6 693 | 100.0 |
| 湖　北 | 4 206 | 4 204 | 483 | 2 464 | 1 257 | 100.0 |
| 湖　南 | 5 498 | 5 460 | 537 | 1 704 | 3 219 | 99.3 |
| 广　东 | 22 169 | 22 089 | 583 | 6 318 | 15 188 | 99.6 |
| 广　西 | 7 095 | 7 067 | 413 | 1 735 | 4 919 | 99.6 |
| 海　南 | 793 | 783 | 186 | 493 | 104 | 98.7 |
| 四　川 | 6 751 | 6 751 | 691 | 3 119 | 2 941 | 100.0 |
| 重　庆 | 4 274 | 4 274 | 427 | 1 847 | 2 000 | 100.0 |
| 贵　州 | 4 067 | 4 067 | 247 | 1 441 | 2 379 | 100.0 |
| 云　南 | 5 653 | 5 650 | 558 | 2 090 | 3 002 | 99.9 |
| 西　藏 | 95 | 95 | 54 | 22 | 19 | 100.0 |
| 陕　西 | 4 194 | 4 194 | 302 | 1 485 | 2 407 | 100.0 |
| 甘　肃 | 1 512 | 1 512 | 236 | 343 | 933 | 100.0 |
| 青　海 | 968 | 968 | 90 | 330 | 548 | 100.0 |
| 宁　夏 | 2 224 | 2 224 | 194 | 706 | 1 324 | 100.0 |
| 新　疆 | 3 138 | 3 072 | 284 | 807 | 1 981 | 97.9 |

# 各地区建设项目环境影响评价执行情况（二）

（2007）

| 地区名称 | 申报项目投资总额（亿元） | 新建 | 扩建 | 技改 | 申请项目环保投资总额（亿元） | 新建 | 扩建 | 技改 | 环评经费总额（万元） |
|---|---|---|---|---|---|---|---|---|---|
| **总　计** | **126 761.9** | **95 590.8** | **24 433.4** | **6 737.7** | **7 715.6** | **5 962.0** | **1 096.5** | **657.1** | **339 930.4** |
| 国　家 | 15 899.0 | 12 636.5 | 2 808.1 | 454.4 | 740.8 | 483.4 | 219.9 | 37.5 | 11 354.2 |
| 北　京 | 2 693.5 | 2 187.5 | 398.4 | 107.6 | 90.2 | 63.1 | 12.9 | 14.2 | 7 055.2 |
| 天　津 | 1 929.6 | 1 504.1 | 394.7 | 30.8 | 47.7 | 25.9 | 16.0 | 5.9 | 3 039.7 |
| 河　北 | 4 372.2 | 3 665.6 | 507.7 | 198.9 | 146.1 | 97.7 | 14.7 | 33.7 | 103 550.3 |
| 山　西 | 1 452.8 | 1 083.9 | 223.8 | 145.1 | 117.4 | 74.2 | 24.9 | 18.3 | 5 247.9 |
| 内蒙古 | 4 078.7 | 3 578.5 | 315.4 | 184.7 | 120.4 | 81.7 | 12.7 | 25.9 | 24 559.1 |
| 辽　宁 | 3 239.9 | 2 827.4 | 270.0 | 142.5 | 93.3 | 69.2 | 14.7 | 9.4 | 5 393.6 |
| 吉　林 | 3 243.8 | 2 770.7 | 437.2 | 35.9 | 79.5 | 67.4 | 8.7 | 3.4 | 2 604.0 |
| 黑龙江 | 1 107.8 | 935.9 | 129.5 | 42.4 | 54.4 | 40.7 | 6.4 | 7.3 | 2 317.8 |
| 上　海 | 4 429.2 | 3 338.1 | 879.9 | 211.2 | 160.9 | 84.8 | 41.9 | 34.2 | 7 395.8 |
| 江　苏 | 13 941.4 | 9 061.9 | 2 788.3 | 2 091.2 | 446.6 | 348.3 | 62.5 | 35.7 | 17 502.3 |
| 浙　江 | 17 966.4 | 6 397.8 | 10 807.9 | 760.7 | 3 324.5 | 2 769.0 | 396.0 | 159.5 | 45 765.0 |
| 安　徽 | 3 178.1 | 2 770.6 | 302.5 | 105.0 | 103.3 | 75.2 | 20.0 | 8.2 | 11 691.8 |
| 福　建 | 4 360.7 | 3 859.7 | 366.5 | 134.5 | 110.9 | 92.6 | 12.3 | 6.0 | 6 127.4 |
| 江　西 | 1 437.0 | 1 300.5 | 85.8 | 50.7 | 71.7 | 54.6 | 4.3 | 12.8 | 4 627.3 |
| 山　东 | 7 780.9 | 6 309.4 | 896.8 | 574.7 | 427.1 | 273.5 | 67.1 | 86.5 | 14 004.9 |
| 河　南 | 2 428.1 | 1 856.5 | 361.2 | 210.4 | 103.4 | 65.5 | 16.1 | 21.9 | 2 532.2 |
| 湖　北 | 2 140.5 | 1 723.5 | 261.8 | 155.2 | 139.8 | 102.0 | 17.3 | 20.5 | 13 781.9 |
| 湖　南 | 2 595.9 | 2 180.6 | 256.9 | 158.4 | 110.9 | 84.3 | 17.0 | 9.6 | 3 314.4 |
| 广　东 | 14 121.2 | 13 778.1 | 262.0 | 81.1 | 493.3 | 478.0 | 12.2 | 3.1 | 10 216.6 |
| 广　西 | 1 085.2 | 877.3 | 103.0 | 105.0 | 53.4 | 37.4 | 4.6 | 11.4 | 4 257.8 |
| 海　南 | 1 482.0 | 1 471.2 | 7.0 | 3.7 | 82.3 | 81.7 | 0.2 | 0.5 | 1 568.3 |
| 重　庆 | 2 675.7 | 2 158.6 | 426.3 | 90.8 | 81.4 | 64.4 | 11.3 | 5.6 | 5 090.3 |
| 四　川 | 2 475.0 | 2 305.1 | 126.3 | 43.6 | 85.9 | 77.3 | 5.2 | 3.4 | 5 885.7 |
| 贵　州 | 938.4 | 703.2 | 143.8 | 91.4 | 59.3 | 37.9 | 8.6 | 12.8 | 2 986.2 |
| 云　南 | 1 669.2 | 1 251.3 | 347.9 | 70.0 | 121.4 | 79.9 | 31.9 | 9.6 | 4 116.8 |
| 西　藏 | | | | | | | | | |
| 陕　西 | 1 774.3 | 1 355.2 | 182.3 | 236.8 | 97.2 | 62.7 | 11.9 | 22.6 | 7 449.8 |
| 甘　肃 | 307.5 | 176.8 | 63.2 | 67.5 | 27.6 | 9.7 | 6.7 | 11.2 | 1 225.9 |
| 青　海 | 300.4 | 212.1 | 70.6 | 17.7 | 14.4 | 10.4 | 3.5 | 0.5 | 927.0 |
| 宁　夏 | 925.7 | 717.8 | 92.9 | 115.0 | 66.2 | 37.2 | 6.7 | 22.3 | 1 039.8 |
| 新　疆 | 731.8 | 595.4 | 115.7 | 20.7 | 44.1 | 32.3 | 8.4 | 3.4 | 3 301.5 |

## 各地区建设项目“三同时”执行情况（一）

（2007）

| 地区名称 | 当年建成投产项目数（项） | 应执行“三同时”项目数（项） | 实际执行“三同时”项目数（项） | | | | “三同时”合格项目数（项） | “三同时”合格率（%） | “三同时”执行合格率（%） |
|---|---|---|---|---|---|---|---|---|---|
| | | | | 新建 | 扩建 | 技改 | | | |
| **总　计** | **94 805** | **85 147** | **84 217** | **72 941** | **7 124** | **3 946** | **83 080** | **97.9** | **96.6** |
| 国家项目 | 351 | 351 | 323 | 196 | 92 | 35 | 294 | 91.0 | 83.8 |
| 北　京 | 2 567 | 1 994 | 1 865 | 1 556 | 188 | 121 | 1 802 | 96.6 | 90.4 |
| 天　津 | 1 165 | 1 165 | 1 165 | 1 019 | 120 | 26 | 1 165 | 100.0 | 100.0 |
| 河　北 | 4 580 | 4 568 | 4 562 | 3 958 | 327 | 271 | 4 523 | 99.1 | 99.0 |
| 山　西 | 875 | 875 | 874 | 632 | 90 | 152 | 827 | 94.6 | 94.5 |
| 内蒙古 | 1 093 | 1 093 | 1 093 | 1 020 | 37 | 36 | 1 093 | 100.0 | 100.0 |
| 辽　宁 | 5 099 | 5 099 | 5 098 | 4 771 | 285 | 42 | 5 098 | 100.0 | 100.0 |
| 吉　林 | 1 833 | 1 833 | 1 833 | 1 781 | 41 | 11 | 1 833 | 100.0 | 100.0 |
| 黑龙江 | 1 713 | 1 713 | 1 713 | 1 600 | 73 | 40 | 1 713 | 100.0 | 100.0 |
| 上　海 | 2 928 | 2 928 | 2 928 | 2 679 | 205 | 44 | 2 928 | 100.0 | 100.0 |
| 江　苏 | 13 316 | 12 950 | 12 849 | 9 286 | 2 771 | 792 | 12 849 | 100.0 | 99.2 |
| 浙　江 | 9 295 | 8 100 | 8 001 | 6 454 | 555 | 992 | 7 851 | 96.9 | 98.1 |
| 安　徽 | 1 507 | 1 361 | 1 327 | 1 194 | 47 | 86 | 1 307 | 98.5 | 96.0 |
| 福　建 | 5 254 | 5 049 | 5 008 | 4 406 | 456 | 146 | 5 001 | 99.9 | 99.0 |
| 江　西 | 1 401 | 1 381 | 1 282 | 1 265 | 7 | 10 | 1 254 | 97.8 | 90.8 |
| 山　东 | 9 445 | 8 330 | 8 287 | 7 587 | 496 | 205 | 8 193 | 98.9 | 98.4 |
| 河　南 | 2 900 | 2 637 | 2 637 | 2 455 | 87 | 65 | 2 637 | 100.0 | 100.0 |
| 湖　北 | 1 768 | 1 730 | 1 706 | 1 545 | 96 | 65 | 1 705 | 99.9 | 98.6 |
| 湖　南 | 1 932 | 1 857 | 1 836 | 1 735 | 50 | 46 | 1 823 | 99.3 | 98.2 |
| 广　东 | 10 865 | 5 319 | 5 168 | 4 520 | 388 | 172 | 4 878 | 94.4 | 91.7 |
| 广　西 | 3 468 | 3 468 | 3 420 | 3 175 | 107 | 61 | 3 342 | 98.6 | 98.6 |
| 海　南 | 163 | 163 | 161 | 152 | 2 | 7 | 161 | 100.0 | 98.8 |
| 重　庆 | 2 318 | 2 318 | 2 318 | 2 143 | 102 | 73 | 2 318 | 100.0 | 100.0 |
| 四　川 | 2 435 | 2 431 | 2 431 | 2 116 | 151 | 164 | 2 395 | 98.5 | 98.5 |
| 贵　州 | 872 | 872 | 867 | 803 | 32 | 32 | 804 | 92.7 | 92.2 |
| 云　南 | 946 | 942 | 942 | 768 | 110 | 63 | 942 | 100.0 | 100.0 |
| 西　藏 | | | 5 | 5 | | | | | |
| 陕　西 | 1 797 | 1 797 | 1 791 | 1 651 | 39 | 101 | 1 752 | 97.8 | 97.5 |
| 甘　肃 | 880 | 805 | 801 | 706 | 52 | 43 | 749 | 93.5 | 93.0 |
| 青　海 | 358 | 358 | 356 | 333 | 16 | 7 | 343 | 96.3 | 95.8 |
| 宁　夏 | 786 | 768 | 750 | 660 | 68 | 22 | 728 | 97.1 | 94.8 |
| 新　疆 | 895 | 892 | 820 | 770 | 34 | 16 | 772 | 94.1 | 86.5 |

# 各地区建设项目“三同时”执行情况（二）

（2007）

单位：亿元

| 地区名称 | 实际执行“三同时”项目投资总额 | 新建 | 扩建 | 技改 | 实际执行“三同时”项目环保投资 | 新建 | 扩建 | 技改 |
|---|---|---|---|---|---|---|---|---|
| **总　计** | **27 154.4** | **20 106.4** | **4 933.7** | **2 114.3** | **1 367.3** | **924.8** | **292.3** | **150.3** |
| 国家项目 | 8 376.1 | 5 510.2 | 2 494.1 | 371.8 | 527.2 | 325.5 | 173.3 | 28.4 |
| 北　京 | 783.5 | 683.1 | 47.2 | 53.2 | 41.2 | 30.3 | 2.5 | 8.4 |
| 天　津 | 409.4 | 296.0 | 108.9 | 4.4 | 24.7 | 19.0 | 3.3 | 2.3 |
| 河　北 | 816.2 | 476.8 | 218.7 | 120.7 | 61.5 | 28.7 | 19.1 | 13.7 |
| 山　西 | 252.4 | 111.7 | 47.7 | 93.0 | 18.7 | 5.7 | 6.2 | 6.9 |
| 内蒙古 | 230.1 | 127.1 | 82.6 | 20.4 | 22.5 | 11.2 | 10.6 | 0.7 |
| 辽　宁 | 837.4 | 790.5 | 35.6 | 11.3 | 22.3 | 18.6 | 2.6 | 1.2 |
| 吉　林 | 308.3 | 278.3 | 11.9 | 18.0 | 11.0 | 9.5 | 1.2 | 0.3 |
| 黑龙江 | 275.6 | 216.6 | 39.8 | 19.2 | 9.2 | 6.7 | 0.9 | 1.7 |
| 上　海 | 1 388.9 | 1 212.6 | 166.2 | 10.1 | 38.3 | 26.0 | 11.8 | 0.5 |
| 江　苏 | 1 929.7 | 1 254.3 | 385.9 | 289.5 | 103.5 | 82.8 | 15.5 | 5.2 |
| 浙　江 | 2 059.1 | 1 481.5 | 201.7 | 375.8 | 90.4 | 61.8 | 5.3 | 23.4 |
| 安　徽 | 409.6 | 358.6 | 10.3 | 40.7 | 25.6 | 19.7 | 0.6 | 5.4 |
| 福　建 | 744.5 | 642.6 | 77.5 | 24.4 | 24.0 | 20.0 | 3.2 | 0.8 |
| 江　西 | 294.7 | 285.7 | 1.8 | 7.3 | 19.0 | 13.2 | 0.1 | 5.7 |
| 山　东 | 1 404.5 | 1 221.3 | 102.1 | 81.1 | 79.5 | 63.7 | 6.5 | 9.3 |
| 河　南 | 413.9 | 343.5 | 41.8 | 28.6 | 39.3 | 33.1 | 3.3 | 2.8 |
| 湖　北 | 379.2 | 335.9 | 25.9 | 17.4 | 7.3 | 6.6 | 0.4 | 0.3 |
| 湖　南 | 315.8 | 281.6 | 15.3 | 18.9 | 16.7 | 13.2 | 1.2 | 2.4 |
| 广　东 | 1 146.7 | 688.8 | 187.8 | 270.1 | 40.3 | 31.9 | 5.1 | 3.4 |
| 广　西 | 187.4 | 109.4 | 68.0 | 10.1 | 5.6 | 4.1 | 0.9 | 0.6 |
| 海　南 | 103.0 | 96.7 | 0.8 | 5.5 | 5.5 | 4.6 | 0.1 | 0.7 |
| 重　庆 | 732.6 | 630.8 | 60.1 | 41.7 | 25.4 | 21.6 | 1.7 | 2.0 |
| 四　川 | 423.3 | 303.8 | 55.9 | 63.6 | 28.9 | 15.4 | 2.3 | 11.2 |
| 贵　州 | 808.5 | 490.8 | 311.7 | 6.0 | 9.7 | 7.9 | 1.1 | 0.7 |
| 云　南 | 249.8 | 188.3 | 35.9 | 25.7 | 15.9 | 9.1 | 3.0 | 3.8 |
| 西　藏 | 15.3 | 15.3 | | | 0.5 | 0.5 | | |
| 陕　西 | 311.0 | 233.6 | 25.2 | 52.3 | 24.6 | 17.8 | 2.5 | 4.4 |
| 甘　肃 | 68.4 | 43.3 | 10.6 | 14.5 | 8.7 | 3.7 | 2.4 | 2.6 |
| 青　海 | 92.3 | 59.5 | 27.7 | 5.1 | 5.1 | 3.1 | 1.0 | 1.1 |
| 宁　夏 | 78.0 | 56.9 | 18.9 | 2.3 | 6.4 | 3.8 | 2.6 | 0.1 |
| 新　疆 | 1 309.2 | 1 281.4 | 16.0 | 11.8 | 8.8 | 6.0 | 2.1 | 0.6 |

# 各地区排污费征收情况（一）

（2007）

| 地区名称 | 排污费征收 | | 排污费解缴入库 | | 排污费解缴入库明细 | |
|---|---|---|---|---|---|---|
| | | | | | 污水类解缴入库 | |
| | 开单户数（户） | 金额（万元） | 户数（户） | 金额（万元） | 户数（户） | 金额（万元） |
| **总　计** | **647 335** | **1 783 075** | **635 721** | **1 735 957** | **348 111** | **361 355.9** |
| 北　京 | 2 404 | 8 252.4 | 2 271 | 8 076.1 | 892 | 571.4 |
| 天　津 | 6 649 | 24 614.7 | 6 649 | 24 614.7 | 3 403 | 5 854.4 |
| 河　北 | 37 835 | 105 513.2 | 37 831 | 105 503.2 | 14 559 | 12 632.3 |
| 山　西 | 17 487 | 287 343.5 | 16 806 | 276 863.7 | 5 159 | 16 553.6 |
| 内蒙古 | 18 541 | 56 194.8 | 18 541 | 56 224.1 | 8 782 | 5 961.9 |
| 辽　宁 | 26 108 | 99 982.4 | 25 972 | 96 483.5 | 12 562 | 15 255.3 |
| 吉　林 | 25 303 | 30 005.9 | 25 226 | 28 201.4 | 11 295 | 5 955.3 |
| 黑龙江 | 13 766 | 34 388.1 | 13 263 | 30 114.2 | 7 312 | 7 552.2 |
| 上　海 | 6 207 | 29 912.7 | 6 078 | 29 443.8 | 4 007 | 3 981.4 |
| 江　苏 | 37 155 | 177 002.6 | 36 791 | 176 707.2 | 26 207 | 34 700 |
| 浙　江 | 52 398 | 108 438.6 | 52 250 | 103 646.8 | 27 117 | 27 589.6 |
| 安　徽 | 27 935 | 43 485.9 | 27 097 | 42 154.5 | 9 145 | 11 475.9 |
| 福　建 | 26 936 | 43 387.5 | 26 145 | 42 489.5 | 16 037 | 15 668.1 |
| 江　西 | 30 875 | 38 370.3 | 30 968 | 38 346.4 | 18 635 | 12 755.5 |
| 山　东 | 29 041 | 119 689.2 | 29 049 | 117 827.9 | 9 114 | 20 964.6 |
| 河　南 | 21 436 | 76 923.3 | 21 153 | 75 289.3 | 9 327 | 15 172.5 |
| 湖　北 | 26 282 | 37 779.5 | 26 040 | 37 667.9 | 17 270 | 13 450.8 |
| 湖　南 | 34 776 | 41 905.4 | 34 765 | 39 167.8 | 22 320 | 22 921.5 |
| 广　西 | 94 937 | 102 331.2 | 88 761 | 96 125.6 | 64 122 | 41 598 |
| 广　东 | 16 342 | 31 645 | 16 070 | 30 802.3 | 13 405 | 10 252.6 |
| 海　南 | 3 191 | 4 623.2 | 3 114 | 4 047.3 | 2 641 | 1 372.1 |
| 重　庆 | 9 805 | 42 322.7 | 9 716 | 41 729.9 | 5 490 | 9 142.2 |
| 四　川 | 8 503 | 52 199.6 | 8 486 | 51 231.4 | 4 493 | 10 526.3 |
| 贵　州 | 8 254 | 46 007.8 | 8 242 | 46 001.4 | 4 666 | 11 005.1 |
| 云　南 | 7 285 | 29 168.1 | 7 260 | 29 167.9 | 3 926 | 6 321.9 |
| 西　藏 | 4 826 | 890.6 | 4 826 | 890.6 | 4 534 | 664.4 |
| 陕　西 | 13 764 | 41 433.9 | 13 762 | 39 758.6 | 7 356 | 11 714.8 |
| 甘　肃 | 11 765 | 22 823.1 | 11 655 | 21 778.4 | 5 136 | 4 142.1 |
| 青　海 | 3 585 | 3 346.1 | 3 345 | 3 228.3 | 1 738 | 1 017.8 |
| 宁　夏 | 4 161 | 16 606.9 | 4 000 | 16 326.5 | 72 | 1 437.5 |
| 新　疆 | 19 783 | 26 486.7 | 19 589 | 26 046.8 | 7 389 | 3 144.8 |

# 各地区排污费征收情况（二）

（2007）

| 地区名称 | 排污费解缴入库明细 | | | | | |
|---|---|---|---|---|---|---|
| | 废气类解缴入库 | | 噪声类解缴入库 | | 危险废物解缴入库 | |
| | 户数（户） | 金额（万元） | 户数（户） | 金额（万元） | 户数（户） | 金额（万元） |
| **总　计** | **251 895** | **1 314 429** | **94 972** | **93 432.7** | **6 258** | **28 365.3** |
| 北　京 | 1 831 | 7 901.4 | 58 | 41.6 | 6 | 15.3 |
| 天　津 | 5 377 | 17 962 | 357 | 565.4 | 31 | 18.8 |
| 河　北 | 31 469 | 88 221.7 | 5 089 | 3 212.1 | 48 | 542.9 |
| 山　西 | 10 621 | 257 679.3 | 521 | 1 114.8 | 574 | 1 125.2 |
| 内蒙古 | 8 522 | 47 301 | 685 | 180.4 | 44 | 118.7 |
| 辽　宁 | 11 772 | 101 903.3 | 5 487 | 7 228.9 | 147 | 2 603.8 |
| 吉　林 | 11 261 | 19 423.4 | 3 957 | 2 785.8 | 182 | 835.3 |
| 黑龙江 | 6 361 | 25 121.9 | 904 | 526.3 | 13 | 1 136.2 |
| 上　海 | 3 004 | 24 607 | 970 | 1 045.9 | | |
| 江　苏 | 18 132 | 132 939.2 | 3 271 | 8 048.6 | 260 | 302.1 |
| 浙　江 | 19 688 | 71 233.6 | 7 954 | 10 098.6 | 1 758 | 1 240.8 |
| 安　徽 | 5 570 | 31 002.8 | 3 295 | 3 174.2 | 347 | 556.5 |
| 福　建 | 6 625 | 19 598.9 | 6 534 | 6 256.5 | 98 | 83.6 |
| 江　西 | 7 912 | 20 242.5 | 6 459 | 4 571.4 | 253 | 278 |
| 山　东 | 16 805 | 99 827.2 | 5 327 | 5 303 | 217 | 14 887.8 |
| 河　南 | 9 827 | 59 682.1 | 2 982 | 2 593 | 130 | 958.2 |
| 湖　北 | 4 623 | 20 599.1 | 4 057 | 3 103.8 | 58 | 47.9 |
| 湖　南 | 8 912 | 22 842.6 | 3 701 | 2 107.4 | 832 | 1 088.3 |
| 广　西 | 17 869 | 51 461 | 14 608 | 10 222 | 635 | 502 |
| 广　东 | 5 900 | 18 912.9 | 3 174 | 2 183.4 | 29 | 43.5 |
| 海　南 | 323 | 3 142.3 | 238 | 102.8 | 2 | 4.2 |
| 重　庆 | 2 613 | 23 536.1 | 2 340 | 5 115.2 | 73 | 212.8 |
| 四　川 | 4 380 | 32 855.4 | 2 378 | 5 984.4 | 67 | 163 |
| 贵　州 | 3 819 | 33 385.3 | 1 066 | 971.5 | 132 | 172.9 |
| 云　南 | 2 988 | 20 388.1 | 2 164 | 387.3 | 11 | 0.9 |
| 西　藏 | 108 | 101.7 | 96 | 40.4 | 50 | 0.7 |
| 陕　西 | 5 851 | 25 237.5 | 2 044 | 3 621.9 | 99 | 133.4 |
| 甘　肃 | 5 977 | 1 579.8 | 1 347 | 755.5 | 35 | 25.9 |
| 青　海 | 2 299 | 2 097.2 | 39 | 81.1 | 15 | 1.6 |
| 宁　夏 | 3 817 | 15 060.5 | 247 | 102 | 4 | |
| 新　疆 | 7 639 | 18 581.8 | 3 623 | 1 907.5 | 108 | 1 265 |

# 各地区污染源自动监控情况

（2007）

| 地区名称 | 已实施自动监控总数（套） | 已实施自动监控国家重点监控企业数（家） | 已实施自动监控国家重点监控企业中 | | 已实施自动监控省级重点监控企业数（家） |
|---|---|---|---|---|---|
| | | | COD监控设备与环保部门稳定联网数（套） | 二氧化硫监控设备与环保部门稳定联网数（套） | |
| **总　计** | 7 205 | 3 483 | 1 613 | 1 150 | 3 722 |
| 北　京 | 149 | 29 | 4 | 6 | 120 |
| 天　津 | 39 | 39 | | | |
| 河　北 | 407 | 302 | 130 | 40 | 105 |
| 山　西 | 330 | 176 | 84 | 265 | 154 |
| 内蒙古 | 330 | 94 | 8 | 8 | 236 |
| 辽　宁 | 66 | 66 | 8 | 25 | |
| 吉　林 | 47 | 38 | 9 | 8 | 9 |
| 黑龙江 | 59 | 43 | 15 | 8 | 16 |
| 上　海 | 90 | 26 | 12 | 12 | 64 |
| 江　苏 | 1 208 | 604 | 224 | 143 | 604 |
| 浙　江 | 1 054 | 375 | 274 | 136 | 679 |
| 安　徽 | 151 | 92 | 61 | 18 | 59 |
| 福　建 | 184 | 103 | 22 | 13 | 81 |
| 江　西 | 43 | 40 | 13 | 9 | 3 |
| 山　东 | 1 215 | 428 | 256 | 192 | 787 |
| 河　南 | 494 | 283 | 208 | 83 | 211 |
| 湖　北 | | | | | |
| 湖　南 | 215 | 116 | 61 | 47 | 99 |
| 广　西 | 346 | 103 | 23 | 26 | 243 |
| 广　东 | 65 | 53 | 5 | 8 | 12 |
| 海　南 | 65 | 26 | 14 | 2 | 39 |
| 重　庆 | 82 | 53 | 10 | 10 | 29 |
| 四　川 | 202 | 123 | 109 | 8 | 79 |
| 贵　州 | 66 | 46 | 7 | 35 | 20 |
| 云　南 | 56 | 31 | 5 | 23 | 25 |
| 西　藏 | | | | | |
| 陕　西 | 107 | 82 | 15 | 8 | 25 |
| 甘　肃 | 40 | 40 | | 6 | |
| 青　海 | 11 | 9 | | | 2 |
| 宁　夏 | 42 | 42 | 26 | 10 | |
| 新　疆 | 42 | 21 | 10 | 1 | 21 |

# 各地区排污申报核定情况

（2007）

| 地区名称 | 一般工业企业排污单位申报核定户数（户） | 污水处理厂（场）申报核定户数（户） | 固体废物专业处置单位申报核定户数（户） | COD 排放量申报核定（吨） | 二氧化硫排放量申报核定（吨） |
|---|---:|---:|---:|---:|---:|
| **总　计** | **229 569** | **1 212** | **643** | **4 526 743** | **12 210 784** |
| 北　京 | 3 085 | 33 | 24 | 13 845 | 60 659 |
| 天　津 | 1 257 | 13 | 4 | 27 317 | 162 651 |
| 河　北 | 7 856 | 38 | 4 | 255 350 | 941 832 |
| 山　西 | 5 810 | 27 | | 95 304 | 784 265 |
| 内蒙古 | 1 500 | 12 | 1 | 71 866 | 704 646 |
| 辽　宁 | 8 906 | 45 | 14 | 95 910 | 606 321 |
| 吉　林 | 8 519 | 10 | 27 | 178 501 | 150 110 |
| 黑龙江 | 7 753 | 7 | 8 | 43 819 | 174 008 |
| 上　海 | 4 548 | 8 | 2 | 26 555 | 260 350 |
| 江　苏 | 21 107 | 242 | 54 | 287 633 | 676 747 |
| 浙　江 | 36 839 | 238 | 23 | 385 411 | 562 339 |
| 安　徽 | 4 167 | 17 | | 66 479 | 178 688 |
| 福　建 | 3 368 | 33 | 15 | 96 100 | 315 699 |
| 江　西 | 9 398 | 15 | 29 | 80 044 | 289 777 |
| 山　东 | 12 344 | 127 | 12 | 187 262 | 1 378 767 |
| 河　南 | 7 974 | 60 | 14 | 246 947 | 986 108 |
| 湖　北 | 2 022 | 4 | | 59 264 | 154 965 |
| 湖　南 | 6 853 | 19 | 15 | 1 530 978 | 465 545 |
| 广　东 | 44 187 | 95 | 24 | 98 396 | 357 009 |
| 广　西 | 3 170 | 7 | 4 | 118 067 | 339 035 |
| 海　南 | 2 487 | 4 | 4 | 4 362 | 22 575 |
| 重　庆 | 7 128 | 39 | 69 | 36 180 | 271 948 |
| 四　川 | 3 156 | 14 | 11 | 52 812 | 342 605 |
| 贵　州 | 2 359 | 6 | 7 | 8 763 | 482 131 |
| 云　南 | 3 842 | 26 | 114 | 84 379 | 278 202 |
| 西　藏 | | | | | |
| 陕　西 | 6 176 | 6 | 117 | 90 361 | 430 835 |
| 甘　肃 | 767 | 17 | 12 | 39 078 | 310 985 |
| 青　海 | 1 278 | 2 | 7 | 24 555 | 51 532 |
| 宁　夏 | 1 278 | 8 | 4 | 51 065 | 189 589 |
| 新　疆 | 435 | 40 | 24 | 170 140 | 280 862 |

# 各地区突发环境事件情况（一）

（2007）

| 地区名称 | 事件次数（次） | 直接经济损失（万元） | 按事故程度分 | | | | | | | |
|---|---|---|---|---|---|---|---|---|---|---|
| | | | 特别重大环境事件 | | 重大环境事件 | | 较大环境事件 | | 一般环境事件 | |
| | | | 次数 | 经济损失（万元） | 次数 | 经济损失（万元） | 次数 | 经济损失（万元） | 次数 | 经济损失（万元） |
| **总　计** | **462** | **3 016.5** | **1** | | **9** | **532** | **11** | **818.9** | **434** | **577.5** |
| 北　京 | 43 | | | | | | | | 43 | |
| 天　津 | 6 | | | | | | | | | |
| 河　北 | 13 | | | | 1 | | | | 12 | |
| 山　西 | 12 | | | | | | | | 12 | |
| 内蒙古 | 2 | 1.2 | | | | | | | 2 | 1.2 |
| 辽　宁 | 26 | 1 377.5 | | | | | 1 | 800.0 | 25 | 577.5 |
| 吉　林 | 1 | 10.0 | | | | | | | 1 | 10.0 |
| 黑龙江 | | | | | | | | | 1 | |
| 上　海 | 50 | | | | | | | | 50 | |
| 江　苏 | 4 | | | | | | | | 4 | |
| 浙　江 | 80 | 111.2 | | | | | | | 80 | 111.2 |
| 安　徽 | 22 | 450.0 | | | | | | | 22 | 450.0 |
| 福　建 | 2 | 5.0 | | | | | | | 2 | 5.0 |
| 江　西 | 1 | 16.5 | | | | | | | | |
| 山　东 | 16 | | | | 1 | | | | 15 | |
| 河　南 | 9 | 60.0 | | | | | 1 | | 8 | 60.0 |
| 湖　北 | 15 | | 1 | | | | 1 | | 13 | |
| 湖　南 | | | | | | | | | | |
| 广　东 | | | | | | | | | | |
| 广　西 | 73 | 248.4 | | | | | 6 | 18.9 | 67 | 213.2 |
| 海　南 | | | | | | | | | | |
| 重　庆 | 24 | | | | | | | | 24 | |
| 四　川 | 1 | 0.4 | | | | | | | | |
| 贵　州 | 18 | 673.5 | | | 5 | 532 | | | 13 | 141.5 |
| 云　南 | 1 | | | | | | | | 1 | |
| 西　藏 | | | | | | | | | | |
| 陕　西 | 14 | 3.9 | | | 1 | | 2 | | 11 | 3.9 |
| 甘　肃 | 26 | 40.4 | | | 1 | | | | 25 | 40.4 |
| 青　海 | | | | | | | | | | |
| 宁　夏 | | | | | | | | | | |
| 新　疆 | 3 | 18.5 | | | | | | | 3 | 18.5 |

# 各地区突发环境事件情况（二）

（2007）

| 地区名称 | 按事故类型分 | | | | | |
|---|---|---|---|---|---|---|
| | 水污染 | | | | 大气污染 | |
| | 次数 | 经济损失（万元） | 危险化学品污染 | | 次数 | 经济损失（万元） |
| | | | 次数 | 经济损失（万元） | | |
| **总　计** | **178** | **1 515** | **44** | **216** | **134** | **258.1** |
| 北　京 | 2 | | 1 | | 3 | |
| 天　津 | | | | | | |
| 河　北 | 2 | | 2 | | 6 | |
| 山　西 | 4 | | 2 | | | |
| 内蒙古 | 1 | 1.2 | | | 1 | |
| 辽　宁 | 2 | 171.5 | 2 | 171.5 | 4 | 20 |
| 吉　林 | | | | | 1 | 10 |
| 黑龙江 | 1 | | | | | |
| 上　海 | 2 | | | | 34 | |
| 江　苏 | 3 | | | | 1 | |
| 浙　江 | 40 | 68.7 | 11 | 9.1 | 20 | 5.5 |
| 安　徽 | 13 | 430 | 7 | 15 | 9 | 20 |
| 福　建 | | | | | 1 | 5 |
| 江　西 | 1 | 16.5 | | | | |
| 山　东 | 7 | | 6 | | 2 | |
| 河　南 | | | | | 1 | |
| 湖　北 | 11 | | 5 | | 3 | |
| 湖　南 | | | | | | |
| 广　东 | | | | | | |
| 广　西 | 44 | 198 | 2 | 19.9 | 24 | 109.3 |
| 海　南 | | | | | | |
| 重　庆 | 11 | | 1 | | 6 | |
| 四　川 | | | | | 1 | 0.4 |
| 贵　州 | 14 | 623.3 | 3 | 0.5 | 4 | 50.2 |
| 云　南 | 1 | | 1 | | | |
| 西　藏 | | | | | | |
| 陕　西 | 12 | 3.2 | 1 | | 1 | |
| 甘　肃 | 7 | 2.7 | | | 12 | 37.7 |
| 青　海 | | | | | | |
| 宁　夏 | | | | | | |
| 新　疆 | | | | | | |

# 各地区突发环境事件情况（三）

（2007）

| 地区名称 | 按事故类型分 | | | | | | | |
|---|---|---|---|---|---|---|---|---|
| | 海洋污染 | | | | 固体废物污染 | | 噪声与振动危害 | |
| | 次数 | 经济损失（万元） | 溢油及化学品污染 | | 次数 | 经济损失（万元） | 次数 | 经济损失（万元） |
| | | | 次数 | 经济损失（万元） | | | | |
| **总　计** | **4** | **10** | **6** | **10** | **58** | **1 191** | **7** | |
| 北　京 | | | | | 34 | | | |
| 天　津 | | | | | | | | |
| 河　北 | | | | | | | | |
| 山　西 | | | | | | | | |
| 内蒙古 | | | | | | | | |
| 辽　宁 | 2 | 10 | 2 | 10 | 18 | 1 176 | | |
| 吉　林 | | | | | | | | |
| 黑龙江 | | | | | | | | |
| 上　海 | | | | | | | | |
| 江　苏 | | | | | | | | |
| 浙　江 | | | | | | | | |
| 安　徽 | | | | | | | | |
| 福　建 | | | | | | | | |
| 江　西 | | | | | | | | |
| 山　东 | 2 | | 4 | | | | | |
| 河　南 | | | | | | | | |
| 湖　北 | | | | | 1 | | | |
| 湖　南 | | | | | | | | |
| 广　东 | | | | | | | | |
| 广　西 | | | | | 4 | 0.2 | | |
| 海　南 | | | | | | | | |
| 重　庆 | | | | | | | | |
| 四　川 | | | | | | | | |
| 贵　州 | | | | | | | | |
| 云　南 | | | | | | | | |
| 西　藏 | | | | | | | | |
| 陕　西 | | | | | | | | |
| 甘　肃 | | | | | | | 7 | |
| 青　海 | | | | | | | | |
| 宁　夏 | | | | | | | | |
| 新　疆 | | | | | 1 | 15 | | |

# 各地区突发环境事件情况（四）

（2007）

| 地区名称 | 按事故类型分 | | | | | |
|---|---|---|---|---|---|---|
| | 生态破坏 | | 核与辐射 | | 其他 | |
| | 次数 | 经济损失（万元） | 次数 | 经济损失（万元） | 次数 | 经济损失（万元） |
| **总　计** | **1** | **63** | **2** | **60** | **68** | **180.4** |
| 北　京 | | | 2 | | 2 | |
| 天　津 | | | | | | |
| 河　北 | | | | | 5 | |
| 山　西 | | | | | 8 | |
| 内蒙古 | | | | | | |
| 辽　宁 | | | | | | |
| 吉　林 | | | | | | |
| 黑龙江 | | | | | | |
| 上　海 | | | | | 13 | |
| 江　苏 | | | | | | |
| 浙　江 | | | | | 20 | 111.2 |
| 安　徽 | | | | | | |
| 福　建 | | | | | | |
| 江　西 | | | | | | |
| 山　东 | | | | | 3 | |
| 河　南 | | 60 | | 60 | 8 | 60 |
| 湖　北 | | | | | | |
| 湖　南 | | | | | | |
| 广　东 | | | | | | |
| 广　西 | | | | | 1 | 8.5 |
| 海　南 | | | | | | |
| 重　庆 | | | | | 7 | |
| 四　川 | | | | | | |
| 贵　州 | | | | | | |
| 云　南 | | | | | | |
| 西　藏 | | | | | | |
| 陕　西 | | | | | 1 | 0.7 |
| 甘　肃 | | | | | | |
| 青　海 | | | | | | |
| 宁　夏 | | | | | | |
| 新　疆 | 1 | 3 | | | | |

# 各地区突发环境事件情况（五）

（2007）

| 地区名称 | 按事件起因分 | | | | | |
|---|---|---|---|---|---|---|
| | 违法排污引发环境事件 | | 安全生产事故引发环境事件 | | 交通事故引发环境事件 | |
| | 次数 | 经济损失（万元） | 次数 | 经济损失（万元） | 次数 | 经济损失（万元） |
| **总　计** | **44** | **350.5** | **148** | **1 278** | **116** | **500.4** |
| 北　京 | 2 | | 12 | | 16 | |
| 天　津 | | | 2 | 4 | | |
| 河　北 | | | 5 | | 3 | |
| 山　西 | | | 3 | | 8 | |
| 内蒙古 | 1 | 1.2 | 1 | | | |
| 辽　宁 | 3 | 40 | 12 | 1 021.5 | 6 | 290 |
| 吉　林 | | | 1 | 10 | | |
| 黑龙江 | | | | | | |
| 上　海 | | | 16 | | 18 | |
| 江　苏 | | | 1 | | 1 | |
| 浙　江 | 4 | 111.2 | 28 | 111.2 | 26 | 111.2 |
| 安　徽 | | | 6 | 16 | 9 | 30 |
| 福　建 | | | | | 1 | |
| 江　西 | | | | | | |
| 山　东 | | | 3 | | 7 | |
| 河　南 | | 60 | 4 | 60 | 5 | 60 |
| 湖　北 | | | 6 | | 5 | |
| 湖　南 | | | | | | |
| 广　东 | | | | | | |
| 广　西 | 31 | 138.1 | 8 | 31.1 | 4 | 8.5 |
| 海　南 | | | | | | |
| 重　庆 | 3 | | 11 | | 4 | |
| 四　川 | | | | | | |
| 贵　州 | | | | | | |
| 云　南 | | | | | 1 | |
| 西　藏 | | | | | | |
| 陕　西 | | | 12 | 3.2 | 2 | 0.7 |
| 甘　肃 | | | 14 | 2.7 | | |
| 青　海 | | | | | | |
| 宁　夏 | | | | | | |
| 新　疆 | | | 3 | 18.5 | | |

# 各地区突发环境事件情况（六）

（2007）

| 地区名称 | 按事件起因分 | | | |
|---|---|---|---|---|
| | 自然灾害引发环境事件 | | 其他 | |
| | 次数 | 经济损失（万元） | 次数 | 经济损失（万元） |
| **总　计** | **17** | **201.3** | **112** | **648.1** |
| 北　京 | | | 13 | |
| 天　津 | | | | |
| 河　北 | | | 5 | |
| 山　西 | | | 1 | |
| 内蒙古 | | | | |
| 辽　宁 | 3 | 16 | 2 | 10 |
| 吉　林 | | | | |
| 黑龙江 | 1 | | | |
| 上　海 | | | 14 | |
| 江　苏 | | | 2 | |
| 浙　江 | 1 | 111.2 | 21 | 111.2 |
| 安　徽 | | | 7 | 404 |
| 福　建 | | | 1 | 5 |
| 江　西 | | | | |
| 山　东 | 1 | | 5 | |
| 河　南 | | 60 | | 60 |
| 湖　北 | 1 | | 3 | |
| 湖　南 | | | | |
| 广　东 | | | | |
| 广　西 | 8 | 14.1 | 22 | 20.2 |
| 海　南 | | | | |
| 重　庆 | 2 | | 4 | |
| 四　川 | | | | |
| 贵　州 | | | | |
| 云　南 | | | | |
| 西　藏 | | | | |
| 陕　西 | | | | |
| 甘　肃 | | | 12 | 37.67 |
| 青　海 | | | | |
| 宁　夏 | | | | |
| 新　疆 | | | | |

# 各地区突发环境事件情况（七）

（2007）

| 地区名称 | 环境问题引发群体性事件（起） | 伤亡人数（人） | | | 突发环境事件罚款总数（万元） | 污染损害赔款总数（万元） |
|---|---|---|---|---|---|---|
| | | | 死亡人数 | 中毒人数 | | |
| **总计** | **7** | **358** | **17** | **191** | **325.8** | **480.9** |
| 北京 | | | | | | |
| 天津 | | | | | | |
| 河北 | 2 | 150 | 5 | | | 50 |
| 山西 | | | | | | |
| 内蒙古 | | | | | 3 | 8.8 |
| 辽宁 | | 2 | | 2 | | |
| 吉林 | | | | | | |
| 黑龙江 | | | | | | |
| 上海 | | 3 | | 3 | 4 | |
| 江苏 | | 13 | 7 | | | |
| 浙江 | 2 | 3 | 3 | | 24.8 | |
| 安徽 | | | | | | 35 |
| 福建 | | | | | | 8 |
| 江西 | | | | 1 | 20 | |
| 山东 | | | | | | |
| 河南 | | 13 | | 13 | 12 | 1 |
| 湖北 | | 163 | 1 | 162 | | |
| 湖南 | | | | | | |
| 广东 | | | | | | |
| 广西 | 2 | 10 | | 10 | 15 | 198.7 |
| 海南 | | | | | | |
| 重庆 | 1 | | | | 20 | |
| 四川 | | | | | | |
| 贵州 | | 1 | 1 | | 115 | 55.2 |
| 云南 | | | | | | 85 |
| 西藏 | | | | | | |
| 陕西 | | | | | 80 | |
| 甘肃 | | | | | 32 | 39.2 |
| 青海 | | | | | | |
| 宁夏 | | | | | | |
| 新疆 | | | | | | |

# 各地区环境宣教情况

（2007）

| 地 区<br>名 称 | 召开新闻发布会<br>（次） | 发布新闻通稿<br>（篇） | 组织宣传活动<br>（次） | 创建绿色学校<br>（所，累计数） | 创建绿色社区<br>（个，累计数） |
|---|---|---|---|---|---|
| **总 计** | **526** | **56 677** | **9 321** | **25 332** | **8 429** |
| 国家级 | 9 | 84 | 33 | 705 | 236 |
| 北 京 | 21 | 413 | 250 | 78 | 152 |
| 天 津 | 8 | 512 | 238 | 104 | 90 |
| 河 北 | 44 | 649 | 579 | 347 | 113 |
| 山 西 | 12 | 220 | 125 | 80 | 60 |
| 内蒙古 | 20 | 3 539 | 52 | 70 | 19 |
| 辽 宁 | 54 | 7 353 | 628 | 625 | 188 |
| 吉 林 | 1 | 2 | 108 | 87 | 9 |
| 黑龙江 | 4 | 20 | 35 | 1 594 | 245 |
| 上 海 | 10 | 237 | 126 | 191 | 350 |
| 江 苏 | 77 | 5 646 | 740 | 6 652 | 1 715 |
| 浙 江 | 26 | 5 537 | 654 | 3 096 | 1 323 |
| 安 徽 | 3 | 20 | 25 | 60 | 21 |
| 福 建 | 10 | 1 035 | 641 | 1 789 | 317 |
| 江 西 | 6 | 1 234 | 182 | 143 | 40 |
| 山 东 | 24 | 11 659 | 998 | 1 747 | 734 |
| 河 南 | 19 | 4 791 | 548 | 747 | 217 |
| 湖 北 | 31 | 2 532 | 182 | 221 | 40 |
| 湖 南 | 3 | 12 | 18 | 117 | 30 |
| 广 东 | 52 | 2 713 | 662 | 1 570 | 238 |
| 广 西 | 2 | 767 | 118 | 128 | 12 |
| 海 南 | 1 | 70 | 13 | 24 | 15 |
| 重 庆 | 24 | 447 | 551 | 444 | 93 |
| 四 川 | 15 | 2 398 | 382 | 425 | 118 |
| 贵 州 | 10 | 870 | 199 | 388 | 60 |
| 云 南 | 3 | 320 | 330 | 203 | 68 |
| 西 藏 | 1 |  | 20 | 15 | 1 |
| 陕 西 | 26 | 1 684 | 362 | 2 454 | 1 678 |
| 甘 肃 | 3 | 726 | 216 | 314 | 35 |
| 青 海 | 1 | 153 | 120 | 204 | 3 |
| 宁 夏 | 1 | 270 | 33 | 18 |  |
| 新 疆 | 5 | 764 | 153 | 692 | 209 |

# 9

# 附 表

FUBIAO

ANNUAL STATISTIC REPORT ON ENVIRONMENT IN CHINA

2007

# 国家级自然保护区名录

（2007）

| 保护区名称 | 行政区域 | 面积（公顷） | 主要保护对象 | 建立时间 | 主管部门 |
|---|---|---|---|---|---|
| 百花山 | 北京市门头沟区 | 21 743.1 | 温带次生林 | 1985-01-01 | 林业 |
| 北京松山 | 延庆县 | 4 660 | 温带森林和野生动植物 | 1986-07-09 | 林业 |
| 古海岸与湿地 | 静海县 | 99 000 | 贝壳堤、牡蛎滩古海岸遗迹、滨海湿地 | 1984-12-01 | 海洋 |
| 蓟县中、上元古界 | 蓟县 | 900 | 中上元古界地质层剖面 | 1984-10-18 | 环保 |
| 八仙山 | 蓟县 | 1 049 | 森林生态系统 | 1984-12-01 | 林业 |
| 昌黎黄金海岸 | 昌黎县 | 30 000 | 海滩及近海生态系统 | 1990-09-30 | 海洋 |
| 柳江盆地地质遗迹 | 抚宁县 | 1 395 | 地质遗迹 | 1999-05-01 | 国土 |
| 小五台山 | 蔚县 | 21 833 | 温带森林生态系统及褐马鸡 | 1983-11-01 | 林业 |
| 泥河湾 | 阳原县 | 1 015 | 新生代沉积地层 | 1997-02-01 | 国土 |
| 大海陀 | 赤城县 | 11 225 | 森林生态系统 | 1999-07-01 | 环保 |
| 河北雾灵山 | 兴隆县 | 14 247 | 温带森林、猕猴分布北限 | 1988-05-09 | 林业 |
| 茅荆坝 | 隆化县 | 40 038 | 森林生态系统 | 2002-08-01 | 林业 |
| 塞罕坝 | 围场满族蒙古族自治县 | 20 029.8 | 森林生态系统 | 2002-08-01 | 林业 |
| 围场红松洼 | 围场满族蒙古族自治县 | 7 300 | 草原生态系统 | 1994-08-01 | 农业 |
| 滦河上游 | 围场满族蒙古族自治县 | 50 637.4 | 草原生态系统 | 2002-06-01 | 林业 |
| 衡水湖 | 衡水市 | 18 787 | 湿地生态系统及鸟类 | 2000-07-01 | 林业 |
| 阳城莽河猕猴 | 阳城县 | 5 600 | 猕猴、大鲵及暖温带森林植被 | 1983-12-01 | 林业 |
| 历山 | 垣曲县、沁水县、翼城县 | 24 800 | 森林植被及金钱豹、金鹏等野生动物 | 1983-12-01 | 林业 |
| 芦芽山 | 宁武县、岢岚县、五寨县 | 21 453 | 褐马鸡及华北落叶松、云杉次生林 | 1980-12-01 | 林业 |
| 五鹿山 | 蒲县、隰县 | 20 617.3 | 褐马鸡及其生境 | 1993-01-01 | 林业 |
| 庞泉沟 | 交城县、方山县 | 10 466 | 褐马鸡及森林生态系统 | 1980-12-01 | 林业 |
| 内蒙古大青山 | 呼和浩特市 | 388 577 | 森林生态系统 | 2003-01-01 | 林业 |
| 阿鲁科尔沁 | 阿鲁科尔沁旗 | 136 793.63 | 草原、湿地及珍稀鸟类 | 1998-02-01 | 环保 |
| 赛罕乌拉 | 巴林左旗 | 100 400 | 森林及马鹿等野生动物 | 1997-04-01 | 林业 |
| 达里诺尔 | 克什克腾旗 | 119 413 | 珍稀鸟类及其生境 | 1987-09-08 | 环保 |
| 白音敖包 | 克什克腾旗 | 13 862 | 沙地云杉林 | 1979-10-04 | 林业 |
| 黑里河 | 宁城县 | 27 700 | 森林生态系统 | 1996-12-31 | 林业 |
| 大黑山 | 敖汉旗 | 86 799 | 天然阔叶林 | 1996-09-01 | 环保 |
| 大青沟 | 科尔沁左翼后旗 | 8 183 | 针阔混交林 | 1988-05-09 | 林业 |
| 鄂尔多斯遗鸥 | 鄂尔多斯市 | 14 770 | 遗鸥及其生境 | 1991-01-01 | 林业 |
| 鄂托克恐龙遗迹化石 | 鄂托克旗 | 46 410 | 恐龙足迹化石 | 2000-07-01 | 国土 |
| 西鄂尔多斯 | 鄂托克旗 | 474 688 | 古老残遗濒危植物及其生境 | 1986-12-01 | 环保 |
| 辉河 | 鄂温克族自治旗 | 346 848 | 湿地生态系统及珍禽、草原 | 1997-12-01 | 环保 |
| 红花尔基樟子松林 | 鄂温克族自治旗 | 20 085 | 樟子松林 | 1998-05-01 | 林业 |
| 达赉湖 | 新巴尔虎右旗 | 740 000 | 湖泊湿地及草原 | 1987-01-01 | 林业 |

## 国家级自然保护区名录（续1）

| 保护区名称 | 行政区域 | 面积（公顷） | 主要保护对象 | 建立时间 | 主管部门 |
|---|---|---|---|---|---|
| 额尔古纳 | 额尔古纳市 | 124 527 | 原始寒温带针叶林 | 2001-01-01 | 林业 |
| 大兴安岭汗马 | 根河市 | 107 348 | 森林生态系统 | 1996-11-29 | 林业 |
| 科尔沁 | 科尔沁右翼中旗 | 126 987 | 湿地珍禽、灌丛及疏林草原 | 1986-06-01 | 环保 |
| 图牧吉 | 扎赉特旗 | 94 830 | 草原生态系统及大鸨等珍禽 | 1996-08-01 | 环保 |
| 锡林郭勒草原 | 锡林浩特市 | 580 000 | 草甸草原、沙地疏林 | 1985-08-08 | 环保 |
| 哈腾套海 | 磴口县 | 123 600 | 绵刺及荒漠草原 | 2000-09-28 | 林业 |
| 乌拉特梭梭林—蒙古野驴 | 乌拉特后旗 | 68 000 | 梭梭林、蒙古野驴及荒漠生态系统 | 1985-10-01 | 林业 |
| 内蒙古贺兰山 | 阿拉善左旗 | 67 710 | 水源涵养林、野生动植物 | 1992-10-27 | 林业 |
| 额济纳胡杨林 | 额济纳旗 | 26 253 | 胡杨林及其生境 | 1986-06-01 | 林业 |
| 大连斑海豹 | 大连市 | 672 275 | 斑海豹及其生境 | 1992-09-01 | 农业 |
| 蛇岛老铁山 | 大连市旅顺口区 | 14 595 | 蝮蛇、候鸟及蛇岛特殊生态系统 | 1980-08-06 | 环保 |
| 城山头海滨地貌 | 大连市金州区 | 1 350 | 地质遗迹及海滨喀斯特地貌 | 1989-04-01 | 环保 |
| 辽宁仙人洞 | 庄河市 | 3 574 | 森林生态系统 | 1981-09-01 | 林业 |
| 老秃顶子 | 桓仁县、新宾县 | 15 219 | 长白山植物区系森林及人参等珍稀物种 | 1981-09-18 | 林业 |
| 丹东鸭绿江口湿地 | 丹东市 | 101 000 | 沿海滩涂湿地及水禽候鸟 | 1987-07-01 | 环保 |
| 白石砬子 | 宽甸满族自治县 | 7 467 | 原生型红松阔叶混交林 | 1981-09-09 | 林业 |
| 医巫闾山 | 义县 | 11 459 | 天然油松林、华北植物区系针阔混交林 | 1981-09-09 | 林业 |
| 海棠山 | 阜新市 | 11 002.7 | 森林生态系统及野生动植物 | 1986-12-01 | 林业 |
| 双台河口 | 盘锦市兴隆台区 | 80 000 | 珍稀水禽及沿海湿地生态系统 | 1985-09-09 | 林业 |
| 努鲁儿虎山 | 朝阳县 | 13 832.1 | 原生型柞树林及候鸟栖息地 | 1983-09-01 | 林业 |
| 北票鸟化石 | 北票市 | 4 630 | 中生代晚期鸟化石等古生物化石群 | 1997-05-18 | 国土 |
| 伊通火山群 | 伊通满族自治县 | 765 | 火山地质遗迹 | 1984-06-27 | 环保 |
| 龙湾 | 辉南县 | 15 061 | 湿地、森林、火山湖库群 | 1990-09-29 | 林业 |
| 鸭绿江上游 | 长白朝鲜族自治县 | 20 306 | 珍稀冷水性鱼类及其生境 | 1996-10-01 | 水利 |
| 查干湖 | 前郭尔罗斯蒙古族自治县 | 50 684 | 湿地生态系统及珍稀鸟类 | 1986-08-01 | 水利 |
| 大布苏 | 乾安县 | 11 000 | 泥林、古生物化石及湿地生态系统 | 1996-10-16 | 国土 |
| 莫莫格 | 镇赉县 | 144 000 | 珍稀水禽、野生动植物 | 1981-03-08 | 林业 |
| 向海 | 通榆县 | 105 467 | 湿地及丹顶鹤等珍贵水禽 | 1981-03-09 | 林业 |
| 雁鸣湖 | 敦化市 | 53 940 | 内陆湿地生态系统 | 1991-12-01 | 林业 |
| 珲春东北虎 | 珲春市 | 108 700 | 东北虎、远东豹及其生境 | 2000-10-01 | 林业 |
| 天佛指山 | 龙井市 | 77 317 | 松茸及森林生态系统 | 1996-08-22 | 林业 |
| 吉林长白山 | 安图县 | 196 465 | 森林及野生动物 | 1960-04-01 | 林业 |
| 扎龙 | 齐齐哈尔市 | 210 000 | 丹顶鹤等珍禽及湿地生境 | 1987-04-18 | 林业 |
| 黑龙江凤凰山 | 鸡东县 | 26 570 | 松茸及原始森林 | 1989-04-01 | 林业 |
| 珍宝岛湿地 | 虎林市 | 44 364 | 湿地生态系统 | 1998-11-01 | 林业 |
| 兴凯湖 | 密山市 | 222 488 | 湿地生态系统及野生动植物 | 1986-04-05 | 林业 |
| 宝清七星河 | 宝清县 | 20 000 | 内陆湿地生态系统 | 1991-10-04 | 环保 |
| 饶河东北黑蜂 | 饶河县 | 270 000 | 东北黑蜂蜂种及蜜源植物 | 1980-05-01 | 农业 |

## 国家级自然保护区名录（续2）

| 保护区名称 | 行政区域 | 面积（公顷） | 主要保护对象 | 建立时间 | 主管部门 |
|---|---|---|---|---|---|
| 丰林 | 伊春市五营区 | 18 400 | 红松母树林 | 1988-05-09 | 林业 |
| 凉水 | 伊春市带岭区 | 12 133 | 红松母树林 | 1980-07-08 | 林业 |
| 乌伊岭 | 伊春市乌伊岭区 | 43 824 | 森林湿地生态系统 | 2000-12-01 | 林业 |
| 红星湿地 | 伊春市红星区 | 111 995 | 内陆湿地生态系统 | 2004-09-01 | 林业 |
| 三江 | 抚远县 | 198 100 | 湿地生态系统及丹顶鹤等珍禽 | 2000-04-04 | 林业 |
| 洪河 | 同江市 | 21 836 | 沼泽湿地生态系统 | 1984-12-01 | 环保 |
| 八岔岛 | 同江市 | 32 014 | 湿地生态系统及珍稀动物 | 1999-09-01 | 环保 |
| 挠力河 | 富锦市 | 160 595 | 湿地和水域生态系统 | 1998-11-01 | 环保 |
| 牡丹峰 | 牡丹江市 | 19 648 | 原始森林 | 1981-05-05 | 林业 |
| 胜山 | 黑河市 | 60 000 | 森林生态系统 | 2002-12-01 | 林业 |
| 五大连池 | 五大连池市 | 100 800 | 火山地质遗迹、矿泉水 | 1980-03-29 | 国土 |
| 黑龙江双河 | 大兴安岭地区 | 88 849 | 湿地生态系统 | 2005-03-01 | 林业 |
| 呼中 | 大兴安岭地区 | 167 213 | 寒温带针叶林及野生动植物 | 1984-05-09 | 林业 |
| 南瓮河 | 大兴安岭地区 | 229 523 | 森林湿地和野生动植物 | 1999-12-01 | 林业 |
| 九段沙湿地 | 上海市浦东新区 | 42 020 | 河口沙洲地貌和鸟类等 | 2000-03-01 | 环保 |
| 崇明东滩鸟类 | 崇明县 | 24 155 | 候鸟及湿地生态系统 | 1998-11-01 | 林业 |
| 盐城湿地珍禽 | 盐城市 | 284 179 | 丹顶鹤等珍禽及海涂湿地生态系统 | 1983-02-27 | 环保 |
| 大丰麋鹿 | 大丰市 | 2 667 | 麋鹿及其生境 | 1986-02-08 | 林业 |
| 泗洪洪泽湖湿地 | 泗洪县 | 49 365 | 湿地生态系统及大鸨等珍稀濒危鸟类 | 1985-06-01 | 环保 |
| 临安清凉峰 | 临安市 | 10 800 | 森林生态系统 | 1985-08-01 | 林业 |
| 浙江天目山 | 临安市 | 4 284 | 银杏、连香树、金钱松等珍稀植物 | 1986-07-09 | 林业 |
| 南麂列岛 | 平阳县 | 19 600 | 海洋贝藻类及生境 | 1989-01-10 | 海洋 |
| 乌岩岭 | 泰顺县 | 18 862 | 森林及黄腹角雉、猕猴等珍稀动植物 | 1994-04-05 | 林业 |
| 长兴地质遗迹 | 长兴县 | 275 | 二叠纪石灰岩地质剖面 | 1980-04-01 | 国土 |
| 大盘山 | 磐安县 | 4 558 | 珍稀野生植物及其生境 | 1993-04-23 | 环保 |
| 古田山 | 开化县 | 8 107 | 常绿阔叶林、白颈长尾雉 | 1975-03-01 | 林业 |
| 浙江九龙山 | 遂昌县 | 5 525 | 连香树、马褂木、黑熊等珍稀动植物 | 1983-01-01 | 林业 |
| 凤阳山—百山祖 | 龙泉市、庆元县 | 24 713 | 中亚热带温湿润常绿阔叶林生态系统 | 1992-10-27 | 林业 |
| 铜陵淡水豚 | 铜陵县 | 31 518 | 白鳖豚、江豚等珍稀水生生物 | 2000-12-02 | 环保 |
| 鹞落坪 | 岳西县 | 12 300 | 北亚热带常绿阔叶林 | 1991-12-05 | 环保 |
| 牯牛降 | 石台县、祁门县 | 14 817 | 森林及珍稀动植物 | 1982-10-28 | 林业 |
| 金寨天马 | 金寨县 | 28 914 | 森林生态系统和野生动植物 | 1990-04-01 | 林业 |
| 升金湖 | 东至县 | 33 400 | 白鹳等珍稀鸟类及湿地生态系统 | 1986-02-08 | 林业 |
| 宣城扬子鳄 | 宣城市 | 43 333 | 扬子鳄及其生境 | 1982-01-01 | 林业 |
| 厦门珍稀海洋物种 | 厦门市 | 33 088 | 中华白海豚、白鹭、文昌鱼等珍稀动物 | 2000-04-04 | 环保 |
| 君子峰 | 明溪县 | 18 060.5 | 常绿阔叶林、南方红豆杉 | 2003-02-01 | 林业 |
| 将乐龙栖山 | 将乐县 | 15 693 | 森林生态系统 | 1984-06-18 | 林业 |
| 闽江源 | 建宁县 | 13 022 | 森林生态系统 | 2001-10-01 | 林业 |

## 国家级自然保护区名录（续3）

| 保护区名称 | 行政区域 | 面积（公顷） | 主要保护对象 | 建立时间 | 主管部门 |
|---|---|---|---|---|---|
| 天宝岩 | 永安市 | 11 015 | 长苞铁杉、猴头杜鹃等珍稀植物 | 1988-12-01 | 林业 |
| 戴云山 | 德化县 | 13 472.4 | 森林及动植物 | 1985-05-01 | 林业 |
| 深沪湾海底古森林遗迹 | 晋江市 | 3 400 | 海底古森林遗迹和牡蛎海滩岩及地质地貌 | 1992-10-27 | 海洋 |
| 漳江口红树林 | 云霄县 | 2 360 | 红树林生态系统 | 1992-07-01 | 林业 |
| 虎伯寮 | 南靖县 | 2 650 | 森林生态系统 | 1980-05-01 | 林业 |
| 福建武夷山 | 武夷山市 | 56 527 | 亚热带森林生态系统 | 1979-07-03 | 林业 |
| 梁野山 | 武平县 | 14 365 | 森林生态系统及南方红豆杉 | 1995-01-01 | 林业 |
| 梅花山 | 连城县 | 22 168 | 森林生态系统 | 1985-04-25 | 林业 |
| 鄱阳湖南矶湿地 | 新建县 | 33 300 | 天鹅、大雁等越冬珍禽和湿地生境 | 1997-01-01 | 林业 |
| 鄱阳湖候鸟 | 永修县 | 22 400 | 白鹤等越冬珍禽及其栖息地 | 1988-05-09 | 林业 |
| 桃红岭梅花鹿 | 彭泽县 | 12 500 | 南方梅花鹿及其栖息地 | 1981-08-16 | 林业 |
| 九连山 | 龙南县 | 13 411.6 | 亚热带常绿阔叶林生态系统 | 1981-03-01 | 林业 |
| 井冈山 | 井冈山市 | 17 217 | 亚热带常绿阔叶原始林及珍稀动物 | 1981-06-04 | 林业 |
| 官山 | 宜丰县 | 11 500.5 | 中亚热带常绿阔叶林生态系统 | 1981-01-01 | 林业 |
| 江西马头山 | 资溪县 | 13 866.5 | 亚热带常绿阔叶林生态系统 | 2001-03-01 | 林业 |
| 江西武夷山 | 铅山县 | 16 007 | 中亚热带常绿阔叶林生态系统 | 1981-05-01 | 林业 |
| 马山 | 即墨市 | 774 | 柱状节理石柱、硅化木等 | 1993-01-13 | 环保 |
| 黄河三角洲 | 东营市 | 153 000 | 河口湿地生态系统及珍禽 | 1990-12-27 | 林业 |
| 昆嵛山 | 烟台市 | 15 416.5 | 森林及野生动植物 | 1997-02-01 | 林业 |
| 长岛 | 长岛县 | 5 300 | 鹰、隼等猛禽及候鸟栖息地 | 1988-05-09 | 林业 |
| 山旺古生物化石 | 临朐县 | 120 | 古生物化石 | 1980-01-17 | 国土 |
| 荣成大天鹅 | 荣成市 | 1 675 | 大天鹅等珍禽及生境 | 1984-01-01 | 林业 |
| 滨州贝壳堤岛与湿地 | 滨州市 | 80 480 | 贝壳堤岛、湿地、珍稀鸟类、海洋生物 | 1998-10-01 | 海洋 |
| 豫北黄河故道湿地鸟类 | 新乡市 | 24 780 | 天鹅、鹤类等珍禽及湿地生态系统 | 1996-11-29 | 环保 |
| 河南黄河湿地 | 三门峡、洛阳、焦作、济源等市 | 68 000 | 湿地生态、珍稀鸟类 | 1995-08-01 | 林业 |
| 小秦岭 | 灵宝市 | 15 160 | 森林生态系统及野生动植物 | 1982-06-01 | 林业 |
| 南阳恐龙蛋化石群 | 南阳市 | 92 667 | 恐龙蛋化石 | 2000-12-01 | 国土 |
| 伏牛山 | 西峡、内乡、南召等县 | 56 024 | 过渡带森林生态系统 | 1997-12-08 | 林业 |
| 内乡宝天曼 | 内乡县 | 5 413 | 过渡带森林生态系统、珍稀动植物 | 1988-05-09 | 林业 |
| 丹江湿地 | 淅川县 | 64 027 | 湿地生态系统 | 2001-08-01 | 林业 |
| 鸡公山 | 信阳市 | 2 917 | 森林生态系统、野生动物 | 1988-05-09 | 林业 |
| 董寨 | 罗山县 | 46 800 | 鸟类野生动植物 | 1982-06-16 | 林业 |
| 连康山 | 新县 | 10 580 | 常绿阔叶与落叶阔叶混交林 | 1982-04-01 | 林业 |
| 焦作太行山猕猴 | 济源、焦作、新乡市 | 56 600 | 猕猴及森林生态系统 | 1998-08-18 | 林业 |
| 青龙山恐龙蛋化石群 | 郧县 | 205 | 恐龙蛋化石 | 1996-05-16 | 国土 |
| 神农架 | 房县、兴山县、巴东县 | 70 467 | 森林生态系统及珍稀动物金丝猴等 | 1986-07-09 | 林业 |
| 五峰后河 | 五峰土家族自治县 | 10 340 | 森林生态系统及珍稀动植物 | 2000-04-04 | 林业 |

## 国家级自然保护区名录（续4）

| 保护区名称 | 行政区域 | 面积（公顷） | 主要保护对象 | 建立时间 | 主管部门 |
|---|---|---|---|---|---|
| 石首麋鹿 | 石首市 | 1 567 | 麋鹿及其生境 | 1991-11-01 | 环保 |
| 长江天鹅洲白鳖豚 | 石首市 | 2 000 | 白鳖豚及其生境 | 1992-10-27 | 农业 |
| 长江新螺段白鳖豚 | 洪湖市、赤壁市、嘉鱼县、临湘市交界 | 13 500 | 白鳖豚、江豚、中华鲟及其生境 | 1992-10-27 | 农业 |
| 九宫山 | 通山县 | 16 608.7 | 中亚热带阔叶林及珍稀动植物 | 1981-02-01 | 林业 |
| 星斗山 | 利川市、咸丰县、恩施市 | 68 339 | 珙桐、水杉及森林植被 | 1988-01-01 | 林业 |
| 七姊妹山 | 宣恩县 | 34 550 | 珙桐等珍稀植物及其生境 | 1990-03-01 | 林业 |
| 桃源洞 | 炎陵县 | 23 786 | 天然次生林、银杉群落 | 1982-01-01 | 林业 |
| 南岳衡山 | 衡阳市 | 11 991.6 | 野生动植物、濒危动植物 | 1982-01-01 | 林业 |
| 黄桑 | 绥宁县 | 12 590 | 森林生态及铁杉、大鲵等珍稀动植物 | 1984-01-01 | 林业 |
| 东洞庭湖 | 岳阳市 | 190 000 | 珍稀水禽及其湿地生态系统 | 1984-11-01 | 林业 |
| 乌云界 | 桃源县 | 33 818 | 森林生态系统及大型猫科动物 | 1998-05-01 | 环保 |
| 石门壶瓶山 | 石门县 | 40 847 | 森林及华南虎、云豹等珍稀动物 | 1982-04-05 | 林业 |
| 张家界大鲵 | 张家界市武陵源区 | 14 285 | 大鲵及其栖息生境 | 1996-11-29 | 农业 |
| 八大公山 | 桑植县 | 20 000 | 亚热带森林及珍稀濒危野生动植物 | 1986-07-09 | 林业 |
| 莽山 | 宜章县 | 19 833 | 南亚热带常绿阔叶林及珍稀动植物 | 1994-04-05 | 林业 |
| 八面山 | 桂东县 | 10 974 | 森林及华南虎、金钱豹等珍稀动植物 | 1984-03-01 | 林业 |
| 永州都庞岭 | 道县 | 20 066 | 森林生态系统、野生动植物 | 1997-01-04 | 林业 |
| 借母溪 | 沅陵县 | 13 041 | 森林生态系统 | 2003-01-01 | 林业 |
| 鹰嘴界 | 会同县 | 15 900 | 典型亚热带森林植被及野生动植物 | 1998-01-01 | 林业 |
| 小溪 | 永顺县 | 24 800 | 天然次生林 | 1985-07-16 | 林业 |
| 南岭 | 韶关市 | 58 924 | 中亚热带常绿阔叶林 | 1984-04-01 | 林业 |
| 车八岭 | 始兴县 | 7 545 | 中亚热带常绿阔叶林及珍稀动植物 | 1988-05-09 | 林业 |
| 丹霞山 | 仁化县 | 29 000 | 丹霞地貌 | 1995-11-06 | 国土 |
| 内伶仃—福田 | 深圳市 | 815 | 猕猴、鸟类、红树林 | 1984-04-09 | 林业 |
| 珠江口中华白海豚 | 珠海市 | 46 000 | 中华白海豚及其生境 | 1991-01-01 | 农业 |
| 湛江红树林 | 湛江市 | 20 279 | 红树林生态系统 | 1990-01-08 | 林业 |
| 徐闻珊瑚礁 | 徐闻县 | 14 378.5 | 珊瑚礁生态系统 | 1999-08-01 | 海洋 |
| 雷州珍稀海洋生物 | 雷州市 | 46 864.7 | 白蝶贝等珍稀海洋生物及其生境 | 1983-01-01 | 海洋 |
| 鼎湖山 | 肇庆市 | 1 133 | 南亚热带常绿阔叶林、珍稀动植物 | 1956-01-01 | 其他 |
| 象头山 | 博罗县 | 10 697 | 森林生态及野生动植物 | 1998-12-01 | 林业 |
| 惠东港口海龟 | 惠东县 | 800 | 海龟及其产卵繁殖地 | 1992-10-27 | 农业 |
| 大明山 | 武鸣县、马山县、上林县 | 16 994 | 常绿阔叶林、水源涵养林及自然景观 | 1981-08-01 | 林业 |
| 千家洞 | 灌阳县 | 12 231 | 水源涵养林及野生动植物 | 1982-06-01 | 林业 |
| 花坪 | 龙胜县、临桂县 | 17 400 | 银杉及典型常绿阔叶林生态系统 | 1961-11-01 | 林业 |
| 猫儿山 | 资源县、兴安县 | 17 009 | 典型常绿阔叶林生态系统、水源涵养林 | 1976-05-01 | 林业 |
| 合浦营盘港—英罗港儒艮 | 北海市 | 35 000 | 儒艮及海洋生态系统 | 1986-04-27 | 环保 |
| 山口红树林 | 合浦县 | 8 000 | 红树林生态系统 | 1990-09-30 | 海洋 |

## 国家级自然保护区名录（续 5）

| 保护区名称 | 行政区域 | 面积（公顷） | 主要保护对象 | 建立时间 | 主管部门 |
|---|---|---|---|---|---|
| 北仑河口 | 防城港市防城区 | 3 000 | 红树林生态系统 | 1990-03-04 | 海洋 |
| 防城金花茶 | 防城港市防城区 | 9 195 | 金花茶及森林生态系统 | 1986-04-05 | 环保 |
| 十万大山 | 上思县、钦州市、防城港市防城区 | 58 277.1 | 水源涵养林 | 1982-06-01 | 林业 |
| 岑王老山 | 田林县、凌云县 | 18 994 | 季风常绿阔叶林 | 1982-06-01 | 林业 |
| 金钟山黑颈长尾雉 | 隆林各族自治县 | 20 924.4 | 鸟类及其生境 | 1982-06-01 | 林业 |
| 九万山 | 罗城县、环江县 | 25 212.8 | 水源涵养林 | 1982-06-01 | 林业 |
| 木论 | 罗城县、环江县 | 8 969 | 中亚热带石灰岩常绿阔叶混交林生态系统 | 1991-08-18 | 林业 |
| 大瑶山 | 金秀瑶族自治县 | 24 907 | 水源林及瑶山鳄蜥、银杉 | 1982-06-01 | 林业 |
| 弄岗 | 龙州县、宁明县 | 10 080 | 亚热带石灰岩季雨林、白头叶猴、黑叶猴 | 1978-01-01 | 林业 |
| 东寨港 | 海口市美兰区 | 3 337 | 红树林生态系统 | 1980-04-09 | 林业 |
| 三亚珊瑚礁 | 三亚市 | 4 000 | 珊瑚礁及其生态系统 | 1990-09-30 | 海洋 |
| 铜鼓岭 | 文昌市 | 4 400 | 珊瑚礁、热带季雨矮林及野生动物 | 1983-05-24 | 环保 |
| 大洲岛 | 万宁市 | 7 000 | 金丝燕及生境、海洋生态系统 | 1987-08-01 | 海洋 |
| 大田 | 东方市 | 1 314 | 海南坡鹿及生境 | 1976-10-09 | 林业 |
| 霸王岭 | 昌江黎族自治县 | 29 980 | 黑冠长臂猿及其生境 | 1980-04-09 | 林业 |
| 尖峰岭 | 乐东黎族自治县 | 20 170 | 热带季雨林生态系统 | 1976-10-01 | 林业 |
| 吊罗山 | 陵水黎族自治县 | 18 389 | 热带雨林生态系统 | 1984-04-01 | 林业 |
| 五指山 | 琼中县、白沙县、五指山市、乐东县 | 13 435.9 | 热带原始林生态系统 | 1985-11-01 | 林业 |
| 缙云山 | 重庆市九龙坡区 | 7 600 | 亚热带常绿阔叶林 | 1979-04-01 | 林业 |
| 大巴山 | 城口县 | 136 017 | 森林生态系统及崖柏等珍稀野生植物 | 1998-11-01 | 林业 |
| 金佛山 | 重庆市南川市 | 41 850 | 银杉、珙桐等常绿阔叶林 | 1979-07-01 | 林业 |
| 龙溪—虹口 | 都江堰市 | 34 000 | 亚热带山地森林生态系统、珍稀动植物 | 1993-04-08 | 林业 |
| 白水河 | 彭州市 | 30 150 | 森林生态系统、野生动植物 | 1996-01-01 | 林业 |
| 攀枝花苏铁 | 攀枝花市西区、仁和区 | 1 400 | 攀枝花苏铁 | 1983-01-01 | 林业 |
| 长江上游珍稀、特有鱼类 | 泸州市、宜宾市 | 33 174.2 | 珍稀鱼类及河流生态系统 | 1987-12-04 | 农业 |
| 画稿溪 | 叙永县 | 23 827 | 桫椤等珍稀植物及地质遗迹 | 1999-01-01 | 环保 |
| 王朗 | 平武县 | 32 297 | 大熊猫及森林生态系统 | 1963-01-01 | 林业 |
| 雪宝顶 | 平武县 | 63 615 | 大熊猫、川金丝猴、扭角羚及其生境 | 1993-08-01 | 林业 |
| 米仓山 | 旺苍县 | 23 400 | 森林及野生动物 | 1998-01-01 | 林业 |
| 唐家河 | 青川县 | 40 000 | 大熊猫及森林生态系统 | 1978-12-01 | 林业 |
| 马边大风顶 | 马边彝族自治县 | 30 164 | 大熊猫及森林生态系统 | 1978-12-25 | 林业 |
| 长宁竹海 | 长宁县 | 35 800 | 竹类生态系统 | 1996-10-01 | 环保 |
| 花萼山 | 万源市 | 48 203.39 | 森林及野生动物 | 1998-01-01 | 环保 |
| 蜂桶寨 | 宝兴县 | 39 039 | 大熊猫及森林生态系统 | 1975-01-01 | 林业 |
| 卧龙 | 汶川县 | 200 000 | 大熊猫及森林生态系统 | 1975-01-01 | 林业 |

## 国家级自然保护区名录（续6）

| 保护区名称 | 行政区域 | 面积（公顷） | 主要保护对象 | 建立时间 | 主管部门 |
|---|---|---|---|---|---|
| 九寨沟 | 九寨沟县 | 64 297 | 大熊猫及森林生态系统 | 1978-12-25 | 林业 |
| 小金四姑娘山 | 小金县 | 48 500 | 野生动物及高山生态系统 | 1996-11-29 | 环保 |
| 若尔盖湿地 | 若尔盖县 | 166 571 | 高寒沼泽湿地及黑颈鹤等野生动物 | 1994-08-18 | 林业 |
| 贡嘎山 | 康定县、泸定县 | 400 000 | 高山森林生态系统及珍稀动物 | 1997-12-08 | 林业 |
| 察青松多白唇鹿 | 白玉县 | 143 682.6 | 白唇鹿、金钱豹等野生动物 | 1995-01-01 | 林业 |
| 海子山 | 理塘县 | 459 161 | 高寒湿地生态系统及林麝等珍稀动物 | 1995-01-01 | 林业 |
| 亚丁 | 稻城县 | 145 750 | 森林生态系统、野生动植物、冰川 | 1997-12-16 | 环保 |
| 美姑大风顶 | 美姑县 | 50 655 | 大熊猫及森林生态系统 | 1978-12-25 | 林业 |
| 宽阔水 | 绥阳县 | 26 231 | 中亚热带常绿阔叶林混交林 | 1989-12-01 | 林业 |
| 习水中亚热带常绿阔叶林 | 习水县 | 48 666 | 森林及野生动植物 | 1994-09-08 | 林业 |
| 赤水桫椤 | 赤水市 | 13 300 | 桫椤、小黄花茶等野生植物 | 1992-10-27 | 环保 |
| 梵净山 | 江口县、印江县、松桃县 | 41 900 | 森林生态系统及珍稀动植物 | 1986-07-09 | 林业 |
| 麻阳河 | 沿河土家族自治县 | 31 113 | 黑叶猴等珍稀动物及其生境 | 1987-08-01 | 林业 |
| 威宁草海 | 威宁彝族回族苗族自治县 | 12 000 | 高原湿地生态系统及黑颈鹤等 | 1985-01-01 | 林业 |
| 雷公山 | 黔东南苗族侗族自治州 | 47 300 | 中亚热带森林及秃杉等珍稀植物 | 1982-06-01 | 林业 |
| 茂兰 | 荔波县 | 20 000 | 喀斯特森林生态系统 | 1986-04-09 | 林业 |
| 会泽黑颈鹤 | 会泽县 | 12 910.64 | 黑颈鹤及其他水禽 | 1986-03-01 | 环保 |
| 哀牢山 | 新平彝族傣族自治县 | 67 700 | 原始森林、黑长臂猿等珍稀动植物 | 1988-05-09 | 林业 |
| 高黎贡山 | 保山市 | 404 600 | 生物气候垂直带谱、珍稀动植物 | 1983-01-01 | 林业 |
| 大山包黑颈鹤 | 昭通市 | 19 200 | 黑颈鹤等珍禽及其生境 | 1994-03-01 | 林业 |
| 药山 | 巧家县 | 20 141 | 高山水源林及多种药用植物 | 1982-05-01 | 林业 |
| 云南大围山 | 屏边苗族自治县 | 43 993 | 南亚热带常绿阔叶林及珍稀动物 | 1986-06-01 | 林业 |
| 金平分水岭 | 金平苗族瑶族傣族自治县 | 42 027 | 南亚热带山地苔藓常绿阔叶林及珍稀动植物 | 1986-06-01 | 林业 |
| 黄连山 | 绿春县 | 65 058 | 亚热带常绿阔叶林、野生动植物 | 1983-04-01 | 林业 |
| 文山 | 文山县、西畴县 | 26 867 | 原始阔叶林 | 1958-10-08 | 林业 |
| 无量山 | 景东县、南涧县 | 30 938 | 亚热带常绿阔叶林及长臂猿等 | 1988-03-01 | 林业 |
| 西双版纳 | 西双版纳傣族自治州 | 241 776 | 热带森林生态系统及珍稀野生动植物 | 1958-10-09 | 林业 |
| 纳板河流域 | 景洪市 | 26 600 | 热带季雨林及野生动植物 | 1992-07-01 | 环保 |
| 苍山洱海 | 大理白族自治州 | 79 700 | 断层湖泊、古代冰川遗迹、苍山冷杉、杜鹃林 | 1981-11-05 | 环保 |
| 白马雪山 | 德钦县 | 281 640 | 高山针叶林、滇金丝猴 | 1984-01-01 | 林业 |
| 永德大雪山 | 永德县 | 17 541 | 亚热带阔叶林及野生动物 | 1986-03-01 | 林业 |
| 南滚河 | 沧源佤族自治县 | 50 887 | 亚洲象及森林生态系统 | 1980-03-06 | 林业 |
| 拉鲁湿地 | 拉萨市 | 1 220 | 湿地生态系统 | 1999-01-01 | 环保 |
| 雅鲁藏布江中游河谷黑颈鹤 | 林周县 | 614 350 | 黑颈鹤及其生境 | 1993-01-01 | 林业 |

## 国家级自然保护区名录（续 7）

| 保护区名称 | 行政区域 | 面积（公顷） | 主要保护对象 | 建立时间 | 主管部门 |
|---|---|---|---|---|---|
| 类乌齐马鹿 | 类乌齐县 | 120 614.6 | 马鹿及其栖息地生态系统 | 1993-01-01 | 林业 |
| 芒康滇金丝猴 | 芒康县 | 185 300 | 滇金丝猴及其生态系统 | 1993-01-01 | 林业 |
| 珠穆朗玛峰 | 日喀则地区 | 3 381 000 | 高山森林及荒漠生态系统 | 1988-04-05 | 林业 |
| 羌塘 | 安多、尼玛、改则等县 | 29 800 000 | 藏羚羊等有蹄类动物及高原荒漠生态系统 | 1993-04-04 | 林业 |
| 色林错 | 申扎、尼玛、班戈等县 | 2 032 380 | 黑颈鹤繁殖地、高原湿地生态系统 | 1993-01-01 | 林业 |
| 雅鲁藏布大峡谷 | 墨脱县 | 916 800 | 热带山地植被垂直带谱及珍贵动植物 | 1985-07-09 | 林业 |
| 察隅慈巴沟 | 察隅县 | 101 400 | 山地亚热带森林生态系统 | 1985-01-01 | 林业 |
| 周至 | 周至县 | 56 393 | 金丝猴等野生动物及其生境 | 1988-05-09 | 林业 |
| 太白山 | 太白县、眉县、周至县 | 56 325 | 森林生态系统、自然历史遗迹 | 1965-09-09 | 林业 |
| 陕西子午岭 | 富县 | 40 621 | 森林生态系统 | 2001-11-01 | 林业 |
| 长青 | 洋县 | 29 906 | 大熊猫、扭角羚、林麝等珍稀动物及其生境 | 1995-12-22 | 林业 |
| 汉中朱鹮 | 洋县、城固县 | 37 549 | 朱鹮及其生境 | 1988-01-01 | 林业 |
| 佛坪 | 佛坪县 | 29 240 | 大熊猫及森林生态系统 | 1978-12-25 | 林业 |
| 天华山 | 宁陕县 | 25 485 | 大熊猫及其生境 | 2002-02-01 | 林业 |
| 化龙山 | 镇坪县、平利县 | 28 103 | 森林植物、野生动物 | 1990-06-01 | 林业 |
| 牛背梁 | 柞水县、宁陕县、西安市长安区 | 16 418 | 扭角羚等珍稀动物 | 1988-05-09 | 林业 |
| 连城 | 永登县 | 47 930 | 森林生态系统及祁连柏、青杆等物种 | 2001-04-13 | 林业 |
| 兴隆山 | 榆中县 | 33 301 | 森林生态系统 | 1988-05-09 | 林业 |
| 连古城 | 民勤县 | 389 883 | 荒漠生态系统及黄羊等野生动物 | 1982-01-01 | 林业 |
| 太统—崆峒山 | 平凉市 | 16 283 | 山地落叶阔叶次生林、文化遗址 | 2001-11-01 | 林业 |
| 甘肃祁连山 | 酒泉市、张掖市 | 2 653 023 | 水源涵养林及珍稀动物 | 1988-05-09 | 林业 |
| 安西极旱荒漠 | 安西县 | 800 000 | 荒漠生态系统及珍稀动植物 | 1987-06-01 | 环保 |
| 盐池湾 | 肃北蒙古族自治县 | 1 360 000 | 白唇鹿、野牦牛、野驴等珍稀动物及其生境 | 1982-03-01 | 林业 |
| 安南坝野骆驼 | 阿克塞哈萨克族自治县 | 396 000 | 野骆驼、野驴等野生动物及荒漠草原 | 1982-01-01 | 林业 |
| 敦煌西湖 | 敦煌市 | 660 000 | 野生动物及荒漠湿地 | 1992-01-01 | 林业 |
| 小陇山 | 陇南市 | 31 938 | 扭角羚、红腹锦鸡等野生珍稀动植物 | 1982-11-01 | 林业 |
| 白水江 | 文县、陇南市武都区 | 213 750 | 大熊猫、金丝猴、扭角羚等野生动物 | 1978-12-25 | 林业 |
| 甘肃莲花山 | 卓尼县、康乐县 | 11 691 | 森林生态系统 | 1982-12-01 | 林业 |
| 尕海—则岔 | 碌曲县 | 247 431 | 候鸟等野生动物、石林 | 1995-10-01 | 林业 |
| 循化孟达 | 循化撒拉族自治县 | 17 290 | 森林生态系统及珍稀生物物种 | 1980-04-01 | 林业 |
| 青海湖 | 刚察县 | 495 200 | 斑头雁、棕头鸥等水禽及生态系统 | 1975-08-08 | 林业 |
| 可可西里 | 玉树藏族自治州 | 4 500 000 | 藏羚羊、野牦牛等动物及高原生态系统 | 1995-10-08 | 林业 |
| 三江源 | 玉树州、果洛州等 | 15 230 000 | 珍稀动物及湿地、森林、高寒草甸等 | 2000-05-01 | 林业 |
| 隆宝 | 玉树县 | 10 000 | 黑颈鹤、天鹅等水禽及草甸生态系统 | 1986-07-09 | 林业 |

## 国家级自然保护区名录（续8）

| 保护区名称 | 行政区域 | 面积（公顷） | 主要保护对象 | 建立时间 | 主管部门 |
|---|---|---|---|---|---|
| 贺兰山 | 银川市 | 206 266 | 森林生态系统、野生动植物资源 | 1982-07-01 | 林业 |
| 灵武白芨滩 | 灵武市 | 74 843 | 天然柠条母树林及沙生植被 | 1985-01-04 | 林业 |
| 沙坡头 | 中卫市 | 13 722 | 自然沙生植被及人工治沙植被 | 1984-09-01 | 环保 |
| 哈巴湖 | 盐池县 | 84 000 | 荒漠生态系统、湿地生态系统 | 2003-03-01 | 林业 |
| 宁夏罗山 | 同心县 | 33 710 | 水源涵养林 | 1982-07-01 | 林业 |
| 六盘山 | 西吉县 | 26 667 | 水源涵养林及野生动物 | 1982-05-09 | 林业 |
| 艾比湖湿地 | 精河县 | 267 085 | 湿地及珍稀野生动植物 | 2000-06-02 | 林业 |
| 塔里木胡杨 | 尉犁县、轮台县 | 395 420 | 胡杨、灰杨林 | 1983-01-01 | 林业 |
| 阿尔金山 | 若羌县 | 4 500 000 | 有蹄类野生动物及高原生态系统 | 1983-01-01 | 环保 |
| 罗布泊野骆驼 | 若羌县 | 7 800 000 | 野骆驼及其生境 | 1986-01-01 | 环保 |
| 巴音布鲁克 | 和静县 | 100 000 | 天鹅等珍稀水禽、沼泽湿地 | 1980-05-09 | 林业 |
| 托木尔峰 | 温宿县 | 237 600 | 森林及野生动植物 | 1980-01-01 | 林业 |
| 西天山 | 巩留县 | 31 217 | 雪岭云杉林森林生态系统 | 1983-01-02 | 林业 |
| 甘家湖梭梭林 | 乌苏市、精河县 | 54 667 | 梭梭林及其生境 | 1983-10-01 | 林业 |
| 哈纳斯 | 布尔津县、哈巴河县 | 220 162 | 森林生态系统及自然景观 | 1980-05-01 | 林业 |

# 全国行政区划

（2007 年底）

单位：个

| 省级区划名称 | 地级区划数 | 地级市 | 县级区划数 | 县级市 | 市辖区 | 县 | 自治县 |
|---|---|---|---|---|---|---|---|
| **全　国** | **333** | **283** | **2 859** | **368** | **856** | **1 463** | **117** |
| 北京市 | | | 18 | | 16 | 2 | |
| 天津市 | | | 18 | | 15 | 3 | |
| 河北省 | 11 | 11 | 172 | 22 | 36 | 108 | 6 |
| 山西省 | 11 | 11 | 119 | 11 | 23 | 85 | |
| 内蒙古自治区 | 12 | 9 | 101 | 11 | 21 | 17 | |
| 辽宁省 | 14 | 14 | 100 | 17 | 56 | 19 | 8 |
| 吉林省 | 9 | 8 | 60 | 20 | 20 | 17 | 3 |
| 黑龙江省 | 13 | 12 | 128 | 18 | 64 | 45 | 1 |
| 上海市 | | | 19 | | 18 | 1 | |
| 江苏省 | 13 | 13 | 106 | 27 | 54 | 25 | |
| 浙江省 | 11 | 11 | 90 | 22 | 32 | 35 | 1 |
| 安徽省 | 17 | 17 | 105 | 5 | 44 | 56 | |
| 福建省 | 9 | 9 | 85 | 14 | 26 | 45 | |
| 江西省 | 11 | 11 | 99 | 10 | 19 | 70 | |
| 山东省 | 17 | 17 | 140 | 31 | 49 | 60 | |
| 河南省 | 17 | 17 | 159 | 21 | 50 | 88 | |
| 湖北省 | 13 | 12 | 102 | 24 | 38 | 37 | 2 |
| 湖南省 | 14 | 13 | 122 | 16 | 34 | 65 | 7 |
| 广东省 | 21 | 21 | 121 | 23 | 54 | 41 | 3 |
| 广西壮族自治区 | 14 | 14 | 109 | 7 | 34 | 56 | 12 |
| 海南省 | 2 | 2 | 20 | 6 | 4 | 4 | 6 |
| 重庆市 | | | 40 | | 19 | 17 | 4 |
| 四川省 | 21 | 18 | 181 | 14 | 43 | 120 | 4 |
| 贵州省 | 9 | 4 | 88 | 9 | 10 | 56 | 11 |
| 云南省 | 16 | 8 | 129 | 9 | 12 | 79 | 29 |
| 西藏自治区 | 7 | 1 | 73 | 1 | 1 | 71 | |
| 陕西省 | 10 | 10 | 107 | 3 | 24 | 80 | |
| 甘肃省 | 14 | 12 | 86 | 4 | 17 | 58 | 7 |
| 青海省 | 8 | 1 | 43 | 2 | 4 | 30 | 7 |
| 宁夏回族自治区 | 5 | 5 | 21 | 2 | 8 | 11 | |
| 新疆维吾尔自治区 | 14 | 2 | 98 | 19 | 11 | 62 | 6 |
| 香港特别行政区 | | | | | | | |
| 澳门特别行政区 | | | | | | | |
| 台湾省 | | | | | | | |

注：数据摘自《中国统计摘要》（中国统计出版社），以下同。

# 国民经济与社会发展总量指标摘要

| 指标 | 单位 | 2001年 | 2002年 | 2003年 | 2004年 | 2005年 | 2006年 | 2007年 |
|---|---|---|---|---|---|---|---|---|
| **人口** | | | | | | | | |
| 年底总人口 | 万人 | 127 627 | 128 453 | 129 227 | 129 988 | 130 756 | 131 448 | 132 129 |
| 其中：城镇人口 | 万人 | 48 064 | 50 212 | 52 376 | 54 283 | 56 212 | 57 706 | 59 379 |
| 乡村人口 | 万人 | 79 563 | 78 241 | 76 851 | 75 705 | 74 544 | 73 742 | 72 750 |
| **国民经济核算** | | | | | | | | |
| 国内生产总值 | 亿元 | 109 655.2 | 120 332.7 | 135 822.8 | 159 878.3 | 183 867.9 | 210 871.0 | 249 529.9 |
| 其中：第一产业 | 亿元 | 15 781.3 | 16 537.0 | 17 381.7 | 21 412.7 | 23 070.4 | 24 737.0 | 28 095.0 |
| 第二产业 | 亿元 | 49 512.3 | 53 896.8 | 62 436.3 | 73 904.3 | 87 364.6 | 103 162.0 | 121 381.3 |
| 第三产业 | 亿元 | 44 361.6 | 49 898.9 | 56 004.7 | 64 561.3 | 73 432.9 | 82 972.0 | 100 053.5 |
| 人均国内生产总值 | 元/人 | 8 622 | 9 398 | 10 542 | 12 336 | 14 103 | 16 084 | 18 934 |
| 支出法国内生产总值 | 亿元 | 108 972.4 | 120 350.3 | 136 398.8 | 160 280.4 | 188 692.1 | 221 170.5 | 261 770.1 |
| 其中：最终消费 | 亿元 | 66 878.3 | 71 691.2 | 77 449.5 | 87 032.9 | 97 822.7 | 110 413.2 | 128 332.0 |
| 资本形成总额 | 亿元 | 39 769.4 | 45 565.0 | 55 963.0 | 69 168.4 | 80 646.3 | 94 103.2 | 110 250.8 |
| **固定资产投资** | | | | | | | | |
| 全社会固定资产投资总额 | 亿元 | 37 213.5 | 43 499.9 | 55 566.6 | 70 477.4 | 88 773.6 | 109 998.2 | 137 239.0 |
| 城镇 | 亿元 | 30 001.2 | 35 488.8 | 45 811.7 | 59 028.2 | 75 095.1 | 93 368.7 | 117 413.9 |
| 其中：房地产开发 | 亿元 | 6 344.1 | 7 790.9 | 10 153.8 | 13 158.3 | 15 909.2 | 19 422.9 | 25 279.7 |
| 农村 | 亿元 | 7 212.3 | 8 011.1 | 9 754.9 | 11 449.3 | 13 678.5 | 16 629.5 | 19 825.1 |
| **主要农业、工业产品产量** | | | | | | | | |
| 粮食 | 万吨 | 45 263.7 | 45 705.8 | 43 069.5 | 46 946.9 | 48 402.2 | 49 747.9 | 50 148.3 |
| 棉花 | 万吨 | 532.4 | 491.6 | 486.0 | 632.4 | 571.4 | 674.6 | 762.4 |
| 油料 | 万吨 | 2 864.9 | 2 897.2 | 2 811.0 | 3 065.9 | 3 077.1 | 3 059.4 | 2 548.9 |
| 肉类 | 万吨 | 6 333.9 | 6 586.5 | 6 932.9 | 7 244.8 | 7 743.1 | 8 051.4 | 6 865.7 |
| 原煤 | 亿吨 | 13.81 | 14.55 | 17.22 | 19.92 | 22.05 | 23.73 | 25.36 |
| 原油 | 万吨 | 16 395.87 | 16 700.00 | 16 959.98 | 17 587.33 | 18 135.29 | 18 476.57 | 18 665.7 |
| 发电量 | 亿千瓦·时 | 14 808.02 | 16 540.00 | 19 105.75 | 22 033.09 | 25 002.60 | 28 657.26 | 32 777.2 |
| 粗钢 | 万吨 | 15 163.4 | 18 236.6 | 22 233.6 | 28 291.1 | 35 324.0 | 41 914.9 | 48 966.0 |
| 水泥 | 万吨 | 66 104.0 | 72 500.0 | 86 208.1 | 96 682.0 | 106 884.8 | 123 676.5 | 136 000.0 |

# 国民经济与社会发展总量指标摘要（续表）

| 指标 | 单位 | 2001 年 | 2002 年 | 2003 年 | 2004 年 | 2005 年 | 2006 年 | 2007 年 |
|---|---|---|---|---|---|---|---|---|
| **国内商业和对外贸易** | | | | | | | | |
| 社会消费品零售总额 | 亿元 | 43 055 | 48 136 | 52 516 | 59 501 | 67 177 | 76 410 | 89 210 |
| 进出口总额 | 亿美元 | 5 097 | 6 208 | 8 510 | 11 546 | 14 219 | 17 604 | 21 738 |
| 其中：出口额 | 亿美元 | 2 661 | 3 256 | 4 382 | 5 933 | 7 620 | 9 689 | 12 180 |
| 进口额 | 亿美元 | 2 436 | 2 952 | 4 128 | 5 612 | 6 600 | 7 915 | 9 558 |
| **利用外资** | | | | | | | | |
| 实际利用外资额 | 亿美元 | 496.7 | 550.1 | 561.4 | 640.7 | 638.1 | 735.2 | 870.9 |
| 其中：外商直接投资 | 亿美元 | 468.8 | 527.4 | 535.1 | 606.3 | 603.3 | 694.7 | 835.2 |
| 外商其他投资 | 亿美元 | | | | | 34.8 | 40.6 | 35.7 |
| **旅游** | | | | | | | | |
| 入境过夜旅游者人数 | 万人次 | 3 317 | 3 680 | 3 297 | 4 176 | 4 681 | 4 991 | 5 472 |
| 国内旅游人数 | 亿人次 | 7.8 | 8.8 | 8.7 | 11.0 | 12.1 | 13.9 | 16.1 |
| 国际旅游外汇收入 | 亿美元 | 177.9 | 203.9 | 174.1 | 257.4 | 293.0 | 339.5 | 419.2 |
| 国内旅游总收入 | 亿元 | 3 522.4 | 3 878.4 | 3 442.3 | 4 710.7 | 5 285.9 | 6 229.7 | 7 770.6 |
| **教育、科技、文化、卫生** | | | | | | | | |
| 普通高等学校学生数 | 万人 | 719.1 | 903.4 | 1 108.6 | 1 333.5 | 1 561.8 | 1 738.8 | 1 884.9 |
| 普通中等学校学生数 | 万人 | 7 836 | 8 288 | 8 583 | 8 695 | 8 581 | 8 451.9 | 8 243.3 |
| 小学学生数 | 万人 | 12 544 | 12 157 | 11 690 | 11 246 | 10 864 | 10 711.5 | 10 564.0 |
| 研究与试验发展经费支出 | 亿元 | 1 043 | 1 288 | 1 540 | 1 966 | 2 450 | 3 003.1 | 3 664.0 |
| 技术市场成交额 | 亿元 | 783 | 884 | 1 085 | 1 334 | 1 551 | 1 818.2 | 2 226.5 |
| 图书总印数 | 亿册（张） | 63.1 | 68.7 | 66.7 | 64.4 | 64.7 | 64.0 | 65.9 |
| 杂志总印数 | 亿册 | 28.9 | 29.5 | 29.5 | 28.4 | 27.6 | 28.5 | 29.0 |
| 报纸总印数 | 亿份 | 351.1 | 367.8 | 383.1 | 402.4 | 412.6 | 424.5 | 438.7 |
| 医院、卫生院数 | 个 | 65 424 | 63 858 | 62 968 | 60 867 | 60 397 | 60 037 | 60 525 |
| 医生数 | 万人 | 210 | 184.4 | 187 | 191 | 193.8 | 199.5 | 201.3 |
| 医院、卫生院床位数 | 万张 | 297.6 | 290.7 | 295.5 | 304.7 | 313.5 | 327.1 | 343.8 |
| **城市公用事业** | | | | | | | | |
| 城市房屋集中供热面积 | 亿米 $^2$ | 14.6 | 15.6 | 18.9 | 21.6 | 25.2 | 26.6 | |
| 年末供水综合生产能力 | 万米 $^3$/日 | 22 900 | 23 546 | 23 967 | 24 753 | 24 720 | 26 962 | |
| 年末污水处理能力 | 万米 $^3$/日 | 6 215 | 6 153 | 6 626 | 7 387 | 7 990 | 9 734 | |
| 年末城市道路长度 | 千米 | 176 016 | 191 399 | 208 052 | 222 964 | 247 015 | 241 351 | |

注：① 由于计算误差的影响，支出法国内生产总值不等于按生产法计算的国内生产总值。

② 本表价值量指标均按当年价格计算。

③ 社会消费品零售总额 1990 年及以前为社会商品零售总额。

## 国民经济与社会发展结构指标摘要

单位：%

| 指标 | 2001年 | 2002年 | 2003年 | 2004年 | 2005年 | 2006年 | 2007年 |
|---|---|---|---|---|---|---|---|
| **总人口** | **100** | **100** | **100** | **100** | **100** | **100** | **100** |
| 其中：城镇 | 37.7 | 39.1 | 40.5 | 41.8 | 43.0 | 43.9 | 44.9 |
| 乡村 | 62.3 | 60.9 | 59.5 | 58.2 | 57.0 | 56.1 | 55.1 |
| **国内生产总值** | **100** | **100** | **100** | **100** | **100** | **100** | **100** |
| 其中：第一产业 | 14.1 | 13.5 | 12.6 | 13.1 | 12.6 | 11.3 | 11.3 |
| 第二产业 | 45.2 | 44.8 | 46.0 | 46.2 | 47.5 | 48.7 | 48.6 |
| 第三产业 | 40.7 | 41.7 | 41.4 | 40.7 | 39.9 | 40.0 | 40.1 |
| **固定资产投资总额** | **100** | **100** | **100** | **100** | **100** | **100** | **100** |
| 城镇 | 80.6 | 81.6 | 82.4 | 83.8 | 84.6 | 84.9 | 85.6 |
| 农村 | 19.4 | 18.4 | 17.6 | 16.2 | 15.4 | 15.1 | 14.4 |
| **财政收入** | | **100** | **100** | **100** | **100** | **100** | **100** |
| 其中：中央 | | 55.0 | 54.6 | 54.9 | 52.3 | 52.8 | 54.1 |
| 地方 | | 45.0 | 45.4 | 45.1 | 47.7 | 47.2 | 45.9 |
| **财政支出** | | **100** | **100** | **100** | **100** | **100** | **100** |
| 其中：中央 | | 30.7 | 30.1 | 27.8 | 25.9 | 24.7 | 23.1 |
| 地方 | | 69.3 | 69.9 | 72.2 | 74.1 | 75.3 | 76.9 |
| **农、林、牧、渔业产值** | **100** | **100** | **100** | **100** | **100** | **100** | **100** |
| 其中：农业 | 55.2 | 54.5 | 50.1 | 50.1 | 49.7 | 51.1 | 50.4 |
| 林业 | 3.6 | 3.8 | 4.2 | 3.7 | 3.6 | 3.9 | 3.8 |
| 牧业 | 30.4 | 30.9 | 32.1 | 33.6 | 33.7 | 29.4 | 33.0 |
| 渔业 | 10.8 | 10.8 | 10.6 | 9.9 | 10.2 | 9.6 | 9.1 |
| 农、林、牧、渔、服务业 | | | 3.0 | 2.7 | 2.8 | 6.0 | 3.7 |
| **工业总产值** | **100** | **100** | **100** | **100** | **100** | **100** | |
| 其中：轻工业 | 39.5 | 37.4 | 35.7 | 33.5 | 31.4 | 30.5 | |
| 重工业 | 60.5 | 62.6 | 64.3 | 66.5 | 68.6 | 69.5 | |

注：2002年起轻重工业结构为国有及规模以上非国有工业企业口径。

# 自然资源状况

| 项目 | 单位 | 2004 年 | 2005 年 | 2006 年 | 2007 年 |
|---|---|---|---|---|---|
| **国土面积** | 万千米 $^2$ | 960 | 960 | 960 | 960 |
| 海域面积 | 万千米 $^2$ | 473 | 473 | 473 | 473 |
| 大陆岸线长度 | 万千米 | 1.80 | 1.80 | 1.80 | 1.80 |
| 岛屿面积 | 万千米 $^2$ | 3.87 | 3.87 | 3.87 | 3.87 |
| **降水量** | | | | | |
| 台湾中部山区 | 毫米 | ≥4 000 | ≥4 000 | ≥4 000 | ≥4 000 |
| 华南沿海 | 毫米 | 1 600～2 000 | 1 600～2 000 | 1 600～2 000 | 1 600～2 000 |
| 长江流域 | 毫米 | 1 000～1 500 | 1 000～1 500 | 1 000～1 500 | 1 000～1 500 |
| 华北、东北 | 毫米 | 400～800 | 400～800 | 400～800 | 400～800 |
| 西北内陆 | 毫米 | 100～200 | 100～200 | 100～200 | 100～200 |
| 塔里木盆地、吐鲁番盆地和柴达木盆地 | 毫米 | ≤25 | ≤25 | ≤25 | ≤25 |
| 耕地面积 | 万公顷 | 13 004 | 13 004 | 13 004 | 12 178 |
| 荒地面积 | 万公顷 | 10 800 | 10 800 | 10 800 | 10 800 |
| 林业用地面积 | 万公顷 | 26 329 | 28 493 | 28 493 | 28 493 |
| 草地面积 | 万公顷 | 40 000 | 40 000 | 40 000 | 40 000 |
| 活立木总蓄积量 | 亿米 $^3$ | 136.2 | 136.2 | 136.2 | 136.2 |
| 森林面积 | 亿公顷 | 1.75 | 1.75 | 1.75 | 1.75 |
| 森林覆盖率 | % | 18.21 | 18.21 | 18.21 | 18.21 |
| 水资源总量 | 亿米 $^3$ | 28 124 | 27 430 | 25 567 | 24 696 |
| 水力资源蕴藏量 | 亿千瓦 | 6.76 | 6.76 | 6.76 | 6.76 |
| 其中：可开发量 | 亿千瓦 | 3.79 | 3.79 | 3.79 | 3.79 |
| 内陆水域总面积 | 万公顷 | 1 747 | 1 747 | 1 747 | 1 747 |
| 其中：可养殖面积 | 万公顷 | 675 | 675 | 675 | 675 |
| 海水可养殖面积 | 万公顷 | 260 | 260 | 260 | 260 |
| 其中：已养殖面积 | 万公顷 | 109 | 109 | 109 | 109 |

注：① 森林资源为 1994—1998 年调查数；草地资源为 1991 年调查数；水面资源为 1988 年数；水力资源为 1999 年公报数；耕地面积为 1996 年农业普查数。

② 本表除国土面积、海域面积和降水量外，其余指标均未包括香港特别行政区、澳门特别行政区和台湾省数据。

## 城市建设基本情况

| 项目 | 单位 | 2002 年 | 2003 年 | 2004 年 | 2005 年 | 2006 年 | 2007 年 |
|---|---|---|---|---|---|---|---|
| 年末城市个数 | 个 | 660 | 660 | 661 | 661 | 656 | 655 |
| 地级以上城市 | 个 | 279 | 286 | 287 | 287 | 287 | 287 |
| 城市人口 | 万人 | 35 220 | 33 805 | 34 147 | 36 285 | 36 764 | |
| 其中：非农业人口 | 亿人 | 2.2 | 2.2 | | | | |
| 城市面积 | 千米 $^2$ | 467 369 | 399 173 | 394 672 | 465 381 | | |
| 其中：建成区面积 | 千米 $^2$ | 25 973 | 28 308 | 30 406 | 32 521 | 33 660 | |
| 城市用水普及率 | % | 77.9 | 86.2 | 88.9 | 90.2 | 86.67 | |
| 城市燃气普及率 | % | 67.2 | 76.7 | 81.5 | 82.9 | 79.11 | |
| 城市污水处理率 | % | 40.0 | 42.1 | 45.7 | 48.4 | 57.1 | |
| 城市建成区绿化覆盖率 | % | 29.8 | 31.2 | 31.7 | 33.0 | 35.1 | |
| 城市生活垃圾无害化处理率 | % | 54.2 | 50.8 | 52.2 | 51.7 | 52.2 | |
| 供水综合生产能力 | 万米 $^3$/日 | 23 546 | 23 967 | 24 753 | 24 686 | 26 962 | |
| 供水总量 | 亿米 $^3$ | 466.5 | 475.3 | 490.3 | 502.1 | 540.5 | |
| 其中：生活用水 | 亿米 $^3$ | 213.2 | 224.7 | 233.5 | 243.7 | 222.0 | |
| 用水人口 | 亿人 | 2.7 | 2.9 | 3.0 | 3.3 | 3.2 | |
| 城市每万人拥有公交车辆 | 标台 | 6.7 | 7.7 | 8.4 | 8.6 | 9.1 | |
| 城市煤气和天然气供气总量 | 亿米 $^3$ | 324.9 | 343.7 | 383.1 | 466.3 | 541.3 | |
| 液化石油气供气总量 | 万吨 | 1 136.4 | 1 126.3 | 1 126.7 | 1 222.0 | 1 263.7 | |
| 蒸汽 | 万吨/时 | 8.3 | 9.3 | 9.8 | 10.7 | 9.5 | |
| 热水 | 万兆瓦 | 14.9 | 17.1 | 17.4 | 19.8 | 21.8 | |
| 城市房屋集中供热面积 | 亿米 $^2$ | 15.6 | 18.9 | 21.6 | 22.3 | 26.6 | |
| 道路长度 | 万千米 | 19.1 | 20.8 | 22.3 | 24.7 | 24.1 | |
| 城市污水日处理能力 | 万米 $^3$/日 | 6 153 | 6 626 | 7 387 | 7 990 | 9 734 | |
| 城市污水年处理量 | 亿米 $^3$ | 134.9 | 148.0 | | | 202.6 | |
| 建成区绿化覆盖面积 | 万公顷 | 77.3 | 88.2 | 96.0 | 107.3 | 118.1 | |
| 城市绿地面积 | 万公顷 | 107.2 | 121.2 | 132.2 | 146.8 | 132.1 | |
| 人均公园绿地面积 | 米 $^2$ | 5.4 | 6.5 | 7.4 | 7.9 | 8.3 | |
| 城市生活垃圾、粪便清运量 | 亿吨 | 1.7 | 1.8 | 1.9 | 1.9 | 1.7 | |
| 城市生活垃圾无害化年处理量 | 万吨 | 9 540 | 7 544.7 | | 8 051.1 | 7 872.6 | |

# 部分国家二氧化硫排放总量

（1990—2002年）　　　　单位：万吨

| 国家 | 1990年 | 1992年 | 1994年 | 1995年 | 1997年 | 1998年 | 1999年 | 2000年 | 2001年 | 2002年 |
|---|---|---|---|---|---|---|---|---|---|---|
| 澳大利亚 | 163.6 | 177.8 | 190.0 | 179.6 | 184.1 | 182.8 | 192.5 | 242.5 | 251.8 | 280.3 |
| 奥地利 | 8.0 | 6.1 | 5.3 | 5.2 | 4.5 | 4.1 | 3.8 | 3.5 | 3.8 | 3.6 |
| 白俄罗斯 | | | | | | | | | 21.3 | 18.9 |
| 比利时 | 35.5 | 34.7 | 28.1 | 25.6 | 22.6 | 21.4 | 17.6 | 16.9 | 15.9 | 15.1 |
| 保加利亚 | | | | | | 122.6 | 106.2 | 104.4 | 109.5 | 98.2 |
| 克罗地亚 | 18.6 | 11.2 | 9.4 | 7.6 | 8.8 | 9.7 | 9.9 | 6.6 | 6.4 | 7.5 |
| 捷克 | | 155.9 | 129.0 | | | 44.3 | 26.9 | 26.4 | 25.1 | 23.7 |
| 丹麦 | 17.7 | 18.1 | 14.7 | 13.8 | 10.1 | 7.5 | 5.5 | 2.9 | 2.6 | 2.5 |
| 爱沙尼亚 | | | | | | | 12.0 | 12.4 | 13.2 | 9.8 |
| 芬兰 | 23.7 | 14.1 | 11.5 | 9.7 | 9.9 | 8.9 | 8.5 | 7.6 | 8.7 | 8.5 |
| 法国 | 136.8 | 131.0 | 110.2 | 103.8 | 86.7 | 88.2 | 76.3 | 68.6 | 62.9 | 59.6 |
| 德国 | 532.2 | 330.3 | 246.9 | 193.4 | 103.6 | 83.3 | 73.3 | 63.1 | 64.0 | 60.8 |
| 希腊 | 49.1 | 54.4 | 51.2 | 53.5 | 51.5 | 52.4 | 53.7 | 49.0 | 49.8 | 50.9 |
| 匈牙利 | | | | | | | 59.5 | 49.1 | 40.3 | 36.5 |
| 冰岛 | 0.8 | 0.8 | 0.8 | 0.8 | 0.9 | 0.8 | 0.9 | 0.9 | 0.9 | 1.0 |
| 爱尔兰 | 18.3 | 17.0 | 17.5 | 16.1 | 16.6 | 17.6 | 15.7 | 13.1 | 12.6 | 9.6 |
| 意大利 | 177.4 | 155.7 | 135.9 | 128.7 | 115.1 | 101.7 | 92.2 | 77.2 | 73.7 | 66.5 |
| 日本 | 100.1 | 94.7 | 97.4 | 93.8 | 90.4 | 89.5 | 84.8 | 85.7 | 85.7 | 85.7 |
| 拉脱维亚 | 9.6 | 5.9 | 7.1 | 5.5 | 3.9 | 3.6 | 2.9 | 1.6 | 1.3 | 1.2 |
| 立陶宛 | 22.2 | | | | | 9.4 | | | 4.9 | 4.3 |
| 卢森堡 | | | | | | 0.4 | 0.4 | 0.3 | | 0.2 |
| 摩纳哥 | | | | | | | | | 0.01 | 0.01 |
| 荷兰 | 20.4 | 16.7 | 14.6 | 14.2 | 11.8 | 11.0 | 10.5 | 9.1 | 9.0 | 8.5 |
| 新西兰 | 6.1 | 6.5 | 6.8 | 7.0 | 5.9 | 5.9 | 6.0 | 6.2 | 6.6 | 6.8 |
| 挪威 | 5.2 | | | | | 3.0 | 2.8 | 2.7 | 2.5 | 2.2 |
| 葡萄牙 | 32.2 | 37.3 | 29.8 | 33.3 | 29.3 | 34.2 | 34.3 | 31.2 | 29.5 | 29.5 |
| 罗马尼亚 | 101.8 | 79.3 | 78.9 | 83.8 | 83.1 | 66.7 | 59.2 | 57.7 | 62.2 | 65.1 |
| 斯洛伐克 | | | | | | 17.9 | 17.1 | 12.4 | 12.9 | 10.2 |
| 斯洛文尼亚 | 25.3 | 19.1 | 18.1 | 13.0 | 12.3 | 12.8 | 10.9 | 10.0 | 7.0 | 7.2 |
| 西班牙 | 217.7 | 213.3 | 196.3 | 180.7 | 173.9 | 160.7 | 163.9 | 188.5 | 187.6 | 196.8 |
| 瑞典 | 10.6 | 9.3 | 8.7 | 7.7 | 7.6 | 7.3 | 5.9 | 5.5 | 5.7 | 5.9 |
| 瑞士 | 4.5 | 3.6 | 3.0 | 2.9 | 2.6 | 2.4 | 2.0 | 1.8 | 2.1 | 1.9 |
| 英国 | 372.2 | 346.4 | 267.6 | 236.4 | 167.0 | 160.8 | 123.0 | 119.0 | 111.6 | 100.3 |
| 美国 | 2 093.6 | 2 003.2 | 1 936.5 | 1 689.2 | 1 709.1 | 1 718.9 | 1 601.3 | 1 480.2 | 1 432.4 | 1 366.9 |

注：数据摘自 United Nations Framework Conventionon Climate Change。

# 10

# 主要统计指标解释

ZHUYAO TONGJI ZHIBIAO JIESHI

# ANNUAL STATISTIC REPORT ON ENVIRONMENT IN CHINA

2007

〖**工业废水排放总量**〗 指经过企业厂区所有排放口排到企业外部的工业废水量。包括生产废水、外排的直接冷却水、超标排放的矿井地下水和与工业废水混排的厂区生活污水，不包括外排的间接冷却水（清污不分流的间接冷却水应计算在内）。

〖**直接排入海的废水量**〗 指经企业位于海边的排放口，直接排入海的废水量。直接排放是指废水经过工厂的排污口直接排入海，而未经过城市下水道或其他中间体，也不受其他水体的影响。

〖**工业废水排放达标量**〗 指各项指标都达到国家或地方排放标准的外排工业废水量，包括经过处理后外排达标的和未经处理外排达标的两部分。排放标准见 GB 8978—1996。

〖**工业废水排放达标率**〗 指工业废水排放达标量占工业废水排放量的百分率。计算公式是：工业废水排放达标率 =（工业废水排放达标量 ÷ 工业废水排放量）× 100%

〖**工业废水处理量**〗 指经各种水治理设施实际处理的工业废水量，包括处理后外排的和处理后回用的工业废水量。虽经处理但未达到国家或地方排放标准的废水量也应计算在内。计算时，如遇有车间和厂排放口均有治理设施，并对同一废水分级处理时，不应重复计算工业废水处理量。

〖**工业废水中污染物排放量**〗 指排放的工业废水中所含汞、镉、六价铬、铅等重金属和砷、挥发酚、氰化物、化学需氧量、石油类等一般无机物和有机物等污染物本身的纯重量。它可以通过工业废水排放量和其中污染物的浓度相乘求得，也可以通过物料衡算或经验计算公式求得。（可参考《工业污染物产生和排放系数手册》）

污染物纯重量 = 污染物的平均浓度 × 报告期工业废水排放量

污染物的浓度，均以在企业排放口所测的数字为准（含有一类污染物的废水一律在车间或车间处理设施排出口取样测定），无论测出的浓度是否符合排放标准，均应统计在内。

〖**废水治理设施数**〗 指企业用于防治水污染和经处理后综合利用水资源的实有设施（包括构筑物）数，以一个废水治理系统为单位统计。附属于设施内的水治理设备和配套设备不单独计算。已报废的设施不统计在内。

〖**废水治理设施运行费用**〗 指维持废水治理设施运行所发生的费用，包括能源消耗、设备折旧、设备维修、人员工资、管理费、药剂费及与设施运行有关的其他费用等。

〖**工业废水中污染物去除量**〗 指企业生产过程排出的废水，经过各种水治理设施处理后，除去废水中所含挥发酚、氰化物、化学需氧量、石油类、氨氮等一般无机物和有机物等污染物本身的纯重量。计算公式是：

污染物去除量 =（处理前污染物的平均浓度 − 处理后污染物的平均浓度）× 处理的工业废水量

〖**工业废气排放总量**〗 指企业燃料燃烧和生产工艺过程中产生的各种排入空气的含有污染物的气体的总量，以标准状态（273 K，101 325 Pa）计。

工业废气排放总量 = 燃料燃烧过程废气排放量+生产工艺过程废气排放量

〖**燃料燃烧废气排放量**〗 指燃煤、油、气锅炉、锻造加热炉、退火炉及其他工业炉窑在燃烧过程中所排废气的总量（即燃料和物料不混合的燃烧纯加热过程所产生的废气量）。

〖**生产工艺废气排放量**〗 指生产工艺过程中排放的废气总量。如化工、冶炼、建材、化纤、造纸等行业生产工艺过程中排放的废气。

〖**工业二氧化硫排放量**〗 企业在燃料燃烧和生产工艺过程中排入大气的二氧化硫量。

〖**工业二氧化硫去除量**〗 指燃料燃烧和生产工艺废气经过各种废气治理设施处理后，去除的二氧化硫量。

〖**工业烟尘排放量**〗 指企业厂区内的燃料燃烧产生的烟气中夹带的颗粒物的量。

〖**工业烟尘去除量**〗 指企业燃料燃烧过程中产生的废气，经过各种废气治理设施处理后去除的烟尘量。

〖**工业粉尘排放量**〗 指企业在生产工艺过程中排放的颗粒物重量。如钢铁企业的耐火材料粉尘、焦化企业的筛焦系统粉尘、烧结机的粉尘、石灰窑的粉尘、建材企业的水泥粉尘等。不包括电厂排入大气的烟尘。它可以通过排尘系统的排风量和除尘设备出口排尘浓度相乘求得，计算公式是:

工业粉尘排放量=排尘系统排风量×除尘设备出口气体含尘平均浓度×除尘系统运行时间

除尘系统出口的含尘浓度，均以所测的数字为准，无论测出的浓度是否符合排放标准，均应统计在内。

〖**工业粉尘去除量**〗 指企业在生产工艺过程中产生的废气，经过各种废气治理设施处理后，去除的粉尘重量（不包括电厂去除的烟尘）。

〖**废气治理设施数**〗 指企业用于减少在燃料燃烧和生产工艺过程中排向大气的污染物或对污染物加以回收利用的废气治理设施数。附属于设施内的治理设备和配套设备不单独计算。已报废的设施不统计在内。

〖**脱硫设施数**〗 指在治理设施中有专用（或兼用）的脱硫设备（或系统），其脱硫效率要达到40%及以上，脱硫后不再释放出二氧化硫，比如使系统中有足够的碱性物质与二氧化硫反应，生成稳定的盐类物质或采用活性炭吸附制酸等方法进行脱硫的设施数。

〖**燃料煤消费量**〗 指企业用作燃料的煤炭（非标准煤）消费量。包括企业厂区内生产、生活用燃料煤，也包括砖瓦、石灰等产品生产用的内燃煤，不包括炼焦等行业的原料用煤。

〖**原料煤消费量**〗 指企业在生产工艺中用作原料并能转换成新的产品实体的煤炭消费量。如转换为焦炭、水泥、煤气、碳素、活性炭、氨氮等的煤炭称为原料煤。

〖**工业固体废物产生量**〗 指企业在生产过程中产生的固体状、半固体状和高浓度液体状废弃物的总量，包括危险废物、冶炼废渣、粉煤灰、炉渣、煤矸石、尾矿、放射性废物和其他废物等；不包括矿山开采的剥离废石和掘进废石（煤矸石和呈酸性或碱性的废石除外）。酸性或碱性废石是指采掘的废石其流经水、雨淋水的pH小于4或大于10.5者。

〖**危险废物**〗 指列入国家危险废物名录或根据国家规定的危险废物鉴别标准和鉴别方法认定的，具有爆炸性、易燃性、易氧化性、毒性、腐蚀性、易传染疾病等危险特性之一的废物。

〖**冶炼废渣**〗 指在冶炼生产中产生的高炉渣、钢渣、铁合金渣以及有色金属矿渣等。

〖**粉煤灰**〗 指燃煤电厂锅炉、煤粉炉在燃煤过程中产生的固体颗粒物。

〖**炉渣**〗 指企业燃烧设备从炉膛排出的灰渣。不包括燃料燃烧过程中去除的烟尘。

〖**煤矸石**〗 指与煤层伴生的一种含碳量低、比煤坚硬的黑色岩石。通常由煤矿开采、洗煤及耗煤单位排出。

〖**尾矿**〗 指选矿厂和水冶厂排出的废物，包括赤泥。赤泥指以铝土矿为原料的氧化铝厂的生产废料。选矿厂包括各种金属和非金属矿石的选矿厂。

〖**放射性废渣**〗 指含有天然放射性核素，并其比活度大于 $2\times10^4$ Bq/kg 的尾矿砂、废矿石及其他放射性固体废物（指放射性浓度或比活度或污染水平超过规定下限的固体废物）。

〖**其他废物**〗 指工业垃圾、污泥及燃料燃烧过程中去除的烟尘等工业固体废物。工业垃圾，指机械工业切削碎屑、研磨碎屑、废砂型等；食品工业的活性炭渣；硅酸盐工业和建材工业的砖、瓦、碎砾、混凝土碎块等。污泥指工业废水处理中排出的固体沉淀物（以干泥量计）。

〖**工业固体废物综合利用量**〗 指通过回收、加工、循环、交换等方式，从固体废物中提取或者使其转化为可以利用的资源、能源和其他原材料的固体废物量（包括当年利用往年的工业固体废物累计贮存量）。如用作农业肥料、生产建筑材料、筑路等。综合利用量由原产生固体废物的单位统计。

〖**工业固体废物综合利用率**〗 指工业固体废物综合利用量占工业固体废物产生量的百分率。计算公式是：工业固体废物综合利用率＝工业固体废物综合利用量÷（工业固体废物产生量+综合利

用往年贮存量）×100%

〖**工业固体废物贮存量**〗 指以综合利用或处置为目的，将固体废物暂时贮存或堆存在专设的贮存设施或专设的集中堆存场所内的量。专设的固体废物贮存场所或贮存设施必须有防扩散、防流失、防渗漏、防止污染大气、水体的措施。

〖**工业固体废物处置量**〗 指将固体废物焚烧或者最终置于符合环境保护规定的场所并不再回取的工业固体废物量（包括当年处置往年的工业固体废物累计贮存量）。

处置方式如：填埋（其中危险废物应安全填埋）、焚烧、专业贮存场（库）封场处理、深层灌注、回填矿井等。

〖**工业固体废物排放量**〗 指将所产生的固体废物排到固体废物污染防治设施、场所以外的量。不包括矿山开采的剥离废石和掘进废石（煤矸石和呈酸性或碱性的废石除外）。

〖**"三废"综合利用产品产值**〗 指利用"三废"[废水（液）、废气、废渣]作为主要原料生产的产品产值（现行价），已经销售或准备销售的，应计算产品产值；但留作生产上自用的，不应计算产品产值。

〖**工业锅炉数**〗 指企业用于生产和生活的大于 1 蒸吨（含 1 蒸吨）的蒸汽锅炉、热水锅炉总数，不包括茶炉。

〖**工业炉窑数**〗 指企业生产用的炉窑总数，如炼铁高炉、炼钢炉、冲天炉、烘干炉窑、锻造加热炉、水泥窑、石灰窑等。

〖**生活及其他污染**〗 指除工业生产活动以外的所有社会、经济活动及公共设施的经营活动产生的污染。

〖**本年施工项目数**〗 指本年内正在施工的，以治理污染、"三废"综合利用为主要目的的治理废水、废气、固体废物、噪声及其他（如电磁波、恶臭等）环境污染的治理工程的总数。不包括"三同时"项目。

〖**污染治理项目本年完成投资合计**〗 指企业实际用于治理废水、废气、固体废物、噪声和其他环境污染（如电磁波、恶臭等）的资金总额。

污染治理项目本年完成投资合计 = 治理废水资金 + 治理废气资金 + 治理固体废物资金 + 治理噪声资金 + 治理其他污染资金

〖**本年完成投资及资金来源**〗 指在报告期内，企业实际用于环境治理工程的投资额。投资额中的资金来源，是指投资单位在本年内收到的用于污染治理项目投资的各种货币资金，包括排污费补助、政府其他补助、企业自筹。各种来源的资金均为报告期投入的资金，不包括以往历年的投资。

本年污染治理资金合计 = 排污费补助+政府其他补助+企业自筹

〖**排污费补助**〗 指从征收的排污费中提取的用于补助重点排污单位治理污染源以及环境污染综合性治理措施的资金。

〖**政府其他补助**〗 指用于补助重点排污单位治理污染源以及环境污染综合性治理措施的除排污费补助以外的政府其他补助资金。

〖**企业自筹**〗 除排污费补助、政府其他补助资金以外的其他用于污染治理的资金，包括国内贷款（不包括环保贷款）、利用外资、银行贷款等其他来源资金。

〖**银行贷款**〗 指企业向银行借入的用于污染治理项目建设投资的贷款，属于企业自筹资金。

〖**本年竣工项目数**〗 指本年竣工投入运行的治理废水、废气、固体废物、噪声及治理其他污染的环境工程项目的总数。

〖**本年竣工项目新增设计处理能力**〗 指本年竣工的污染治理项目设计文件规定的处理、利用"三废"的能力。其中："治理废气"为治理燃料燃烧和生产工艺（含工业粉尘）废气的能力之和。

〖**办理设立的建设项目数**〗 指当年经各级有关主管部门依审批权限批准开工的建设项目数。

〖**环境影响评价制度执行率**〗 指当年执行环境影响评价制度的建设项目数占当年开工建设的建设项目总数的比率。

〖**应执行“三同时”项目数**〗 指在环境影响评价审批中规定应有环保设施的当年投产建设项目数。

〖**实际执行“三同时”项目数**〗 指竣工验收（或已经运行）时环保设施已全部建成的项目数。

〖**实际执行“三同时”项目环保投资**〗 指实际执行“三同时”建设项目的环保设施实际投资额。

〖**“三同时”合格率**〗 指“三同时”的合格项目数占实际执行“三同时”项目数的比率。

〖**“三同时”合格项目数**〗 指建设项目环保设施竣工验收合格的项目数。

〖**“三同时”执行合格率**〗 指“三同时”合格项目数占应执行“三同时”项目数的比率。

〖**缴纳排污费单位数**〗 指所辖区域内已缴排污费的排污单位的总数。

〖**排污费收入总额**〗 指当年按规定征收的废水、废气、固体废物、噪声四项收入总额。收入中包括超标排污费，小型、三产排污费，二氧化硫排污费，危险废物排污费等。

〖**环境污染与破坏事故**〗 指由于违反环境保护法规的经济、社会活动与行为，以及意外因素的影响或不可抗拒的自然灾害等原因，致使环境受到污染，国家重点保护的野生动植物、自然保护区受到破坏，人体健康受到危害，社会经济和人民财产受到损失，造成不良社会影响的突发性事件。

〖**特大事故**〗 凡符合下列情形之一的，为特别重大环境事件：①死亡 30 人以上，或中毒（重伤）100 人以上；②因环境事件需疏散、转移群众 5 万人以上，或直接经济损失 1 000 万元以上；③区域生态功能严重丧失或濒危物种生境遭到严重污染；④因环境污染使当地正常的经济、社会活动受到严重影响；⑤因环境污染造成重要城市主要水源地取水中断的污染事故；⑥因危险化学品（含剧毒品）生产和贮运发生泄漏，严重影响人民群众生产、生活的污染事故。

〖**重大事故**〗 凡符合下列情形之一的，为特别重大环境事件：①死亡 30 人以上，或中毒（重伤）50 人以上，100 人以下；②区域生态功能部分丧失或濒危物种生境受到污染；③因环境污染使当地经济、社会活动受到较大影响，疏散转移群众 1 万人以上、5 万人以下的；④因环境污染造成重要河流、湖泊、水库及沿海水域大面积污染，或县级以上城镇水源地取水中断的污染事件。

〖**较大事故**〗 凡符合下列情形之一的，为较大环境事件：①发生 3 人以上、10 人以下死亡，或中毒（重伤）50 人以下；②因环境污染造成跨地级行政区纠纷，使当地经济、社会活动受到影响。

〖**一般事故**〗凡符合下列情形之一的，为一般环境事件：①发生 3 人以下死亡；②因环境污染造成跨县级行政区域纠纷，引起一般群体性影响的。

〖**自然保护区**〗 指对有代表性的自然生态系统、珍稀濒危野生动植物物种的天然分布区、水源涵养区、有特殊意义的自然历史遗迹等保护对象所在的陆地、陆地水体或海域，依法划出一定面积进行特殊保护和管理的区域。以县及县以上各级人民政府正式批准建立的自然保护区为准。风景名胜区、文物保护区不计算在内。

〖**生态示范区**〗 指经省级以上环境保护行政主管部门批准，以省、地、县政府为主按批准的生态示范区建设规划实施的行政区域。包括已经过国家或省级环境保护行政主管部门验收的和正在开展试点工作的。